New Materials In Hydrogen Energy Utilization

工信学术出版基金
Industry and Information Technology Academic Publishing Fund

氢能利用中的新材料

朱宏伟 —— 编著

U0167742

人民邮电出版社

北 京

图书在版编目（ＣＩＰ）数据

氢能利用中的新材料 / 朱宏伟编著. -- 北京 : 人
民邮电出版社，2022.9（2023.12重印）
ISBN 978-7-115-55782-7

Ⅰ．①氢… Ⅱ．①朱… Ⅲ．①氢能－材料技术－研究
Ⅳ．①TK911

中国版本图书馆CIP数据核字(2022)第034919号

内 容 提 要

本书从当前氢能利用面临的问题和挑战入手，结合编者所在团队在新能源材料方面的研究成果及国内外最新的科研进展进行编写。本书围绕氢能利用各环节所涉及的新材料，介绍新材料在制氢、氢气分离与提纯、储氢及氢能转换等方面的应用，并对氢能利用中新材料的发展趋势进行展望。本书既有基础理论的介绍，也有专业应用技术的总结，不仅可作为氢能应用技术等专业研究人员的参考书，也适合对新能源材料感兴趣的非专业读者阅读。

◆ 编　　著　朱宏伟
　　责任编辑　林舒媛
　　责任印制　焦志炜

◆ 人民邮电出版社出版发行　　北京市丰台区成寿寺路 11 号
　　邮编　100164　　电子邮件　315@ptpress.com.cn
　　网址　https://www.ptpress.com.cn
　　北京捷迅佳彩印刷有限公司印刷

◆ 开本：720×1000　1/16
　　印张：21.25　　　　　　　　2022 年 9 月第 1 版
　　字数：357 千字　　　　　　2023 年 12 月北京第 2 次印刷

定价：128.00 元

读者服务热线：(010)81055552　印装质量热线：(010)81055316
反盗版热线：(010)81055315
广告经营许可证：京东市监广登字 20170147 号

序

新材料是工业革命与高新技术发展的基石，是新一轮科技革命和产业革命的坚实物质基础。2016 年，SNEC 第十届国际太阳能光伏与智慧能源大会增设了"石墨烯在光伏领域的技术发展与应用"论坛，上海新能源协会委任我为 SNEC 专家委员会副主席并策划该论坛。至今，我与清华大学朱宏伟教授已共同策划和主持了六届 SNEC 石墨烯论坛，旨在立足"工业 4.0"和能源革命战略，聚焦"新材料的新能源应用"和光伏"绿氢"应用，持续挖掘新材料对能源革命的推动作用。

氢同时具有能量属性和材料属性，在能源革命和产业应用中发挥着重要的作用。首先，在"双碳"目标的驱动下，氢作为重要原料已经大量应用于产业流程中。其次，产业部门正在提出以氢能取代石化能源实现"碳中和"的技术路线。另外，氢可以以甲醇或氨的液态形态实现大容量、长周期的储能。"绿氢"有望实现社会能源供需的大平衡，具有实现"碳中和"的战略性和不可逆转性。但目前对氢能的利用主要采用伴随有碳排放的"灰氢"，而可再生能源电解水制备的"绿氢"占比尚不到 0.1%。

太阳能与"绿能"和"绿氢"间存在极为重要的关联，光伏将成为以新能源为主的新一代电力系统的主力电源。2021 年，上海新能源行业协会与中国科学院大连化学物理研究所牵头成立了 SNEC 氢能产业联盟，光伏产业的焦点从现阶段的"绿氢"制备延伸到"氢"的产业链，与"氢"相关的产业链、价值链和知识链正在形成。"氢"的应用涉及工业、交通、建筑等部门，"氢"的产业链包括氢安全、氢制备、氢储存、氢输运、氢加注、氢能应用，涉及总体规划、关键核心技术和装备的研发与实施、基础设施建设、"氢"的标准体系等多个方面。"氢"的价值链涉及能源转型、产业转型和社会转型，将形成碳交易、绿色金融服务等。

我国是生产和应用氢的大国。2020 年，我国的氢生产和需求量为 3000 余万吨，预计 2060 年将增至约 1.3 亿吨，这在终端能源消费中的占比约为 20%，其中可再生能源制氢将达 1 亿吨。氢知识、氢技术和氢产业的突破将是决定性的。

1

　　《氢能利用中的新材料》一书全面介绍了氢能利用各环节中新材料技术的研发与突破，从材料角度阐述了氢气分离、提纯和储存、运输过程中相关技术的研究进展与应用。重点强调了在太阳能光电化学制氢、光催化制氢等技术路径中，及氢能向电能的转换过程中（如燃料电池），研制高效及稳定的催化材料的重要性。本书从新材料角度认识氢科技和氢能利用，为学术界和产业界提供了"氢"的知识链，是一本重要和有益的书。

林承桢　教授

SNEC 专家委员会副主席

2022 年 9 月于北京

前言

随着化石燃料等资源的枯竭和人们环保意识的增强，世界能源结构在发生变化，发展和使用清洁的可再生能源已是必然趋势。氢能作为一种无温室效应的环保新能源越来越受到重视。氢既是清洁、高效的能量载体，也是重要的化工原料。氢既可以直接用作燃料提供热能，也可以用于燃料电池提供电能，应用前景极为广阔。大力发展以制氢、储氢及用氢为核心的氢能产业链，有望构建以可再生能源为主导的多能源互补体系，同时促进水、碳及氮资源的循环利用，使社会发展所需的能源与原料全部来自太阳、海水及空气，进而使人类不再依赖不可再生资源，而是依靠新材料及先进技术循环利用已有资源，最终实现"全循环"。

新材料是新能源、电子信息、航空航天和生物医药等高新技术发展的基石和先导，可为新一轮科技革命和产业革命提供坚实的物质基础。氢能利用中所涉及的各环节，包括氢气提取、氢气分离与纯化、氢气储存、氢能的转换与应用等，对新材料提出了越来越迫切的需求。鉴于此，本书编者结合氢能利用中新材料的研究与应用现状，基于团队多年的研究成果，同时查阅和参考大量中外最新文献后编写了本书。

本书涵盖制氢用新材料、氢气分离与提纯用新材料、储氢新材料、氢能转换中的新材料、氢能利用中新材料的进展和发展趋势等内容，期望对从事该领域研究、开发、生产和应用的相关专业人员有所帮助、有所启迪。

本书参编人员如下：朱宏伟（第1章至第6章）、张礼（第1章、第6章）、王敏（第2章、第4章）、黄美榕（第2章、第5章）、赵国珂（第3章）、李佳炜（第2章）。全书由朱宏伟统稿。

由于氢能利用中的新材料领域发展日新月异，加之编者水平有限，书中难免有疏漏和不足之处，敬请读者和相关专家予以批评指正。

编者

2022 年 9 月于清华园

目录

第1章 引 言 1

  1.1 氢能的发展机遇与挑战 2

    1.1.1 能源与环境 2

    1.1.2 氢能应用前景 3

  1.2 氢能利用对新材料的需求 4

    1.2.1 氢气制取 4

    1.2.2 氢气分离与纯化 5

    1.2.3 氢气储存 6

    1.2.4 氢能应用 7

  1.3 面向未来能源战略需求发展氢能 7

  参考文献 9

第2章 制氢用新材料 11

  2.1 电催化 13

    2.1.1 基本原理与设计 13

    2.1.2 金属基电催化材料 16

    2.1.3 非金属基电催化材料 46

    2.1.4 单原子电催化剂 50

2.2 光电化学催化 54

   2.2.1 基本原理与设计 54

   2.2.2 单结光电化学材料与性能 62

   2.2.3 多结光电化学材料与性能 78

2.3 其他催化方法 89

   2.3.1 光催化 89

   2.3.2 热催化与光热催化 95

2.4 其他制氢方法 98

   2.4.1 化石燃料制氢 98

   2.4.2 生物质制氢 102

2.5 本章小结 105

参考文献 108

第 3 章 氢气分离与提纯用新材料 127

3.1 氢气分离膜简介 129

3.2 二维材料在氢气分离中的应用 132

   3.2.1 二维纳米片膜 133

   3.2.2 层状结构膜 136

3.3 金属有机框架材料在氢气分离中的应用 152

   3.3.1 金属有机框架膜的制备 153

   3.3.2 金属有机框架膜的优化 157

   3.3.3 金属有机框架膜的主要问题与解决思路 167

   3.3.4 金属有机框架材料在氢同位素分离中的应用 173

3.4 本章小结 181

参考文献 182

第 4 章 储氢新材料 189

4.1 金属氢化物 191

   4.1.1 镁基合金 194

4.1.2 过渡金属钛/锆/钒基合金 200

4.1.3 稀土基合金 203

4.2 配位氢化物 206

4.2.1 金属铝氢化物 206

4.2.2 金属硼氢化物 209

4.2.3 金属氮氢化物 211

4.2.4 氨硼烷 214

4.3 有机化合物 216

4.3.1 液体有机氢化物 216

4.3.2 金属有机框架化合物 219

4.3.3 共价有机框架化合物 223

4.3.4 多孔聚合物 225

4.4 碳基材料 228

4.4.1 超级活性炭 229

4.4.2 碳纳米纤维 230

4.4.3 碳纳米管 232

4.4.4 石墨烯 234

4.5 其他储氢材料 237

4.5.1 笼形水合物 237

4.5.2 中空玻璃微球 239

4.5.3 沸石 240

4.6 本章小结 242

参考文献 243

第5章 氢能转换中的新材料 253

5.1 燃料电池中的新材料 255

5.1.1 基本原理与设计 255

5.1.2 电解质材料 262

5.1.3 电极及催化材料 268

5.1.4 电解质隔膜材料 293

　　　　5.1.5 双极板材料 297

　　5.2 氢能的主要应用场景 301

　　　　5.2.1 传统应用——氢作为原料 301

　　　　5.2.2 新兴应用——能量转换 302

　　5.3 本章小结 305

　　参考文献 308

第 6 章 总结与展望 313

　　6.1 氢能利用的进展 314

　　6.2 氢能利用中新材料的发展趋势 316

　　　　6.2.1 制氢环节 316

　　　　6.2.2 储氢环节 318

　　　　6.2.3 用氢环节 320

　　6.3 氢能与太阳能结合 320

　　参考文献 324

缩略语表 325

第 1 章

引　言

随着经济的飞速发展与人口的急剧增加，人类社会对能源的需求与日俱增。而随着化石燃料等不可再生能源的枯竭和可再生能源的发展，世界能源的结构一直在发生变化。预测表明，到 2100 年左右，全球能源消耗量将进一步增至目前的 3 倍左右[1]。在世界各国消耗的能源中，煤、石油及天然气等不可再生化石能源约占 80%。以化石能源为主的能源生产和消费结构，不仅带来煤、石油及天然气等不可再生能源的日益枯竭与生态环境的恶化等问题，而且导致大量污染气体（如 SO_x、NO_x 等）及温室气体（如 CO_2 等）排放进入大气层，进而引发一系列环境问题。按照目前的发展趋势，化石燃料的可供应时间仅为几十至上百年，发展和使用清洁可再生能源是必然的趋势。国际能源署、美国能源信息署、石油输出国组织、英国石油公司等每年都会公布往年能源的消耗情况并预测未来能源的发展情况。以英国石油公司 2019 年的年度报告为例，在 2017 年的基础上，预测 2040 年全球一次能源需求的增长幅度约为 30%。能源需求的增长主要来自发展中国家。

1.1 氢能的发展机遇与挑战

1.1.1 能源与环境

合理开发利用清洁可再生能源来替代传统化石能源可以从根本上解决现存的能源与环境问题。可再生能源主要包括太阳能、风能及生物质能等，其中，太阳能因具有"取之不尽、用之不竭"等优势，被认为最具发展潜力的可再生能源。但太阳能等可再生能源通常存在能量密度低、能量波动大等缺点，因此，必须耦合有效的储能技术。将太阳能等可再生能源转变为能量密度高、可储存及运输的清洁化学能，这是高效利用可再生能源最有效的途径之一。

作为一种清洁高效的化学能，氢能是储存太阳能十分理想的载体。氢能是指氢气（H_2）与氧气（O_2）反应生成水（H_2O）时所释放出的能量，该过程的产物是水，可以实现真正的"零污染"。但地球上天然的氢分子含量极低（大气中氢分子的含量仅约为 0.0005‰），通常需要利用含 H 元素的化合物（如水、碳氢化合物等）或消耗一次能源来制取，因此，氢能属于二次能源。地球上 H 元素的储量极为丰富，仅海水中的储量就足够满足人类构建"氢能社会"的需求，这为 H_2 的制取提供了低成本且充足的原料来源。氢不仅是清洁无污染的能量载体，还是一种极为重要的工业原料，广泛应用于石油、冶金、半导体及化工等领域。总体而言，氢能被誉为 21 世纪的"终极能源"，已成为世界各国广泛认可的用于应对能源危机与环境问题的理想能源。

1.1.2 氢能利用前景

氢能利用涉及 H_2 制取、H_2 分离与纯化、H_2 储存及氢能应用等环节。如图 1-1 所示，可采用储量丰富的海水为原料，利用由太阳能等可再生能源获得的电能进行电解水制氢，或更进一步，直接利用太阳能进行光解水制氢。获得的 H_2 经过分离与提纯后，可用作能量载体或工业原料。H_2 作为能量载体，既可通过直接燃烧获得热能或通过内燃机获得机械能，也可通过燃料电池转变为电能，进而作为移动电源或固定电源应用于交通运输、固定式及分布式电站等场景。H_2 作为工业原料，可应用于石油、冶金、电子及化工等诸多领域。在石油炼制过程中，H_2 的应用主要包括加氢处理、加氢裂化及加氢脱硫等，其主要作用是提高石油产品的质量、减少重油残渣及除去有害的杂质元素，如硫（S）等。冶金工业中，H_2 作为还原剂可将金属氧化物还原成纯金属，如用于钨（W）、钼（Mo）等有色金属的生产及加工过程。在电子领域，H_2 作为重要的反应气或保护气，广泛应用于电子材料、真空器件及集成电路等的制造过程。在化工领域，H_2 是制氮肥、碳基液态燃料等的主要原料。因此，大力发展以制氢、储氢及用氢为核心的氢能产业，有望构建以可再生能源为主的多能源互补体系，同时还能促进水、碳及氮资源的循环利用，使社会发展所需的能源与原料全部来自太阳、海水及空气，进而使人类不再依赖不可再生能源，而是依靠新材料及先进技术循环利用已有资源，最终实现全循环。

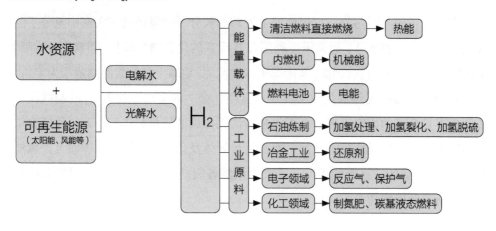

图 1-1　制氢及氢能利用前景

| 1.2 氢能利用对新材料的需求 |

H_2 制取、H_2 分离与纯化、H_2 储存、氢能应用等氢能利用的各环节，对新材料提出了越来越迫切的需求。

1.2.1 氢气制取

长期以来，H_2 主要依靠天然气、煤等不可再生化石能源的重整来获得，因此存在不可持续及不环保等问题。利用太阳能等可再生能源通过电解水制氢或光解水制氢，是实现绿色可持续制氢的理想途径。其中，电解水制氢对新材料的核心要求是开发高效及稳定的非贵金属电催化材料，而光解水制氢对新材料的核心要求则是研制高效及稳定的宽光谱吸光半导体材料。目前，电解水制氢的催化剂以贵金属为主，其资源稀缺性及昂贵的价格使其无法适用于大规模工业化制氢，迫切需要大力发展地壳含量丰富及价格低的非贵金属电催化材料。在各类潜在的非贵金属电催化材料中，过渡金属合金、过渡金属（氢）氧化物、过渡金属硫族化合物、过渡金属氮化物及磷化物等材料因具有地壳丰度高、价格低、制备过程简单及催化活性优异等优点而备受关注。总体而言，电解水制氢催化剂的研究以减少或替代贵金属催化剂为目的，不断发掘有潜力的新型电催化材料，并通过优化其成分、形貌及物相等策略，尽可能地增加催化剂的活性位点数目及提高单个活性位点的活性，最终提高整体催化活性及稳定性。

　　光解水制氢是比电解水制氢更为理想的一种制氢技术，同时也更具挑战性。光解水制氢主要包括光电化学催化制氢及光催化制氢两种基本类型，其主要差异在于前者把半导体吸光材料制备成电极加以使用，而后者则把半导体吸光材料制备成粉体使用。从材料角度，无论是光电化学催化制氢还是光催化制氢，其核心均在于研制高效及稳定的宽光谱吸光半导体材料（如无特指，统称光催化材料）。自 1972 年日本科学家藤岛昭（Fujishima Akira）和本多健一（Honda Kenichi）首次报道 TiO_2 光电化学催化制氢以来 [2]，经过近半个世纪的发展，光催化材料发展十分迅速，并取得了较大的突破。从早期的紫外光响应型光催化材料（如 TiO_2、$SrTiO_3$ 等），逐渐发展为可见光响应型光催化材料（如 Fe_2O_3、$BiVO_4$、$(Ca,Sr,Ba,La)(Ti,Ta,Nb)(O,N)_3$ 及 Ta_3N_5 等）及近红外响应型光催化材料（如 Si、$Cu(In,Ga)Se_2$、$Cu_2ZnSnSe_4$ 及 Sb_2Se_3 等）[3-6]。总体而言，光解水制氢的研究是以提高太阳能转换为氢能的效率及稳定性为目标，不断探索与发掘具有宽光谱响应的新型光催化材料，并通过元素掺杂或固溶改性、能带位置调控、异质结构建、抗光腐蚀保护、析氢（氧）助催化剂修饰、构型设计（如全固体基 Z 型光催化体系、串叠光化学池等）、器件组装（如太阳能池器件与光电化学池耦合、热电器件与光电化学池耦合等）及其他策略，尽可能提高光解水制氢的活性及稳定性，最终实现高效、稳定及低成本的光解水制氢。

1.2.2　氢气分离与纯化

　　在采用各类方法制取 H_2 时，通常会不可避免地混入杂质气体，如甲烷蒸汽重整制氢中含有一定量的 CO_2 及 CO，电解水制氢及光解水制氢中含有 O_2（特别是粉体光催化制氢）。因此，在使用 H_2 之前，需要对获得的 H_2 进行有效的分离与纯化。H_2 的分离与纯化技术主要包括变压吸附、分馏 / 低温精馏及膜分离技术等。其中，膜分离技术因具有能耗低、可连续运行、投资成本低及操作简便等优点，被认为最具有应用前景的 H_2 分离技术。膜材料是 H_2 膜分离技术的基础和核心，膜材料大致可分为有机膜、无机膜及有机 – 无机杂化膜 3 类。有机膜的典型代表是聚合物膜，主要包括纯相高分子膜、多相高分子膜以及高分子混合基质膜等。这类材料是最早投入商业化应用的膜材料，也是目前市场上主流的气体分离材料，具有成本低及易制备等优点，但存在耐高温性能差、耐腐蚀性能差等缺点。聚合物膜材料的研究重点是通过优化成膜工艺，调控膜的孔道尺寸与结构，提高其分离性能。无机膜主要包括碳基膜材料、二氧化硅基膜材料、金属类膜材料及沸石类膜材料等，该类材料的研究重点是根据其具体的制备方法，优化制备参数，调控膜的孔径及孔结构，获得与目标筛分气体相匹配的性质。与聚合物膜材料相比，无机膜具有更好的耐高温及耐腐蚀性能，但因无机材料的组成与结构相对固定，因此调控的自由度相对较低。有机－无机杂化膜的典型代表是金属有机框架（Metal Organic Framework，MOF）膜材料，MOF 膜是由有机配体和金属单元自组装形成的具有周期性网络结构的晶体材料，该材料具有多样化的孔道结构，因而可根据具体应用场合进行灵活的调控。此外，由于 MOF 的有机配体和金属中心离子可有很多种组合，因而衍生物较多，所形成的膜易实现多种功能。总体而言，MOF 膜材料的研究需要解决的重点问题是提高制备的稳定性、降低制备成本、实现大面积及高质量可控制备等。

1.2.3 氢气储存

H₂ 在常温常压下是气体，具有密度低、易燃烧及易扩散的特点，这给其储存带来了极大的挑战。如何实现安全、可靠及高效储氢是氢能应用中亟待解决的技术难题之一。根据储氢原理的不同，储氢方式可分为高压气态储氢、低温液态储氢、有机液体储氢及固态储氢等方式。高压气态储氢是目前主要的储氢方式，具有容器结构简单、充放氢过程响应速度快及成本低等优点。储氢瓶是高压气态储氢的关键，目前主要有全金属气瓶（Ⅰ型）、钢制内胆碳纤维环向缠绕气瓶（Ⅱ型）、铝合金内胆碳纤维全缠绕气瓶（Ⅲ型）及塑料内胆碳纤维全缠绕气瓶（Ⅳ型）4 种类型。高压储氢技术对新材料的要求主要包括自重轻、耐高压、阻隔性好及制造成本低等方面。此外，对于Ⅲ型及Ⅳ型气瓶，气瓶外层的碳纤维材料及其缠绕技术也是关键。低温液态储氢是通过压缩 H₂ 并冷却为液态氢的形式进行储存的技术，虽然其储氢密度高，但存在液化耗能高、容器结构复杂及成本高等问题。该技术对新材料的要求主要包括容器材料的导热性及低温服役下的耐久性等。有机液体储氢主要通过不饱和液态芳烃和对应氢化物（环烷烃）之间的加氢与脱氢反应来实现，具有储氢密度高、可常温常压储存等优点。该技术对材料的要求主要是可降低有机液体的放氢温度、减少副反应等。固态储氢主要通过物理或化学方式使储氢材料和氢结合来实现储氢，具有储氢密度大、安全性好、运输便捷及成本低等优点，是一种极具发展潜力的储氢方式。固态储氢涉及的材料类型较多，如金属氢化物、配位氢化物、纳米碳材料及有机框架化合物等，对储氢材料的核心要求是储氢密度高、储放氢速度快、操作温度低、储放氢可逆循环性能好及使用寿命长等。

1.2.4 氢能应用

除了 H_2 制取、H_2 分离与纯化及 H_2 储存 3 个环节外，以燃料电池技术为核心的氢能应用也是重要环节。目前，H_2 主要作为工业原料应用于石油及化工等领域，如合成氨、石油精炼及甲醇生产等。随着氢燃料电池技术的日趋成熟及其在交通、建筑、工业及军事等领域应用范围的不断扩大，H_2 作为清洁能源应用的占比将逐渐增加。燃料电池是一种通过电化学反应把燃料所含有的化学能直接转换成电能的换能装置，与传统内燃机相比，燃料电池不受卡诺循环的限制且无燃烧环节，因而具有能量转换效率高（高达 60%~80%，约为内燃机的 2~3 倍）、噪声污染小、功率密度高等优点。此外，以 H_2 作为燃料的氢燃料电池的最显著的优点是在 H_2 与 O_2 发生电化学反应释放电能的同时，生成无污染的副产物 H_2O，而 H_2O 又可通过可再生能源的电解水或光解水等途径转变为 H_2 与 O_2，进而循环利用，实现真正的"零污染"及"零排放"。燃料电池一般由阳极、阴极、电解质和辅助装置组成。目前，燃料电池技术存在成本较高等问题，这主要是因为使用铂（Pt）及其合金催化剂所致，因此在发展氢燃料电池过程中，亟待解决的关键问题是降低贵金属催化剂的用量、发掘新型非贵金属催化材料，以及通过各种策略提高催化剂的活性与循环稳定性。

| 1.3 面向未来能源战略需求发展氢能 |

如前所述，作为重要的能源载体和工业原料，H_2 具有诸多优点，是优选的清洁可再生燃料（见图 1-2）。H_2 的燃烧热值高达 140.4 MJ $\cdot$ kg^{-1}，仅次于核燃料，是同质量汽油、焦炭等化石燃料的 3~4 倍；燃烧产物仅为水，清洁环保、零碳排放；扩散系数大，如发生泄露时极易扩散，在开放空间的安全性好；高效灵活，可将其他形式能量（如电能）转化为化学能进行存储；来源广泛，可从水、化石燃料等含氢物质中制取；应用方式和场景丰富多样，在生产生活等众多领域均有应用潜力。

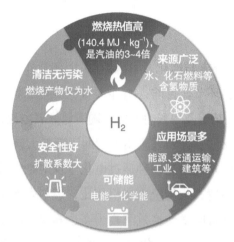

图 1-2　H_2 的特点

H_2 在化学和物理变化过程中释放的能量即为氢能，是一种清洁、高效、可持续的二次能源，更是实现工业生产、交通运输、建筑等领域深度脱碳的最佳选择。虽然氢能产业发展备受争议，氢能利用过程中会将其他形式能量转化为化学能后再燃烧释放能量，不可避免地会伴随能源损耗。但随着氢能技术的不断成熟，目前中国、美国、欧盟、日本、韩国等都已积极制定氢能发展战略，大力发展“氢经济”，使氢能产业得以快速发展。

中国自 2016 年加入《巴黎气候变化协定》以来，已全面开展降碳减排工作，为应对全球气候变化和缓解生态危机贡献力量。2020 年，中国向世界郑重承诺，将采取强有力的政策和举措，力争 2030 年前实现 CO_2 排放达峰，2060 年前实现碳中和。但目前我国化石能源消费占比超过 80%，碳基能源仍然占据能源结构的主体地位，要实现深度脱碳必须依靠能源结构绿色转型，走可持续发展之路。因此，迫切需要开发和利用清洁可再生能源，以缓解能源极度短缺和生态环境持续恶化的严峻局面。

综上，发展氢能应用技术是我国未来发展能源技术的战略性选择。“十四五”

期间，我国氢能及相关产业将继续依托国家重点研发专项，创新组织方式，进一步调动科研机构与企业积极性，充分利用国内外科技资源，加快关键核心技术取得实质性突破，加快提升氢能技术的成熟度，为我国在该技术领域追赶世界先进水平提供强有力的支撑。

参考文献

[1]　Wolf E L. Nanophysics of solar and renewable energy[M]. John Wiley & Sons, 2012.

[2]　Fujishima A, Honda K. Electrochemical photolysis of water at a semiconductor electrode[J]. Nature, 1972, 238(5358): 37-38.

[3]　Hisatomi T, Kubota J, Domen K. Recent advances in semiconductors for photocatalytic and photoelectrochemical water splitting[J]. Chemical Society Reviews, 2014, 43(22): 7520-7535.

[4]　Walter M G, Warren E L, McKone J R, et al. Solar water splitting cells[J]. Chemical Reviews, 2010, 110(11): 6446-6473.

[5]　Sivula K, Van De Krol R. Semiconducting materials for photoelectrochemical energy conversion[J]. Nature Reviews Materials, 2016, 1: 15010.

[6]　Zhang L, Li Y, Li C, et al. Scalable low-band-gap Sb_2Se_3 thin-film photocathodes for efficient visible–near-infrared solar hydrogen evolution[J]. ACS Nano, 2017, 11(12): 12753-12763.

第 2 章

制氢用新材料

化石燃料燃烧产生的大量 CO_2 会导致温室效应，使全球温度上升。为满足日益增长的能源消耗需求和解决随之加剧的环境污染问题，迫切需要发展和应用清洁可再生能源。如第 1 章所述，H_2 具有燃烧能量密度高、燃烧产物清洁环保等优点，是重要的能源载体和工业原料。作为一种清洁高效、安全、可持续的二次能源，氢能是实现能源、交通运输、工业、建筑等领域深度脱碳的极佳选择。目前，成熟的制氢技术包括化石能源重整制氢、工业副产氢和电解水制氢。依靠化石能源制氢势必会加剧不可再生能源的消耗并带来环境污染，而电解水制氢的原料是占据地表面积约 71% 的水，来源广泛且副产物为高附加值的氧气，更符合可持续发展的理念。电解水制氢技术主要包含碱性水电解槽、质子交换膜电解槽和固态氧化物水电解槽等，具有生产灵活、制氢纯度高的优点，制氢总量约占年制氢规模的 3%。电解水制取每立方米 H_2（标准状况下）需耗能 4~5 kW·h，电力成本约占总成本的 70%，制氢成本受电价影响很大。

另外，风能、水能、潮汐能、地热能、核能、生物质能、太阳能等可再生能源都可能作为未来发展所需的新能源。电解水制氢与可再生能源发电结合，能形成绿色能源闭环应用系统，不但可拓展可再生能源的利用方式，还能提高电力系统的灵活性，解决电力不易长期储存的问题，促进不同清洁能源网络间的协同优化。

在众多的可再生能源中，太阳能是未来新能源的重要组成部分。通过光伏电池（Photovoltaic Cell）可将太阳能转换为电能，也可通过自然光合成或人工光合成将太阳能储存为化学燃料，或将聚焦或未聚焦的太阳能转换为热能，或通过热电材料进一步转换成电能。将太阳能转换为化学燃料，其可储存性和易运输性能够有效解决太阳能的时间性和地域性差异问题。以氢作为载体的优势在于 H_2 燃烧后的产物是水，所以 H_2 是一种高效清洁的新能源。太阳能制氢方法包括三大类：第一类是光伏（Photovoltaic，PV）驱动的电催化、光电化学催化和光催化制氢。对于 PV 驱动的电催化制氢，以 PV 中半导体吸收光子后产生的载流子作为电能收集，可直接用于电催化分解水制氢。对于光电化学催化制氢，催化剂本身具有催化活性，半导体吸收光子后产生的载流子可直接用于分解水制氢。第二类是热化学制氢。该方法利用太阳能聚光器聚集太阳能产生高温以实现水的裂解制氢。第三类是光生物制氢。该方法利用微生物中的固氮酶或氢化酶催化分解水制氢。

本章将围绕制氢环节中涉及的多种催化技术，系统地介绍新材料在电催化、光电化学催化、光催化、热催化、光热催化中的应用，最后概述化石燃料制氢和生物质制氢的进展及面临的挑战。

| 2.1　电催化 |

电催化制氢是指通过电化学方法，使用催化剂分解水来产生 H_2 和 O_2，是目前主流的催化制氢技术。

2.1.1　基本原理与设计

析氢反应（Hydrogen Evolution Reaction，HER）是通过电化学方法使用电催化剂来制备 H_2 的，主要指电解水制氢。电解水制氢的装置由阴极、阳极和电解质组成，如图 2-1 所示。在两极施加一定电压时，阴极发生还原反应生成 H_2，阳极发生氧化反应生成 O_2，总反应方程式为：

$$2H_2O \rightarrow 2H_2 + O_2 \tag{2-1}$$

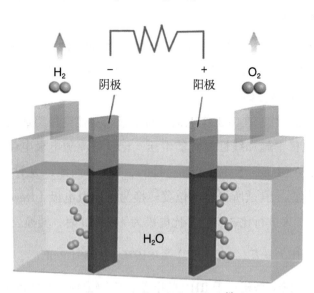

图 2-1　电解水制氢的装置[1]

当电解质酸碱度不同时，阴极和阳极对应的半反应也不同。在碱性和中性电解质中，阳极反应式为：

$$4OH^- \rightarrow 2H_2O + O_2 + 4e^- \qquad (2-2)$$

阴极反应式为：

$$2H_2O + 2e^- \rightarrow H_2 + 2OH^- \qquad (2-3)$$

在酸性电解质中，阳极反应式为：

$$2H_2O \rightarrow 4H^+ + O_2 + 4e^- \qquad (2-4)$$

阴极反应式为：

$$2H^+ + 2e^- \rightarrow H_2 \qquad (2-5)$$

在理想条件下，电解水的热动力学电压为 1.23 V（25 ℃，1.01×10^5 Pa）。在实际应用中，往往需要施加大于 1.23 V 的电压才能实现水分解，商业上电解水的外加电压一般在 1.8~2.0 V，实际施加电压与理想电压差值即过电位。

$$E = 1.23 + \eta_a + \eta_c + \eta_{other} \qquad (2-6)$$

式中，E 为实际电解水所需施加电压，η_a 为克服阳极本身活性能垒的过电位，η_c 为克服阴极本身活性能垒的过电位，η_{other} 为溶液内部电阻和接触电阻引入的额外电位，单位均为 V。

电解水制氢需要使用电催化剂。提高电催化剂的活性，可有效降低制氢过电位、提高电流密度，对减少电解水制氢的能耗意义重大。衡量电催化材料的电催化 HER 性能的主要指标如下。

（1）电催化活性：在由工作电极、对电极和参比电极组成的三电极测试体系中，在工作电极上施加线性变化的电压，记录电流随电极电位变化的曲线，即线性扫描伏安（Linear Sweep Voltammetry，LSV）曲线，是评定电解水制氢性能最基本的数据。测试所得过电位要转换为可逆氢电极（Reversible Hydrogen Electrode，RHE）来进行比较，当参比电极为 Ag/AgCl 时，转换公式如下：

$$E（RHE）= E（Ag / AgCl）+ 0.1976 + 0.0591 \times pH \qquad (2-7)$$

式中，E（RHE）是相对于 RHE 的电位，E（Ag/AgCl）是相对于 Ag/AgCl 电极的电位，单位均为 V。pH 是电解质的酸碱度。0.1976 和 0.0591 是常数。

当参比电极为饱和甘汞电极时，将常数 0.1976 换为 0.2412 即可。一般选取 2 mA·cm^{-2}、10 mA·cm^{-2} 和 100 mA·cm^{-2} 下的过电位来进行性能比较，数值越接近 0，电解水制氢性能越好。

（2）塔费尔斜率：电解水制氢主要包括吸附活化和脱附产氢两个步骤，即电解质中的氢首先吸附到电催化剂的活性位点上，形成吸附态的氢，再从电催化剂表面脱附并形成 H$_2$。通常，HER 的反应机理分为沃默尔 – 海洛夫斯基和沃默尔 – 塔费尔两种，如图 2-2 所示。沃默尔反应对应氢吸附步骤（H$^+$ + e$^-$ → H$_{ad}$），海洛夫斯基和塔费尔反应则对应氢脱附步骤，区别在于：在海洛夫斯基反应中，电解质中的氢和吸附的氢结合产生 H$_2$（H$^+$ + H$_{ad}$ → H$_2$），而塔费尔反应则是两个相邻的吸附的氢结合形成 H$_2$ 进行脱附，二者对应的塔费尔斜率分别为 38 mV·dec^{-1}（dec 表示 10 倍频程）和 116 mV·dec^{-1}。塔费尔斜率是判断 HER 的反应机理的直接依据，其大小反映电极的反应动力学过程，值越小则对应的电催化电极性能越好。塔费尔斜率的计算公式如下：

$$\eta = b \times \log(j / j_0) \tag{2-8}$$

式中，η 是过电位，单位为 V；b 是塔费尔斜率，单位为 mV·dec^{-1}；j 是电流密度，单位为 mA·cm^{-2}；j_0 是交换电流密度，单位为 mA·cm^{-2}。在实际测试中，测试结果还会受温度、电解质的酸碱度、电极表面状态的影响。

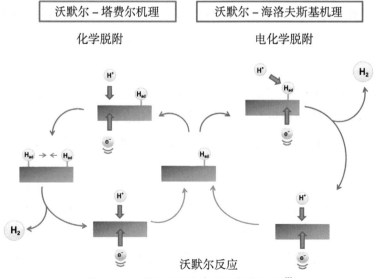

图 2-2　电催化时电极表面的析氢机理[2]

★注：H$_{ad}$ 表示吸附的氢。

（3）电催化稳定性：指电催化剂在电解质中长时间稳定工作的能力。评价方式为恒电压测试和循环伏安（Cyclic Voltammetry，CV）测试。恒电压测试是在一定过电位下，测试电流随时间的变化曲线，即 I-t 曲线。一般测试时间大于 10 h。CV 测试相当于连续测试多个 LSV 曲线并对比第一个和最后一个 LSV 曲线的偏离程度，通常测试的循环数大于 1000 次。

（4）氢吸附吉布斯自由能：电催化制氢材料的活性主要通过氢吸附吉布斯自由能（Gibbs Free Energy of Hydrogen Adsorption，ΔG_H^0）来衡量。一般采用密度泛函理论（Density Functional Theory，DFT）来计算 ΔG_H^0，正值代表低的氢吸附动力学，负值代表低的氢脱附动力学。因此，ΔG_H^0 的绝对值越接近 0，则该电催化剂的 HER 活性越高。特别地，碱性电解质中还要考虑电催化剂对水分子的吸附与解离作用。

目前，电解水制氢的催化剂以贵金属为主，其中地壳中含量仅为 $3.7 \times 10^{-6}\%$ 的贵金属 Pt 的催化性能最优，但是其稀缺性使其并不适用于大规模工业化制氢，因此迫切需要寻找含量丰富的非贵金属材料来代替贵金属电催化剂，在降低成本的同时保持优异的电催化制氢性能。非贵金属制氢的电催化剂所含的金属元素以过渡金属为主，如 Mo、W、钽（Ta）、铁（Fe）、钴（Co）、镍（Ni）等，非金属包括 S、硒（Se）、磷（P）、氮（N）、碳（C）、硅（Si）、硼（B）等。这些元素的含量远高于贵金属，且价格低、制备过程简单、催化活性优异，因而备受关注。下面将对金属基、非金属基和单原子 3 类新型电催化材料逐一进行介绍。

2.1.2 金属基电催化材料

金属基电催化材料在电催化制氢领域起着举足轻重的作用，主要分为金属及其合金、过渡金属化合物两大类，其中过渡金属化合物又可分为硫化物、硒化物、碲化物、氧化物、磷化物、氮化物、碳化物、硅化物、硼化物和 MOF。

1. 金属及其合金

Pt 族贵金属位于交换电流密度与 ΔG_H^0 的"火山图"的顶部，其电催化制氢性能远超过其他金属，如图2-3所示。但贵金属资源稀缺、价格昂贵，如果能在保证电催化活性的前提下降低贵金属用量，对于电催化制氢的实际应用具有重要意义。

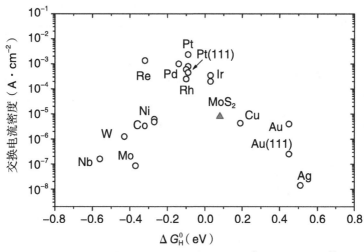

图 2-3　过渡金属的交换电流密度与 ΔG_H^0 的 "火山图" [3]

　　在载体上负载贵金属纳米颗粒，通过降低颗粒尺寸来增大电化学比表面积，是减少贵金属用量的有效途径。Esposito 等人通过离子溅射法分别在 WC、W_2C 和 Mo_2C 等过渡金属碳化物的表面沉积贵金属 Pt、钯（Pd）或金（Au）的单原子层，其中 WC/Pt 电极的 Pt 用量仅为纯 Pt 电极的 1/4，其电催化 HER 活性却与纯 Pt 相近 [4]。Zeng 等人通过光化学还原法将 Pt 纳米颗粒均匀负载于 TaS_2、TiS_2 等过渡金属硫化物表面 [5]。用还原法制备的贵金属纳米颗粒具有适用性广、简便易行的特点，可负载于石墨烯、碳纳米纤维等碳基纳米材料表面，使得在保证电催化活性接近 Pt 电极的基础上，显著降低贵金属用量。

　　此外，用非贵金属来代替部分贵金属，制备得到含贵金属的合金也能有效降低贵金属用量。Tymoczk 等人报道单层铜（Cu）原子可显著增强 Pt(111) 面的电催化活性，Cu 原子的位置对活性影响较大，当 Cu 原子位于次表层时，可削弱表面对吸附氢中间体的结合力，进而显著提升 Pt-Cu 合金的电催化活性，如图 2-4 所示 [6]。Cao 等人采用溶剂热法制得具有独特的六方密堆积结构的多枝状 Pt-Ni 纳米合金，其在 10 mA·cm^{-2} 下的过电位仅为 65 mV，每消耗 1 μg Pt，电流可达 3.03 mA，表现出优异的电催化活性 [7]。Wang 等人通过水热法在 Co 纳米线表面生长 Pt-Co 纳米合金颗粒，超细的 Pt-Co 纳米颗粒与 Co 纳米线形成异质结，二者的界面协同效应使该电极表现出优异的电催化 HER 性能，甚至优于商业的 Pt/C 电极 [8]。

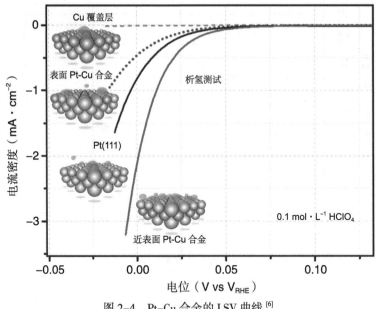

图 2-4　Pt-Cu 合金的 LSV 曲线[6]

　　从"火山图"可知，金属材料的 HER 电催化活性主要由 ΔG_H^0 决定。除少数贵金属外，其他活泼金属在电解液中容易反应，不能直接作为稳定高效的电催化剂。活泼金属合金化是提高 HER 性能的有效途径。一方面，氢优先吸附在合金表面具有强 M-H 键的金属位点，再进行表面扩散，在具有弱 M-H 键的金属位点处脱附形成 H_2。不同金属与 H 原子成键强度有差异，因而合金能有效促进氢吸附和脱附反应的进行，提高材料的本征电催化活性。另一方面，不同金属原子之间的尺寸差异会引起合金晶格畸变，形成结构缺陷，缺陷处作为活性位点可提高电催化性能。

　　目前报道的活泼金属合金多为二元和三元合金，镍基合金在析氢电催化中的应用最为广泛，如 Ni-Cu、Ni-Mo、Ni-Co、Ni-W、Ni-Al、Ni-Mn、Ni-Sn、Ni-Zr、Ni-Cr-Fe、Ni-Mo-Cu、Ni-Co-Cu、Ni-Co-Sn 等。钴基合金和铁基合金也比较常见，如 Co-W 和 Fe-W。此外，稀土（Rare Earth，RE）金属也可与活泼金属形成合金，如 Fe-R（R 为铈（Ce）、钇（Y）、钐（Sm）等）、Fe-Zn-R（R 为镧（La）、Y、钆（Gd）等）。活泼金属合金的制备方法主要是电沉积法和粉末冶金法，电催化 HER 性能较单一金属均有显著提升。但活泼金属在酸性电解质中的稳定性较难保证，因而多用于碱性电解质中，碱性电解质在燃料电池中有重要应用。

过渡金属硫化物是指位于金属和非金属元素交接区域的过渡金属与硫族元素中的 S、Se 或碲（Te）结合形成的化合物，其具有制备简单、成本低、种类繁多等优势。根据过渡金属在元素周期表中位置的不同，可分为ⅣB~ⅦB 族和Ⅷ族的过渡金属两大类。位于ⅣB~ⅦB 族的过渡金属（如 Mo、W、Ta、铌（Nb）、钛（Ti）、锆（Zr）等）可与硫族元素形成独特层状结构的过渡金属二硫族化合物（Transition Metal Dichalcogenides，TMDs），金属原子层夹在两层硫族原子之间，形成三明治状夹心结构。层内原子间通过强化学键结合，层与层之间则是弱范德瓦耳斯力，层间易滑离形成二维结构。根据元素配位方式和层片堆叠顺序的不同，同一种 TMDs 可具有多种晶型，金属配位可以是八面体或三棱柱配位。八面体配位是 1T（Tetragonal Symmetry，正方对称）相，如 AbC 等。三棱柱配位时由于单层存在不同堆叠方式，因而表现为 2H（Hexagonal Symmetry，六角对称）相或 3R（Rhombohedral Symmetry，菱面对称）相，如 MoS_2、$MoSe_2$、WS_2、WSe_2 等。因此，TMDs 晶胞中可形成 1T、2H 和 3R 等 3 种不同的相，其中数字代表堆叠序列的层数，如图 2-5 所示。多变的结构及丰富的元素组成使得 TMDs 材料家族十分庞大，是一类非常有潜力的非贵金属电催化剂。

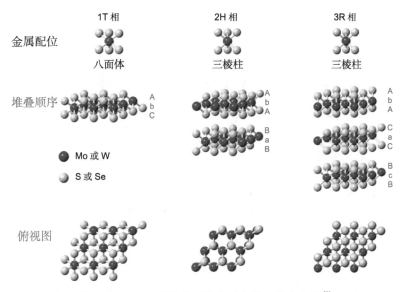

图 2-5　TMDs 晶胞中不同金属配位和堆叠次序 [9]

根据制备原理不同，TMDs 纳米结构的制备方法分为"自上而下"法和"自下而上"法。"自上而下"法是指通过破坏层状结构体相材料的层间弱相互作用力来制备TMDs的方法（主要有机械剥离法、液相剥离法）以及通过离子插入辅助以扩大层间距的液相剥离法。"自下而上"法则依赖特定反应条件下前驱体的化学反应，如化学气相沉积法、溶剂热法和水热法等。

位于Ⅷ族的过渡金属（如Fe、Co、Ni、Pt、Pd等）与硫族元素不但可形成TMDs，如CoS_2、$CoSe_2$、FeS_2、$FeSe_2$、$NiSe_2$、NiS_2、PtS_2、$PtSe_2$等，还可形成多种晶型和元素配比的金属化合物，如FeS、Ni_3S_2等，晶体结构多为非层状结构，主要为黄铁矿结构和白铁矿结构（如图2-6所示），制备方法有水热法、溶剂热法和化学气相法等。其中，含Fe、Co和Ni的化合物不仅适用于较宽的pH范围（酸性、中性、碱性）电解质中的电催化HER，而且是一类性能优异的析氧电催化剂材料。

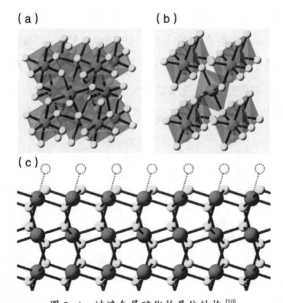

图2-6 过渡金属硫化物晶体结构 [10]

（a）白铁矿型；（b）黄铁矿型（以FeS_2为例，Fe和S原子分别用深色球和浅色球表示）；（c）黄铁矿（100）晶面侧视图

过渡金属硫族化合物的电子性能与金属配位环境和d轨道的电子数目密切相关，金属相TMDs的导电性更优异，电催化HER性能优于半导体相。独特的结构、丰富的活性位点、可调的电子性能使过渡金属硫族化合物成为极具潜力的非贵金属电催化材料，但与Pt族贵金属还有一定差距，因此寻找提升其电催化HER性能的方法十分必要。

一方面应提高材料的电子传输特性，主要手段有相转变、应变工程、元素掺杂、构建复合结构等。相转变是指通过改变晶体结构来实现对材料电子结构的调控。应变工程是指对晶体结构施加一定应变，使材料原子薄层结构改变。元素掺杂是指在结构中引入过渡金属或非金属元素，相当于对其进行合金化处理。构建复合结构可弥补材料自身的导电性差的缺点，从而提高电催化 HER 性能。

另一方面应增加电催化活性位点的数量，主要手段有结构优化、缺陷工程等。结构优化是指材料的细化或特殊形貌化。缺陷工程是指采用等离子体刻蚀、添加生长抑制剂等物理或化学手段引入缺陷，旨在促进活性位点的暴露，增加活性位点的数量，进而提高电催化 HER 活性。

2. 过渡金属硫化物

MoS_2 是目前研究最为广泛的 TMDs 材料。在 MoS_2 的理想结构中，每个 Mo 原子都被以八面体形式排布的 6 个 S 原子包围，呈八面体构型，表现出金属性（$1T-MoS_2$）。但该金属相在热力学上是不稳定的，会转变为具有三棱柱构型的半导体相 MoS_2（$2H-MoS_2$）。$2H-MoS_2$ 到 $1T-MoS_2$ 的转变可通过在层间插入碱金属离子（如 Na^+、Li^+）来实现，如图 2-7 所示。碱金属离子的插入可引入额外电子，引起过渡金属 d 轨道的重新排布。相同条件下，金属相 MoS_2 的电催化性能显著优于半导体相 MoS_2，在 10 mA·cm^{-2} 电流密度下 $1T-MoS_2$ 的过电位可达 175 mV，塔费尔斜率仅为 41 mV·dec^{-1}，电催化性能优异。

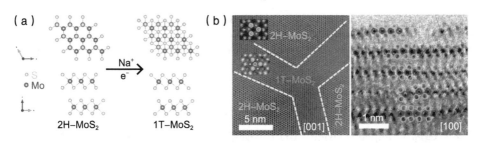

图2-7 Na⁺掺杂诱发MoS₂相变[11]

（a）相变过程示意；（b）Na⁺ 掺杂 MoS₂ 的高分辨 TEM 图像

★ 注：TEM 即透射电子显微镜，Transmission Electron Microscope。

非金属元素（如 O、N、P、Cl、Se 等）掺杂 MoS_2，不仅能调控电子结构、提高本征导电性，还可以在掺杂元素周围产生高密度的自旋电子态，形成新的催化活性中心，进而显著提高电催化性能。过渡金属元素掺杂是指过渡金属取代部分 Mo 来实现对 MoS_2 电荷分布的调控，进而提高其本征催化活性。由于引入掺杂原子会使 MoS_2 的结构发生变化，因而作用较为复杂。根据替代原子与 S 原子的成键数目，Mo 对 MoS_2 的掺杂可分为两类：一类是取代 Mo 原子后与周围的 6 个 S 原子成键，如 W、Fe 等；另一类是取代 Mo 原子后只与 4 个 S 原子成键，形成 2 个不饱和 S 原子，如 Co、Pt 等，如图 2-8 所示。相对于单一金属来说，双金属更有助于表面扩散，促进氢的吸附和脱附过程。除三元合金外，Ni-Co-MoS_2 纳米盒子结构、$Mo_xW_{1-x}(S_ySe_{1-y})_2$ 纳米片结构等四元合金也逐渐被开发，性能较 MoS_2 均有显著提升。

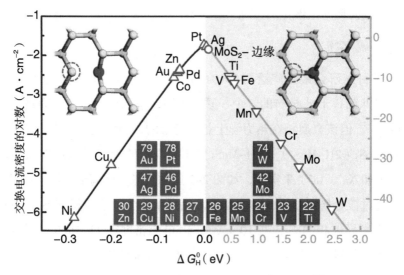

图 2-8　交换电流密度的对数与 ΔG_H^0 的关系 [12]

★注：插图分别为掺杂过渡金属原子后的原子配位结构，黄色小球为 S 原子，绿色小球为 Mo 原子，蓝色和紫色小球为与 4 个（左图）、6 个（右图）S 原子结合的过渡金属原子，H 原子的吸附位置用红圈标记。

　　构建复合结构也是提高 MoS_2 电催化 HER 性能的有效途径。MoS_2 与石墨烯、氧化石墨烯（Graphene Oxide，GO）、碳纳米管（Carbon Nanotubes，CNTs）、碳量子点等碳材料均可形成复合结构，碳材料有助于充分暴露 MoS_2 的活性位点并促进活性物质和电解质之间的电荷传输。此外，MoS_2 可与其他过渡金属化合物形成异质结，如 MoS_2/WS、MoS_2/Ni_3S_2、MoS_2/$Ni(OH)_2$、MoS_2/SnO_2 等，异质结的界面有助于促进氢吸附、提高电导率和电子传输效率、产生新的活性位点、提高结构稳定性，可显著提升 MoS_2 的电催化 HER 性能。

　　由于 MoS_2 具有类石墨烯的超高弹性模量，若将原子级的 MoS_2 薄膜沉积在柔性基底上，可通过引入应变来提高其电催化活性。Chen 等人通过第一性原理计算得出，应变可改变 1T–MoS$_2$ 的电催化 HER 性能，其中双向拉伸的增强效果要优于单向拉伸。拉伸应变在提高质子亲和力的同时还可降低电子亲和力，活化内部相对惰性的价电子，扩大 d 能带的交换分裂，进而提高系统的不稳定性和电催化活性[13]。Li 等人通过氩等离子体处理在单层 MoS$_2$ 的基面引入 S 空位和应变，如图 2-9 所示。在原本惰性的基面上引入的 S 空位可作为新的活性位点，显著增强氢吸附作用。应变与 S 空位协同影响 ΔG_H^0，进而显著增强 MoS$_2$ 的本征电催化活性。

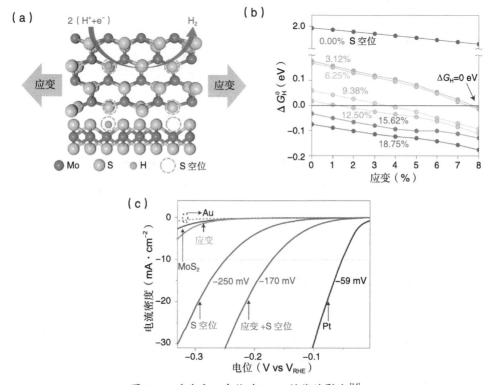

图 2-9　应变和 S 空位对 MoS$_2$ 性能的影响[14]
（a）MoS$_2$ 基面上应变和 S 空位；（b）ΔG_H^0 与应变和 S 空位含量的关系；
（c）应变和 S 空位对 MoS$_2$ 电催化 HER 性能的增强作用

　　MoS$_2$ 的活性位点主要位于片层边缘。通过有规律地排布纳米片或者细化尺寸，可尽可能地暴露 MoS$_2$ 的片层边缘，增加活性位点的数量。Kong 等人采用快速生长法制备得到垂直于基底表面、规则排列的 MoS$_2$ 和 MoSe$_2$ 纳米片薄膜，独特的定向排列结构充分暴露了片层边缘的活性位点，使材料的电催化 HER 性能显著提高，如图 2-10 所示[15]。Xu 等人通过机械剥离法和溶剂热法对块体 MoS$_2$ 进行结构的细化处理，得到平均尺寸仅为 3.3 nm 的 MoS_2 量子点，高度剥离和富含缺陷的 MoS_2 量子点含有丰富的电催化活性位点，表现出显著增强的催化活性[16]。

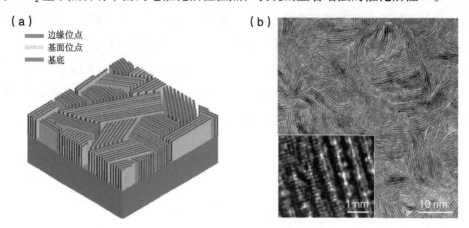

图 2-10　定向排列的 MoS_2 纳米片薄膜[15]

（a）结构模型；（b）TEM 图像

缺陷工程是指通过化学或物理手段引入缺陷，破坏材料的结构或成分的完整性。Xie 等人在制备过程中添加过量还原剂来抑制 MoS_2 的定向生长，实现了富含缺陷的特定形貌的 MoS_2 纳米结构的可控制备。缺陷引起基面断裂，使片层边缘位置暴露出更多的活性位点[17]。此外，氧等离子体处理、高温 H_2 退火等方法也能有效地为 MoS_2 纳米片额外引入活性位点。

WS_2 是结构、性能与 MoS_2 极其相似的材料，具有多种异构体，金属相 1T-WS_2 的电催化活性优于半导体相 2H-WS_2。元素掺杂有助于调控 WS_2 的电子结构并提高其本征电导率，如 N-WS_2、$WS_{2(1-x)}Se_{2x}$、$Co_xW_{1-x}S_2$。构建复合结构和异质结有助于充分暴露 WS_2 的活性位点和提高电导率，如 WS_2/石墨烯、WS_2/MoS_2 异质结。活性位点位于片层边缘对提升其电催化 HER 性能效果显著，如垂直排列的 WS_2 纳米片、多级结构的 WS_2 薄膜等。引入缺陷有助于增加活性位点数目，Zhu 等人通过 H_2 退火结合水热法制备得到具有丰富 S 原子空位缺陷的 WS_2[18]。ⅥB 族过渡金属硫化物中除 MoS_2 和 WS_2 外，CrS_2 也具有电催化制氢的潜能，但由于 CrS_2 块体的制备较困难，相关研究较少。

VB 族过渡金属硫化物（TaS_2、NbS_2 和 VS_2）在电催化制氢领域中也崭露头角，其结构和组成均与 MoS_2 类似，但 1T 相和 2H 相均表现为金属性。理论计算和实验结果表明，除片层边缘位点外，材料的基面也具有电催化活性，在电催化过程中具有自优化的特性，该特性源于在 HER 测试过程中材料的结构自优化，即结构细化，如图 2-11 所示[19]。

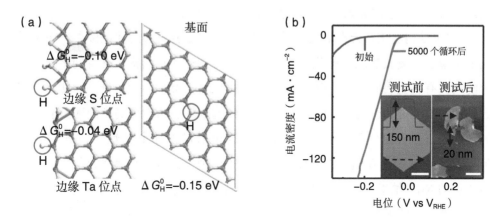

图 2-11　2H-TaS$_2$ 活性位点和电催化 HER 性能[19]

（a）2H-TaS$_2$ 活性位点的 ΔG_H^0（黄、蓝和灰色球分别为 S、Ta 和 H）；
（b）5000 个循环测试前后的 LSV 曲线及 AFM 图像

Huang 等人在 NbS$_2$ 中掺杂 Pd 原子制备得到 Pd$_x$NbS$_2$，在化合物中形成 [PdS$_6$] 八面体来连接 Nb-S 原子层。这种独特的支撑效应可扩大 NbS$_2$ 的层间距并提高基面 S 原子的活性，能显著提高材料的导电性和结构稳定性[20]。Najafi 等人通过机械混合的方法构建了 NbS$_2$/MoSe$_2$ 纳米片复合结构，二者的协同作用可显著增强 MoSe$_2$ 到 NbS$_2$ 纳米片的电子传输性能，优化 NbS$_2$ 基面和 MoSe$_2$ 金属边缘的 ΔG_H^0，进而加速 HER 动力学过程[21]。Du 等人将 MoS$_2$ 纳米点作为尺寸可控的前驱体，采用水热法原位生长薄片状的 MoS$_2$/VS$_2$ 异质结，该结构表现出优异的电导性和本征电催化活性[22]。Liang 等人采用水热法在碳纸上原位生长直立的 VS$_2$ 纳米片阵列，该垂直阵列的独特结构不仅能促进活性位点与电解质的充分接触以及催化剂表面的 H$_2$ 释放，还能提高 VS$_2$ 电催化剂和碳纸集流体之间的电荷传输效率，从而有效提高 VS$_2$ 的 HER 活性[23]。

　　丰富的缺陷和扩大的层间距可使 TMDs 纳米片具有更多的活性位点、更合适的 ΔG_H^0 和更优的电催化活性。Li 等人通过氧等离子体刻蚀超薄的 TaS$_2$ 纳米片，在 TaS$_2$ 基面上引入原子级的孔缺陷，这些超细孔的边缘位置可形成大量未完全配位的活性原子位点，进而提高电催化活性[24]。

　　Ⅷ族的过渡金属（Fe、Co、Ni）与 S 元素可形成多种不同元素配比的化合物，

如 CoS_2、FeS、FeS_2、NiS_2、Ni_3S_2、Ni_3S_4 等，这类材料不仅可用于电催化 HER，还可用于电催化析氧，是一类非常重要的双功能电催化剂。这类电催化剂的性能优化方法主要是结构优化、元素掺杂、复合结构和构建异质结。

（1）结构优化：旨在增大材料的比表面积以暴露更多的活性位点。Miao 等人采用溶胶 – 凝胶法结合硫化处理，制备得到 FeS_2 介孔结构，独特的多孔状结构使其具有大比表面积、充分暴露的高指数（210）晶面。理论计算表明，高指数晶面（210）比低指数晶面（100）的 O–H 键的断裂活性更高，因而具有更多的活性位点数和更优的本征活性，从而表现出增强的 HER 活性，如图 2-12 所示 [25]。Ouyang 等人在泡沫镍表面进行盐酸预处理，再通过水热法原位生长分级多孔状的 Ni_3S_2 纳米棒阵列结构，活性材料与基底的紧密结合能增强电极的电子传输特性和电催化稳定性，三维多孔状基底可增大电极的活性表面积并促进活性位点与电解质的接触 [26]。

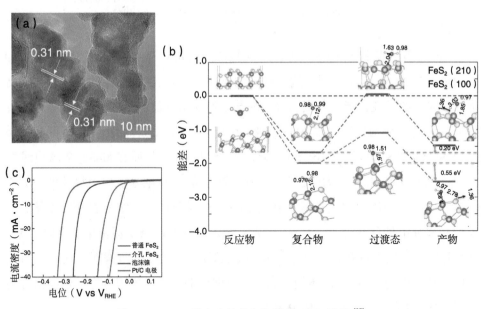

图 2-12　FeS_2 的介孔结构和电催化 HER 性能 [25]

（a）FeS_2 的 TEM 图像；（b）不同 FeS_2 晶面上水分子中 O–H 键断裂的反应通路；

（c）FeS_2 与参照样的 LSV 曲线

（2）元素掺杂：可有效提升Ⅷ族过渡金属硫化物的电催化 HER 活性。Dutta 等人通过部分硒化 CoS_2 表面制得 CoSSe 介孔微球，Se 掺杂可降低 Co、S 活性位点的 ΔG_H^0，进而显著提高 HER 性能 [27]。Wang 等人采用溶剂热法制备得到

$Fe_{1-x}Co_xS_2$/CNTs 结构，Co 原子掺杂可促进相邻吸附氢的结合，有效降低能垒，与 CNTs 的复合还能进一步加快电荷传输[28]。Zhang 等人通过水热法和离子交换反应在泡沫镍表面生长 Fe 掺杂的 Ni_3S_2 纳米片阵列，Fe 元素的引入不但可调控 Ni_3S_2 的电子结构以提高电导性、增加 Ni_3S_2 的电化学活性表面积，还能优化水分子和 H 原子在催化剂表面的吸附特性从而提高活性位点的本征催化活性[29]。

（3）构建复合结构和异质结：提升Ⅷ族过渡金属硫化物电催化 HER 性能的常用手段。Li 等人通过共沉淀和退火硫化两步反应得到 FeS_2/CoS_2 纳米片，界面处为无序结构并包含丰富的缺陷，可作为电催化全分解水的活性位点，FeS_2/CoS_2 纳米片的电催化性能相较于 FeS_2、CoS_2 纳米片有显著提升[30]。Fan 等人提出采用磁场诱导的界面共组装法制备碳包覆的 FeS_2（FeS_2/C）纳米链结构，具体是以 Fe_3O_4 纳米球为前驱体，在聚合物包覆过程中进行磁诱导组装成链状结构，随后进行碳化和硫化处理得到 FeS_2/C 纳米链结构。表面的碳结构层不仅可作为 FeS_2 的保护层，还可在界面处形成纳米金属球和纳米碳间的相互作用，提升该复合结构的 HER 性能[31]。Yang 等人采用"一锅合成法"在泡沫镍的表面原位生长 MoS_2–Ni_3S_2 纳米棒，独特的分级结构可充分暴露出高活性的异质界面，促进电荷在基底和活性材料之间的传输并提高反应动力学性能，是性能优异的双功能电催化剂[32]。

此外，ⅣB 族过渡金属硫化物（TiS_2、ZrS_2 和 HfS_2）、Cu_2S、CuS、ReS_2、TcS_2、PtS_2 等过渡金属硫化物也具有电催化制氢的潜力，构建复合结构、元素掺杂、缺陷工程等优化性能的手段同样适用于这些硫化物，其中呈现半导体性的材料还可用于光催化制氢。

3. 过渡金属硒化物

过渡金属硒化物是指过渡金属元素与 Se 元素构成的化合物，由于 S、Se 是同族元素，过渡金属硒化物的结构与过渡金属硫化物极其相似，也是一种极具潜力的新型非贵金属电催化剂。$MoSe_2$、WSe_2、$TaSe_2$、$NbSe_2$ 和 VSe_2 等都属于具有独特层状结构的 TMDs 材料，过渡金属与 Se 原子配位方式和层片堆叠方式的差异也使其具有多种晶体构型和不同的电子特性，如 2H–$MoSe_2$、2H–WSe_2 为半导体性，1T–$MoSe_2$、1T–WSe_2 为金属性，而 VB 族的 $TaSe_2$、$NbSe_2$、VSe_2 的 2H 和 1T 相均为金属性。用于优化过渡金属硫化物性能的手段同样适用于过渡金属硒化物。

过渡金属硒化物的金属相电催化性能十分优异，可通过半导体相到金属相的转变来提高电催化 HER 性能。Yin 等人通过控制水热反应中前驱体的添加比例和反应温度实现了 2H-MoSe$_2$ 到 1T-MoSe$_2$ 的可控转变。当前驱体 NaBH$_4$ 和 NaMoO$_4$·2H$_2$O 的添加比例为 1∶1 时，可制备得到典型的 2H-MoSe$_2$。提高该比例有助于 1T-MoSe$_2$ 的生长，同时可引入更多缺陷，显著提高电催化 HER 性能。结果表明，前驱体 NaBH$_4$ 和 NaMoO$_4$·2H$_2$O 的添加比例为 4∶1、反应温度为 180 ℃时的样品在 10 mA·cm^{-2} 电流密度下的过电位仅为 152 mV，塔费尔斜率为 52 mV·dec^{-1}，电催化 HER 性能最优 [33]。Ambrosi 等人证实化学剥离过程也会促进 MoSe$_2$ 和 WSe$_2$ 从 2H 相到 1T 相的相转变，半导体相到金属相的转变可增强材料的本征 HER 活性，剥离过程则可促进结构的细化进而产生更多的活性位点，有利于促进材料电催化 HER 性能的提升 [34]。

细化尺寸、设计特殊结构等可对 VB 和 ⅥB 族的过渡金属硒化物进行有效的结构优化。Wang 等人采用表面辅助的化学气相法在钽箔表面均匀生长 TaSe$_2$ 纳米条带阵列，在导电基底上原位生长的类阵列结构能充分暴露 TaSe$_2$ 的活性位点，提高活性材料的电导性和电催化稳定性，且有利于活性材料与电解质的充分接触和 H$_2$ 的快速脱附。除边缘位点外，TaSe$_2$ 的基面也具有电催化活性，在 HER 测试中表现出结构和性能的自优化性。随着测试循环数的增加，TaSe$_2$ 出现结构细化，其 HER 活性显著提高 [35]。

构建复合结构、元素掺杂、缺陷工程等对提高硒化物的 HER 性能同样有效。Zhu 等人采用一步水热法制得 Co 掺杂的 VSe$_2$ 纳米片，Co 掺杂可显著降低材料的 ΔG_H^0，进而提高其本征 HER 活性。同时，Co 元素的引入可促使 VSe$_2$ 生长为纳米片结构，有助于边缘活性位点的产生 [36]。Sun 等人在 H$_2$/Ar 的气氛中退火、机械剥离得到单层 WSe$_2$ 纳米片，通过在该结构中可控引入 Se 空位缺陷，能有效活化 WSe$_2$ 基面，增加活性位点数 [37]。Kim 等人采用溶液浴和射频溅射－化学气相沉积法，制备得到 MoS$_2$/WSe$_2$ 纳米颗粒多结构阵列，MoS$_2$ 和 WSe$_2$ 之间形成了丰富的相界面结构，界面处产生的电子传输可有效降低 H 原子在催化剂表面的吸附能，从而加速电催化制氢的动力学过程 [38]。

Ⅷ族的过渡金属与 Se 元素形成的硒化物（如 CoSe$_2$、NiSe$_2$、FeSe$_2$）是很有潜力的双功能电催化剂，从结构上可分为立方黄铁矿相和斜方白铁矿相。金属原子位于 Se 原子所形成的八面体的中心，黄铁矿相中的八面体之间通过点连接，白铁矿相中的八面体之间通过边连接。目前，在该类双功能电催化剂中，对 CoSe$_2$ 的研究最为广泛。McCarthy 等人采用溶液沉积法，即先将前驱体浆料旋涂在高度有序的热解石墨电极表面，再经过退火得到纯白铁矿相的 $CoSe_2$ 纳米结构薄膜。减少沉积薄膜的层数能有效提高电极表面的利用率，在电流密度为 $10 \ mA \cdot cm^{-2}$ 的测试条件下，$CoSe_2$ 纳米结构薄膜的电催化 HER 的过电位最低为 272 mV[39]。

相结构的变化会引起 HER 活性的改变，基于此，多晶型结构的制备也有助于提高材料的电催化 HER 性能。Kong 等人在三维碳纤维纸表面原位生长 CoO_2 纳米颗粒，再退火硒化得到均匀的 $CoSe_2$ 纳米颗粒薄膜。该薄膜主要为立方黄铁矿相，同时含有少量斜方白铁矿相，由于两相结构相似、晶格失配小，可实现白铁矿相在黄铁矿相上的外延生长。特殊的两相共存结构可显著增强在塔费尔反应中活性位点对氢的化学吸附作用。该结构的塔费尔斜率仅为 $30 \ mV \cdot dec^{-1}$，表现出优异的电催化性能[40]。

$FeSe_2$ 的能带约为 1.0 eV，电导性良好，在电催化 HER 的应用中具有良好的潜力。Guan 等人采用水热法在钛箔表面原位生长 FeO(OH) 纳米片阵列，再经过硒化得到多孔状的 $FeSe_2$ 纳米网阵列结构。独特的二维纳米结构可有效增大其比表面积，提高活性位点的数目。在煅烧过程中，由于物质大量挥发形成多孔结构，可促进活性位点和电解质的充分接触以及离子交换。$FeSe_2$ 在导电基底表面的原位生长可有效提高电子传输效率和自支撑电极的结构稳定性[41]，因此将 $FeSe_2$ 与其他材料复合，可有效提高其电子传输效率。Sarker 等人采用水热法将 $FeSe_2$ 与 CNTs 复合，官能化的 CNTs 会显著影响 $FeSe_2$ 的生长和形貌，有效抑制其团聚，促进 $FeSe_2$ 颗粒的分散和活性位点的暴露，并作为导电基底促进活性物质的电子传输[42]。

$NiSe_2$ 的电催化活性较高，可采用低成本的泡沫镍作为生长基底和 Ni 源，在电极制备过程中不再需要添加导电剂和黏结剂，一方面可简化工艺、降低成本，另一方面采用三维导电基底有助于电解质与活性物质的充分接触，提高电极的电催化活性。Zhou 等人在硒化泡沫镍的表面均匀生长 $NiSe_2$ 结构，形成三维孔状 $NiSe_2$/Ni 电极。活性物质 $NiSe_2$ 在泡沫镍表面的原位生长可确保电子在二者之间的快速传输，同时增大材料的比表面积和增加活性位点数。此外，$NiSe_2$ 作为金属基底的保护层，使 $NiSe_2$/Ni 电极在酸性电解质中具有优异的稳定性，测试18 h 后性能依然保持良好[43]。在硒化反应前，对泡沫镍基底进行醋酸腐蚀预处理，可显著提高 $NiSe_2$ 的表面粗糙度，进而增大材料的活性表面积。

除了泡沫镍以外，导电性好、成本低且电化学活性低的钛箔也是生长此类硒化物的常用基底。Liu 等人以钛箔为导电基底，通过电沉积法在其表面生长 Co 掺杂的 $NiSe_2$ 纳米颗粒薄膜，得到双功能的 $Co_xNi_{1-x}Se_2/Ti$ 电极，在强碱性电解质中表现出优异的电催化活性和稳定性。Co 的掺杂量对 $Co_xNi_{1-x}Se_2/Ti$ 电极的电催化活性有明显的调控作用，$Co_{0.13}Ni_{0.87}Se_2/Ti$ 电极在 10 mA·cm^{-2} 的电流密度下的 HER 的过电位为 64 mV，在 100 mA·cm^{-2} 的电流密度下的析氧反应（Oxygen Evolution Reaction，OER）的过电位为 320 mV，电催化全分解水性能最优异[44]。

与 Ni 同族的贵金属 Pt、Pd 原子形成的硒化物（$PtSe_2$ 和 $PdSe_2$）的结构属于典型的 TMDs 层状结构。与其他 TMDs 材料不同的是，$PtSe_2$ 的电子性能与层数紧密相关，即厚度增加会引起半导体相到金属相的转变。如图 2-13 所示，Hu 等人采用化学气相传输法直接制备高质量的单晶 $PtSe_2$ 片层，减少 Pt、Se 单质和传输介质 KCl 的量能显著降低反应传输速率，避免形成大块晶体，得到侧向尺寸为 10~50 μm 的 $PtSe_2$ 三角形薄片。采用电化学微电池测试其电催化 HER 性能时，实验和理论结果都表明，$PtSe_2$ 薄片的电催化活性主要来自片层结构边缘的活性位点，边缘不饱和 Se 原子和 Pt 原子的 ΔG_H^0 最接近 0，具有最优的电催化活性。薄片层数对 $PtSe_2$ 薄片的电催化 HER 性能有至关重要的影响，层数的增加会导致活性位点数的增加、异质电子传输能垒的降低以及薄片导电性的提高，使过电位和塔费尔斜率下降，电催化性能得以提升[45]。

除了形成具有 TMDs 结构的 $PdSe_2$ 外，Pd 原子与 Se 原子还能形成多种不同元素配比的化合物。Kukunuri 等人通过热分解有机硒化钯配合物制得 $Pd_{17}Se_{15}$、Pd_7Se_4 和 Pd_4Se 薄膜。薄膜具有金属光泽和优异的导电性。与 $Pd_{17}Se_{15}$ 和 Pd_7Se_4 相比，Pd_4Se 中 Pd 的氧化程度更低，更有利于表面的质子吸附，并且此结构中 Pd 位点的位置更开放，有利于与电解质接触，因而

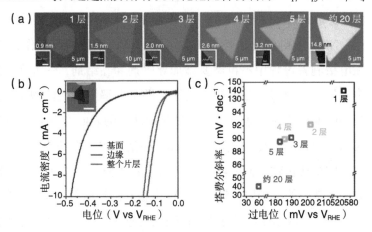

图 2-13　$PtSe_2$ 的形貌和电催化 HER 性能
（a）不同层数 $PtSe_2$ 的光学显微镜图像；（b）LSV 曲线；
（c）不同层数 $PtSe_2$ 的过电位和塔费尔斜率对比

Pd$_4$Se 表现出最优异的电催化 HER 性能[46]。

4. 过渡金属碲化物

Te 是一种强金属性的类金属元素，相比于 S 和 Se 元素来说，Te 元素的本征导电性更优异，因而过渡金属碲化物具有良好的导电性。虽然目前与碲化物相关的研究工作比硫化物和硒化物要少得多，但碲化物的电催化 HER 性能同样很优异。VB 和 VIB 族中的过渡金属元素与 Te 元素可形成 TMDs 结构的碲化物（TaTe$_2$、NbTe$_2$、VTe$_2$、MoTe$_2$ 和 WTe$_2$ 等），金属性的 TaTe$_2$、NbTe$_2$、VTe$_2$ 具有优异的本征电化学活性，但其电催化 HER 性能还需进一步挖掘。MoTe$_2$ 表现出与 MoS$_2$、MoSe$_2$ 类似的结构和性质，即具有半导体性的 2H 相和金属性的 1T 相。McGlynn 等人通过理论和实验证实在 1T-MoTe$_2$ 纳米晶电极上外加还原电位时，电子掺杂会引起 MoTe$_2$ 电子结构的活化，活化作用主要发生在基面。随着金属表面电子掺杂水平的提高，H 原子在 MoTe$_2$ 表面的覆盖范围逐渐增大，吸附在 Te 原子上的氢会引起 MoTe$_2$ 结构的变形，即 Mo—Mo 键长度改变，从而提高材料的电催化 HER 性能。如果移除还原电位，MoTe$_2$ 增强的活性消失，电极需要在还原电位下重新活化，整个过程没有不可逆的形态和成分变化。由此可见，MoTe$_2$ 电子结构的变化是性能提高的根本原因[47]。

WTe$_2$ 的室温稳态相为单斜 1T 相，强 W—W 键会使 W 原子向结构中八面体的中心位置轻微移动，材料表现出半金属性，这与 WS$_2$、WSe$_2$ 在室温下的稳态相为半导体性的 2H 相不同。Li 等人先用水热法制备得到 WO$_3$ 纳米带，再进行碲化获得高质量的 1T-WTe$_2$ 纳米带，由于金属性的 1T-WTe$_2$ 的电子传输速率比半导体性的 2H-WS$_2$、2H-WSe$_2$ 高 1~2 个数量级，1T-WTe$_2$ 中 Te 位点也更容易吸附氢，因而其电催化 HER 性能比相同条件下制备的 2H-WS$_2$ 和 2H-WSe$_2$ 纳米带更优异[48]。

VIII 族过渡金属与 Te 元素形成的碲化物具有良好的本征导电性，如 CoTe$_2$、NiTe$_2$、CoTe 和 NiTe 等，是一类新型的双功能电催化剂。CoTe$_2$ 和 NiTe$_2$ 除了具有 TMDs 结构相外，还存在白铁矿相和黄铁矿相，三者皆为层状结构，具体的相结构主要受成分和制备条件的影响。Chia 等人按比例将金属和 Te 密封于真空石英管中，经高温加热反应得到 CoTe$_2$ 和 NiTe$_2$ 粉体，产物 NiTe$_2$ 呈现层状 TMDs 结构。CoTe$_2$ 由于存在 Te 空位表现为含有聚合 Co 网络的层状结构，而非传统的 TMDs 结构，表明微小的成分变化会对结构产生重要影响[49]。元素配比对这些碲化物的结构有决定性的影响，当进一步降低 Te 元素含量即得到 CoTe 和 NiTe，二者均不再为层状结构，但依然表现为高导电性和本征电化学活性。Liu 等人通过水热法在泡沫镍表面原位生长 CoTe 和 NiTe 纳米阵列，二者的晶体结构如图 2-14 所示，高导电性、高本征催化活性和三维导电基底使这些纳米阵列表现出优异的电催化全分解水性能，理论计算表明，这些纳米阵列表面的水吸附能、水裂解能和 H_2/OH^- 脱附能较低，是一种比较理想的电催化剂[50]。

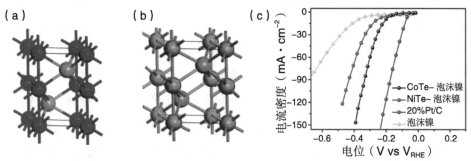

图 2-14　CoTe 和 NiTe 的结构和电催化 HER 性能[50]
（a）CoTe 的晶体结构；（b）NiTe 的晶体结构；（c）CoTe 和 NiTe 的 LSV 曲线

　　过渡金属在电解水制氢领域的应用极为广泛，除了过渡金属硫族化合物外，过渡金属与其他非金属元素（如 O、P、N、C、Si、B 等）形成的化合物也被广泛用作电催化剂。

5. 过渡金属氧化物

　　过渡金属氧化物是一类很有应用潜力的电催化剂。在全分解水过程中，比两电子反应 HER 更难进行的是 OER，该反应涉及复杂的四电子转移过程，缓慢的动力学和较大的过电位使 OER 成为电解水反应的瓶颈，因此开发高效的 OER 电催化剂对电解水制氢具有重要意义。

　　贵金属氧化物 RuO_2、IrO_2 在酸性和碱性溶液中都具有很优异的电催化 OER 活性，但稳定性较差。Cherevko 等人对比了 RuO_2 和 IrO_2 的电催化 OER 性能，结果表明 RuO_2 的活性更高，但在高的阳极电位下也更容易发生溶解，稳定性不及 IrO_2[51]。贵金属氧化物在电催化 OER 中稳定性差的原因在于阳极 RuO_2 会转变为 $RuO_2(OH)_2$，去质子化形成的 RuO_4 在电解质中不够稳定，IrO_2 在电催化 OER 过程中形成的 IrO_3 也会发生溶解。构建 $Ru_xIr_{1-x}O_2$ 双金属氧化物和 IrO_2/RuO_2 复合结构是提升 OER 稳定性的有效手段。

非贵金属氧化物电催化剂具有活性高、稳定性好、含量丰富、成本低的优点，有望成为极具经济效益的贵金属氧化物的替代品。Fe、Co 和 Ni 基氧化物、氢氧化物等材料的电导性、催化活性、耐腐蚀性和稳定性高，含量丰富、成本低、种类多样，在 OER 电催化剂中占据重要地位。元素掺杂和结构优化是其性能优化的常用方法，Wang 等人采用 Li 诱导电化学反应将尺寸为 20 nm 的 NiO、FeO、CoO 和 NiFeO$_x$ 颗粒转化为直径仅为 2~5 nm 的纳米颗粒。得益于成分和结构的双重优化，NiFeO$_x$ 纳米颗粒是活性最高的双功能电催化剂，在 1.0 mol·L^{-1} KOH 电解质中 10 mA·cm^{-2} 下的全分解水反应的电位仅为 1.51 V，且测试 200 h 后仍保持良好性能[52]。

此外，非贵金属氧化物的典型代表还有钙钛矿、尖晶石等材料。钙钛矿的通式为 ABO$_3$。其中，A 代表碱金属或碱土金属，与 12 个氧配位；B 为过渡金属，与 6 个氧配位；B 离子位于八面体的中心，每个八面体之间通过角连接形成主干结构，A 离子填充在中间的开放位置，如图 2-15（a）所示。A、B 离子皆可被半径相近的其他金属离子部分取代来改善电催化 OER 性能，而保持晶体结构基本不变。Suntivich 等人介绍了一系列钙钛矿材料的电催化 OER 性能，如图 2-15（b）所示。其中，Ba$_{0.5}$Sr$_{0.5}$Co$_{0.8}$Fe$_{0.2}$O$_{3-\delta}$ 的活性最优，优于 LaNiO$_3$ 和 LaCoO$_3$。基于此得出增强钙钛矿 OER 性能的两种有效途径：表面阳离子的 e$_g$ 电子越接近 1，过渡金属与氧的共价相互作用越强，相应的 OER 活性越高[53]。在 B 处形成点缺陷能有效调控钙钛矿的 e$_g$ 电子，Jin 等人发现在 OER 循环中会发生从 BaNiO$_3$ 到 BaNi$_{0.83}$O$_{2.5}$ 的相转变，使 OER 的活性和稳定性均有显著提升。这一方面是由于相变时 e$_g$ 电子从 0 到 1 的变化；另一方面是由于 BaNiO$_3$ 中 Ni 空位的形成会改变局部结构，降低 Ni 的氧化程度，改变配位环境，进而优化材料对 OER 中间体的吸附能[54]。此外，Yagi 等人采用 Cu 替代 CaFeO$_3$ 中部分的 Ca 得到 CaCu$_3$Fe$_4$O$_{12}$，使得 Cu-Fe 之间的共价相互作用能有效稳定住 Fe^{4+}，从而显著增强 CaCu$_3$Fe$_4$O$_{12}$ 在 OER 中的结构稳定性[55]。

尖晶石家族十分庞大，包含 100 多种氧化物，其化学通式为 AB$_2$O$_4$。通常 A、B 原子为 ⅡA 族、ⅢA 族和第一行过渡金属元素，如图 2-15（c）所示。结构中包含八面体（O$_h$）和六面体（T$_d$）两种晶体位点，晶体构型分为 (A$^{2+}_{T_d}$)(B$^{3+}_{O_h}$)$_2$O$_4$ 和 (A$^{2+}_{O_h}$)(B$^{3+}_{T_d}$)(B$^{3+}_{O_h}$)O$_4$ 两种。该类材料的导电性优异、结构稳定性高，适合作为 OER 电催化剂，其中关于 Fe 基和 Co 基尖晶石的研究最多[56]。元素种类调控和基底选择是优化 OER 性能的主要手段。通常，尖晶石双金属氧化物的 OER 活性优于单金属氧化物，不同金属离子在尖晶石 OER 催化剂中的作用不同。Wang 等人采用不活泼的 Zn^{2+} 替代 $Co^{2+}_{T_d}$ 或 Al^{3+} 替代 $Co^{3+}_{O_h}$ 制得 $ZnCo_2O_4$ 和 $CoAl_2O_4$，探究尖晶石 Co_3O_4 中 Co^{2+} 和 Co^{3+} 在 OER 中的作用。结果表明，$CoAl_2O_4$ 的 OER 活性与 Co_3O_4 接近，并优于 $ZnCo_2O_4$，如图 2-15（d）所示。Co_3O_4 中 $Co^{2+}_{T_d}$ 是电催化 OER 的主要活性位点[57]。改变过渡金属离子种类有助于调控尖晶石的电子结构，实现对 OER 中间体和反应物结合能的优化。Li 等人通过静电纺丝制得 MFe_2O_4（M = Co、Ni、Cu、Mn）尖晶石纳米线，电催化 OER 活性的顺序为 $CoFe_2O_4 > CuFe_2O_4 > NiFe_2O_4 > MnFe_2O_4$，其中 $CoFe_2O_4$ 具有最优的电子传输效率和本征电催化活性[58]。此外，尖晶石电催化剂与基底之间的协同作用有助于增强电子传输，进而提高其 OER 性能。Zhao 等人通过熔盐煅烧法制得 $CoCr_2O_4$/碳纳米片复合物，大活性比表面积、增强的电子传输效率使得该复合结构在 $1.0\ mol \cdot L^{-1}$ KOH 中、$10\ mA \cdot cm^{-2}$ 电流密度下的过电位仅为 326 mV，塔费尔斜率为 $51\ mV \cdot dec^{-1}$，电催化 OER 性能优于商业化的 RuO_2 电极[59]。

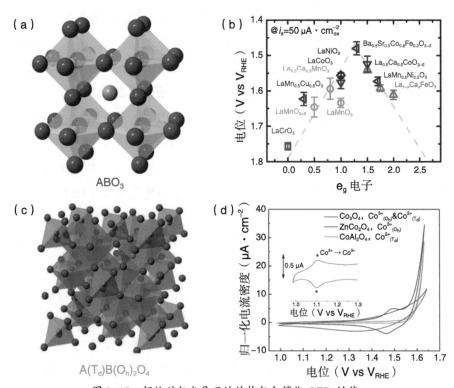

图 2-15　钙钛矿与尖晶石的结构与电催化 OER 性能
（a）钙钛矿晶体结构[56]；（b）电位与 e_g 电子的关系[53]；
（c）尖晶石晶体结构[56]；（d）归一化 CV 曲线[57]

6. 过渡金属磷化物

过渡金属磷化物是一种高效、稳定的电催化剂，不仅适用于强酸性条件，还适用于中性和强碱性条件。近年来，关于过渡金属磷化物的电催化 HER 性能的研究主要集中在 Ni、Co、Fe、Mo、W、Cu 的磷化物，而其他如磷化钛、磷化锌、磷化镉等在水中或酸性环境中容易发生水解的磷化物，则不具备电催化能力。

过渡金属磷化物的结构相当于把 P 原子掺杂到过渡金属的晶格中。P 原子对电催化 HER 性能起着至关重要的作用，P 含量越高则电催化 HER 活性越高。P 原子具有较强的电负性，因而作为吸附质子的位点。对于同种金属的磷化物，增加 P 原子的百分比能有效提高电催化 HER 活性。通过调控反应物中金属和 P 的比例或反应条件可实现不同元素配比的过渡金属磷化物的制备。Pan 等人采用热分解法，通过调控 Ni、P 前驱体的物质的量的比制得 Ni_2P、Ni_5P_4 和 $Ni_{12}P_5$ 等 3 种磷化镍纳米晶。其中，Ni_5P_4 的 P 含量最高为 44 at%，相应的电催化 HER 活性也最高[60]。Callejas 等人通过控制反应温度制备得到相同形貌的 Co_2P 和 CoP 空心纳米球。其中，P 含量高的 CoP 纳米球产生相同电流密度时所需的过电位小于 Co_2P 纳米球，即电催化 HER 性能更优，如图 2-16 所示[61]。

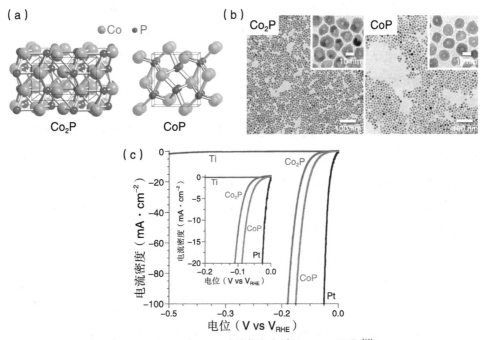

图 2-16　Co_2P 和 CoP 的结构与电催化 HER 性能[61]

（a）晶体结构；（b）TEM 图像；（c）LSV 曲线

提高 P 含量对提高磷化钼电催化 HER 活性同样有效。Xiao 等人通过烧结 Mo 和 P 的前驱体制得 MoP 和 Mo_3P 块体。该类块体依然表现出很高的电催化活性，并受磷化程度的影响很大。与 Mo_3P 相比，含 P 量高的 MoP 性能更优异。DFT 计算表明，P 位点处的 ΔG_H^0 接近 0，即 P 原子是电催化 HER 的活性位点，提高 P 含量有助于增加活性位点数，进而提高电催化 HER 性能[62]。但由于 P 原子电负性较高，如果 P 含量过高则会限制金属中电子的离域，极大地减弱材料的导电性。因此，平衡好电催化活性和导电性之间的关系，对于充分发挥磷化物的电催化 HER 性能至关重要。

P 与 Fe 的化合物主要包含 FeP、Fe_2P 等，作为电催化剂的研究主要集中在 FeP。Liang 等人通过低温磷化碳布表面的 Fe_2O_3 纳米棒，制备得到自支撑的 FeP 纳米棒阵列结构。该自支撑电极可用于大 pH 范围下的电催化 HER，在酸性电解质中，仅需 58 mV 的过电位即可达到 $10\ mA \cdot cm^{-2}$ 的电流密度，塔费尔斜率为 $45\ mV \cdot dec^{-1}$，且循环测试 5000 次后依然能保持良好性能，表现出优异的电催化活性和稳定性[63]。

P 与 Cu 的化合物包含 Cu_3P_2 和 Cu_3P_2。由于 Cu_3P_2 与 H_2O 反应会产生有毒的 PH_3，因此作为电催化剂的主要是 Cu_3P。Tian 等人在多孔泡沫铜表面生长 $Cu(OH)_2$，磷化后得到自支撑的 Cu_3P 纳米线阵列。高本征导电性、充分暴露的活性位点、与导电基底的紧密结合以及三维多孔的构型使 Cu_3P 纳米线阵列成为高活性和高稳定性的电催化电极[64]。

P 与 W 的化合物 WP、WP_2 也是高效的 HER 电催化剂，适用于各种 pH 范围的电催化体系。Pu 等人先用水热法在碳布表面生长 WO_3 纳米棒，再进行磷化，得到具有高导电性、良好电催化活性和稳定性的 WP 纳米棒阵列。在酸性电解质中测试 70 h 后依然保持良好性能，且同样适用于中性和碱性电解质[65]。Xing 等人制备得到富含 P 的 WP_2 纳米颗粒，其在酸性、碱性和中性电解质中都表现出高效的电催化 HER 活性。相较于 WP_2 块体，WP_2 纳米颗粒的性能有明显提升[66]。

鉴于 P 原子在过渡金属磷化物中扮演着重要角色，引入 P 空位也是提高电催化 HER 活性的有效手段。在过渡金属化合物中引入阴离子空位，如 S、Se、P 等空位，一方面能将态密度移至费米能级附近，激活阴离子空位邻近的金属原子，有效促进电子转移；另一方面能使空位电子被激发到导带，形成利于氢吸附的新带隙。Duan 等人在制备 $Ni_{12}P_5$ 的热退火过程中添加过量的 $NaH_2PO_2 \cdot H_2O$，得到富含 P 空位的多孔纳米片结构。P 空位引起 $Ni_{12}P_5$ 电子的重新分布，产生电子富集区和匮乏区，可降低碱性 HER 的极限电位，使 $Ni_{12}P_5$ 的电催化 HER 活性提高 2 个数量级，同时 $Ni_{12}P_5$ 的电催化稳定性也显著提升，在碱性电解质中测试超过 500 h，依然能保持良好的电催化性能[67]。此外，结构优化、元素掺杂、结构复合等提升电催化性能的手段同样适用于过渡金属磷化物，其思路都是通过增加电催化活性位点的数目或提高单个活性位点的本征催化活性来提升电催化 HER 性能。

7. 过渡金属氮化物

过渡金属氮化物又称为插入型合金，属于间充化合物，因 N 原子占据金属晶格空隙而得名。过渡金属氮化物具有优异的耐蚀性、高导电性、高稳定性、高熔点和优异的力学强度，在电催化制氢领域中备受关注。过渡金属氮化物的高电催化活性来自两个方面：一方面，N 原子可以调控金属 d 能带的态密度，导致 d 能带填充不足，使过渡金属氮化物具备与贵金属一样的供电子能力，独特的电子结构使其具有合适的氢吸附能；另一方面，大多数过渡金属氮化物都具有优异的导电性，有助于提高电催化 HER 中的电子传输速率。过渡金属元素 Ti、Mo、W、Ta、Nb、钒（V）、Ni、Fe、Co、Cu 等与 N 元素形成的过渡金属氮化物在电催化 HER 领域中有着良好的应用前景。与过渡金属磷化物不同的是，过渡金属氮化物的催化活性中心一般是过渡金属原子，N 含量提高会导致暴露的过渡金属原子活性位点数目下降，从而使材料的电催化 HER 活性下降。

Ti 的氮化物为非化学计量化合物，即 N 原子含量变化不会引起其结构改变，Ti/N 在一定比例范围内均可稳定存在，如 TiN、TiN_2、Ti_2N、Ti_3N 等。其中，最有潜力的 HER 电催化剂是 TiN。TiN 的导电性优异，在水溶液中表现出良好的耐腐蚀性，表面结构对其性能有较大影响。Han 等人采用化学气相沉积法制备得到单晶 TiN 纳米线，超长的纳米线结构有助于构建快速导电通路网络，大大提高材料的导电率，电催化 HER 性能较块体结构有显著提升[68]。

VIB 族过渡金属 Mo、W 的氮化物化学式为 Mo_2N、MoN、W_2N 和 WN，它们的导电性好、化学性质稳定。Xie 等人通过液相剥离块体 MoN 得到原子级 MoN 纳米片，独特的二维层状结构使其具有大的比表面积和丰富的活性位点。理论计算表明，六方晶系 MoN 的表面顶端的 Mo 原子是电催化 HER 的活性中心，大量的活性位点和高导电性使MoN纳米薄片表现出优异的电催化HER性能,如图2-17所示[69]。Ren 等人采用 N_2 等离子体来氮化 WO_x 前驱体制得原位生长在碳布表面的自支撑的 WN 纳米线阵列结构。该 MN 纳米线阵列结构在强酸和强碱体系下均具有高的电催化 HER 活性和结构稳定性[70]。

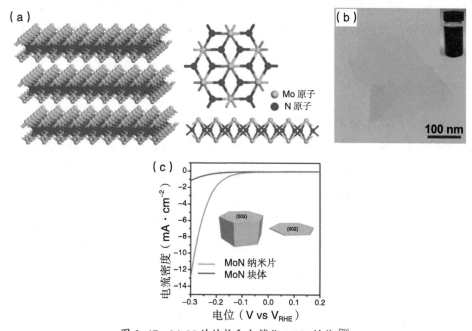

图 2-17 MoN 的结构和电催化 HER 性能[70]
(a) 六方晶系 MoN 的晶体结构; (b) MoN 纳米片的 TEM 图像; (c) MoN 块体和纳米片的 LSV 曲线

VB 族过渡金属 Ta、Nb、V 可与 N 元素形成一系列化合物,如 VN、Nb_2N 和 Ta_3N_5 等。Zhang 等人通过一步热解法制得 Co-N 共掺杂的 VN 纳米片,Co 掺杂可促进纳米片多孔结构的形成。Co 插入 VN 晶格中促使 VN 在较低温度下结晶,能增加 VN 表面吡咯和石墨化氮的含量,对 VN 的电催化 HER 性能有很大的提升作用[71]。Yan 等人在草酸 /HF 电解质中对铌板进行阳极氧化形成 Nb_2O_5,然后在 NH_3 中退火氮化,得到纳米多孔结构的 Nb_2N 薄膜。氮化处理不仅可提高材料的电子导电性,还能增强其电催化 HER 活性,Nb_2N 薄膜比 Nb_2O_5 薄膜表现出更好的电催化 HER 性能[72]。此外,由于 Ta_3N_5 具有半导体性质,其电催化制氢的活性比其他金属氮化物低,因而多用于光催化制氢反应。

在由Ⅷ族过渡金属Ni、Fe、Co与N元素形成的氮化物中,研究最多的是氮化镍，如Ni$_3$N等，其活性比氮化钴和氮化铁优异。Xing等人直接在NH$_3$中氮化泡沫镍，原位生长金属性的Ni$_3$N薄膜，用Ni$_3$N制成的三维柔性电极在碱性、中性和酸性条件下均表现出优异的电催化活性和稳定性[73]。金属和H原子的成键强度对金属氮化物的电催化制氢性能有很大影响，氮化镍中Ni与H的成键强度较弱，不利于电催化HER过程中的氢吸附。而金属Mo与H的成键很强，因而采用Mo掺杂氮化镍，形成双金属氮化物是改善材料电催化HER性能的有效途径。Chen等人通过还原钼酸铵和硝酸镍制备NiMo二元合金，再在NH$_3$中退火得到NiMoN$_x$纳米片。由于Mo的d能带占据缺陷低，Ni、Mo呈低价态，因而NiMoN$_x$纳米片能够提供电子。当形成氮化物时，增加的Ni—Ni键长会导致Ni的d能带收缩，在费米能级附近产生更高的态密度。同时，Ni—Mo键长缩短会使与Ni相邻的Mo原子的d能带中心下移至费米能级，加速吸附氢的结合。成分间的协同效应使该电极在酸性电解质中的开路电位仅为78 mV，塔费尔斜率仅为35 mV·dec^{-1}，表现出接近Pt电极的电催化性能[74]。化合物中含有与H原子成键强度不同的金属，对提高材料电催化HER性能具有积极作用，该方法同样适用于其他二元合金氮化物，如Co—Mo—N、V—Co—N、Ni—Fe—N等。Co$_4$N是由N原子插入Co基框架间隙内所形成的一种金属性氮化物，d能带的中心位置决定Co$_4$N具有优异的电催化制氧活性，但其电催化HER活性却很低。Chen等人采用过渡金属V原子掺杂Co$_4$N纳米片，实现对其d能带中心位置的调控，优化后的V—Co$_4$N纳米片在碱性条件、10 mA·cm^{-2}电流密度下的过电位仅为37 mV，接近商业化Pt/C电极的电催化活性。理论计算表明，V掺杂可中和Co原子的电子密度，使其d能带中心下移，从而促进氢脱附，此外，Mo、W原子掺杂也同样表现出性能提升的效果[75]。

过渡金属氮化物的导电性和活性位点数目对电催化HER活性有决定性影响，因此结构优化、缺陷工程、构建复合结构等性能优化手段同样适用于提高过渡金属氮化物的电催化HER性能。

8. 过渡金属碳化物

过渡金属碳化物与氮化物的结构极其相似，也属于金属间化合物，C原子占据金属晶格的间隙位置，ⅣB~ⅥB族的过渡金属均可形成碳化物，金属原子的d轨道与C原子的s和p轨道发生杂化使其d轨道的能带结构宽化。独特的电子结构使这类材料具有可与Pt基贵金属相媲美的电催化HER活性，同时其储量丰富、成本低，是替代贵金属电催化剂的理想材料。

在ⅥB族过渡金属碳化物中，碳化钨和碳化钼是研究最多的，也是性能最为优异的。碳化钨的 W/C 原子比例对其 HER 电催化活性有重要影响。Chen 等人采用燃烧 – 碳热还原法制得均匀镶嵌在碳基底上的 WC_x 纳米颗粒，C/W 比例提高会抑制碳化过程，使碳化钨的粒径明显减小。碳基底可提高电极整体的导电性，细小的 WC_x 纳米颗粒能提供高密度的反应活性位点。当 C/W 的添加比例为 17：1 时，WC_x 纳米颗粒在无定形碳基底上的负载量最合适，可在不发生团聚的情况下尽可能多地暴露活性位点[76]。通常，WC 的电催化 HER 性能要优于W_2C，且 W_2C 多以制备 WC 时的副产物的形式出现。然而，Gong 等人通过 DFT 计算得出 W_2C 比 WC 具有更接近 0 的 ΔG_H^0 和更高的费米能级电子态密度，电催化 HER 性能应更优异。通过 CNTs 和 WO_x 纳米颗粒之间的高温、低压渗碳反应，可得到超细、单一相的 W_2C 纳米颗粒。由于 CNTs 的化学惰性，C 原子扩散到 W 晶格中的速率被减缓，抑制了 W_2C 纳米颗粒的长大并减少了表面的碳沉积。所得的 W_2C 纳米颗粒表现出优于 WC 的电催化 HER 性能，如图 2–18 所示[77]。

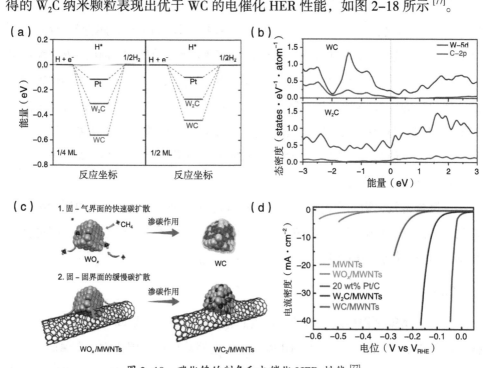

图 2–18　碳化钨的制备和电催化 HER 性能[77]

（a）W_2C、WC 和 Pt 的 ΔG_H^0；（b）W_2C 和 WC 中原子的态密度；（c）采用不同碳前驱体制备碳化物的过程；（d）LSV 曲线

★注：MWNTs 即 Multi–walled Carbon Nanotubes，多壁碳纳米管。

碳化钼是一种多功能催化剂，在电催化制氢、脱硫、水煤气转换和加氢反应中均有应用潜力，如 Mo_2C、MoC 和 Mo_3C_2 等。其中，Mo_2C 的电催化 HER 性能最优。Mo_2C 表面的 ΔG_H^0 为负，说明材料与氢的吸附作用很强，有利于促进 HER 过程中的氢吸附，但会阻碍氢脱附。Mo 活性位点处的电子密度主要取决于晶格中的 C 原子，当 Mo_2C 的 C 含量增加时，电子从 Mo 原子向 C 原子转移，降低 Mo 活性位点的电子密度，减弱其对氢的吸附作用。Lin 等人通过构建 MoC-Mo_2C 纳米线结构实现了对 Mo_2C 表面电子密度的有效调控，优化了表面电子结构和表面氢吸附能，促进了 HER 动力学过程。此外，大比表面积和丰富的活性位点使该异质结在酸性和碱性电解质中都表现出优异的电催化 HER 活性和稳定性[78]。

VB 族过渡金属 V、Nb 和 Ta 形成的碳化物呈金属性，其中碳化钒备受关注。引入 C 原子空位是提高碳化钒电催化 HER 性能的简单、有效的途径。Xu 等人制得包含 12.5%C 空位的单晶 V_8C_7 交织网络结构，在 C 空位的内部和周围，多余电子在邻近的 V 原子中离域，电子富集的 C 空位可作为反应活性中心。V_8C_7 的本征金属性和单晶结构有助于提高电子传输效率，C 空位和暴露的高活性晶面可提供丰富的活性位点，而独特的网络结构则能保证电催化的稳定性。该结构在 $1 \, mol \cdot L^{-1} \, KOH$、$0.1 \, mol \cdot L^{-1}$ 磷酸缓冲液、$0.5 \, mol \cdot L^{-1} \, H_2SO_4$ 中，在 $10 \, mA \cdot cm^{-2}$ 的电流密度下的过电位分别为 47 mV、77 mV 和 38 mV，塔费尔斜率分别为 $44 \, mV \cdot dec^{-1}$、$64 \, mV \cdot dec^{-1}$ 和 $34.5 \, mV \cdot dec^{-1}$，表现出优于 Pt 电极的电催化 HER 性能[79]。除了直接用作电催化电极外，一些活性较低的过渡金属碳化物，如 TiC、ZrC、Nb_4C_3 和 HfC 等，还可作为 Pt 基电催化剂的基底，应用于极端 pH 和高还原/氧化电解质环境中的电催化 HER。

近年来，一类特殊的二维层状过渡金属碳/氮化物（即 MXene）受到广泛关注。MXene 的化学通式为 $M_{n+1}X_nT_x$（$n = 1\sim3$）。其中，M 表示前过渡金属（如钪（Sc）、Ti、Zr、铪（Hf）、V、Nb、Ta、铬（Cr）、Mo、W 等的一种或两种元素），X 表示 C 或 N，T_x 表示表面的官能团，元素组成的多样性使 MXene 材料家族十分庞大。这些二维层状材料是通过选择性刻蚀块体三元碳化物中的 A 族原子（如铝（Al）、镓（Ga）等）所得，刻蚀剂通常为 HF、NH_4HF_2/HCl 或 LiF/HCl 溶液。MXene 材料具有高电导性和亲水性，在众多电化学领域中均具有应用潜力。当用作制氢电催化剂时，发挥催化作用的主要是 MXene 表面的官能团 T_x。理论计算表明，双金属 MXene（如 Cr_2TiC_2、Cr_2VC_2、Mo_2TiC_2 和 Mo_2VC_2）表现出优异的导电性、热稳定性和电催化制氢潜力。

9. 过渡金属硅化物

　　过渡金属硅化物也是一类重要的金属间化合物，其组成丰富、结构多样，具有优异的本征电导性和良好的耐腐蚀性，多用于催化加氢反应和加氢脱硫反应，同时也被看作一类新型制氢电催化剂，在碱性条件下还可作为双功能电催化剂。在众多的过渡金属硅化物中，性能最优异的是 Pt 和 Pd 的硅化物。Cr、Ni、Fe 和 Cu 的硅化物性能紧随其后，V、Co 的硅化物性能适中，性能最差的是银（Ag）、Ti、Zr 和 Mn 的硅化物。McEnaney 等人采用低温溶液法制得胶态过渡金属硅化物纳米颗粒，再在有机溶液中转化为相应的金属硅化物（Pd_2Si、Cu_3Si 和 Ni_2Si）纳米颗粒。虽然在这些纳米颗粒中，Pd_2Si 和 Ni_2Si 的 HER 活性较 Cu_3Si 优异很多，但较其他过渡金属化合物电催化剂还有一定的差距[80]。过渡金属硅化物的电催化 HER 性能还有待进一步发掘与优化。

10. 过渡金属硼化物

　　过渡金属硼化物是一种金属间化合物，其元素组成丰富、结构多样。B 原子半径较小，因而可填充在金属晶格间隙中，使金属原子在很大程度上可保持原有金属键的连接方式。过渡金属硼化物具有优异的本征导电性，在酸性、碱性溶液中都很稳定，可作为大 pH 范围的电解质中的制氢电催化剂和双功能电催化剂。由于合成过程较难，过渡金属硼化物在电催化领域中尚未受到足够的重视。硼化物作为 HER 电催化剂时，其结晶性和化学组成对其电催化活性有重要影响。由于 B 原子的电负性较高，在晶体相硼化物中电子从 B 原子向金属原子转移，而在非晶态硼化物中则相反。在含 B 量高的硼化物（MB_x，$x \geqslant 2$）中，电子由金属原子向 B 原子转移，而在含 B 量低的硼化物（$x < 2$）中，电子由 B 原子向金属原子转移，最终富电子的原子将优先作为反应的活性位点。

　　含 B 量对过渡金属硼化物电催化 HER 活性的影响与过渡金属磷化物类似，含 B 量的增加有助于增强硼化物的电催化 HER 活性。非晶态硼化物具有更小的颗粒尺寸、更大的表面积、更分散的活性位点，因而其电催化性能要优于晶体相硼化物。Park 等人通过调控电弧熔炼法的反应条件，制得 4 种不同含 B 量的硼化钼粉末，分别为正方晶系 Mo_2B、正方晶系 α–MoB、斜方晶系 β–MoB 和六方

晶系 MoB_2，它们均具有高度对称的结构。如图 2-19 所示，随着含 B 量的增加，从零维（Mo_2B 中的孤立 B 原子）到一维（α-MoB 和 β-MoB 中的锯齿链），再到三维（MoB_2 中的类石墨烯硼原子层）结构，硼化物中 B-B 的联结度不断提高。由于 B 原子是主要活性位点，随着含 B 量的提高，硼化钼的电化学活性比表面积不断增大，HER 活性不断提高，因此 MoB_2 的电催化 HER 性能最优异[81]。

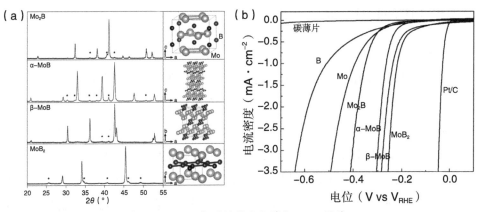

图 2-19　硼化钼的结构和电催化 HER 性能
（a）XRD 谱和晶体结构；（b）LSV 曲线

硼化钴（如 CoB、Co_2B 等）是重要的硼化物电催化剂。Justus 等人采用 $NaBH_4$ 化学还原 $CoCl_2$ 得到非晶态 Co_2B 纳米颗粒。Co_2B 可作为优异的双功能电催化剂，其电催化产氧性能甚至优于贵金属氧化物（RuO_2 和 IrO_2）[82]。采用化学还原法制备的硼化钴大多是颗粒或块状的无规则结构，为充分发挥硼化钴的电催化 HER 性能，Lu 等人提出在碱性条件下通过 $NaBH_4$ 化学还原 Ti 网表面的 CoO 纳米线阵列，得到原位生长在 CoO 表面的 Co-B 纳米颗粒。该三维复合结构具有结构稳定性强、电催化活性高和反应速率快的优势，可直接作为自支撑电极用于电催化全分解水。在基底上原位生长的方式可保证活性物质 Co-B 纳米颗粒的高负载量，有效增大活性比表面积并提高活性位点数目[83]。

硼化镍是电子行业中一种传统的低电阻涂料，在电催化制氢领域也有良好的应用前景。含 B 量对硼化镍的颗粒尺寸和形貌有决定性的影响，而其颗粒尺寸直接影响其电催化 HER 性能。Zhang 等人通过化学电镀法制备含 B 量不同的非晶态 $Ni-B_x$ 薄膜，如 $Ni-B_{0.27}$、$Ni-B_{0.36}$、$Ni-B_{0.48}$ 和 $Ni-B_{0.54}$。$Ni-B_x$ 薄膜中 Ni 原子是电催化的活性位点。B 原子扮演着重要的角色，除贡献电子外，还与 Ni 原子形成高共价的 Ni–B 键，使材料形成相对稳定的非晶态结构并确保高活性的 Ni 位点均匀分散。随着含 B 量的增加，Ni–B$_x$ 颗粒尺寸逐渐减小且颗粒外层 Ni 含量增加，可显著增大电化学活性比表面积，因而含 B 量最高的 Ni–B$_{0.54}$ 性能最优，在酸性、中性和碱性电解质中，在 10 mA·cm^{-2} 下的过电位分别为 45 mV、54 mV 和 135 mV，塔费尔斜率分别为 43 mV·dec^{-1}、77 mV·dec^{-1} 和 88 mV·dec^{-1}，电催化 HER 性能可与贵金属 Pt 媲美[84]。

11. MOF

MOF 又称为多孔配位聚合物，是一种含金属的新型纳米多孔材料，由有机配体和金属中心分别作为支柱和节点形成。在组成上，金属中心通常为第一排过渡金属（如 Fe、Co、Ni、Cu 和锰（Mn）等），有机配体含有 C、H、O、N 等元素。在结构上，MOF 材料可看作由过渡金属络合物小单元组成的三维网状结构，类似于均相电催化剂，其周期性网络结构不仅可增大比表面积，而且能保证活性位点在整个框架结构中的均匀分散，多孔性又可确保活性位点与电解质的充分接触和快速传输。MOF 材料的孔径尺寸还具有高度可调性，通常为 0~3 nm，最高为 9.8 nm。总体上看，MOF 具有比表面积大、孔隙率高、合成方法简便、热稳定性高、骨架结构尺寸可调以及便于进行化学修饰等优点，适用于电催化 HER 领域。

由于自身导电性和稳定性差，MOF 在电催化 HER 中的应用主要分为两种。一种是将 MOF 与导电性好的材料复合，通过协同增强作用使电极的电催化 HER 性能显著提升，碳材料、金属氧化物、金属碳化物、金属氮化物等均可与 MOF 进行复合。Jahan 等人将 GO 和 Cu–MOF 进行组装复合，独特的复合多孔框架结构不仅能增大电极的活性比表面积，而且能加快电荷传输，使复合电极具有优异的电催化 HER 活性[85]。另一种是将 MOF 作为反应前驱体或模板，制备具有高导电性和稳定性的 MOF 衍生纳米结构。MOF 衍生材料不仅可规避原始 MOF 材料的导电性和稳定性差等缺点，而且可在一定程度上继承 MOF 的活性表面积大、质量传输迅速、电子转移快速等优点，显著提升 MOF 材料的性能。MOF 衍生的金属基 / 碳基材料作为 HER 电催化剂有诸多优势：（1）碳基材料的形貌和孔隙率可调节，有助于暴露更多的活性位点，加速传质过程；（2）碳基材料中金属原子均匀分散，有助于提高材料的利用率；（3）配体的异质原子可促进碳材料的掺杂，获得异质原子的官能团和本征氧化还原活性位点；（4）在 MOF 的孔结构中封装前驱体，可获得由单原子金属位点和异质结形成的均匀分散的复合结构。

如图 2-20 所示，采用 MOF 作为前驱体或模板可制得不同形貌的衍生体，如

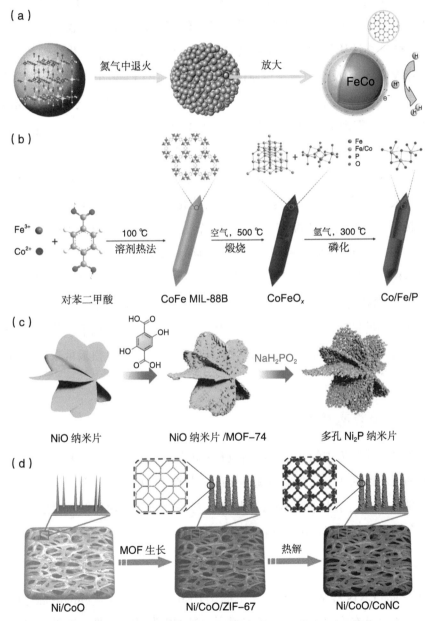

（a）

氮气中退火 　　放大 　　FeCo

（b）

Fe^{3+}　Co^{2+}　+　对苯二甲酸　100 ℃ 溶剂热法　CoFe MIL-88B　空气，500 ℃ 煅烧　$CoFeO_x$　氩气，300 ℃ 磷化　Co/Fe/P

Fe　Fe/Co　P　O

（c）

NiO 纳米片　NaH₂PO₂　NiO 纳米片 /MOF-74　多孔 Ni₂P 纳米片

（d）

Ni/CoO　MOF 生长　Ni/CoO/ZIF-67　热解　Ni/CoO/CoNC

图 2-20　MOF 作为模板或前驱体制备不同形貌电催化剂
（a）N 掺杂石墨烯层中的 FeCo 纳米颗粒[86]；（b）一维 Co/Fe/P 纳米管[87]；
（c）二维多孔 Ni_2P 纳米片[88]；（d）三维 Ni/CoO/CoNC 纳米棒阵列[89]

零维纳米颗粒、一维纳米管、二维纳米片和三维纳米球等。Yang 等人对 MOF 的金属离子进行合金化成分设计，得到 $Fe_3[Co(CN)_6]_2$ 纳米颗粒。将 MOF 纳米颗粒在 N_2 中一步退火实现 N 掺杂，制得封装在 N 掺杂石墨烯层中的 FeCo 纳米合金颗粒。该衍生物表现出优异的电催化 HER 活性和稳定性，在 10 000 个测试循环后依然保持良好性能。N 掺杂可提供氢吸附位点，有助于降低 ΔG_H^0。特殊的金属 / 石墨烯复合结构能进一步降低 ΔG_H^0，显著提高材料的电催化活性[86]。Chen 等人采用 MOF 作为反应模板制得原位 Co 取代的 FeP（Co/Fe/P）一维纳米管结构，丰富的电催化活性位点、快速的质量和电子传输以及理想的电子构型使 MOF 衍生物在大 pH 范围内都表现出优异的电催化 HER 性能[87]。Wang 等人通过低温磷化 NiO 纳米片 /MOF-74 前驱体制得多孔 Ni_2P 二维纳米片，其大比表面积、优异的导电性和独特的多孔结构不仅能加速电荷传导和传质过程的进行，还能促进气泡在电极表面的扩散[88]。Cai 等人提出在导电泡沫镍基底表面生长氧化钴作为自组装模板，再将其与有机配体发生反应，转化为 ZIF-67 结构（ZIF 指类沸石咪唑骨架材料，属于 MOF 的一类）。随后，将该结构热解，得到 Ni/CoO/CoNC 三维阵列结构。在导电基底表面原位生长活性材料，可作为自支撑电极直接用于电催化 HER，独特的三维阵列结构能促进电解质与活性位点的充分接触以及活性物质表面气体的扩散。这种制备方法具有良好的普适性，适用于其他金属氧化物和氢氧化物阵列结构的制备（如 NiO 和 $Cu(OH)_2$ 等），导电模板可采用镍网、铁网和铜箔等[89]。

2.1.3 非金属基电催化材料

以纳米碳材料为主的非金属材料也具有电催化制氢的潜力，其与金属基电催化材料的根本区别在于：非金属基电催化剂中的活性位点不涉及金属元素。非金属基电催化材料用于电催化 HER 领域的优势是价格低、物化性质稳定，在苛刻的工作条件下依然能表现出优异的耐久性。

1. 碳基材料

石墨烯、CNTs 等纳米碳材料是电催化 HER 领域中一类优异的电催化剂的支撑材料，不仅具有大比表面积，还能增强电极的电荷传输特性，有助于提高活性材料的电催化活性和工作稳定性。2.1.2 节提到的金属基电催化材料都可负载在碳材料基底上进行电催化制氢。虽然纳米碳材料的完美晶体是惰性的，但是可通过化学修饰和结构设计来有效调控纳米碳材料的电子结构和电化学反应活性，使其适合直接作为 HER 电催化剂。

异质原子（如 N、S、P 和 B 等）掺杂是提高纳米碳材料电催化性能的一种直接、有效的手段。掺杂产生的缺陷位点可以调控纳米碳材料的物理和化学性能，更重要的是可在不影响其导电性的前提下，提高碳材料对原子或分子的吸附能力，使其 HER 活性得以显著提升。Sathe 等人通过湿化学合成法实现 B 原子可控取代缺陷石墨烯中 C 原子的位置，得到 B 掺杂石墨烯，表现出显著增强的电催化 HER 性能 [90]。DFT 计算表明，不同元素掺杂石墨烯的效果有所差异，N、O 原子可作为邻近碳的电子受体，而氟（F）、S、B、P 原子则作为电子供体。电负性相反的两种原子共掺杂则存在协同耦合效应，使碳材料表现出独特的供电子体性能。实验结果证实，相比于单原子掺杂，N、P 原子共掺杂会影响邻近 C 原子的价轨道能级和活化 C 原子，协同效应可优化石墨烯的 ΔG_H^0，使其表现出更优的电催化 HER 性能。除了非金属原子，金属原子也可对石墨烯进行掺杂。Gao 等人研究了 Co–N 共掺杂的 CNTs 在非纯净海水中的优异电催化 HER 活性和稳定性，金属原子和 N 原子共掺杂可协同优化 CNTs 的电子结构和 ΔG_H^0，显著提高 CNTs 的电催化 HER 性能，为直接利用未净化及淡化的海水来制氢提供了可能 [91]。

结构缺陷对提升纳米碳材料的电催化 HER 性能具有非常积极的作用。这是由于缺陷处会产生低配位的 C 原子或引起晶格畸变，显著降低反应能垒，进而提高碳材料的电催化 HER 活性。石墨烯的边缘缺陷处含有丰富的活性位点，通过结构优化实现石墨烯边缘的充分暴露是提高其电催化活性的有效手段。Wang 等人通过化学气相沉积法制备了在 SiO₂ 纳米线表面原位生长的石墨烯垂直结构，独特的三维阵列网络结构使该石墨烯电极具有充分暴露的边缘活性位点，这可显著增强材料对氢的吸附和对质子的还原作用 [92]。除了充分暴露边缘缺陷，还可通过额外引入缺陷位点来增加缺陷。Jia 等人通过移除 N 掺杂石墨烯的 N 原子，使 C 原子发生重构，形成五、七或八元环，从而获得富含缺陷位点的石墨烯，缺陷位点处的氢结合能更优，表现出显著增强的电催化 HER 活性，如图 2-21 所示 [93]。

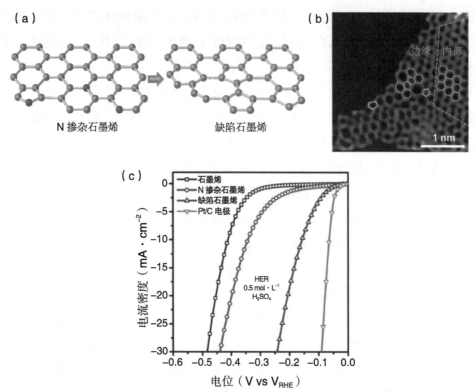

图 2-21　结构缺陷对石墨烯电催化 HER 性能的影响 [93]
（a）N 掺杂石墨烯转化为缺陷石墨烯；（b）缺陷石墨烯的高分辨 TEM 图像；
（c）各类石墨烯的 LSV 曲线

　　结构细化对提升碳材料电催化 HER 性能同样有效。当纳米碳材料的结构从二维石墨烯、一维 CNTs 再进一步细化至零维球形碳纳米颗粒时，即得到碳量子点（Carbon Quantum Dots，CQDs），催化性能显著提升。CQDs 的直径通常在 10 nm 以下，具有比表面积大、活性边缘和缺陷部位多、电子传输速度快、电子储存性能优异等特点，是极具催化潜力的新型纳米碳材料。但 CQDs 的本征导电性较差，用作 HER 电催化剂时通常要负载到导电基底表面以提高电荷传输速率。Zhao 等人结合电化学剥离法和溶剂热法制得 CQDs/ 石墨烯复合结构，CQDs 提供丰富的活性边缘和缺陷位点，而石墨烯作为导电基底不仅可提高电子转移速率，还可促进 CQDs 的均匀分散，暴露更多的活性位点，表现出增强的电催化 HER 活性和稳定性 [94]。

2. 石墨相氮化碳

石墨相氮化碳（graphitic Carbon Nitride，g-C$_3$N$_4$）作为一种典型的聚合物半导体，也可看作一种碳基材料，具有类似石墨烯的二维片层结构和优异的光响应特性，多用于光催化分解水，同时在电催化HER领域中也具有应用潜力。由于g-C$_3$N$_4$的本征电导性差，用作HER电催化剂时需要与其他导电基底复合以增强电荷传输能力。Shinde等人提出g-C$_3$N$_4$与石墨烯掺杂形成复合结构后，电催化HER活性可显著提高。g-C$_3$N$_4$自身的 ΔG_H^0 为负值，可提供高活性的氢吸附位点，而掺杂石墨烯有利于促进电子传输，并为H$_2$的形成和脱附提供通路。g-C$_3$N$_4$的化学和电子耦合作用还使该复合结构在酸性和碱性环境下都表现出优异的稳定性[95]。此外，元素掺杂和应变也能有效调控g-C$_3$N$_4$的 ΔG_H^0。

3. 共价有机框架

共价有机框架（Covalent-Organic Framework，COF）是由轻质元素（如 C、O、N、B 等）组成的有机结构单元通过共价键连接形成的有序多孔的有机聚合物晶体。COFs 含有强共价键和共轭的 π 电子云，且具有结构多样性、有序性、稳定性、大孔隙率、大比表面积和易于官能化等优点，是继 MOF 之后的又一重要的三维有序框架材料。关于 COFs 材料用于电催化制氢的报道较少，但 COFs 材料独特的分子结构使其具有作为 HER 电催化剂或支撑基底的潜力。COFs 的优势在于，其不仅可精细调控材料的拓扑结构和功能性，还可作为非均相催化剂进行回收。Bhunia 等人首次提出 COFs 材料具有电催化 HER 性能并通过溶剂热法合成二维 COF 结构 SB-PORPy-COF。从分子几何角度看，亚胺键的可逆性能保证晶体框架结构的形成，亚胺中的 N 位点可作为 HER 的自由结合位点，而芘和卟啉之间的 π 电子共轭可形成导电通路，使该结构具有较大的比表面积、较高的电催化 HER 活性和结构稳定性[96]。

与 MOF 材料类似，构建 COFs 基复合材料是提升其本征电催化 HER 活性的有效手段。金属离子可与 COFs 材料形成较稳定的相互作用，因此封装金属离子是提高 COFs 材料电化学活性的一种有效的方法。Maiti 等人设计并合成了亚胺连接的 COFs 来封装钌（Ru）离子，并将多孔二维 COFs 结构作为负载 Ru 的基底。与纯 RuCl$_3$ 和 COFs 电极相比，Ru/COFs 复合电极的电催化活性和稳定性显著提高[97]。

考虑到 COFs 独特的轻质元素组成和多孔结构，也可将 COFs 作为反应前驱体碳化成异质原子（如 N、B 等）掺杂的碳材料，以确保异质原子在碳基底中能均匀分散。Fan 等人先制备得到共价卟啉框架化合物 Fe–TPP–CPFs，再进行碳化得到封装有 Fe_2P/Fe_4N 纳米颗粒的 N 掺杂碳材料复合结构，多孔性框架结构可显著增加材料的比表面积和活性位点数目，使该结构具有多功能电催化特性，可用于电催化制氢、制氧和氧化还原反应[98]。总的来说，相比于 MOF 材料，COFs 材料在电催化 HER 领域的应用研究还较少，还需进一步探究、开发。

2.1.4 单原子电催化剂

通常，提高纳米材料的电催化 HER 性能有两种策略，即提高单个活性位点的本征催化活性和增加活性位点的数目。细化纳米材料的结构可显著增大其比表面积及活性位点数目，从而提高纳米材料的电催化性能。从三维块体到二维纳米片，再到一维纳米线、零维纳米颗粒，电催化剂尺寸的减小，会大大增加表面暴露的原子数量，同时引起表面原子结构、电子结构和缺陷的变化。金属基催化剂是电催化剂的重要组成部分，当尺寸下降到一定值时，费米能级附近的电子能级从准连续能级变为分离能级，产生量子尺寸效应。金属颗粒尺寸减小的极限便是将金属以单原子的形式分散到载体表面，并作为电催化 HER 的活性位点，单原子催化剂（Single–Atom Catalyst，SAC）的概念便由此产生。SAC 是指催化剂中活性组分完全以孤立的单原子形式存在，并通过与载体相互作用或与第二种金属形成合金得以稳定存在。

2011 年，Qiao 等人利用 Pt 原子与氧化铁之间的强相互作用，首次制备出具有高活性和高稳定性的单原子 Pt 电催化剂 Pt_1/FeO_x，并提出"单原子催化剂"和"单原子催化"的概念[99]。自此，单原子催化剂逐渐成为研究热点，单原子催化剂的应用也从 CO 的催化氧化扩展到其他催化领域，如电催化 HER 领域。当金属单原子用于电催化 HER 时，充分暴露的金属原子不仅能增加表面活性位点的数量，还能产生更多的低配位不饱和金属中心，从而显著提高单个活性位点的本征催化活性。此外，单原子与载体之间的强相互作用可确保二者之间快速的电荷传输。相比于纳米或亚纳米电催化剂，SAC 具有诸多优势：（1）最大限度地提高原子利用率，理论上接近 100%；（2）由于活性位点的组成和结构单一，可避免因活性组分的组成或结构的不均匀所导致的副反应；（3）单原子电催化剂不仅可有效提高电催化活性，还可极大限度地提高材料利用率，降低成本；
（4）载体选择广泛，如碳材料、过渡金属化合物等均可作为 SAC 的载体。由此可
见，单原子是未来发展新型电催化剂的重点研究方向。

贵金属单原子电催化剂可显著降低贵金属的使用量，对电催化 HER 领域有
重要意义和深远影响。但是，为了降低体系表面能，单个金属原子在合成过程中
存在扩散并聚集成簇的倾向，因而 SAC 的制备较为困难。目前的制备方法主要
有化学气相沉积法、原子层沉积法、热解法、湿化学法、光化学法和原子捕集法等。
Cheng 等人通过原子层沉积技术在 N 掺杂石墨烯纳米片的表面负载单个 Pt 原子
和团簇，通过改变原子层沉积的层数能精确调控 Pt 原子的尺寸、分散度和负载量，
减少沉积次数有利于得到在 N 掺杂石墨烯表面均匀分散的 Pt 单原子。实验和理
论计算结果表明，Pt 原子更优先吸附在 N 掺杂石墨烯的 N 位点，电子从 Pt 原子
转移到 N 原子，使 Pt 原子的未填充 5d 态增多，电催化活性得以显著增强，甚至
比传统 Pt 纳米颗粒电极的活性还高。Pt 原子与基底之间存在强相互作用，这可
显著提升电极的稳定性 [100]。原子层沉积可控性强但成本较高，对金属和载体都
有特殊要求，寻找通用、简单的 SAC 制备方法十分必要。电化学沉积法具有简单、
易操作、成本低的优势，可将金属单原子可控地沉积于载体表面。Tavakkoli 等人
在 CNTs 表面电沉积 Pt 单原子和亚纳米团簇。Pt 电极作为对电极时在特定电位下
会溶解在硫酸中，将基底作为工作电极，即可实现在不同碳载体上沉积 Pt 原子。
CNTs 上负载 0.75 at% 的 Pt 原子即可获得与 Pt/C 电极接近的电催化 HER 性能，
如图 2–22 所示。理论和实验结果均表明，CNTs 对 Pt 原子的固定作用优于石墨烯，
可有效避免 Pt 原子的聚集 [101]。

采用电化学沉积法制备贵金属单原子催化剂时，除了利用贵金属对电极作为
金属源外，还可在电解质中添加金属前驱体进行电化学沉积。这种思路更有利于
降低成本和提高效率，载体的选择也更加多样化。Zhang 等人在碱性溶液中利用
电化学沉积法制备得到 30 多种 SAC，通过改变金属前驱体的浓度、沉积循环次
数和扫描速率可实现贵金属原子负载量的有效调控。根据施加电压范围的不同，
可将电化学沉积分为阴极沉积（0.1~0.4 V）和阳极沉积（1.1~1.8 V）。两种沉积
方式制得的同一种金属单原子表现出不同的电子态，因而适用于不同的电催化反
应：采用阴极沉积法获得的金属单原子具有优异的电催化 HER 性能，而采用阳
极沉积法获得的金属单原子则表现出高的电催化制氧活性。电化学沉积法普适

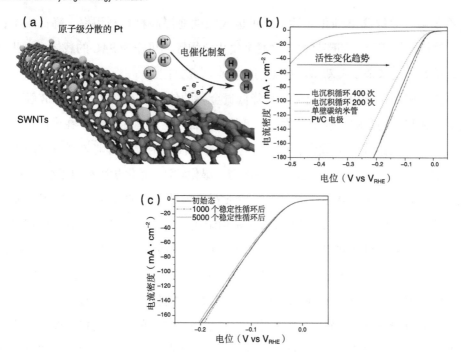

图 2-22　CNTs 表面电沉积负载 Pt 单原子[101]

（a）结构模型；（b）沉积循环次数对电催化 HER 活性的影响；（c）Pt/CNTs 电极的稳定性
★ 注：SWNTs 即 Single-walled Carbon Nanotubes，单壁碳纳米管。

性好，适用于 Ru、铑（Rh）、Pd、Ag、Pt、Au、铱（Ir）等贵金属，载体可选用 $Co(OH)_2$、MnO_2、MoS_2、$Co_{0.8}Fe_{0.2}Se_2$ 和 N 掺杂碳等，如图 2-23 所示。在贵金属单原子催化剂中，阴极沉积法沉积的 $Ir_1/Co_{0.8}Fe_{0.2}Se_2$ 的电催化 HER 性能极其优异。在碱性电解质中，在 $10\ mA \cdot cm^{-2}$ 电流密度下的过电位仅为 8 mV。将阴极、阳极沉积法所沉积的 $Ir_1/Co_{0.8}Fe_{0.2}Se_2$ 电极组装成两电极全分解水体系，要达到 $10\ mA \cdot cm^{-2}$ 的电流密度仅需 1.39 V 的过电位[102]。

　　尽管贵金属 SAC 的利用率很高，但还是无法避免贵金属元素的使用。考虑到贵金属的高成本和稀缺性，开发高性能的非贵金属 SAC 替代品就显得尤为必要。Fei 等人通过在 NH_3 中热处理 GO 和少量的钴盐，将非贵金属 Co 原子负载在 N 掺杂石墨烯表面。由于 Co 原子和 N 原子的强配位相互作用，Co 原子得以在 N 掺杂石墨烯表面均匀分散为孤立原子，而非团簇。该电催化剂以 Co 原子为电催化活性中心，表现出优异的电催化 HER 活性，有望取代 Pt/C 电极用于大规模电催化 HER[103]。Fan 等人通过热解含 Ni 的 MOF 前驱体，再结合酸刻蚀和电化学活化得到负载在石墨碳表面的孤立 Ni 原子，酸刻蚀可除去大部分金属 Ni。随后的恒电位伏安法和 CV 法加速 Ni 的溶解和迁移，获得负载有原子级分散 Ni 的电催化剂。石墨碳与单个 Ni 原子之间的强耦合相互作用可显著提高电子转移速率，使该电极表现出高的电催化活性和稳定性[104]。

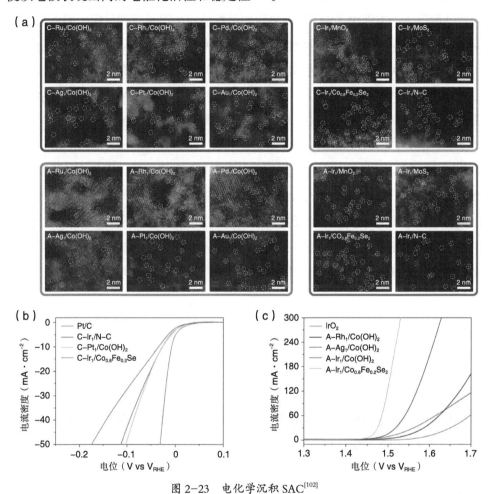

图 2-23　电化学沉积 SAC[102]

（a）不同载体上的 SAC（命名方式：制备方式－贵金属／载体，名称中的 C、A 分别表示阴极、阳极沉积法）；（b）阴极沉积法制备的 SAC 的制氢 LSV 曲线；（c）阳极沉积法制备的 SAC 的制氧 LSV 曲线

　　金属单原子除了直接作为电催化 HER 的活性位点，还可用作掺杂剂来提高被掺杂材料的电催化性能。Deng 等人通过一步化学合成法将 Pt 单原子掺杂到 MoS_2 的基面中，MoS_2 的本征电催化活性主要来自片层边缘的不饱和 S 原子。理论计算表明，Pt 原子掺杂能替代基面的 Mo 位点，有效触发邻近的面内 S 原子的

电催化活性，从而明显增强 MoS$_2$ 的电催化 HER 性能。进一步探究一系列过渡金属单原子掺杂对 MoS$_2$ 电催化活性的影响并绘制出"火山图"（见图 2-3），可为设计其他金属单原子掺杂提供理论指导[12]。

虽然金属单原子的电催化HER活性优异，但目前的相关研究还处于实验室的验证阶段。一方面由于SAC只有单独的活性位点，很难打破反应中间体吸附能间的线性关系，这从根本上限制了电催化效率；另一方面，为了避免单金属原子由于表面能大而形成金属纳米晶体，SAC的负载量往往较低，一般低于1.5%，导致电极的整体活性较低。为了进一步增加电极的活性位点数和金属单原子的负载量，近年来，在SAC的基础上又发展出双原子催化剂（Dual-Atom Catalyst，DAC）。Kuang等人在Cu(OH)$_2$纳米线上预先生长沸石型咪唑盐骨架ZIF-67，再利用热转换法制得嵌有Cu、Co双金属原子的N掺杂介孔碳结构。该复合结构具有丰富的活性位点、高的N掺杂量，以及Cu、Co双金属原子的协同增强效应，电催化HER活性显著优于Cu、Co单原子催化剂[105]。DAC的发展弥补了SAC的不足，但目前在电催化HER领域的应用还不够成熟。进一步设计与优化DAC的成分和结构，将有望充分发挥金属原子的电催化潜能。

| 2.2 光电化学催化 |

光电化学催化制氢是一种通过光辐照产生光生载流子（电子 – 空穴对），驱动水分解以实现高效制氢的技术。

2.2.1 基本原理与设计

1. 基本原理

将 H$_2$O 分解成 H$_2$ 和 $\frac{1}{2}$ O$_2$ 所需的吉布斯自由能为 237.2 kJ·mol^{-1}，对应的电化学电位为 1.23 V。

$$H_2O \rightarrow H_2 + \frac{1}{2}O_2 \qquad (2-9)$$

　　为实现全水分解，半导体的带隙需要大于 1.23 eV，导带的最低能级 E_{cb} 需要高于产氢能级，而价带的最高能级 E_{vb} 需要低于产氧能级。再考虑 HER 和 OER 分别所需的过电位（0.3~0.4 eV）和热力学损失（0.4~0.6 eV），进行全水分解的光催化剂的带隙 E_g 至少需要 1.9 eV。热力学损失包括催化剂体内和界面处载流子复合带来的复合损失、反应所需的激活能、产氧动力学过程缓慢和寄生反应带来的过电位损失，以及反应物和产物的传质和离子导电损失所对应的溶液中的电化学损失。图 2-24 所示为满足全水解条件的半导体能带结构。首先，能量大于带隙的光子将半导体的电子（e⁻）激发至导带，而将空穴（h⁺）留在价带。随后，产生的载流子（电子 - 空穴对）在内建电场作用下分离，并迁移至表面分别发生还原反应和氧化反应。满足上述条件的光催化剂，如 TiO_2、ZnO、$KTaO_3$、$SrTiO_3$，其制氢效率往往受限于过大的带隙（>3 eV），且往往需要在牺牲剂中进行性能测试。

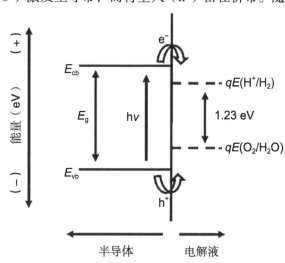

图 2-24　满足全水分解条件的半导体能带结构 [106]

★注：hv 中 h 指普朗克常量，v 为电子频率。

　　如图 2-25 所示，在外电路提供合适的偏压时，只有跨过产氢或产氧能级的窄带隙半导体可进行产氢或产氧反应，对应的光电极分别称为光阴极或光阳极。将匹配的光阴极和光阳极连接在一起同样能够实现全水分解。以图 2-26 所示的 N 型光阳极半导体为例，在暗态下，由于 N 型半导体的费米能级 E_F 高于溶液中的氧化还原电位，发生能带弯曲使费米能级对齐，产生的空间电荷层对应的宽度 W 为几百个纳米，半导体的初始费米能级与氧化还原电位相差的数量级为 1 eV。该空间电荷层产生的内建电场高达 1×10^5 V·cm⁻¹ 量级，可有效分离载流子。光照后，半导体中产生电子 - 空穴对，费米能级发生分离得到电子和空穴各自对应的准费米能级，分别对应 $E_{F,n}$ 和 $E_{F,p}$。准费米能级之间的电压差，也即光照后产生的电压即光电压 V_{OC}。光照下产生的电子 - 空穴对在内建电场的作用下分离，空穴迁移至半导体 / 溶液界面发生 OER，而电子则在外加电场作用下迁移至对电极并发生 HER。当然，对于光电催化剂，同样需要考虑其反应所需的过电位和热力学损失。

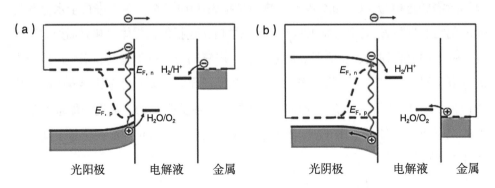

图 2-25　两种光电化学催化单元的作用原理示意[107]
（a）光阳极及金属对电极；（b）光阴极及金属对电极

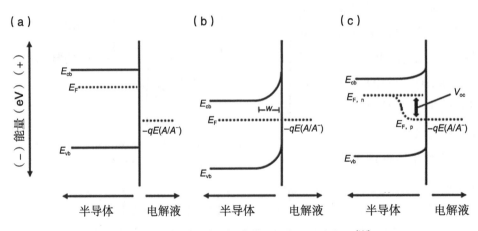

图 2-26　半导体 / 电解质界面的能级位置变化[106]
（a）平衡前；（b）平衡后；（c）光照后

2. 材料和结构

光催化剂或光电极材料包括硅和ⅢA– ⅤA 族半导体、金属氧化物、金属硫族化合物等。硅和ⅢA– ⅤA 族半导体的带隙小，具有较高的理论效率。但这类材料成本高，且直接接触水溶液后易被腐蚀或氧化，往往需要在其表面覆盖 TiO_2 保护层以提高其工作稳定性。金属氧化物中 O 的电负性很强，有利于形成稳定的化合物。对于具有空的 d 轨道（d^0）的二元金属氧化物（如 TiO_2、WO_3），金属 3d 轨道与 O 的 2p 轨道作用，可使价带能级降低而更耐氧化。这些特性使金属氧化物的导带和价带的带边间距增大，从而具有更大的带隙，不利于吸光。对于具有部分填充的 d 轨道（d^n）的二元金属氧化物（如 Fe_2O_3、Co_3O_4），d–d 轨道之间的相互作用可显著降低金属氧化物的带隙。但是，由于具有较大的电子 / 空穴有效质量或载流子的自俘获现象，其载流子传输性质一般较差。鉴于二元金属氧化物的这一局限性，可以考虑三元甚至更多元的氧化物。以三元金属氧化物为例，第二种阳离子的引入可调控导带和价带的能级位置，从而改变其带隙大小和平带电位的位置，也可引入具有中等带隙的表面态以减小带隙。在金属硫族化合物中，S 和 Se 的 p 轨道的能级高于 O，可获得带隙更小的半导体。

通常，半导体材料的厚度越大，吸光效率越高。但是，若材料厚度远大于载流子的扩散长度，则会降低载流子的分离和迁移效率。纳米结构化是权衡上述两种因素以提高催化活性的有效手段。纳米结构电极不仅可以增大体系的比表面积和光吸收，还能减小载流子的扩散长度以提高载流子的迁移和分离效率。纳米结构的最佳尺寸为载流子扩散长度与空间电荷层厚度之和。如果半导体中多数载流子的迁移速率较小，也可以采用具有导电纳米线的阵列作为基底。需要注意的是，纳米结构化会增加表面复合位点的数量，且相伴产生的量子尺寸效应还可以增大带隙。在半导体表面负载助催化剂能降低产氢或产氧的过电位，促进界面处载流子的分离和迁移。助催化剂可促进反应动力学过程的进行，抑制载流子在界面的复合和逆反应的发生。当然，助催化剂的作用不仅仅体现在纳米结构电极上，其对平面结构的电极仍然有效。另外，半导体表面除了发生水的氧化还原反应，还会发生光腐蚀反应。负载助催化剂一方面可促进产氢或产氧反应的进行，另一方面可减少用于光腐蚀反应的载流子数。如果负载的助催化剂以薄层形式存在，则可以防止半导体与溶液的直接接触，从而抑制光腐蚀反应的发生。

3. 理论效率

假设两个光子产生的载流子可以完成式（2–9）的反应。对于光催化剂，当发生全水分解所需的过电位为 0.37 eV 时，单结器件的太阳能制氢效率的上限可达 30.6%。但考虑过电位损失后，单结器件的理论效率会显著降低。当过电位为 0.8 eV 时，所对应的理论效率的上限仅为 17.4%。光阳极、光阴极和偏压不够的光催化剂属于无法独立完成全水分解的单结器件，外加偏压可使其实现全水分解，这对于小带隙的半导体十分有利。但是，需要注意的是，在计算效率时需要扣除外加偏压的作用。图 2-27 所示为多结结构的光电极体系，包括异质结、光阳极 – 光阴极组成的光电化学单元和 PN 结 / 光电极体系。串联叠加带隙匹配的半导体能够实现更宽光谱的吸收，减少热力学损失并提供反应所需的偏压，从而提高理论效率。以双结器件为例，在窄带隙半导体后面放置与之匹配的宽带隙半导体，当发生反应所需的过电位为 0.8 eV 时，双结器件的理论效率的上限可达 27%。

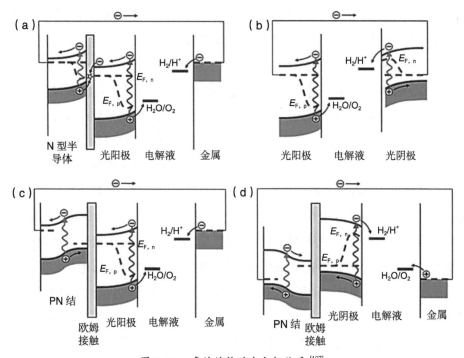

图 2-27　多结结构的光电极体系 [107]

（a）与 N 型半导体构成异质结的光阳极及金属对电极；（b）光阳极 – 光阴极体系；
（c）PN 结 / 光阳极结构及金属对电极；（d）PN 结 / 光阴极结构及金属对电极

　　在对上述单结和双结器件的理论效率进行计算时，仅考虑了过电位带来的影响。实际上，还需要考虑其他损耗对效率的影响，主要包括以下几个方面。（1）反射损失：未经处理的表面对光的反射带来的损失为 4%~5%，覆盖减反层可削弱这类损失。（2）吸光损失：能量大于半导体带隙的光子不一定会被完全吸收。（3）量子效率损失：半导体吸收光子产生载流子用于反应的效率并非 100%。其中的自由能的损失主要取决于载流子的迁移率、复合和光俘获，产生的损失一般为 0.4~0.6 eV，增大带隙可抵消部分光电压损失。动力学损失则要求提供额外的过电位用于产氢和产氧。逆反应或副反应会引起分流损失，从而降低催化剂的电流密度曲线的填充因子（Filling Factor，FF）。（4）电化学损失：反应物和产物的传质以及离子导电给体系带来的损失。以溶液电阻的影响为例，当溶液的电阻为 45 Ω 时，欧姆电位降可达 600 mV 左右，而一般电催化剂产生 10~20 mA·cm^{-2} 的电流密度所需的过电位为 60~340 mV。如图 2-28 和图 2-29 所示，若考虑上述损耗，大部分单结器件的效率的上限仅为 5.4%，大部分双结器件的效率的上限为 16.2%。此外，其他的非吸光或非反应限制因素，如溶液的

温度、溶液的吸光损失、气体收集损失等，也会影响整体效率。值得注意的是，由于溶液厚度对太阳光长波部分的透过影响很大，相较于单结器件，溶液厚度对多结器件效率的影响更为明显。目前，实验室制备的单结或多结器件的最优效率仍小于 20%，大部分器件的效率低于 10%，且大部分器件只能稳定运行几天甚至更短时间。具体的器件结构、测试环境、效率和稳定性等将在 2.2.3 节进行介绍。关于理论效率计算的前提条件和详细方法可以参考相关文献[108]。

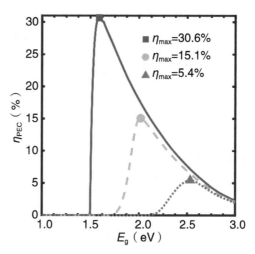

图 2-28 单结器件的效率[108]

★注：蓝色线表示理想情况下不同带隙半导体的效率，绿色线表示某些高性能半导体的实际效率，红色线表示多数储量丰富的半导体的实际效率。

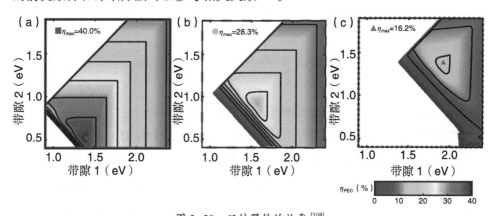

图 2-29 双结器件的效率[108]

（a）理想情况下不同带隙半导体的效率；（b）某些高性能半导体的实际效率；
（c）多数储量丰富的半导体的实际效率

　　综上，既要选择具有合适能带结构的半导体，还要考虑半导体的其他内在性质以及外在环境因素对器件效率和稳定性的影响。与 PV 类似，可以利用载流子倍增效应突破肖克利－奎塞尔（Shockley-Queisser，SQ）极限以提高理论效率。这包括分子的单线态裂变和量子点的多重激子产生（Multiple Exciton Generation，MEG）。以 MEG 为例，单个入射光子可以产生两个甚至多个电子－空穴对（激子），单结器件的理论效率可从 30.7% 提升至 32.0%。与没有载流子倍增效应的器件类似，过电位的增大使具有 MEG 现象的单结 / 多结器件效率降低，且效率峰值对应的带隙会正移。值得注意的是，当过电位增大至一定值时，MEG 不仅无法提升单结器件的效率，甚至还会降低多结器件的效率。

4. 性能测试

　　在实际的性能测试中，记录单位时间、单位面积内催化剂的产氢速率 R_{H_2}，利用式（2-10）可计算太阳能制氢效率（Solar-To-Hydrogen Efficiency，STHE）。如图 2-30（a）所示，对于效率很低或不能独立完成全分解水过程的催化剂，应先记录该催化剂在一定偏压下产生的电流密度，再利用式（2-11）扣除偏压的贡献，然后计算出实际对应的外加偏压的光电流转换效率（Applied Bias Photon-to-current Efficiency，ABPE）。

$$STHE = \frac{R_{H_2} \times \Delta G}{P_{solar}} \qquad (2-10)$$

　　式（2-10）中，R_{H_2} 为产氢速率，ΔG 为产氢的吉布斯自由能，P_{solar} 为光照强度。

$$ABPE = \frac{J_{ph} \times \left(1.23 - E_{app}\right)}{P_{solar}} \qquad (2-11)$$

　　式（2-11）中，J_{ph} 为光电流密度，E_{app} 为外加偏压。

　　假设催化剂的法拉第效率为100%，那么ABPE就等于STHE。图2-30（b）是催化剂的量子效率。催化剂的入射光-电流转换效率（Incident Photon-To-Current Conversion Efficiency，IPCE）等于外量子效率（External Quantum Efficiency，EQE），即单位时间内产生的电子数与入射光子数的比值。不施加偏压时，IPCE在整个光谱的积分值能够表示入射光分解水制氢的最大理论STHE。IPCE与催化剂的吸光、载流子的迁移和界面载流子的分离能力有关。通过紫外-可见光谱法测试催化剂的吸收光谱，再根据朗伯-比尔定律转换可得到吸光率。如果将IPCE除以吸光率，可获得吸收光-电流转换效率（Absorbed Photon-to-current Conversion Efficiency，APCE），也称为内量子效率（Internal Quantum Efficiency，IQE）。若只考虑吸光光子的转换效率，APCE仅与载流子的迁移和界面载流子的分离能力有关，有利于评估催化剂内载流子的复合情况。如图2-30（c）所示，除了计算转换效率，还需表征催化剂的稳定性，即记录产生的H_2量或光电流随时间的变化。催化剂的稳定性与表面或界面载流子的复合、催化剂的腐蚀等因素有关。如果将整个光电化学单元简化为等效电路结构，将测得的电化学阻抗谱（Electrochemical Impedance Spectrum，EIS）按照合适的等效电路进行拟合，可定性描述体系的串并联电阻以及载流子的迁移和分离情况。利用莫特-朔特基曲线获得半导体体内载流子的密度及其平带电位，并与吸收光谱所测得的带隙相结合，可进一步判断半导体的能带结构。因此，合理的阻抗测试有利于对半导体催化剂的能带结构和性能做进一步分析，为其性能的提升和结构的设计提供指导[109]。

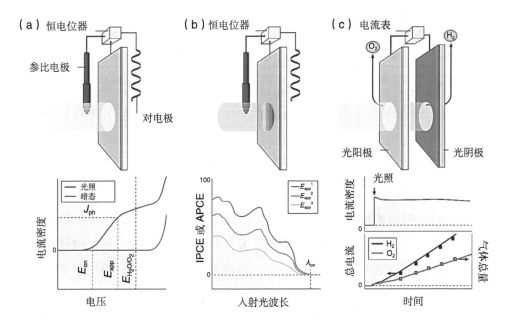

图 2-30　光电极的性能测试[109]

（a）不同偏压下的光电流密度测试；（b）量子效率测试；（c）稳定性测试

2.2.2 单结光电化学材料与性能

1. d^0 金属离子的氧化物：TiO_2

如图 2-31 所示，金属离子按照 d 电子数可以分为具有空的 d 轨道的 d^0 金属离子、满的 d 轨道的 d^{10} 金属离子和具有半填充的 d 轨道的 d^n 金属离子。d^0 金属离子（如 Ti^{4+}、W^{6+}、Nb^{5+}、Ta^{5+}、Zr^{4+}）的二元过渡金属氧化物（TiO_2、WO_3、Nb_2O_5、Ta_2O_5、ZrO_2）的价带顶部（Valence Band Maximum，VBM）由 O 2p 轨道占据，VBM 一般位于 +3 V_{RHE} 左右，而其导带底部（Conduction Band Minimum，CBM）由金属的空的 d 轨道占据，CBM 一般位于 0 V_{RHE} 左右。因而，二元 d^0 过渡金属氧化物的带隙一般大于 3 eV，但过大的带隙会限制其吸光性能。

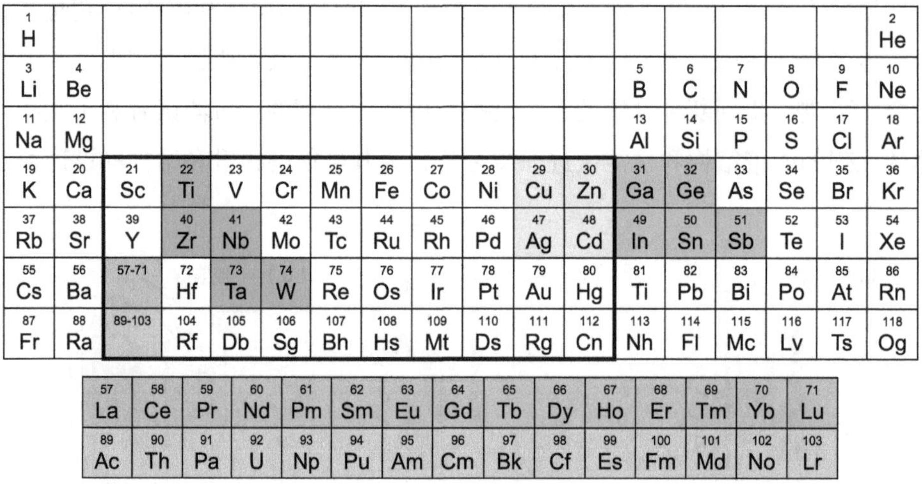

图 2-31 元素周期表 [110]

★注：蓝色为 d^0 金属离子对应的元素，绿色为 d^{10} 金属离子对应的元素，其他含有 d 带的金属更有可能形成 d^n 金属离子。

以 TiO_2（锐钛矿相）为例，TiO_2 的光催化活性高、无毒无害、成本低且稳定性好，但是带隙过大（3.2 eV）且载流子复合严重，理论效率仅约2.2%。对 TiO_2 进行掺杂，通过引入其他非金属阴离子、金属阳离子或其他原子形成三元甚至多元化合物，能提高其吸光性或抑制载流子复合。如图2-32所示，异质原子对 TiO_2 能带结构的调控可以分成以下几类：混合态相互作用带来的CBM下移或VBM上移；禁带内不连续带或杂质能级的形成；表面态的产生等[111]。

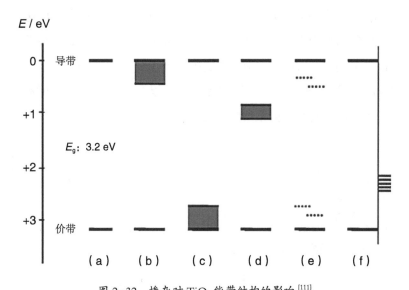

图 2-32　掺杂对 TiO$_2$ 能带结构的影响 [111]

（a）初始能带结构；（b）CBM 下移；（c）VBM 上移；（d）形成离散能带；（e）形成离散掺杂能级；（f）形成表面缺陷态

引入其他阴离子（如 B、C、N、F、P、S）取代 O 或作为间隙原子，可以提高多元氧化物（如氮氧化物、硫氧化物）的 VBM 而不影响 CBM 的位置。此外，阴离子取代还可以在掺杂的金属氧化物的 VBM 上方引入新的杂质能级，所形成的多元化合物或掺杂的金属氧化物的吸光范围更大。阴离子掺杂还会引入 O 空位和 Ti^{3+}，O 空位作为色心产生杂质能级，Ti^{3+} 在 CBM 下方形成给体能级，从而进一步增大吸光范围。在 N 掺杂的 TiO$_2$ 中，在禁带中形成 N 占据的杂质能级，可使 TiO$_2$ 的带隙从 3.19 eV 降至 2.83 eV，对应的产氢速率从 2 μmol·h^{-1} 增至 28 μmol·h^{-1}。在 F 掺杂的 TiO$_2$ 中，F 掺杂会在 TiO$_2$ 中引入 Ti^{3+} 和 O 空位，增大 TiO$_2$ 的吸光范围，对应的产氢速率从 1.32 mmol·g^{-1}·h^{-1} 增至 18.27 mmol·g^{-1}·h^{-1}。多种阴离子共掺杂所产生的协同效应可进一步增大吸光率。使用 C 和 N 对 TiO$_2$ 进行共掺杂，共掺杂的 TiO$_2$:(C+N) 的带隙（2.92 eV）小于 TiO$_2$:C（3.1 eV），且 TiO$_2$:(C+N) 的产氢速率（0.082 mmol·g^{-1}·h^{-1}）高于 TiO$_2$:C（0.0022 mmol·g^{-1}·h^{-1}）。

将碱金属（如 Li、Na、K）或碱土金属（如 Ca、Rb、Ba、Sr）与 TiO$_2$ 晶胞中的 TiO$_6$ 八面体结合所形成的结构可通过碱金属或碱土金属的种类或配比进行调控。变形的 TiO$_6$ 八面体会形成内部极化场，促进光生载流子的迁移。以图 2-33

所示的 $BaTi_4O_9$ 为例，$BaTi_4O_9$ 包括两种明显变形的 TiO_6 八面体。在这两种多面体中，Ti^{4+} 离子分别偏离 6 个 O^{2-} 的重心 0.03 nm 和 0.021 nm，正负电荷中心分离产生的偶极矩分别为 $5.7D$ 和 $4.1D$，该偶极矩产生的局部电场有利于光生载流子的产生和分离。载流子的有效分离效率和吸光能力一样重要，优异的载流子迁移和分离性能能够最大化利用体系所吸收的光。

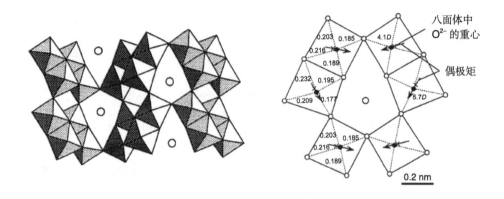

图 2-33　$BaTi_4O_9$ 晶体结构和 TiO_6 八面体内的偶极矩[110]

　　与过渡金属（如 V、Cr、Mn、Fe、Co、Ni、Cu、Pt、Au、W）相结合是另外一种掺杂思路。过渡金属掺杂可提高 TiO_2 对电子的捕获能力，有利于载流子的分离。W 掺杂的 TiO_2 会在 CBM 下方产生杂质能级，从而将 TiO_2 的带隙减小至 3.05 eV。另外，W 掺杂会在 TiO_2 中形成 O 空位来作为捕获位点，抑制载流子的复合。在含有牺牲剂的溶液中，负载有 Au 助催化剂的 TiO_2:W 的产氢速率高达 24 $mmol \cdot g^{-1} \cdot h^{-1}$。对于负载有 Ag 助催化剂的 TiO_2:(Ni+Fe)，在 TiO_2 的禁带中 Fe 和 Ni 共掺杂所产生的杂质能级，可显著提高其对可见光的吸收能力（吸光限可达 700 nm），比单独掺杂 Ni 和 Fe 更为有效。

　　引入 ns^2 主族金属（如 Al、Ga、锡（Sn）、锑（Sb）、铅（Pb）、硅（Bi）等）的作用与过渡金属类似，掺杂引入的杂质能级有利于增大 TiO_2 的吸光范围。但是，这些主族元素对 TiO_2 能带的影响主要来源于其外层的 s 轨道和 p 轨道。利用 Bi 和 Sn 分别掺杂 TiO_2 均可提高其吸光能力，且产生的杂质能级有利于光生载流子的分离，提升 TiO_2 的产氢性能。主族元素的 s 轨道可与 Ti 3d 或 O 2p 轨道相互作用以降低 CBM 或升高 VBM。Bi 6s 轨道与 O 2p 轨道相互作用可产生位于价带顶处的占据态，从而提高 VBM 并增大空穴在价带处的迁移率。

同理，若使用 RE 元素（如 Sc、Y、Zr、Gd、La、Ce）进行掺杂同样会在 TiO_2 的带隙内产生新的能态，这些能态主要是由 RE 元素的 4f、5d 和 6s 轨道贡献的。负载有 Ag 助催化剂的 TiO_2:Ce 的吸光上限可达 570 nm，在禁带内形成的 Ce 4f 占据的杂质能级和表面 Ag 金属的等离子共振效应是其吸光性能提升的主要原因。此外，产生的杂质能级还可作为电子捕获位点，有效分离光生载流子。

单种阳离子掺杂 TiO_2 在提高 TiO_2 的电子捕获能力的同时，可作为复合中心，引起载流子通过杂质能级的复合。此外，单种阴离子掺杂所产生的杂质能级也可作为复合中心。同时使用阴离子与阳离子对 TiO_2 进行共掺杂，有利于维持电荷平衡，抑制光生载流子的复合。在金属 Sn 与非金属 C 共掺杂的 TiO_2:(Sn+C) 中，CBM 下方形成 Sn 占据的杂质能级，VBM 上方形成 C 占据的杂质能级，使半导体的带隙（2.9 eV）比单离子掺杂时更小。共掺杂形成的表面捕获位点可延长载流子的寿命，有效地促进载流子的分离并抑制载流子的复合。TiO_2:(Sn+C) 的太阳能转换效率比 TiO_2、TiO_2:Sn 和 TiO_2:C 分别高 60%、94% 和 100%[112]。类似地，在 TiO_2:(Gd+N) 中，禁带内形成了 Gd 4f 占据的杂质能级且在 VBM 上方形成 N 2p 占据的杂质能级。协同作用可显著地减小 TiO_2 的带隙，且所形成的表面态能促进载流子的分离[113]。

关于 TiO_2 掺杂的结果汇总在表 2-1 中。值得注意的是，吸光范围越大并不意味着催化性能会越高。吸光只是材料催化过程的步骤之一，材料具体的催化性能还与材料的缺陷、结构、入射光强度、牺牲剂种类及浓度、溶液 pH 等因素有关。另外，化学掺杂或者原位合成掺杂，可能对材料的微观结构、尺寸、表面积、结晶度等产生影响。不同实验值之间不能直接对比，需要综合多种因素进行对比。选择合适的掺杂剂及掺杂浓度，可有效增大 TiO_2 的吸光范围或促进载流子的迁移和分离，从而提高催化能力。

表 2-1 TiO₂ 基催化剂的测试与性能

材料	带隙(eV)	吸光上限(nm)	产氢速率	电解质	光源	助催化剂	样品类型	微观结构	稳定性	参考文献
TiO_2:N	2.83	—	28 (2) $\mu mol \cdot h^{-1}$	0.5 $mol \cdot L^{-1}$ Na_2SO_4	150 W - 氙灯 (100 $mW \cdot cm^{-2}$)	—	薄膜	纳米颗粒	—	[114]
TiO_2:N	–	—	4.7 (2.1) $mmol \cdot g^{-1} \cdot h^{-1}$	乙醇的水溶液	300 W - 氙灯	Ag	悬浮颗粒	纳米颗粒	—	[115]
TiO_2:S	2.8	—	7.93 (0.7) $mmol \cdot g^{-1} \cdot h^{-1}$	甲醇的水溶液	500 W - 氙灯	Cu	悬浮颗粒	纳米颗粒	60 h (94.6%)	[116]
TiO_2:F	3.08	—	18.27 (1.32) $mmol \cdot g^{-1} \cdot h^{-1}$	甲醇的水溶液	300 W - 氙灯 (180 $mW \cdot cm^{-2}$)	—	悬浮颗粒	暴露特定晶面的纳米片	40 h (100%)	[117]
TiO_2:C	3.1	—	0.0022 $mmol \cdot g^{-1} \cdot h^{-1}$	甲醇的水溶液	450 W - 氙灯	—	悬浮颗粒	纳米颗粒	—	[118]
TiO_2:(C+N)	2.95	—	0.082 $mmol \cdot g^{-1} \cdot h^{-1}$	甲醇的水溶液	450 W - 氙灯	—	悬浮颗粒	纳米颗粒	—	[118]
$Na_2Ti_6O_{13}$	3.5	—	0.265 $mmol \cdot g^{-1} \cdot h^{-1}$	去离子水	400 W - 高压汞灯	Zr & RuO_2	悬浮颗粒	微纤维	9 h (60%)	[119]
$K_2Ti_6O_{13}$	3.5	—	10.74 $mmol \cdot g^{-1} \cdot h^{-1}$	乙醇的水溶液	紫外灯	—	悬浮颗粒	晶须	—	[120]
$SrTiO_3$	3.45	—	0.138 $mmol \cdot g^{-1} \cdot h^{-1}$	异丙醇的水溶液	150 W - 氙灯	Au	悬浮颗粒	纳米颗粒	—	[121]
$SrTiO_3$	—	—	0.5 $mmol \cdot g^{-1} \cdot h^{-1}$	甲醇的水溶液	300 W - 氙灯	$PdCrO_x$	悬浮颗粒	纳米颗粒	—	[122]
$Sr_3Ti_2O_7$	3.2	—	0.144 $mmol \cdot g^{-1} \cdot h^{-1}$	去离子水	400 W - 高压汞灯	Ni	悬浮颗粒	—	120 h (76%)	[123]

续表

材料	带隙 (eV)	吸光上限 (nm)	产氢速率	电解质	光源	助催化剂	样品类型	微观结构	稳定性	参考文献
TiO_2:Co	2.7	—	11.021 (0.3) mmol·g⁻¹·h⁻¹	丙三醇的水溶液	400 W-汞蒸汽灯 (130 000 Lx, 1 Lx=0.2 W)	—	悬浮颗粒	纳米颗粒	35 h (100%)	[124]
TiO_2:W	3.05	—	24 mmol·g⁻¹·h⁻¹	甲醇的水溶液	300 W-氙灯 (100 mW·cm⁻²)	Au	悬浮颗粒	纳米颗粒	42 h (92%)	[125]
TiO_2:(Ni+Fe)	—	700	0.794 (0.01) mmol·g⁻¹·h⁻¹	乙醇的水溶液	500 W-氙灯 (103.9 mW·cm⁻²)	Ag	悬浮颗粒	纳米颗粒	30 h (99.7%)	[126]
TiO_2:Bi	—	600	0.903 (0.067) mmol·g⁻¹·h⁻¹	乙醇的水溶液	—	—	悬浮颗粒	纳米颗粒	48 h (85%)	[127]
TiO_2:Sn	2.68	—	0.126 (0.012) mmol·g⁻¹·h⁻¹	甲醇的水溶液	300 W-氙灯	Pt	悬浮颗粒	纳米颗粒	—	[128]
TiO_2:Ce	—	470	1.47 (0.47) μmol·cm⁻²·h⁻¹	乙醇的水溶液	氙灯或汞灯	Ag	薄膜	纳米管阵列	—	[129]
$La_2Ti_2O_7$	—	—	1.376 (0.005) mmol·g⁻¹·h⁻¹	去离子水	450 W-高压汞灯	Ni	悬浮颗粒	—	—	[130]
$Y_2Ti_2O_7$	3.5	350	2 mmol·g⁻¹·h⁻¹	去离子水	400 W-高压汞灯	NiO_x	悬浮颗粒	—	—	[131]
TiO_2:(Sn+C)	2.9	—	4.7 (2.1) mmol·g⁻¹·h⁻¹	1 mol·L⁻¹ KOH	500 W-汞-氙灯 (100 mW·cm⁻²)	—	薄膜	纳米线	0.5 h (98%)	[112]
TiO_2:(Gd+N)	—	600	1.076 (0.061) mmol·g⁻¹·h⁻¹	甲醇的水溶液	AM 1.5G	—	悬浮颗粒	纳米颗粒	50 h (90%)	[115]

★注：产氢速率一列，括号中的数据为纯 TiO_2 的性能；稳定性一列，括号中的数据为催化剂在一定时间后所保持的性能。

2. 其他 d^0 金属离子的氧化物：ZrO_2、Nb_2O_5、Ta_2O_5、WO_3

对其他 d^0 金属氧化物（ZrO_2、Nb_2O_5、Ta_2O_5、WO_3），也可以采用上述方法进行优化。Ta_2O_5、Nb_2O_5、ZrO_2 与 TiO_2 类似，其能带结构都横跨产氢和产氧能级。ZrO_2 的带隙（5 eV）过大，通过掺杂来减小带隙以拓宽吸光范围的难度很大，因而关于 ZrO_2 单结器件的研究较少。Ta_2O_5 和 Nb_2O_5 的带隙比 TiO_2 大一些，分别为 3.9 eV 和 3.4 eV，采用与 TiO_2 类似的掺杂方法可以减小其带隙。N 掺杂是减小 Ta_2O_5 和 Nb_2O_5 的带隙的有效方法。N 掺杂后 VBM 由 O 2p 与 N 2p 共同占据，会提高 VBM 或在 VBM 上方形成杂质能级。CBM 仍由过渡金属的 d 轨道构成，CBM 位置基本不变，因而掺杂后半导体的带隙减小。如图 2-34 所示，Ta_2O_5、TaON 和 Ta_3N_5 的价带分别由 O 2p、O 2p+N 2p 和 N 2p 组成，对应的价带顶位置分别为 –7.74 eV、–6.45 eV 和 –5.96 eV，费米能级位置均在 –4.2 eV 左右，N 掺杂后三者的带隙分别减小为 3.9 eV、2.4 eV 和 2.1 eV。N 掺杂的 Ta_2O_5 会在 VBM 上方形成 N 占据的杂质能级，且 N 掺杂产生的表面偶极子效应会导致 CBM 上移，对应的 Ta_2O_5:N 的带隙为 2.4 eV，有利于 Ta_2O_5:N 产氢反应的进行[132]。

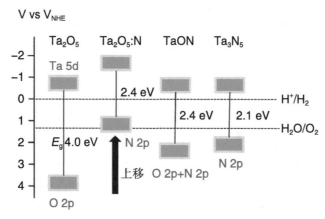

图 2-34　Ta_2O_5、Ta_2O_5:N、TaON 和 Ta_3N_5 能带结构[132]

WO_3 具有较优异的载流子迁移性能，其空穴扩散长度约为 150 nm，且化学 / 光稳定性好。除了带隙较大（2.8 eV）外，WO_3 的 CBM 比产氢能级低约 0.4 eV，若要进行产氢反应，需要通过掺杂来减小带隙并提高 CBM。以过渡金属的掺杂为例，引入等价的过渡金属原子（如 Mo、Cr）会导致 WO_3 的 CBM 下移，减小带隙。随着 Mo 掺杂量的增大，CBM 下移程度增大，对应的带隙减小而吸光范围增大，但过度掺杂产生的杂质能级会作为复合中心降低催化性能，因而一个较优的掺杂量，可使 $WO_3:Mo$ 具有较为优异的综合性能。

低价的过渡金属原子（如 Ti、Zr、Hf）的 d 轨道更加收缩且离子半径更大，使 CBM 上移。另外，低价原子的掺杂会在 O 2p 态处引入两个空穴，容易形成 O 空位，O 空位的存在能够在提高 VBM 的同时增大载流子密度。低价原子掺杂使 WO_3 的 VBM 和 CBM 同时上移，CBM 上移有利于降低产氢反应所需的过电位，促进产氢反应的进行。Hf 取代 WO_3 中的 W 原子会导致 HfO_6 八面体变形，使 WO_3 的 CBM 上移 0.23 eV。由于 Hf 的价电子数小于 W，还会在 WO_3 内形成 O 空位，空位的存在同样会带来变形，该尺寸效应会导致 VBM 和 CBM 均上移。Ti 掺杂后的 WO_3 的 VBM 和 CBM 也均上移，虽然 $WO_3:Ti$ 的带隙略增大，但其 CBM 的上移可减小产氢过程所需的过电位，掺杂后的 WO_3 的产氧电流密度是原来的 3~4 倍。

高价的过渡金属（如 Fe、Co、Ni、Cu、Zn）或镧系元素（如镱（Yb）等）掺杂会使半导体内的载流子密度增大，而且掺杂后的 WO_3 中容易产生 O 空位，会进一步增大载流子密度。过渡金属与 O 2p 的相互作用会导致 VBM 或 CBM 位置发生移动。在 Fe 掺杂的 WO_3 中，Fe 3d 轨道与 O 2p 轨道相互作用会导致 VBM 上移 0.16 eV，同时使 CBM 下移 0.1 eV。掺杂后的 WO_3 的带隙减小，对应的吸光范围增大。类似地，Yb 掺杂的 WO_3 载流子密度增大，载流子的分离和传输增强，吸光发生红移。

3. 主族 d^{10} 金属离子的氧化物

对于由主族 d^{10} 金属离子（如 Ga^{3+}、In^{3+}、Ge^{4+}、Sn^{4+}、Sb^{5+}）组成的二元金属氧化物，其 VBM 依然由 O 2p 轨道组成，但其 CBM 由主族金属的 s 和 p 杂化轨道组成。杂化轨道的态密度较宽，可提高导带处的电子迁移率，有利于催化反应的进行。与 d^0 过渡金属氧化物类似，将碱金属或碱土金属离子与 d^{10} 金属氧化物的金属 – 氧八面体结合，通过调整碱金属或碱土金属的种类或配比，可改变所得化合物的结构。所得三元化合物中存在 d^{10} 金属与氧形成的变形多面体，变形多面体会形成内部极化场，有利于光生载流子的迁移和分离，从而促进催化反应的进行。在 d^{10} 金属氧化物中引入其他非金属原子，同样有利于 VBM 的上移，减小带隙。以 d^{10} 金属氮氧化物为例，VBM 由 N 2p 和 O 2p 构成，上移的 VBM 有利于能量更小的光子被激发。由于 d^{10} 主族金属的导带比较发散，有利于光生电子的移动，因而 N 原子的引入对这些氧化物的提升比对 d^0 金属氧化物的提升更加可观。

4. 过渡 d^{10} 金属离子的氧化物

由过渡 d^{10} 金属离子组成的二元过渡氧化物包括 ZnO、Cu_2O、Ag_2O、CdO 等。其中，ZnO 的电子迁移率很高，但是光子转换效率很低，这是因为 ZnO 中载流子复合严重，且带隙大（3.37 eV），吸光能力有限。通过控制 ZnO 的形貌、掺杂或染料敏化可以提高吸光性能。调控晶格中的缺陷（如掺杂）或引入电子捕获剂（如助催化剂）能促进光生载流子的分离。与 TiO_2 类似，形成 O 空位、非金属原子掺杂、金属原子掺杂、金属与非金属原子共掺杂可以调控 ZnO 的能带结构。热处理或等离子处理容易在晶界处形成 O 空位，O 空位会在禁带内形成杂质能级，并会改变半导体中载流子的浓度。单原子（金属或非金属）和共掺杂（金属 - 金属、非金属 - 非金属、金属 - 非金属）会在禁带内形成杂质能级并有可能产生 O 空位，从而减小 ZnO 的带隙以增大吸光范围，并促进载流子的分离和传输。例如，DFT 计算表明 ZnO 的价带顶和价带底分别主要由 O 2p 和 Zn 3d 态占据，导带主要由 Zn 3p 和 4s 态占据。C 和 N 对 ZnO 中的 O 进行取代掺杂后，C 2p 和 N 2p 态参与价带的形成，且 C 2p 和 N 2p 态靠近 VBM 并在 VBM 上方形成杂质能级。因此，C 和 N 掺杂有利于增大 VBM 处的电子密度，进而增大激发后光生电子和空穴的密度。所形成的杂质能级不仅有利于载流子的分离，且可减小 ZnO 的带隙，增大吸光范围。

Cu_2O 的导带比产氢能级高约 0.7 V，价带在产氧能级上方，对应的带隙约为 2 eV，常用作光阴极材料，对应的理论产氢效率可达 18%。但由于 Cu_2O 的氧化还原电位位于禁带内，氧化和还原电位分别为 –0.365 V 和 0.22 V，容易发生光腐蚀，因而稳定性很差。选择合适的制备方法或条件以改变 Cu_2O 的形貌、结构和取向，可提高 Cu_2O 的稳定性。为了吸收更多的光子，Cu_2O 的厚度应在 1 μm 左右，但 Cu_2O 的少数载流子（电子）的扩散长度小于 200 nm，不利于载流子的传输和分离。构建具有纳米线 / 纳米棒等纳米结构的 Cu_2O，不仅能够减小载流子所需的扩散长度，还可增大吸光性能。上述构建高质量纳米结构的方法可减小载流子实际所需的扩散长度，而对 Cu_2O 进行适度掺杂则能够促进载流子的分离和传输以延长载流子的寿命。掺杂在 Cu_2O 禁带内形成的杂质能级有利于载流子的分离，且掺杂会增大 Cu_2O 的载流子密度，从而提高 Cu_2O 的催化活性。水分解活性的提升还会减少用于光腐蚀反应的载流子数，对稳定性的提升有一定的促进作用。例如，对于 Cu_2O:Fe，DFT 计算表明，Fe 掺杂使得 VBM 上方引入 Fe 3d 占据的杂质能级。莫特 – 朔特基测试表明，Fe 掺杂使得 Cu_2O 的平带电位正移且对应的空穴密度增大。平带电位正移证明掺杂有利于促进载流子的分离，这种高效分离与杂质能级的存在有关。杂质能级的存在还可有效地增大 Cu_2O 的可见光吸光范围。因而，在 $0\ V_{RHE}$ 电压下，Cu_2O:Fe 的电流密度（$-3.74\ mA \cdot cm^{-2}$）比 Cu_2O（$-0.24\ mA \cdot cm^{-2}$）大得多。

基于 Cu_2O 的多元化合物，如三元的 CuM_2O_4（M=Fe、Nb、Co、Al、Cr、Mn、Bi），也是光阴极材料，具有比 Cu_2O 优异的稳定性。例如，在以草酸作为牺牲剂的溶液中，使用固态反应法制得的 $CuFe_2O_4$ 的产氢速率可达 $1.72\ mmol \cdot g^{-1} \cdot h^{-1}$，与二元化合物 Cu_2O 的产氢速率在同一数量级上。但是，$CuBi_2O_4$ 在 $0.1\ V_{RHE}$ 电压下的电流密度仅为 $-0.3\ mA \cdot cm^{-2}$，性能明显低于 Cu_2O。这是由于 $CuBi_2O_4$ 的载流子分离和传输性能相对差一些。由于 $CuBi_2O_4$ 的稳定性比 Cu_2O 优异，因而将 $CuBi_2O_4$ 作为 Cu_2O 或 CuO 的保护层能够同时提高该复合结构的活性和稳定性。

Ag_2O 的带隙只有 1.35 eV 左右，其 VBM 和 CBM 分别为 -0.12 V 和 1.23 V，但是由于其较差的光敏性和稳定性，Ag_2O 一般不直接用作主要的光催化材料，而是用作 TiO_2、ZnO 等半导体的空穴捕获剂，所构成的异质结有利于促进光生载流子的分离。

CdO 的带隙只有 2.2 eV，价带在产氧能级以下，是具有可见光响应的光阳极。但是，由于本征缺陷的存在，CdO 的电子迁移率低。因而光生载流子在 CdO 体内的复合严重，这使得 CdO 的光催化性能受到限制。构建具有纳米结构的 CdO 或者与其他材料构成多结结构，可以有效地抑制载流子复合。

5. 过渡 d^n 金属离子的氧化物

具有局部填充的 d 轨道（d^n）的过渡金属氧化物由于具有较大的电子 / 空穴有效质量或载流子的自俘获现象，因而载流子的传输性能一般较差。以 d^5 过渡金属离子（如 Mn^{2+}、Fe^{3+}）为例，MnO 中由未填充的 Mn 3d 轨道所构成的导带相对发散，且 p–d^5 的耦合作用导致价带相对发散，因而 MnO 的电子 / 空穴有效质量较小。但由于 Mn^{2+} 倾向于捕获空穴，导致 MnO 的空穴通过小极化子跳跃机制传输，所对应的空穴迁移率很低。Fe_2O_3 中构成导带的未填充的 Fe 3d 轨道相对局域化，因而 Fe_2O_3 的电子有效质量较大。Fe^{3+} 倾向于捕获电子，导致 Fe_2O_3 的电子通过小极化子跳跃机制传输，所对应的电子迁移率非常低。对于该类半导体，通过掺杂能提高其导电性。

Fe_2O_3 的带隙一般为 1.9~2.2 eV，对应的 VBM 和 CBM 分别在产氧和产氢能级以下，因而常用作光阳极材料，可产生的最大光电流密度和理论效率分别为 12.6 mA·cm^{-2} 和 16.8%。Fe_2O_3 的平带电位过低，不利于产氢反应，且需要很大的过电位用于产氧，一般通过外接 PV 提供足够的偏压来解决。Fe_2O_3 的吸光系数很小，因而对应的膜厚需为 400~500 nm 以实现对太阳光的完全吸收。此外，Fe_2O_3 的载流子迁移率很低，对应的载流子扩散长度很短（2~4 nm）。在理想的吸光厚度下，大部分光生载流子在到达表面之前即在体内发生复合。因此，权衡 Fe_2O_3 的光吸收深度和载流子扩散长度之间的关系显得尤为重要。如 2.2.1 节所述，纳米结构化对这种权衡关系十分有利，有利于提升 Fe_2O_3 的性能。值得注意的是，制备纳米结构的不同方法对性能的影响很大。另外，引入合适的掺杂原子能够增大 Fe_2O_3 中载流子的浓度、迁移率和扩散长度。因而，合适的纳米结构化和掺杂同时进行，有利于增强 Fe_2O_3 的光响应活性。例如，EIS 分析表明，在 S 掺杂的 Fe_2O_3 光阳极中，Fe_2O_3:S 的载流子密度是 Fe_2O_3 的 5 倍左右，且 Fe_2O_3:S 中载流子的分离和注入效率均要高于 Fe_2O_3。DFT 计算表明，S 掺杂使 Fe_2O_3 的费米能级向导带底部移动，即 S 掺杂可增大电子密度。而且，掺杂后 Fe_2O_3 的电子有效质量减小，意味着其电子迁移率增大。基于这些作用，Fe_2O_3:S 在 1.23 V_{RHE} 电压下的电流密度（1.42 mA·cm^{-2}）要高于 Fe_2O_3（0.58 mA·cm^{-2}）。而 Fe_2O_3 自身的高性能则是源于纳米棒结构对吸光和载流子传输的共同优化。Si 掺杂对 Fe_2O_3 光阳极性能的提升也有类似的效果。但是，除了电子结构方面的优化，Si 掺杂还有利于形成更加细密的 Fe_2O_3 纳米花结构。这种对几何和电子结构的共同调控使得 Fe_2O_3:Si 的性能得到进一步提升（1.23 V_{RHE} 电压下，电流密度为 2.2 mA·cm^{-2}），这也验证了纳米结构对于提升 Fe_2O_3 性能的有效性和必要性。

6. 过渡金属硫族化合物

除了上述讨论的金属氧化物外，还有一类金属化合物——过渡金属硫族化合物（Transition Metal Chalcogenide，TMC）也是优异的催化材料。其中，CdS 和 ZnS 是研究最为广泛的 TMC 材料。CdS 的带隙为 2.4 eV，其 CBM 和 VBM 横跨产氢和产氧能级。但 CdS 的载流子的分离和迁移效率低，且在水溶液中不稳定，容易发生光腐蚀。在 CdS 表面负载助催化剂或者其他复合材料以构建异质结，有望同时解决上述问题。相反地，ZnS 的耐光腐蚀性较好，电子迁移率较高，但其带隙过大（3.6 eV），不利于可见光的吸收。与 TiO_2 和 ZnO 类似，通过掺杂或产生本征缺陷（如 O 空位）能够调控 ZnS 的带隙，以使其具有可见光吸收性能。

实际上，最前沿的 TMC 并不是块体材料。二维的 TMC 由于其特殊的性质，在催化领域具有广阔的应用前景。二维结构具有更大的比表面积，可提供更多的活性位点，有利于催化剂与电解质界面间的电荷迁移。受表面原子拉伸和结构无序的影响，二维材料表面的原子排布不尽相同，有可能影响界面间的电荷迁移和缺陷密度。而且二维结构易暴露特定的晶面，这些晶面更有利于光子的利用以及光生载流子的分离。另外，二维结构的带隙和能带位置受其厚度和横向尺寸的影响，调控这些参数可以获得更加理想的能带结构。制备二维结构的 TMC 的原料分为两种，一种是层状材料，层间存在弱的范德瓦耳斯力，通过剥离可以获得二维材料。另一种是非层状材料，三维结构范围内均由化学键键合，控制其生长条件可以获得二维材料。如图 2–35 所示，MX_2（M=Mo、W，X=S、Se）是典型的层状二维 TMC 材料（即为前文所述的 TMDs），相比于块体结构，二维结构的 CBM 上移，更有利于产氢反应的进行。当二维厚度减小至单层，电子结构会从间接带隙变为直接带隙，带隙增大但仍在 1.6~2.4 eV 内。但是，厚度减小所引起的间接 – 直接带隙的转变会导致载流子通过非辐射弛豫路径复合，从而限制这类二维 TMC 的光化学活性。而且，这种少数层结构的表面捕获位点的密度也会影响载流子的俘获。因而，这类二维 TMC 一般与其他的光催化剂结合，用作助催化剂或电子阱。类似地，二维非层状材料（如 ZnS、ZnSe、CdS、CdSe、CuS、ZrS_2）的带隙和能带位置也会与块体结构不同且可调控，表面积的增大和 CBM 的上移有利于产氢反应的进行。但这类材料的能带结构不会随厚度变化发生间接 – 直接带隙的变化，可以用作光催化材料，且往往具有比块体材料更优异的产氢性能[133]。

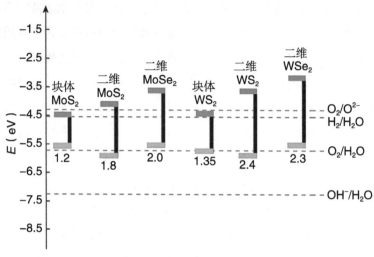

图 2-35　块体和二维 MX_2（M=Mo、W，X=S、Se）的能带结构[133]

7. ⅢA- ⅤA 族和ⅣA 族半导体

ⅢA-ⅤA族半导体（如GaAs、InP、GaP及其三元甚至多元化合物）和ⅣA半导体（如Si）是优异的PV材料，具有合适的带隙（1.0~2.5 eV），带隙可受合金化的成分调控，且具有很高的载流子迁移率，适合用作高效的光电化学活性材料。其中，p-GaAs、p-InP、p-GaP和p-Si等可以用作光阴极材料，而n-GaAs、n-InP、n-GaP和n-Si等可以用作光阳极材料。但这类材料在水溶液中不稳定，通常通过在其表面负载保护层（如NiO_x、TiO_2）来提高催化稳定性。例如，负载有TiO_2保护层和Ni助催化剂的Si和GaAs光阳极都呈现出很高的催化活性，在0 V_{RHE}电压下的电流密度分别约为9.2 mA·cm^{-2}和14.3 mA·cm^{-2}。这证明了合适厚度的TiO_2层的存在并不影响光电极的活性。在120 h的稳定性测试过程中，负载有TiO_2保护层的Si光阳极的性能基本没有降低。除了覆盖保护层隔绝光电极与电解质的直接接触，对半导体表面进行钝化处理也有利于提高稳定性。使用干法刻蚀的$GaInP_2$纳米棒在硫化铵溶液中进行钝化处理后，表面的O原子会被S原子替换，使得表面含氧缺陷态减少。因而，即使没有负载助催化剂，经过适当时间钝化处理的$GaInP_2$依然具有优异的产氢活性（在0 V_{RHE}电压下，电流密度为14.4 mA·cm^{-2}），且在124 h稳定性测试后活性没有降低。上述除TiO_2外的其他半导体的相关案例如表2-2所示。

表 2-2　半导体催化剂（除 TiO₂ 以外）的测试与性能

材料	带隙 (eV)	IPCE (%)	产氢速率	电流密度 $J_{1.23}$ 或 J_0 (mA·cm⁻²)	电解质	光源	助催化剂	样品类型	微观结构	参考文献
Ta₂O₅:N	2.46	—	0.39（0.24）μmol·g⁻¹·h⁻¹	—	甲醇的水溶液	300 W~氙灯	—	悬浮颗粒	纳米颗粒	[134]
Ta₂O₅:N	2.4	—	7.92 μmol·g⁻¹·h⁻¹	—	甲醇的水溶液	500 W~氙灯（110 mW·cm⁻²）	Pt	薄膜	—	[132]
Nb₂O₅:N	2.61	—	154（45）μmol·g⁻¹·h⁻¹	—	甲醇的水溶液	150 W~氙灯	Pt	悬浮颗粒	介孔结构	[135]
WO₃:C	—	—	—	1.32（0.92）	1 mol·L⁻¹ HCl	300 W~氙灯（130 mW·cm⁻²）	—	薄膜	—	[136]
WO₃:Fe	2.6	—	—	0.88（0.69）	0.1 mol·L⁻¹ Na₂SO₄	450 W~氙灯（100 mW·cm⁻²）	—	薄膜	纳米片	[137]
WO₃:Mo	2.59	64（0.8 V_{Ag/AgCl}，吸光上限 300 nm）	—	0.9（0.2）	0.1 mol·L⁻¹ Na₂SO₄	AM 1.5G	—	薄膜	纳米颗粒	[138]
WO₃:Ti	2.73	76（1.23 V_{RHE}，吸光上限 340 nm）	—	1.14（0.33）	0.1 mol·L⁻¹ Na₂SO₄	AM 1.5G	—	薄膜	纳米颗粒	[139]
CuWO₄	2.1	—	—	1.5	0.1 mol·L⁻¹ 磷酸钾缓冲液	AM 1.5G	Ag	薄膜	纳米颗粒	[140]
Bi₂WO₆	2.8	31（1.23 V_{RHE}，吸光上限 350 nm）	—	0.94	0.1 mol·L⁻¹ 磷酸钾缓冲液	光线光源（100 mW·cm⁻²）	Co(OH)ₓ	薄膜	百纳米颗粒	[141]
WO₃:Al	2.68	62（1.2 V_{Ag/AgCl}，吸光上限 350 nm）	—	1.14（0.87）	0.5 mol·L⁻¹ H₂SO₄	500 W~氙灯（100 mW·cm⁻²）	—	薄膜	纳米片	[142]
WO₃:Yb	—	—	—	1.3（0.5）	0.05 mol·L⁻¹ Na₂SO₄	氙灯（100 mW·cm⁻²）	—	薄膜	纳米颗粒	[143]

续表

材料	带隙(eV)	IPCE(%)	产氢速率	电流密度 $J_{1.23}$ 或 J_0 (mA·cm^{-2})	电解质	光源	助催化剂	样品类型	微观结构	参考文献
Cu$_2$O:Zn	—	—	3.82(0.18) mmol·g^{-1}·h^{-1}	—	0.05 mol·L^{-1}葡萄糖 + 0.1 mol·L^{-1} NaOH	300 W-氙灯(79.2 mW·cm^{-2})	Pt	悬浮颗粒	中空的微米级立方体	[144]
Cu$_2$O:Fe	—	—	—	[-3.74(-0.24)]	0.1 mol·L^{-1} NaOH	150 W-氙灯(150 mW·cm^{-2})	—	薄膜	纳米颗粒	[145]
CuFe$_2$O$_4$	—	—	1.72 mmol·g^{-1}·h^{-1}	—	0.05 mol·L^{-1}草酸	250 W-氙灯	—	悬浮颗粒	微米颗粒	[146]
CuBi$_2$O$_4$	—	—	—	[-0.3 @0.1 V_{RHE}]	0.5 mol·L^{-1} Na$_2$SO$_4$	250 W-氙灯	—	薄膜	微米颗粒	[147]
ZnO:N	—	—	—	0.48(0.025)@1.23 $V_{Ag/AgCl}$	0.5 mol·L^{-1} NaClO$_4$	AM 1.5G	—	薄膜	纳米线	[148]
ZnO:C	—	—	—	1(0.77)@1 $V_{Ag/AgCl}$	0.5 mol·L^{-1} Na$_2$SO$_4$	AM 1.5G	—	薄膜	纳米多孔网状结构	[149]
ZnO:Al	—	—	—	0.3	0.1 mol·L^{-1} Na$_2$SO$_4$	150 W-氙灯(100 mW·cm^{-2})	—	薄膜	纳米线	[150]
Fe$_2$O$_3$:S	—	16(1.23 V_{RHE},吸光上限 350 nm)	—	1.42(0.58)	1 mol·L^{-1} NaOH	AM 1.5G	—	薄膜	纳米棒	[151]
Fe$_2$O$_3$:Si	—	42(1.23 V_{RHE},吸光上限 370 nm)	—	2.2	1 mol·L^{-1} NaOH	AM 1.5G	Co 的化合物	薄膜	纳米花	[152]
Fe$_2$O$_3$:Pt	—	86(1.23 V_{RHE},吸光上限 299 nm)	—	4.32(1.26)	1 mol·L^{-1} NaOH	AM 1.5G	磷酸钴	薄膜	纳米棒	[153]

续表

材料	带隙 (eV)	IPCE (%)	产氢速率	电流密度 $J_{1.23}$ 或 J_0 (mA·cm^{-2})	电解质	光源	助催化剂	样品类型	微观结构	参考文献
np$^+$-Si	—	86 (1.39 V$_{RHE}$, 吸光上限 650 nm)	—	9.2	1 mol·L^{-1} KOH	AM 1.5G	Ni	薄膜	平面状薄膜	[154]
np$^+$-GaAs	—	—	—	14.3	1 mol·L^{-1} KOH	AM 1.5G	Ni	薄膜	平面状薄膜	[154]
p-GaInP$_2$	—	80 (0 V$_{RHE}$, 吸光上限 400 nm)	—	[-9]	0.1 mol·L^{-1} NaOH	AM 1.5G	含 Co 分子催化剂	薄膜	平面状薄膜	[155]
p-GaInP$_2$	—	—	—	[-14.4]	0.5 mol·L^{-1} H$_2$SO$_4$	AM 1.5G	—	薄膜	纳米棒	[156]

★ 注：产氢速率和电流密度一列，圆括号中的数据是未掺杂的半导体的性能；电流密度一列，$J_{1.23}$ 代表光阳极在 1.23 V$_{RHE}$ 电压下的电流密度，电流为正值。J_0 代表光阴极在 0 V$_{RHE}$ 电压下的电流密度，电流为负值且位于方括号内，其他非在上述电压下测试的值给出了对应的测试电压。

2.2.3 多结光电化学材料与性能

1. 异质结结构

如图 2-36 所示，将两种不同的固体材料结合可构成异质结，包括半导体 - 半导体结、半导体 - 金属结、半导体 - 碳材料等。根据两个半导体（A 和 B）能带的相对位置，可以将异质结的结构分成 3 种。在类型 I 中，A 的 CBM 高于 B，而 A 的 VBM 低于 B。因此，电子和空穴会从 A 迁移并在 B 累积，这对载流子的分离是不利的，但有利于增大光吸收。在类型 II 中，光生电子从 CBM 更高的 A 迁移至 B，而光生空穴从 VBM 更低的 B 迁移至 A，使光生载流子发生高效地分离。在类型 III 中，两个半导体的带隙位置不重叠，半导体之间的分离与类型 II 相似。若是 P 型和 N 型半导体构成的 PN 结结构，二者之间的分离则更加显著。否则，电子迁移和分离会比较困难。综上，关于异质结的研究主要集中于类型 II 的半导体。值得注意的是，在这些异质结结构中，发生载流子分离后，对应的光生载流子的氧化还原能力会减弱。基于自然界中的光合成，衍生出另一类特殊的异质结结构，即 Z 型体系。Z 型体系与类型 II 异质结的不同之处在于，B 导带处的光生电子会迁移至 A 的价带并与 A 的光生空穴发生复合，而剩下的 B 价带处的空穴和 A 导带处的电子则分别用于水的氧化和还原反应。因此，这不仅可促进载流子的分离，而且能使 B 的空穴的氧化能力和 A 的电子的还原能力得以保留。

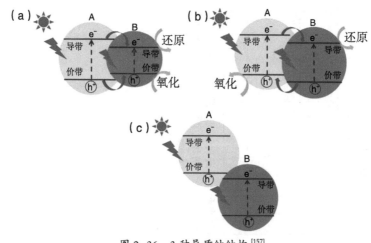

图 2-36　3 种异质结结构 [157]
（a）类型 I；（b）类型 II；（c）类型 III

　　如图2-37所示，第1代Z型体系（Ⅰ），也称液相Z型体系，在其中使用电子受体/给体（Acceptor/Donor，A/D）对作为氧化还原介体，B导带处的电子通过氧化还原介体迁移至A价带处。第2代Z型体系（Ⅱ），也称全固相（All Solid State，ASS）Z型体系，在其中常使用贵金属作为电子介体，电子介体和半导体之间形成欧姆接触。第3代Z型体系（Ⅲ）也是ASS体系，也称直接Z型体系，在其中不使用电子介体，两个半导体直接接触从而直接发生相应的载流子迁移。由于直接Z型体系和类型Ⅱ异质结存在相似性，需要采用光催化还原和自由基捕获测试、光还原沉积金属、X射线光电子能谱（X-ray Photoelectron Spectroscopy，XPS）的结合能分析、有效质量或内建电场的计算等方法来加以区分。在这些Z型体系中，第1代的氧化还原介体（如I^-/IO_3^-、Fe^{2+}/Fe^{3+}、NO_3^-/NO_2^-）容易发生逆反应，电子受体和给体会与还原和氧化反应的产物竞争，从而降低体系的光转换效率。此外，第1代Z型体系只能在液相中使用。因此，ASS Z型体系更具有应用前景。

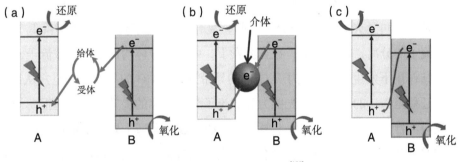

图 2-37　3 代 Z 型体系[158]
（a）第 1 代；（b）第 2 代；（c）第 3 代

　　多结结构的设计需要考虑很多因素，包括单个半导体的载流子迁移性质、稳定性和能带结构，以及两个甚至多个半导体之间能带结构的匹配程度、厚度/含量的调控、界面的设计等。首先，半导体自身的性质对所要匹配的半导体起重要作用，若半导体的载流子迁移性质较差，则更倾向于选择可以与之构成类型Ⅱ异质结的半导体，而不是构成类型Ⅰ异质结；若半导体本身的稳定性较差，则倾向于结合稳定性较好的半导体。其次，选定合适的半导体后，要考虑所构成的复合结构用于水分解的可行性，包括所能提供的反应过电位的大小和表面反应动力学的快慢等。再次，要调节所有半导体之间的带隙和厚度/含量，调控各个半导体实际的吸光以及所产生的光生载流子的数量,特别是对于 Z 型体系、光阳极 – 光阴极组成的光电化学单元和 PV 驱动光电极体系。最后,也是最重要的,半导体的晶化程度以及半导体之间的界面会对光学和缺陷复合损失产生很大的影响,有必要采用合适的制备方法获得复合结构,或者在半导体之间引入缓冲层以增大界面的匹配程度。一些常见半导体的能带结构如图 2-38 所示[159]。基于这些基本结构,表 2-3 中列出一些常见的双结异质结结构。

由 2.2.2 节可知,TiO_2 的吸光范围小且载流子复合严重,这会限制 TiO_2 的应用。将 TiO_2 与其他半导体(如 SnO_2[160]、Bi_2WO_6[161]、CeO_2[162]、$SrTiO_3$[163]、ZrO_2[164])结合有助于解决这些问题。TiO_2 与中等带隙或大带隙半导体结合所构成的类型 II 异质结结构有利于光生载流子的分离。而与小带隙半导体结合所构成的类型 II 异质结,除了可促进光生载流子的分离,还能增大该复合结构的吸光效率。以 CeO_2/TiO_2 异质结为例,在 TiO_2 纳米棒上包覆 CeO_2 颗粒后,该复合结构在 1.23 V_{RHE} 电压下的电流密度(5.3 $mA \cdot cm^{-2}$)远高于 TiO_2 纳米棒(1.79 $mA \cdot cm^{-2}$)。紫外可见吸光谱表明,引入 CeO_2 后,该复合结构的吸光效率增大,特别是可见光区域。EIS 分析表明,复合结构的载流子迁移电阻降低,有利于载流子的分离,机理如下:在光激发下,两个半导体均产生光生载流子,并在异质结作用下发生分离。电子从 CeO_2 的导带迁移至 TiO_2 的导带,而空穴从 TiO_2 的价带迁移至 CeO_2 的价带。吸光能力和载流子分离效率的提升可显著地提高催化剂的反应活性。对于 TiO_2 与其他半导体结合所构成的类型 I 异质结结构,虽然这种结构并不利于载流子的分离,且会降低光生载流子的氧化还原能力,但是其他半导体的存在有助于增大复合结构的吸光能力。如 TiO_2 包覆的 ZrO_2 中空百纳米球结构具有良好的吸光效率。但是,ZrO_2 的价带和导带分别在 TiO_2 的下方和上方,异质结受光激发后产生的电子和空穴都会聚集在 TiO_2 上,不利于光生载流子的分离。因此,这种异质结对催化性能的提升有限,甚至有可能起反作用。

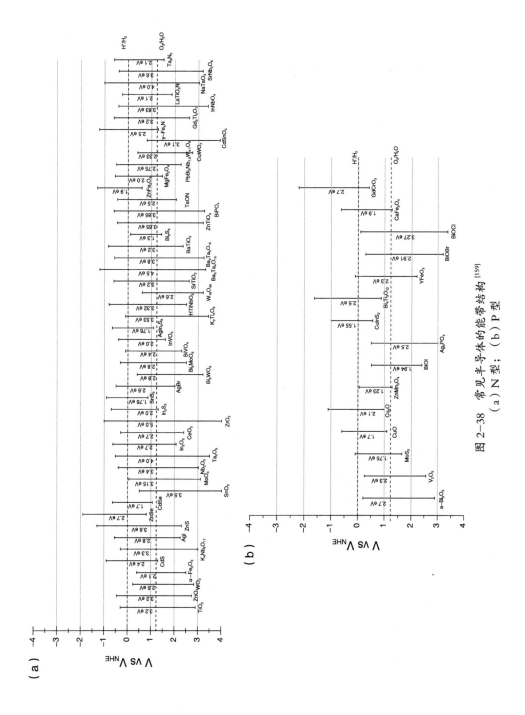

图 2-38　常见半导体的能带结构[159]
（a）N 型；（b）P 型

表 2-3 双结结构催化剂的测试与性能

S1	S2	结构	IPCE (%)	产氢速率	电流密度 $J_{1.23}$ 或 J_0 (mA·cm^{-2})	电解质	光源	助催化剂	样品类型	微观结构	参考文献
TiO$_2$	SnO$_2$	异质结II	41 (0 $V_{Ag/AgCl}$, 吸光上限 350 nm)		0.7	1 mol·L^{-1} NaOH	AM 1.5G		薄膜	TiO$_2$ 纳米棒负载在 SnO$_2$ 纳米棒上	[160]
TiO$_2$	Bi$_2$WO$_6$	异质结II	8 (1 $V_{Ag/AgCl}$ 吸光上限 320 nm)		0.014 @ 1 $V_{Ag/AgCl}$	0.5 mol·L^{-1} Na$_2$SO$_4$	300 W-卤素灯		薄膜	TiO$_2$ 包覆在 Bi$_2$WO$_6$ 纳米结构上	[161]
TiO$_2$	CeO$_2$	异质结II			5.3	1 mol·L^{-1} NaOH	AM 1.5G		薄膜	CeO$_2$ 包覆在 TiO$_2$ 纳米棒上	[162]
TiO$_2$	SrTiO$_3$	异质结I		386.6 μmol·h^{-1}		甲醇的水溶液	低压汞灯		薄膜	SrTiO$_3$ 包覆在 TiO$_2$ 纳米棒上	[163]
TiO$_2$	ZrO$_2$	异质结I		2.96 mol·h^{-1}		含 Na$_2$S 的水溶液	300 W-氙灯		悬浮颗粒	TiO$_2$ 包覆的 ZrO$_2$ 中空纳米球结构	[164]
WO$_3$	Cu$_2$O	异质结II	10.7 (0.8 V_{RHE}, 吸光上限 300 nm)		1.37 @ 0.8 V_{RHE}	1 mol·L^{-1} H$_2$SO$_4$	AM 1.5G		薄膜	Cu$_2$O 包覆在 WO$_3$ 纳米棒上	[165]
WO$_3$	Fe$_2$O$_3$	异质结II	73.3 (1.23 V_{RHE}, 吸光上限 390 nm)		1.66	0.5 mol·L^{-1} Na$_2$SO$_4$	AM 1.5G		薄膜	Fe$_2$O$_3$ 包覆在 WO$_3$ 纳米棒上	[166]
WO$_3$	CuWO$_4$	异质结II	55 (1.2 V_{RHE}, 吸光上限 340 nm)		1	0.2 mol·L^{-1} Na$_2$SO$_4$	500 W-氙灯		薄膜	CuWO$_4$ 包覆在 WO$_3$ 纳米片上	[167]
BiVO$_4$	TiO$_2$	异质结II	37 (1.0 V_{RHE}, 吸光上限 380 nm)		2.25	0.1 mol·L^{-1} Na$_2$SO$_3$ + 0.1 mol·L^{-1} KH$_2$PO$_4$	AM 1.5G	磷酸钴	薄膜	BiVO$_4$ 纳米颗粒负载在 TiO$_2$ 纳米棒上	[168]
BiVO$_4$	WO$_3$	异质结II	90 (1.0 V_{RHE}, 吸光上限 475 nm)		6.72	磷酸钾缓冲液	AM 1.5G	磷酸钴	薄膜	BiVO$_4$ 包覆在 WO$_3$ 纳米棒上	[169]
BiVO$_4$	Cu$_2$O	异质结II	80 (1.23 V_{RHE}, 吸光上限 360 nm)		1.72	0.1 mol·L^{-1} 磷酸盐缓冲液	AM 1.5G		薄膜	Cu$_2$O 纳米颗粒负载在 BiVO$_4$ 纳米棒上	[170]
BiVO$_4$	CuWO$_4$	异质结II	42 (1.23 V_{RHE}, 吸光上限 450 nm)		1.7	1 mol·L^{-1} NaHCO$_3$	AM 1.5G		薄膜	BiVO$_4$ 包覆在 CuWO$_4$ 纳米结构上	[171]
BiVO$_4$	SnO$_2$	异质结II	16 (1.23 V_{RHE}, 吸光上限 430 nm)		0.6	0.3 mol·L^{-1} Na$_2$SO$_4$ + 磷酸钾缓冲液	AM 1.5G		薄膜	BiVO$_4$ 包覆在 SnO$_2$ 纳米棒上	[172]

续表

S1	S2	结构	IPCE（%）	产氢速率	电流密度 $J_{1.23}$ 或 J_0（mA·cm^{-2}）	电解质	光源	助催化剂	样品类型	微观结构	参考文献
Fe$_2$O$_3$	ZnO	异质结 II	22（0.8 V$_{RHE}$，吸光上限 400 nm）		1.25	1 mol·L^{-1} NaOH	AM 1.5G		薄膜	Fe$_2$O$_3$ 包覆在 ZnO 纳米棒上	[173]
Fe$_2$O$_3$	BiVO$_4$	异质结 II	40（1.23 V$_{RHE}$，吸光上限 380 nm）		0.85	1 mol·L^{-1} NaOH	300 W−氙灯	NiFe	薄膜	BiVO$_4$ 纳米颗粒负载在 Fe$_2$O$_3$ 纳米颗粒上	[174]
Fe$_2$O$_3$	CaFe$_2$O$_4$	异质结 II	22.5（1.23 V$_{RHE}$，吸光上限 365 nm）		1.02	1 mol·L^{-1} NaOH	AM 1.5G	磷酸钴	薄膜	CaFe$_2$O$_4$ 负载在 Fe$_2$O$_3$ 纳米结构上	[175]
Fe$_2$O$_3$	MgFe$_2$O$_4$	异质结 II			3	0.01 mol·L^{-1} Na$_2$SO$_4$	AM 1.5G		薄膜	MgFe$_2$O$_4$ 包覆在 Fe$_2$O$_3$ 纳米棒上	[176]
Cu$_2$O	ZnO	异质结 II	75（0 V$_{RHE}$，吸光上限 450 nm）		[-8]	0.5 mol·L^{-1} Na$_2$SO$_4$ + 0.1 mol·L^{-1} KH$_2$PO$_4$	AM 1.5G	RuO$_x$	薄膜	ZnO 包覆在 Cu$_2$O 纳米棒上	[177]
Cu$_2$O	TiO$_2$	异质结 II	98（0 V$_{AgAgCl}$，吸光上限 380 nm）	32 μmol·h^{-1}·cm^{-2}（0 V$_{AgAgCl}$）	2.9 @0 V$_{Ag/AgCl}$	0.35 mol·L^{-1} Na$_2$S + 0.25 mol·L^{-1} Na$_2$SO$_3$	AM 1.5G		薄膜	Cu$_2$O 包覆在 TiO$_2$ 纳米棒上	[178]
Cu$_2$O	TaON	异质结 II	59（1.0 V$_{RHE}$，吸光上限 400 nm）	46.5 μmol·h^{-1}·cm^{-2}（1.0 V$_{RHE}$）	4.36	0.5 mol·L^{-1} NaOH	AM 1.5G		薄膜	TiO$_2$ 纳米颗粒负载在 TaON 纳米棒上	[179]
TiO$_2$	CdS	Z 型体系 III		1.028 mmol·g^{-1}·h^{-1}		甲醇的水溶液	350 W−氙灯		悬浮颗粒	CdS 纳米颗粒负载在 TiO$_2$ 纳米花上	[180]
Fe$_2$O$_3$	g−C$_3$N$_4$	Z 型体系 III		31.4 mmol·g^{-1}·h^{-1}		三乙醇胺的水溶液	300 W−氙灯		悬浮颗粒	Fe$_2$O$_3$ 纳米颗粒负载在 g−C$_3$N$_4$ 纳米片上	[181]
WO$_3$	CdS	Z 型体系 III		0.369 mmol·g^{-1}·h^{-1}		含乳酸的水溶液	500 W−氙灯		悬浮颗粒	CdS 纳米颗粒负载在 WO$_3$ 纳米棒上	[182]
WO$_3$−Pt−CdS		Z 型体系 II		2.9 mmol·g^{-1}·h^{-1}		含乳酸的水溶液	500 W−氙灯		悬浮颗粒	CdS 纳米颗粒负载在 WO$_3$ 纳米棒上	[182]
TiO$_2$−Ag−CdS		Z 型体系 II		1.91 mmol·g^{-1}·h^{-1}		三乙醇胺的水溶液	300 W−氙灯	Pt	悬浮颗粒	TiO$_2$ 纳米颗粒负载在 CdS 纳米棒上	[183]

★ 注：电流密度一列，$J_{1.23}$ 代表光阳极在 1.23 V$_{RHE}$ 电压下的电流密度，电流为正值。J_0 代表光阴极在 0 V$_{RHE}$ 电压下的电流密度，电流为负值且位于方括号内，其他非在上述电压下测试的值也给出了对应的测试电压。

BiVO₄ 具有合适的能带结构，带隙为 2.4 eV，其 VBM 在 2.4 V_{RHE} 左右而 CBM 在产氢能级附近。因而，BiVO₄ 是优异的光阳极材料之一。但是，BiVO₄ 的电导率低且表面的产氧动力学缓慢，体内的载流子复合严重。在 BiVO₄ 表面负载助催化剂能够有效地促进产氧动力学过程的进行。除了通过掺杂来提高 BiVO₄ 的载流子密度和迁移率以提高其载流子迁移性质，还可以将 BiVO₄ 与其他半导体材料（如 TiO_2[168]、WO_3[169]、Cu_2O[170]、$CuWO_4$[171]、SnO_2[172]）结合，构建异质结结构以促进载流子的分离[279]。此外，Fe_2O_3 的带隙小，也是优异的光阳极材料之一。但是，Fe_2O_3 的载流子迁移率很低，对应的载流子扩散长度很短（2~4 nm），光生载流子同样容易在体内发生复合。Fe_2O_3 与其他半导体材料（如 ZnO[173]、$BiVO_4$[174]、$CaFe_2O_4$[175]、$MgFe_2O_4$[176]）构成的异质结有助于促进光生载流子的分离，以提高复合结构的催化活性。若将 BiVO₄ 与 Fe_2O_3 结合，两者构成的异质结有利于促进载流子的分离，且可同时减少载流子在两个半导体体内的复合。由 BiVO₄ 和 Fe_2O_3 纳米颗粒构成的复合结构验证了这种高效分离，复合结构的载流子迁移电阻减小，对应的催化活性增大。

WO_3 具有合适的带隙（2.4 eV），其 VBM 和 CBM 分别在产氧和产氢能级下方，常用作光阳极材料，但发生产氧反应的起始电压较高（0.4 V）。由于 WO_3 表面更倾向于形成过氧化物而不是氧气，且易发生光腐蚀反应，因而，WO_3 常被用作电子收集体。在 WO_3 表面负载其他半导体材料（如 $BiVO_4$[169]、Cu_2O[165]、Fe_2O_3[166]、$CuWO_4$[167]）来构建异质结结构，有利于促进载流子分离，并提高 WO_3 的稳定性。例如，将 WO_3 与 BiVO₄ 或 Fe_2O_3 结合，可同时改善 BiVO₄ 或 Fe_2O_3 的载流子复合问题以及 WO_3 的产氧动力学和稳定性问题。在这两种结构中，BiVO₄ 和 Fe_2O_3 主要作为吸光体，而 WO_3 主要作为电子导体。对于 WO_3 和 Fe_2O_3 形成的类型 II 异质结结构，EIS 分析表明，WO_3/Fe_2O_3 的载流子迁移电阻（930 Ω）小于 WO_3（2360 Ω）和 Fe_2O_3（1670 Ω）。这与瞬态吸光谱（Transient Absorption Spectrum，TAS）的测试结果相符，异质结结构可延长载流子的寿命。因此，异质结结构的存在能促进载流子的分离和迁移，从而减小载流子的复合效率。另外，由于 WO_3 被 Fe_2O_3 包覆，WO_3 没有直接与电解质接触，WO_3/Fe_2O_3 经 10 h 稳定性测试后性能基本没有降低，而 WO_3 经 10 h 稳定性测试后性能降低了 47%。类似地，将 BiVO₄ 包覆在 WO_3 纳米棒上后，该类型 II 异质结结构在 1.23 V_{RHE} 电压下的电流密度（6.72 mA·cm⁻²）达到理论值的 90% 左右。优异的性能得益于纳米棒阵列和双半导体吸光对吸光效率的提升，以及 $WO_3/BiVO_4$ 异质结对光生载流子的有效分离。

Cu_2O 的氧化还原电位位于禁带内，容易发生光腐蚀，因而稳定性很差。将 Cu_2O 与其他半导体材料（如 $CuO^{[177]}$、$TiO_2^{[178]}$、$TaON^{[179]}$）结合，所构建的异质结有利于载流子的分离以提高催化活性。催化活性的提高会减少用于光腐蚀反应的载流子数，对稳定性的提升有一定的促进作用。如果在 Cu_2O 表面再沉积一层很薄的保护层（如 TiO_2、碳层），则可避免 Cu_2O 与电解质直接接触，可提高其稳定性。例如，使用阳极氧化制备得到高结晶质量的 Cu_2O 纳米线薄膜后，在其表面先后负载 ZnO:Al 和 TiO_2 覆盖层，所构建的 PN 结和表面保护层可有效地提高 Cu_2O 的催化活性和稳定性。Cu_2O 复合结构在 0 V_{RHE} 电压下的电流密度达 $-8\ mA\cdot cm^{-2}$，且对应的法拉第效率在 55 h 的稳定性测试时间内基本保持不变。

还有一些比较特殊的异质结结构，如由不同晶相或不同暴露晶面的同种化合物所构成的异质结结构，也称为同质结结构。例如，TiO_2 存在锐钛矿相、金红石相和板钛矿相 3 种不同晶相，由于晶相的能带结构存在微小的差异，因而构成的类型 II 异质结有利于载流子的分离和传输。TiO_2 的 {001} 和 {101} 晶面的能带位置不同，其中 {001} 晶面的 CBM 和 VBM 比 {101} 更高，{001}/{101} 可形成类型 II 异质结结构。这种异质结结构使得电子和空穴有效分离并分别聚集在 {101} 和 {001} 晶面上。由于不同晶面之间的能带位置差异比较小，所构成的异质结结构没有明显降低载流子的氧化还原能力。但是需要注意的是，不同晶面之间的比例要合适才能使得性能提升更加显著。类似地，$BiVO_4$ 的 {010} 和 {110} 之间存在的异质结可有效地促进光生载流子的分离。如图 2-39 所示，基于这种能带分布，通过还原反应和氧化反应分别在 {010} 和 {110} 上分别负载 Pt 和 MnO_x 助催化剂。不同晶面上催化剂的选择性负载不仅能验证 {010}/{110} 异质结的存在，还能有效提高 $BiVO_4$ 的水分解活性。负载助催化剂的 $BiVO_4${010}/{110} 的产氧速率比 $BiVO_4$ 高 60 倍以上。

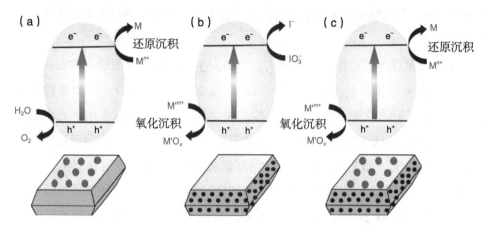

图 2-39　具有特定暴露晶面的 $BiVO_4$ 表面选择性光沉积[184]

（a）贵金属在 {010} 晶面上沉积；　（b）金属氧化物在 {110} 晶面上沉积；

（c）贵金属和金属氧化物同时在 {010} 和 {110} 晶面上沉积

在 ASS Z 型体系中，第 2 代体系常使用贵金属（如 Au、Ag、Pt）作为电子介体，这样不仅会增加体系的成本，而且会影响催化剂的吸光。第 3 代体系尚处于发展初期，目前只有少量半导体能够构成 Z 型体系（Ⅲ），且对该体系的机理研究尚不明晰。在 CdS/WO_3 Z 型体系（Ⅲ）中，光激发后，两个半导体均产生载流子，这些载流子在结作用下发生分离。WO_3 导带处的电子会迁移至 CdS 价带处，并和 CdS 价带处的空穴发生复合。而 WO_3 价带处的空穴和 CdS 导带处的电子仍保留原有的氧化还原能力，且不易发生复合。在这种 Z 型体系下，光生载流子发生高效分离，促进 CdS/WO_3 表面水分解反应的进行。如果在该体系中加入 Pt 作为电子介体构成 $CdS/Pt/WO_3$ Z 型体系（Ⅱ），电子介体的存在会导致 CdS 和 WO_3 间的载流子迁移情况更加容易。因此，$CdS/Pt/WO_3$ 的产氢速率是 CdS/WO_3 的 8 倍左右。对于这两类 ASS Z 型体系，进一步优化单个半导体的物理化学性质、半导体间的界面接触和三元甚至多元体系，以及深入理解 Z 型体系的调控机理，都有助于进一步优化载流子分离性能并调控催化反应的活性和选择性。

2. 光阳极－光阴极体系

从表 2-1、表 2-2 和表 2-3 中的实例可以看出，在上述单结器件和多结器件中，全水分解光催化剂往往需要在牺牲剂中测试才有可观测的性能，且产氢速率很低。对于其他不能全水分解的光电极，有些电极虽然具有比较高的光响应电流密度，但仍需要在较大的偏压下工作。将光阳极和光阴极串联能够构成不需要外加偏压的全水分解器件。由于只要求光阳极的 VBM 低于产氧能级以及光阴极的 CBM 高于产氢能级，串联体系的吸光效率会更高，从而会有更高的太阳能制氢效率。光阳极和光阴极串联的体系本质上也属于上述的多结结构，如图 2-27（b）所示。光阴极 – 光阳极体系与 Z 型体系（Ⅰ）和（Ⅱ）的传输机理类似，不过这里的电子介体不是氧化还原对或贵金属，而是由普通的导线连接的两个光电极。这里的单个光电极可以是单结或多结器件结构。除了上述构成异质结的基本要求外，还要求构成异质结的两个光电极分别具有产氢和产氧能力，从而使得该光阴极 – 光阳极器件具有全水分解的能力。此外，如图 2-40 所示，两个光电极的起始电压需要匹配，即曲线应有交点。该交点对应的电流就是整个光阴极 – 光阳极器件的工作电流，且单个电极的光响应电流密度的起始电压和 FF 对整个器件的影响很大。因此，实际上，构成全水分解器件后，单个光电极的性能并不能有效地保留，光阴极 – 光阳极多结器件的效率往往不高，如表 2-4 所示。

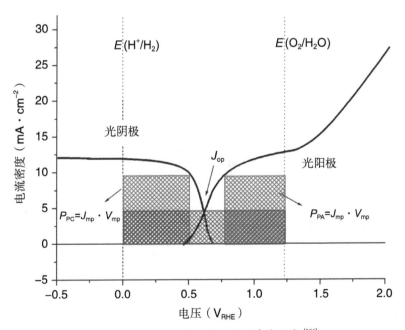

图 2-40　光阳极和光阴极的电流密度曲线 [106]

★注：红色方框代表电流密度曲线对应的最大功率 P_{PC}（光阴极）和 P_{PA}（光阳极），交点处的电流密度是光阴极 – 光阳极体系的工作电流密度 J_{op}，J_{mp} 表示外部测定的电流密度，V_{mp} 表示最大功率处的电压。

表 2-4 光阳极-光阴极体系的测试与性能

光阳极	光阴极	实际效率（%）	产氢速率	工作电流密度（mA·cm⁻²）	电解质	光源	助催化剂	参考文献
$BiVO_4$	Cu_2O	0.64		0.52	$0.1\ mol \cdot L^{-1}$ 磷酸盐缓冲液 $+0.5\ mol \cdot L^{-1}\ Na_2SO_4$	300 W-氙灯（100mW·cm⁻²）	含 Co 多金属氧酸盐	[185]
$BiVO_4$	$(ZnSe)_{0.85}(CuIn_{0.7}Ga_{0.3}Se_2)_{0.15}$	1.11		0.9	$0.5\ mol \cdot L^{-1}$ 硼酸钾缓冲液	AM 1.5G	含 Ni 多金属氧酸盐	[186]
$BiVO_4$	Si	0.74		0.6	$0.1\ mol \cdot L^{-1}$ 磷酸钾溶液	AM 1.5G	$(CoO_x+NiO)/Pt$	[187]
$BiVO_4$	Cu_2O	3	$40\ mmol \cdot h^{-1} \cdot cm^{-2}$ @1.0 V_{RHE}	2.45	$0.2\ mol \cdot L^{-1}$ 硼酸钾溶液	AM 1.5G	磷酸钴/Pt	[188]
TiO_2	$CuBi_2O_4$	1.23		1	$1\ mol \cdot L^{-1}\ NaOH$	AM 1.5G	$NiFeO_x/NiMo$	[189]

★ 注：实际效率指无偏压下的工作电流密度按照式（2-11）转换得到的 ABPE。

表 2-5 PV-光电极体系的测试与性能

光电极	PV	实际效率（%）	产氢速率	工作电流（mA·cm⁻²）	电解质	光源	光电极的助催化剂	稳定性	参考文献
$BiVO_4$	2 p-i-n a-Si	4.92		4	$0.1\ mol \cdot L^{-1}$ 磷酸钾缓冲液	AM 1.5G	磷酸钴		[190]
WO_3	染料敏化太阳能电池	3.10	$80\ \mu mol \cdot h^{-1} \cdot cm^{-2}$	2.52	$1\ mol \cdot L^{-1}\ HClO_4$	AM 1.5G			[191]
$BiVO_4/WO_3$	染料敏化太阳能电池	5.72		4.65	$0.1\ mol \cdot L^{-1}$ 磷酸钠缓冲液	AM 1.5G	FeOOH/NiOOH	10 h（100%）	[192]
$CuIn_xGa_{1-x}Se_2$	钙钛矿太阳能电池	6.30		5.12	$0.5\ mol \cdot L^{-1}\ H_2SO_4$	AM 1.5G	Pt		[193]
$p\text{-}GaInP_2$	p-n GaAs	12.40		120	$3\ mol \cdot L^{-1}\ H_2SO_4$	150 W-卤素灯（1190 mA·cm⁻²）	Pt	20 h（87.5%）	[194]

★ 注：实际效率指无偏压下的工作电流密度按照式（2-11）转换得到的 ABPE；稳定性一列，括号中的数据是指催化剂在运行相应的时间后所保留的性能。

3. PV- 光电极体系

如表 2-5 所示，将 PV 与光电极串联，可利用 PV 产生的电压驱动光电极及对电极进行全水分解，在光阳极或光阴极后可串联一个、两个甚至多个 PV。串联多个 PV 能够提供更大的光电压，但整个器件的电流会减小，成本增加。光电极和 PV 之间可通过隧道结或透明导电氧化物连接，也可将制备好的光电极和 PV 通过导线相连，但这会导致更大的光学和接触电阻损失。PV 和对电极之间通过导线连接。对于这类器件，要求光电极和 PV 以及 PV 之间的能带结构和带隙匹配。能带位置会影响所形成的结的有效性和所能提供的反应过电位的大小。带隙的大小会影响各个半导体的吸光及所能产生载流子的数量，进而影响整个串联器件所能产生的光响应电流大小。例如，以表面负载 CdS/ZnO 异质结、TiO_2 保护层和 Pt 助催化剂的 $CuIn_xGa_{1-x}Se_2$（CIGS，带隙 1.1 eV）为光阴极，Ir 和 Ru 包覆的 Ti 为光阳极，$CH_3NH_3PbBr_3$ 钙钛矿（带隙 2.3 eV）为 PV。整个光电极 –PV 器件的工作电流密度为 5.12 mA·cm^{-2}，对应的 STHE 为 6.30%。而理论计算表明，如果能够调控钙钛矿的成分使其带隙减小为 1.7 eV 左右，那么整个器件最大的理论效率即可达到 27% 左右。因此，均衡光电极和 PV 以及 PV 之间的带隙对光驱动水分解效率的提升非常重要[193]。

| 2.3 其他催化方法 |

前面重点介绍了两种主要的催化制氢方法，除了电催化和光电化学催化制氢外，还有一些催化方法同样可用于制氢，包括光催化、热催化与光热催化等。

2.3.1 光催化

1972 年，日本科学家藤岛昭（Fuji shima Akira）和本多健一（Honda Kenichi）发现在光照条件下，单晶 TiO_2 可以将水分解为 H_2 与 O_2，由此开辟了以 TiO_2 为代表的光催化分解水制氢这一全新领域。

光催化分解水制氢是指催化剂在光照射下激发出电子 – 空穴对与 H_2O 发生

氧化还原反应从而获取 H_2 的过程。该过程的基本原理如图 2-41 所示，主要涉及 3 个步骤：半导体光激发（Ⅰ）；激子的分离和迁移（Ⅱ），且在迁移过程中存在一定概率的复合（Ⅳ）；表面氧化还原反应（Ⅲ）。其中，Ⅰ、Ⅱ和Ⅳ主要涉及物理反应过程，Ⅲ涉及化学反应过程。具体来说，半导体首先吸收足够的光子，产生电子和空穴，然后激发电子和空穴发生分离，从体相迁移至光催化剂表面。最后，光生电子和空穴分别在半导体的表面发生析氢反应和析氧反应。

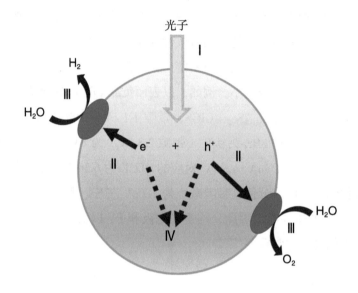

图 2-41　光催化分解水反应过程 [195]

光催化分解水制氢的催化剂一般为半导体材料，其光催化机理可用能带理论进行分析。半导体的电子结构主要包括价带、导带和带隙。如前所述，光催化分解水得到 H_2，需要同时满足热力学与动力学条件。从热力学角度来看，1 mol H_2O 发生分解的反应吉布斯自由能为 237 kJ·mol^{-1}，对应一个 H_2O 分子分解为 H_2 和 O_2 的能量为 1.23 eV。考虑电位等因素的影响，半导体带隙一般需要大于 2.0 eV。另一方面，动力学条件要求催化剂的 VBM 和 CBM 位置必须同时满足 O_2/H_2O 和 H_2/H^+ 的电位，即价带顶需要比 O_2/H_2O 具有更高的正电位，而导带底则需要比 H_2/H^+ 具有更低的负电位。

目前，对光催化分解水过程的研究主要聚焦在物理过程，例如光催化过程中助催化剂 – 半导体异质结的电荷分离机制、半导体 – 半导体异质结的电荷分离机制等。对其中涉及的化学反应过程还知之较少，原因包括：（1）不同催化剂的光分解水化学反应不尽相同；（2）光催化分解水反应在液相发生且需要光激发，现有的光学检测手段无法分辨其中间产物；（3）现有的量子化学计算过程难以模拟光激发态，理论计算也存在困难。

1. 光催化与光电化学催化的异同

广义上的光催化制氢过程主要包括两种方式：（1）非均相光催化反应，也称为粉末体系光催化分解水制氢，即光催化剂粉末直接分散在水溶液中，在光照射下分解水产生 H_2；（2）光电化学催化制氢，即将光催化剂制成电极，在光照和一定偏压下，在两电极分别产生 H_2 和 O_2。本小节所介绍的光催化制氢特指不需要外加偏压的光催化方式，即非均相光催化制氢，具体又可分为三大类：光催化制氢半反应、单一体系完全分解水制氢和 Z 型完全分解水制氢。

光催化和光电化学催化系统分别具有各自的优点和局限性，如表 2-6 所示。其中，光催化是捕获光以进行化学氧化还原反应（如水分解制氢、有机降解、CO_2 还原和固氮）的最简单方法。而光电化学催化易使气态产物分离，在外部施加电压的辅助下可以更好地控制反应机理和动力学，调节产物的选择性。

表 2-6　光催化系统和光电化学催化系统的异同

比较项目	光催化系统	光电化学催化系统
入射光方向	所有方向	单方向
光穿透作用	较有限	较高效
催化剂能带弯曲	较小	较大
催化剂亲水性	亲水	亲水或疏水皆可
可回收性	较为耗时费力	高效回收
电荷传输路径	较短	较长
装置结构	仅使用一个反应室，较简单	需要两个由膜隔开的反应室，较复杂
产物收集	产物需要进一步分离	可直接从分开的反应室收集氧化还原产物
能量输入	太阳能	太阳能和外加偏压电能
效率	较低	较高
成本	较低	较高

需要指出的是，原则上，无论是光催化系统还是光电化学催化系统，为了促进氧化还原反应的发生，光催化半导体都需要具有许多共同的特性，包括合适的带隙大小、能带结构和表面氧化还原反应等。因此，对于这两种系统，通常可用通用的策略来改善其性能，如负载辅助催化剂以改善表面电荷传输，在半导体晶格中掺杂外来原子以引入杂质能级（本质上改变带隙和带能态密度），以及对半导体进行纳米结构的设计以增加表面积等。

2. 典型的光催化材料

光解水制氢的材料种类繁多，目前已发现上百种材料具有水分解潜力，但是寻找可见光响应且能量转换效率较高的材料仍具有挑战性。光解水材料可以分为具有 d^0 和 d^{10} 结构的金属氧化物或其含氧酸盐、硫（硒）化物、金属氮氧物、元素半导体、聚合物材料等。金属氧化物稳定性好，但大多带隙较宽，仅吸收紫外光，太阳能利用率低。金属硫化物带隙较窄，可吸收可见光，但稳定性较差，光照下易发生光腐蚀而失效。下面对几类典型材料进行介绍。

氧化物材料是最早也是被研究得最多的光催化材料，在反应条件下稳定，无毒且储量丰富。常用的水分解制氢的氧化物材料有 TiO_2、WO_3、$BiVO_4$ 和 $\alpha-Fe_2O_3$ 等。目前，应用最多的是锐钛矿和金红石结构的纳米 TiO_2 颗粒，但其带隙较宽，仅可利用太阳光中的紫外光。目前，对 TiO_2 基材料进行修饰改性，拓展其光吸收以提高光催化活性，是光催化领域的一大研究热点。

硫族化合物光催化材料包括硫化物、硒化物等，在光催化水解制氢领域性能出众。迄今，已有数十种硫族化合物半导体材料可作为高效光催化剂。目前研究较多的有 CdS 和 CdSe，它们都是典型的直接带隙半导体材料，具有可见光响应、量子效率高等优点，但存在如光腐蚀、需要贵金属助催化剂等缺点。ZnS 也是一种有潜力的材料，但其较大的带隙会限制光响应的范围。考虑到 CdS 和 ZnS 类似的晶体结构，为了克服上述材料的缺点，$Cd_xZn_{1-x}S$ 固溶体的制备近年来受到广泛关注。

用于光催化分解水制氢的单质半导体光催化材料近年来也获得快速发展，Si、P、S、Se 等光催化剂先后被开发出来。例如，无定型红磷在甲醇作牺牲剂的条件下可以光解水制氢，而单斜型红磷在可见光下可全解水生成 H_2 和 O_2（物质的量之比为 2：1）。近年来，黑磷由于其可调的带隙受到广泛关注，已有研究通过机械化学法制备了少层黑磷纳米片并证明了其在可见光下具有光催化产氢活性。

此外，某些聚合物光催化材料具有半导体性质，其价带和导带分别由成键 π 轨道和反键 π 轨道构成，带隙则由 π 电子轨道的共轭程度决定，通常在 1.5~3 eV 之间，吸光范围可以扩展至近红外光，可用于光催化分解水。例如，$g-C_3N_4$ 因具有不含金属元素、原材料来源广泛、价格相对低且催化产氢性能可媲美其他半导体材料等特点，受到广泛关注。另有一种具有聚三嗪酰亚胺（Poly Triazine Imide，PTI）结构的氮化碳晶体材料，产氢量子效率在 405 nm 单色光下高达 50.7%，展现出极大的应用潜力。

3. 提高光催化制氢性能的途径

半导体光催化制氢是一种具有诸多优势和应用前景的新兴能源技术，在该领域已经有超过 40 年的历史，取得了若干突破性进展，但由于其具有成本高、效率低等缺点，距工业化应用仍然有很长的距离。为了提升光催化制氢的性能，突破现有光催化材料的光响应范围窄、光量子效率低等制约，一系列半导体改性方法先后被开发出来，主要包括晶体的结构和形貌的修饰、助催化剂的修饰、异质结的构建、通过掺杂形成固溶体和引入缺陷来调节半导体能带结构，及与其他新材料复合等。下面对几种常用的提升光催化制氢性能的方法进行简单介绍，具体如图 2-42 所示。

结构和形貌的修饰：光催化反应通常是表面反应，可通过调控形貌的方式增加活性比表面积来提高催化反应活性。同时，光催化剂粒径的减小可以有效缩短光生载流子的扩散途径，使复合概率下降。此外，还可以利用纳米尺寸带来的量子效应对材料的带隙和能级结构进行调整。例如，有研究制备了多孔 Ti 掺杂的 $\alpha-Fe_2O_3$，其光电流密度比常规形状增大了 1 倍，如图 2-42（a）所示。此外，也可以通过控制暴露晶面取向的方式来增强电子和空穴的有效分离，从而提高性能。

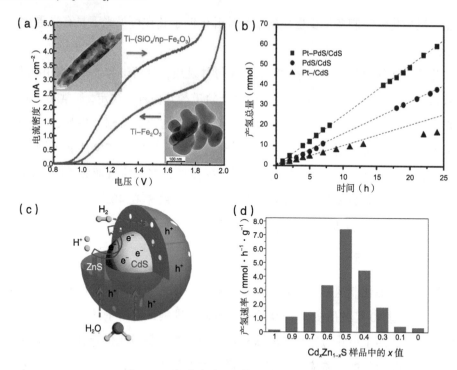

图 2-42　提高光催化制氢性能的几种途径

（a）多孔 $\alpha-Fe_2O_3$ 光电流性质[196]；（b）双助催化剂修饰 CdS 体系[197]；（c）ZnS/CdS 核壳纳米粒子结构[198]；（d）不同组分 $Cd_xZn_{1-x}S$ 固溶体的产氢速率[199]

助催化剂的修饰： 引入助催化剂是提升催化性能的常用手段。助催化剂能够改变催化反应路径，降低质子还原或水氧化的活化能，促进电子和空穴的分离。此外，助催化剂可抑制光腐蚀，提升催化剂的稳定性。有研究使用 Pt 和 PtS 双助催化剂修饰 CdS，在 420 nm 单色光下体系的量子效率高达 93%，且产氢速率远高于 Pt 或 PtS 单助催化剂体系，如图 2-42（b）所示。另有研究表明，Ti/Ni 助催化剂修饰的 CdS 可有效抑制光腐蚀，提高体系稳定性。

异质结的构建： 构建异质结可以促进电子和空穴的空间分离从而提升催化活性。借助半导体/半导体异质结，还可以利用带隙较窄的半导体来敏化带隙较宽的半导体。例如，ZnS/CdS 核壳纳米粒子用于高效光催化产氢，如图 2-42（c）所示，表面 ZnS 因存在 Zn 空位和 S 间隙的缺陷能级，使空穴高效转移至 ZnS 上，实现载流子的快速转移和空穴分离，相比纯 CdS，产氢速率提升了 53 倍。另有研究提出 CdSe 纳米颗粒与 CdS 纳米棒的复合异质结，电子和空穴分别转移至 CdS 纳米棒顶端和内部的 CdSe 纳米颗粒上，从而抑制电子和空穴的复合。

能带工程：通过在半导体晶格中引入结构缺陷或化学杂质可实现能带结构的优化，同时调整电子浓度及载流子的迁移率和寿命及带隙大小，以获得更好的光响应。常用的优化手段包括掺杂、形成多组分固溶体和引入缺陷等。例如，Mn掺杂的 α-Fe_2O_3、P 掺杂的 CdS、α-Fe_2O_3 都表现出良好的应用性能。此外，如图 2-42（d）所示，由 CdS、ZnS 组成的 $Cd_xZn_{1-x}S$ 固溶体表现出高光催化产氢活性，且与纯 CdS 相比具有更好的光腐蚀耐受性。

2.3.2　热催化与光热催化

除了上述几种催化制氢方法外，热催化与光热催化也是较为常见的催化方法，在制氢领域具有各自的特点和独特应用。其中，热催化制氢发展较为成熟，在很多化工产品的生产上已实现量产。光热催化制氢则是一个较为新兴的领域，研究较少但具有潜力。下面对这两种方式进行简单介绍，并简要讨论利用光热催化替代热催化的可能性。

1. 热催化制氢方法

热催化是现代化工业产业的基础，如利用煤、石油和天然气为动力，通过多相热催化大规模合成 NH_3、烯烃、碳氢化合物和精细化学品。再在催化剂辅助下，利用高温高压提供能量来克服反应额定步骤的活化势垒，得到相应的化工产物。对制氢反应来说，水是最丰富的含氢资源，但通过热催化分解水产生 H_2 几乎是不可能的，因为该反应需要高于 1000 ℃的温度。目前，通过传统催化方式产氢的较常见方法是利用水煤气反应（$CO + H_2O \rightarrow CO_2 + H_2$），同时生成副产品 CO_2。但该反应需使用贵金属 Au 或 Cu 作为主要催化剂，且释放出温室气体 CO_2，是一种较为落后的制备方法。在全球温室效应问题日益严重的背景下，该方法的局限性十分明显。

近年来，大量研究试图寻找一种方便、快捷又无二次污染的制氢方法，其中热催化裂解甲烷技术受到广泛关注，其反应方程式如下：

$$CH_4(g) \rightarrow C(s) + 2H_2(g) \qquad \Delta H_0 = 75.6 \ kJ \cdot mol^{-1}$$

甲烷裂解反应不会产生温室气体，且产生 1 mol H_2 消耗的能量比传统的水煤气法低。该方法产生的 H_2 纯度非常高，不需要额外的气体净化程序，可直接用于燃料电池等领域。更重要的是，反应的副产物为 CNTs、碳纳米纤维和石墨烯片层等纳米碳材料，可用作功能材料或燃料电池电极材料。综上，无论从实用功能还是环保角度来看，热催化裂解甲烷制氢都是一种很有前景的方法。

热催化裂解甲烷制氢有多种可选择的催化剂，包括活性炭、炭黑、CNTs 等碳基催化剂和 Ni、Co、Fe 等金属基催化剂。目前，金属基催化剂相比碳基催化剂具有更高的催化活性，但是稳定性不如碳基催化剂。将金属的高活性和碳的高稳定性相结合得到兼具活性与稳定性的复合催化材料是有前景的研究思路。

2. 光热催化制氢方法

近年来，光热催化技术为传统的热催化提供了一种潜在的替代方法。在光照下，可见光和近红外光转换为热能所提供的能量几乎与传统催化反应相同。由于光热效应的高能效，催化剂表面温度可达 300~500 ℃甚至更高，可以提供足够的能量以驱动热力学上难以进行的反应，用于 H_2 的制备。值得注意的是，光诱导局部热点的真实温度可能远远高于热传感器检测到的温度，特别是在纳米水平上。因此，研究真实的光热催化热力学和动力学仍然是一个挑战，需要深入理解催化机理。

除了传统意义上的光热催化（仅有光致热效应）外，某些光催化效应（有光致载流子的形成）可能与热效应同时存在，因此，太阳光谱照射下的光热催化中的光催化效应和热效应之间的协同效应还有待深入探索。例如，已有研究证明红外光产生的光热效应可以增强 Pt/TiO_2 的产氢性能，如图 2-43（a）所示。还可将 TiO_2/Ag 纳米纤维掺入壳聚糖中，经冷冻干燥得到复合物凝胶，实现光氧化还原和光热效应，在自然光下生产淡水和 H_2。这是一种非常有前景的海水淡化材料和清洁能源材料。此外，有研究者将 MOF 与 Pd 纳米颗粒（Nanoparticles，NCs）相结合，以防止 Pd 的聚集，可增强 NCs 的可回收利用性。Pd NCs/MOF催化剂利用 Pd 的表面等离子体共振（Surface Plasmon Resonance，SPR）驱动光热效应，催化水分解制氢，表现出比 Pd NCs 高得多的催化活性，如图 2-43（b）所示。

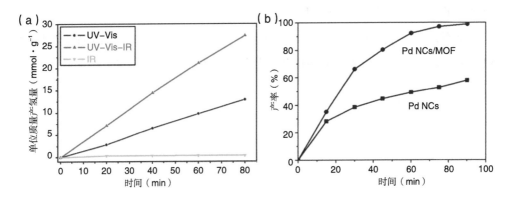

图 2-43　光热催化制氢实例

（a）Pt/TiO$_2$ 在不同光照（UV-Vis、UV-Vis-IR 和 IR）下生成 H$_2$ 的速率 [200]；（b）Pd NCs 和 Pd NCs/MOF 催化剂制氢产率随反应时间的变化 [201]

3. 光热催化全面取代热催化的可行性分析

综上，太阳能是替代化石燃料的最可行、最经济的解决方案。当今的化学工业严重依赖化石燃料，导致大量温室气体（如 CO$_2$）以及 NO$_x$、SO$_x$、挥发性有机化合物（Volatile Organic Compounds，VOC）和颗粒物（Particulate Matter，PM）等污染物的排放。利用太阳能则会减少此类污染物的产生。在过去的几年内，太阳能驱动的催化技术取得了重大进展，但大规模应用仍主要取决于对新型光热催化剂的探索。与具有一百多年历史的传统热催化过程相比，在太阳能驱动催化剂广泛应用之前，仍有以下问题需要解决。

（1）对于光热催化，必须理解催化机理以控制反应，生成所需的产物，而现有表征手段很难检测到反应过程涉及的瞬态物质，对反应中间体的性质仍不了解，需要在原位检测和理论计算上取得突破。

（2）在某些反应系统中，光热催化系统已经显示出可与传统热催化媲美的性能，但产业级的反应堆设计仍是一个重大挑战。实验室使用的辐射源多为氙气灯，其强度是太阳光的 20~50 倍，而室外太阳光存在强度低和辐照不稳定的问题，现阶段仍无法直接使用太阳能。

（3）光热催化需要催化剂自身对光有较强的吸收，浅色催化剂的量子效率将大打折扣。为此，现已发现一些黑色的光热催化剂，提供将红外至紫外全波段光直接转换为热以用于产氢的潜在途径。

（4）光热催化目前还不能与热催化一样精确控制反应温度，这在很大程度上限制了光热催化的大范围应用。

总而言之，光热催化在某些体系中比热催化更经济有效，但仍不能全面取代热催化。在可预见的未来，光热催化会与热催化互补，共生共存。

| 2.4 其他制氢方法 |

如前所述，通过催化方式分解水制备 H_2 是最有前景、污染最少的制氢方法。然而，即使是在氢能发展和利用都位于世界前列的欧洲地区，94% 的氢产量依然来自化石燃料，其中 54% 是天然气制氢，31% 是石油制氢，9% 是煤制氢。在我国富煤的资源条件下，煤制氢仍占主要部分。由于化石燃料不可再生且制氢过程中会产生污染，利用其他原料制氢是未来制氢方法的必然发展趋势。由于生物质具有可再生性、储量丰富、低污染和易储存等优点，生物质制氢具有广阔的发展前景。本节将简要介绍化石燃料制氢与生物质制氢这两种方法。

2.4.1 化石燃料制氢

化石燃料制氢，顾名思义是从煤、石油和天然气等化石燃料中制取 H_2 的技术，主要分为煤制氢、天然气制氢和工业副产氢等，下面逐一进行介绍。

1. 煤制氢

传统的煤制氢是利用煤中的主要成分碳取代水中的 H 元素生成 H_2 和 CO_2，或通过煤的焦化和气化生成 H_2 和其他煤气成分。煤焦化制氢是指在隔绝空气条件下，使煤在 900~1000 ℃高温下制得焦炭，并得到气相副产物焦炉煤气。其中，H_2 含量相对较高，约占焦炉煤气的 55%~60%。煤的气化是通过调整温度和压力使煤中的有机物与气化剂发生煤热解、气化和燃烧等化学反应，将固体煤转化为气体，得到 CO_2、CO 和 H_2 等气态产物。然后，通过气体的分离、提纯或水煤气变换反应（$CO + H_2O \rightarrow CO_2 + H_2$）以及 CO_2 与 CH_4 重整反应（$CO_2 + CH_4 \rightarrow 2CO + 2H_2$）制取 H_2。典型的煤制氢工艺流程如图 2-44 所示。

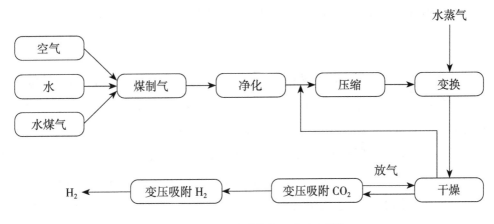

图 2-44　典型的煤制氢工艺流程 [202]

　　煤浆电解制氢技术是一种较为清洁的煤制氢技术。1979 年，Coughlin 和 Farooque 提出煤浆电解制氢 [203, 204]，使清洁利用煤炭产氢成为可能。与传统的水电解相比，煤浆电解制氢过程中所需的最小电压仅为 0.21 V，远低于水电解所需的电压，该反应的电极反应式为：

$$阳极反应：C + 2H_2O \rightarrow CO_2 + 4H^+ + 4e^-$$

$$阴极反应：4H^+ + 4e^- \rightarrow 2H_2$$

$$总反应：C + 2H_2O \rightarrow CO_2 + 2H_2$$

　　煤浆电解制氢的实现在动力学上较为困难，需要添加催化剂以提升反应速度。贵金属 Pt 作为催化剂可有效催化该反应，但由于高成本因而不适合大规模工业应用。为减少催化剂带来的高成本，可使用与 Pt 性质相似的 Pd 作为煤浆电解制氢的催化剂，并对其进行改性以提高催化性能。例如，有研究开发了负载在碳纤维上的新型 Pd-Co 纳米电催化剂，电催化性能与纯 Pd 相比提升了 16.9%。

　　近年来，采用煤炭超临界水气化制氢，利用超临界水的性质，在煤气化过程中以超临界水为媒介，可将煤中的 C 和 H 元素转化为 H_2 和 CO_2，并将水中的部分 H 元素转化为 H_2。该方法的 H_2 产量高于传统气化制氢过程，成本较低，且超临界水的性质使有机煤中的 N 和 S 等元素以无机盐的形式沉积，可避免污染物的排放。此外，该方法可以获得高压 H_2，且不需要二次加压即可投入后续工业应用。

　　我国是煤炭资源丰富的国家，煤是最主要的化石能源，占能源结构的 70% 左右，且在未来较长一段时间中，煤仍可能会是我国的主要能源。可以预计，煤制氢方法仍将是未来一段时间内我国较为主流的制氢方法。

2. 天然气制氢

天然气是重要的气态化石燃料，与煤制氢方法相比，天然气制氢成本较低且 CO_2 排放量少。传统的天然气制氢方法是将天然气蒸汽重整制氢，反应原料为天然气和水，天然气是反应物也是燃料。天然气制氢的具体过程是对原料天然气进行增压、预热后进行脱硫处理，然后将经脱硫处理后的天然气与去离子水蒸气混合，经转化反应（ $CH_4 + H_2O \rightarrow CO + 3H_2$ ）和变换反应（ $CO + H_2O \rightarrow CO_2 + H_2$ ）得到纯度较高的 H_2 。该过程中需要吸收大量的热，燃料成本占生产成本的 50% 以上，是一种能耗较高的制氢方法，并且会产生温室气体。

除了天然气蒸汽重整制氢工艺外，大规模工业应用的工艺还有天然气部分氧化制氢，由甲烷等烃类与 O_2 进行不完全氧化生成 CO 和 H_2 。该过程可自供热进行，热效率较高，与传统的蒸汽重整制氢相比，能耗显著降低。近年来还开发出用富氧空气代替纯氧的工艺，进一步降低了成本。

然而，上述方法仍会产生温室气体。研究人员一直致力于开发能耗更低且不向大气中排放 CO_2 的天然气制氢工艺。基于化学循环的概念，有研究提出利用金属的不同氧化态氧化天然气，开发用于 H_2 生产的铁基化学循环重整系统，反应装置如图 2-45 所示。具体是在燃料反应器中，天然气被氧化，赤铁矿 Fe_2O_3 被还原为 FeO，排出 H_2O 和 CO_2 ， CO_2 在冷凝后用于地质储存。在蒸汽反应器中发生放热反应，大部分金属氧化物 FeO 与蒸汽反应形成 Fe_3O_4 和 H_2 。空气反应器中的金属氧化物 Fe_3O_4 （以及微量未反应的 FeO）完全氧化成 Fe_2O_3 。该过程是高放热反应，可以维持整个系统的热平衡，并排出贫氧空气。整个过程不需要额外的分离、回收 CO_2 的步骤。当 CO_2 的捕获效率为 100% 时，该系统可实现高达 77% 的 H_2 生产效率。

此外，有研究开发了天然气联产制氢和甲酸的工艺，该工艺不需要外加热量或电力来满足其能量需求，且整个过程不产生温室气体。该系统在常温常压下输入天然气、水和 O_2 作为原料，通过一系列反应可输出 H_2 和纯度高达 99.9% 的甲酸，具有很高的经济效益。

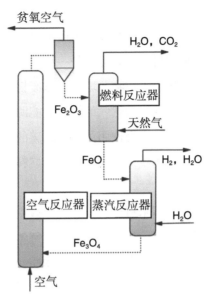

图 2-45 铁基化学循环重整天然气制氢系统[205]

3. 工业副产氢

工业副产氢是在工业生产过程中将 H_2 作为副产物产出的制氢方式，包括炼厂重整、丙烷脱氢、焦炉煤气及氯碱化工等生产过程产生的 H_2。其中，炼厂催化重整生产过程产生的 H_2 一般用于炼油加氢精制和裂化生产装置，其他工业过程的副产氢大部分用作燃料或放空处理，缺乏有效利用。事实上，我国工业副产氢的资源潜力大，年产量约 1048 万吨，关于有效利用这部分氢能的研究尚比较匮乏。如果将这部分 H_2 通过变压吸附等分离技术加以回收利用，既可以实现资源的高附加值利用，也可以减小碳排放压力，是一种具有良好前景的产氢方法。

总体而言，以化石燃料为原料的制氢方法经济性较好，其 H_2 提取率和纯度相比其他尚未完全成熟的制氢方法更有优势，适合大规模工业制氢。尽管化石燃料的储量有限，利用化石燃料制得 H_2 时会对环境造成污染，但在更为先进的制氢技术投入产业化之前，化石燃料制氢法作为过渡性的工艺，未来几十年内仍将在制氢工艺中占据主要地位。提高化石燃料的制氢效率，减少化石燃料制氢过程中产生的污染是化石燃料制氢技术中必须关注的重点，而化石燃料作为储量有限的一次能源，在未来的制氢领域逐渐被淘汰也是必然趋势。

2.4.2 生物质制氢

生物质通常是指以半纤维素、纤维素、木质素以及其他有机质为主的直接或间接利用光合作用形成各种有机物的总称，是一种稳定的可再生能源，其主要来源包括木材、木材加工废弃物、农作物、城市固体废物、动物粪便、水生植物和藻类等。作为仅次于煤炭、石油、天然气的第四大能源，生物质体量巨大，且生物质在转换过程中，通过植物的光合作用可以实现碳的循环利用，理论上可实现零碳排放。因此，开发利用生物质来替代部分化石燃料对解决能源与环境问题具有重要意义。

人类从远古时代就开始利用木材生火。木材是最主要的生物质之一。在世界各地，生物质一般直接用作燃料。然而，目前人类每年对生物质的利用仅为其产量的很小一部分。如果能更广泛、高效地利用生物质，将其转换为电、热、气和油等，对解决能源危机和境问题将有极其深远的意义。表 2-7 列出了基于多种生物质的制氢技术 [206]。

表 2-7 一些可用于制氢的生物质材料及其制氢方法

生物质种类	主要制氢方法
生物坚果壳	蒸汽气化
橄榄皮	热解
茶渣	热解
作物秸秆	热解
纸浆黑液	蒸汽气化
城市生活垃圾	超临界水萃取
作物谷物残渣	超临界流体萃取
纸浆和废纸	微生物发酵
石油基废塑料	超临界流体萃取
肥料浆	微生物发酵

生物质制氢技术目前已在世界范围内引起广泛关注，主要分为热化学制氢技术和生物转换制氢技术两类，均已取得一定进展，简要介绍如下。

1. 热化学制氢技术

热化学制氢技术是指在一定的热力学条件下，生物质通过热化学方式在热解装置或气化装置中反应，获得富含 H_2 的可燃性气体，然后通过气体分离或催化重整等技术获得 H_2 的技术，包括热解、催化热解、气化、共气化、超临界水气化等。热化学制氢技术的关键在于理解和控制热解和气化过程。

热解过程是在一定温度和压力下，在无氧环境中将生物质转换成液体油、固体炭和气体的过程，是由生物质生产石油类化学品的一种有效途径。根据操作条件的不同，热解分为慢速热解、快速热解和闪速热解。尽管多数生物质热解过程是用来生产生物燃料的，但是在高温和较长停留时间的条件下通过快速或闪速热解能够直接制取 H_2。热解过程的产物与实验条件有着非常复杂的关系，对产物的产率和组成影响较大的有：生物质的种类、颗粒尺寸、温度、加热速率、停留时间、气氛、催化剂和反应器的结构。图 2-46 展示了几种农业残留生物质热解所得富氢气体的产率与温度和生物质原料种类的关系[207]。一般来说，较高的反应温度、合适的催化剂、适当的颗粒粒径和高加热速率有利于增加气体产量，但也有例外情况的发生。总体而言，生物质热解制氢工艺流程简单，对生物质的利用率高，目前这方面的研究主要集中在反应器的设计、反应参数的调控、新型催化剂的开发等方面，以提高产氢效率。

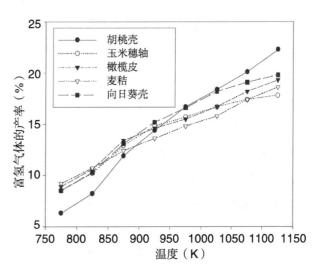

图 2-46　几种生物质热解产生富氢气体的产率与温度的关系

生物质气化制氢不需要隔绝空气和 O_2，高温下生物质与气化剂在气化炉中反应，产物中气体的产率较高而固体产物和液体产物的产率较低。气化剂可采用 O_2、空气和水蒸气，其中水蒸气气化能够获得较高的 H_2 产率。与热解相比，气化过程的温度较高，H_2 的产率也较高。生物质气化制氢中副产物焦油的产生对设备运行和下游应用不利，且影响 H_2 的生成，故生物质气化过程中最大的问题是焦油的去除。一般可以通过调整反应器的结构、优化操作条件和添加催化剂的方法来实现。在气化反应器中加入一些添加剂，如白云石、橄榄石和木炭，也有助于减少焦油量。

近年来，与煤炭超临界水气化制氢技术类似的生物质超临界水气化制氢逐渐受到关注。与其他的生物质热化学转化技术相比，超临界水气化制氢所需温度较低，气化效率较高且原料不需要干燥，对于含水量较高的生物质来说是一种非常理想的制氢技术。此外，超临界水气化产生的 H_2 压力较高，可以直接储存，或投入工业生产应用，但该技术目前仍存在成本较高、气相产物复杂和成分较难控制的问题。

2. 生物转换制氢技术

生物转换制氢技术是利用微生物降解生物质得到 H_2 的一种技术。生物转换制氢技术由于工艺流程简单、清洁节能和不消耗额外燃料等诸多优点，已受到越来越多的关注。根据微生物生长所需的能量来源，可将生物转换制氢技术分为光合制氢和发酵制氢两类。

某些微生物可利用过量的光将水直接光解生成 H_2，因此可寻找并培育此类光合细菌或藻类。光合细菌和藻类通常和绿藻共同培育，利用绿藻的有氧呼吸维持低氧环境。然而，目前光合制氢尚不能降解大分子有机物，且太阳能的利用率和 H_2 产率较低，难以实现工业化生产。

发酵制氢过程可细分为光发酵和暗发酵。光发酵是利用一些不含 S 的紫色细菌。这些细菌不能直接分解水，但在 N 元素不足的条件下，可利用光能以有机酸为原料生成 H_2。光发酵过程的 H_2 产率可达 80%，但对光能利用率较低且对反应器要求较苛刻。暗发酵是在无光和 30~80 ℃ 的条件下，利用厌氧细菌或者藻类在富含糖类的环境中产生 H_2 的过程。与生物光解不同，不同底物和反应机理的暗发酵过程在产氢时伴有 CH_4 和 H_2S 的生成，故后续通常需要气体分离步骤。由于暗发酵过程不需要阳光，不受天气和空间的影响，相比之下是一种具有工业应用前景的生物转换制氢技术。

总体而言，生物质制氢法在制氢技术中起步较晚，但是发展迅猛。作为一种环境友好的可再生能源，若能实现生物质制氢技术的产业化应用，将对改善能源结构、控制环境污染及应对气候变化产生积极的影响。目前，生物质制氢技术虽然取得了一定的突破，但是要将其用于大规模工业化生产还亟须解决产氢过程的可控性、产氢速率和效率及生产成本等问题。从长远看，生物质制氢是一种非常有潜力的制氢方式。

| 2.5 本章小结 |

综上所述，制氢电催化剂主要分为基于过渡金属元素的金属基材料和以碳材料为主的非金属基材料。制氢电催化剂的研究以减少或替代 Pt 基贵金属元素为目的，以结构优化和组成优化为手段，尽可能地增加活性位点数目和提高单个活性位点的活性，进而提高电催化剂整体的电催化活性和稳定性，不断探索和发掘有潜力的新型电催化剂。此外，电催化制氢是制氢技术中最有望与太阳能联用的技术，可依靠太阳能提供电催化体系的电能，形成绿色能源的闭环产生和利用，从而实现社会效益和经济效益的最大化。新型制氢电催化剂的不断发展，对于清洁能源的开发和利用具有重要意义和深远影响，也能为迎接氢能时代的到来奠定坚实的基础。

如果催化剂的效率能够达到 10% 以上，且稳定运行 5~10 年，那么太阳能驱动的光（电）催化技术就有望用于大规模分解水制氢。基于光生载流子的激发、迁移、分离和参与反应过程，半导体的吸光能力、体内载流子的迁移性质和表面反应的动力学过程对其制氢效率和稳定性有着重要影响。半导体的纳米结构化能够权衡吸光效率与载流子的迁移和分离能力的关系。适当地掺杂可有效地促进半导体内载流子的迁移，并有可能减小半导体的带隙以增大其吸光能力。在半导体表面负载助催化剂、表面保护层或其他半导体材料，能够促进表面反应的动力学过程、抑制载流子在表面的复合以及提高半导体的稳定性。基于器件内结的数量可将其简单地分为单结和多结器件，单结器件中只存在半导体/溶液结，而多结器件中还存在半导体间的异质结。

对于单结器件，半导体本身的性质会影响其吸光能力、载流子迁移性质和稳定性等。d^0 金属氧化物的 VBM 由 O 2p 轨道占据，CBM 由金属的 d 空轨道占据，因而对应的带隙一般较大（如 TiO_2、WO_3、Nb_2O_5、Ta_2O_5、ZrO_2）。通过掺杂或制备多元化合物能够调控能带位置或产生杂质能级，以减小半导体的带隙。d^{10} 金属氧化物的 CBM 由金属的 s 和 p 杂化轨道组成，这种杂化轨道更加发散，有利于提高导带处的电子迁移率。但由于带隙较大（如 ZnO）、载流子复合严重

（如 ZnO、CdO）或易发生光腐蚀（如 Cu_2O、Ag_2O）等缺点，该种金属氧化物的催化活性或稳定性不高。通过掺杂能够减小带隙、促进载流子的分离，而覆盖保护层、助催化剂或构建异质结则能够提高半导体的稳定性或促进载流子的分离。d^n 金属氧化物由于具有较大的载流子有效质量（如 Fe_2O_3），或由于载流子的自俘获现象会引起小极化子传输机制（如 MnO、Fe_2O_3），其载流子迁移率一般很低。掺杂对这类半导体的载流子性质也有一定的提升作用。而常用作 PV 材料的ⅢA–ⅤA 族半导体和ⅣA 族半导体，带隙比较小且具有很高的载流子迁移率，对应的催化活性高。但这类材料的表面复合严重，且直接接触水溶液后易被腐蚀或氧化。因而，往往需要覆盖保护层或构建异质结结构，以减少这类半导体表面的复合和腐蚀。

对于多结器件，将具有不同特征的半导体结合构成异质结能够解决半导体的载流子传输、稳定性和全水分解等问题。为了使这种异质结的促进作用最大化，需要优化半导体间能带结构的匹配程度、半导体的厚度和半导体间的界面接触等。类型Ⅱ异质结和ASS Z型体系能够有效地促进载流子的分离和增大吸光率以提高半导体的催化活性和稳定性，因而这两类异质结受到了广泛关注。但是，即使某些结构（光催化剂）能够进行全水分解，对应的太阳能制氢效率也很低。因此，具有这类异质结的半导体常用作单个光电极，只进行产氢（光阴极）或产氧（光阳极），而光阴极–光阳极体系则能够进行全水分解。相比于光催化剂，该体系由于对单个光电极的能带结构要求更低，不必横跨整个产氢和产氧能级，往往具有更小的带隙和更大的吸光范围。如果优化各个半导体的带隙和厚度，这类器件会有大于20%的理论效率。但实际上由于不理想的吸光、表面的产氧动力学过程和载流子在表面/体内的复合等问题，光阴极–光阳极体系的实际转换效率并不高（<3%），尚达不到实际应用所需的10%。如果使用PV为光电极及对电极提供反应所需的偏压，该PV–光电极体系能够获得更大的实际效率。但是，在该体系中使用氧化物等低成本薄膜作为光电极时，实际效率仍小于10%；而使用ⅢA–ⅤA族半导体作为光电极时，实际效率要高一些（<20%），但稳定性很差。另外，PV的使用会进一步增加整个器件的成本，对器件的效率有更高的要求。

为了使太阳能驱动的水分解达到实际应用的需求，需要进一步提高催化剂的制氢效率和稳定性，特别是氧化物等低成本薄膜的效率和ⅢA–ⅤA 族半导体的稳定性。除此之外，还可以使用高通量制备和检测技术寻找具有优异的综合性能的多元化合物。

除了电催化和光电化学催化，通过分解水制氢的技术还包括热催化和光热催化制氢。热催化制氢发展相对成熟，通常利用水煤气反应或甲烷裂解反应进行制氢。基于水煤气反应的热催化制氢一般使用 Au 或 Cu 作为催化剂。但是，该热催化反应会产生 CO_2 气体，从而导致温室效应，因而基于该反应的制氢技术的应用受到限制。由于甲烷裂解的产物是 H_2 和纳米碳材料，不产生 CO_2 且 H_2 的纯度高，基于甲烷裂解反应的热催化制氢更具有应用前景。热催化反应使用金属基催化剂（如 Ni、Co、Fe）、碳基催化剂（如活性炭、炭黑、CNTs）或金属与碳复合的催化剂。其中，金属基催化剂的催化活性更高，而碳基催化剂的稳定性更好。与热催化制氢不同的是，光热催化制氢使用可见光和近红外光照射催化剂产生的热量驱动催化反应的进行。太阳光驱动的制氢技术有可能取代传统的热催化制氢技术。但是，对于光热催化制氢的研究仍处于发展初期，光热催化反应机理（包括光热效应与光电效应的协同作用、反应过程等）和光热催化剂的探究、太阳光的聚焦和催化反应温度的控制等问题的存在是限制光热催化制氢发展的重要因素。

虽然电催化、光电化学催化、热催化和光热催化都具有环保、可再生等特点，但制氢成本仍是显著制约其应用的主要因素。具有高活性和高稳定性的催化剂的制备和应用是降低其应用成本的主要手段。

目前主流的制氢技术仍是化石燃料和生物质制氢。化石燃料制氢主要包括煤制氢、天然气制氢和工业副产氢。煤制氢通过煤焦化、煤气化、煤浆电解或煤炭超临界水气化进行（该方法是我国主流的制氢方法）。相比于煤制氢，天然气制氢成本较低且 CO_2 排放量较少。天然气制氢方法包括天然气蒸汽重整、天然气部分氧化、金属基化学循环重整、天然气联产制氢和甲酸法。其中，天然气蒸汽重整的工艺能耗较高，且会产生大量的 CO_2，而后三者的工艺能耗较低。天然气联产制氢和甲酸法不仅能够自供电或热，而且在反应过程中不会产生 CO_2，是一种经济高效的制氢方法。工业副产氢则可回收利用工业生产过程中释放的 H_2，能实现资源的高附加值利用。基于化石能源的不可再生性和污染性，以化石燃料为原料的制氢技术仅能作为过渡性技术。

生物质属于可再生能源，是仅次于化石燃料（煤炭、石油、天然气）的第四大能源。与化石燃料制氢相比，生物质制氢更加环保。生物质制氢主要分为热化学制氢和生物转换制氢两大类。热化学制氢通过热解或气化生物质进行。热解制氢工艺简单且对生物质的利用率较高。气化制氢的温度较高，制氢效率也较高。目前，热化学制氢的研究主要集中在反应器的设计、反应参数的调控、生物质的种类和尺寸的选择、催化剂的选择等方面。生物转换制氢利用微生物降解生物质得到 H_2，主要分为光合制氢和发酵制氢。光合制氢指光合细菌和藻类能够利用光能将 H_2O 直接光解产生 H_2。该方法不能降解大分子有机物、H_2 产率低且太阳能利用率低。发酵制氢又分为光发酵和暗发酵。光发酵常使用一些不含 S 的紫色细菌，以有机酸为原料制氢。该方法的 H_2 产率高，但光能利用率低且对反应器要求苛刻。暗发酵则是将厌氧细菌或藻类置于富含糖类的环境中进行制氢。暗发酵过程不受天气和空间影响，是更有应用前景的生物转换制氢技术。

参考文献

[1] Zou X, Zhang Y. Noble metal-free hydrogen evolution catalysts for water splitting[J]. Chemical Society Reviews, 2015, 44(15): 5148-5180.

[2] Morales-Guio C G, Stern L A, Hu X. Nanostructured hydrotreating catalysts for electrochemical hydrogen evolution[J]. Chemical Society Reviews, 2014, 43(18): 6555-6569.

[3] Jaramillo T F, Jorgensen K P, Bonde J, et al. Identification of active edge sites for electrochemical H_2 evolution from MoS_2 nanocatalysts[J]. Science, 2007, 317(5834): 100-102.

[4] Esposito D V, Hunt S T, Kimmel Y C, et al. A new class of electrocatalysts for hydrogen production from water electrolysis: metal monolayers supported on low-cost transition metal carbides[J]. Journal of the American Chemical Society, 2012, 134(6): 3025-3033.

[5] Zeng Z, Tan C, Huang X, et al. Growth of noble metal nanoparticles on single-layer TiS_2 and TaS_2 nanosheets for hydrogen evolution reaction[J]. Energy & Environmental Science, 2014, 7(2): 797-803.

[6] Tymoczko J, Calle-Vallejo F, Schuhmann W, et al. Making the hydrogen evolution reaction in polymer electrolyte membrane electrolysers even faster[J]. Nature Communications, 2016, 7: 10990.

[7] Cao Z, Chen Q, Zhang J, et al. Platinum-nickel alloy excavated nano-multipods with

hexagonal close-packed structure and superior activity towards hydrogen evolution reaction[J]. Nature Communications, 2017, 8: 15131.

[8] Wang Z, Ren X, Luo Y, et al. An ultrafine platinum–cobalt alloy decorated cobalt nanowire array with superb activity toward alkaline hydrogen evolution[J]. Nanoscale, 2018, 10(26): 12302-12307.

[9] Chia X, Eng A Y S, Ambrosi A, et al. Electrochemistry of nanostructured layered transition-metal dichalcogenides[J]. Chemical Reviews, 2015, 115(21): 11941-11966.

[10] Kong D, Cha J J, Wang H, et al. First-row transition metal dichalcogenide catalysts for hydrogen evolution reaction[J]. Energy & Environmental Science, 2013, 6(12): 3553-3558.

[11] Wang X, Shen X, Wang Z, et al. Atomic-scale clarification of structural transition of MoS_2 upon sodium intercalation[J]. ACS Nano, 2014, 8(11): 11394-11400.

[12] Deng J, Li H, Xiao J, et al. Triggering the electrocatalytic hydrogen evolution activity of the inert two-dimensional MoS_2 surface via single-atom metal doping[J]. Energy & Environmental Science, 2015, 8(5): 1594-1601.

[13] Chen X, Wang G. Tuning the hydrogen evolution activity of MS_2 (M=Mo or Nb) monolayers by strain engineering[J]. Physical Chemistry Chemical Physics, 2016, 18(14): 9388-9395.

[14] Li H, Tsai C, Koh A L, et al. Activating and optimizing MoS_2 basal planes for hydrogen evolution through the formation of strained sulphur vacancies[J]. Nature Materials, 2016, 15(1): 48-53.

[15] Kong D, Wang H, Cha J J, et al. Synthesis of MoS_2 and $MoSe_2$ films with vertically aligned layers[J]. Nano Letters, 2013, 13(3): 1341-1347.

[16] Xu S, Li D, Wu P. One-pot, facile, and versatile synthesis of monolayer MoS_2/WS_2 quantum dots as bioimaging probes and efficient electrocatalysts for hydrogen evolution reaction[J]. Advanced Functional Materials, 2015, 25(7): 1127-1136.

[17] Xie J, Zhang H, Li S, et al. Defect-rich MoS_2 ultrathin nanosheets with additional active edge sites for enhanced electrocatalytic hydrogen evolution[J]. Advanced Materials, 2013, 25(40): 5807-5813.

[18] Zhu Q, Chen W, Cheng H, et al. WS_2 nanosheets with highly-enhanced electrochemical activity by facile control of sulfur vacancies[J]. ChemCatChem, 2019, 11(11): 2667-2675.

[19] Shi J, Wang X, Zhang S, et al. Two-dimensional metallic tantalum disulfide as a hydrogen evolution catalyst[J]. Nature Communications, 2017, 8: 958.

[20] Huang C, Wang X, Wang D, et al. Atomic pillar effect in Pd_xNbS_2 to boost basal plane

activity for stable hydrogen evolution[J]. Chemistry of Materials, 2019, 31(13): 4726-4731.

[21] Najafi L, Bellani S, Oropesa-Nuñez R, et al. Niobium disulphide (NbS_2)-based (heterogeneous) electrocatalysts for an efficient hydrogen evolution reaction[J]. Journal of Materials Chemistry A, 2019, 7(44): 25593-25608.

[22] Du C, Liang D, Shang M, et al. In situ engineering MoS_2 NDs/VS_2 lamellar heterostructure for enhanced electrocatalytic hydrogen evolution[J]. ACS Sustainable Chemistry & Engineering, 2018, 6(11): 15471-15479.

[23] Liang H, Shi H, Zhang D, et al. Solution growth of vertical VS_2 nanoplate arrays for electrocatalytic hydrogen evolution[J]. Chemistry of Materials, 2016, 28(16): 5587-5591.

[24] Li H, Tan Y, Liu P, et al. Atomic-sized pores enhanced electrocatalysis of TaS_2 nanosheets for hydrogen evolution[J]. Advanced Materials, 2016, 28(40): 8945-8949.

[25] Miao R, Dutta B, Sahoo S, et al. Mesoporous iron sulfide for highly efficient electrocatalytic hydrogen evolution[J]. Journal of the American Chemical Society, 2017, 139(39): 13604-13607.

[26] Ouyang C, Wang X, Wang C, et al. Hierarchically porous Ni_3S_2 nanorod array foam as highly efficient electrocatalyst for hydrogen evolution reaction and oxygen evolution reaction[J]. Electrochimica Acta, 2015, 174: 297-301.

[27] Dutta B, Wu Y, Chen J, et al. Partial surface selenization of cobalt sulfide microspheres for enhancing the hydrogen evolution reaction[J]. ACS Catalysis, 2018, 9(1): 456-465.

[28] Wang D Y, Gong M, Chou H L, et al. Highly active and stable hybrid catalyst of cobalt-doped FeS_2 nanosheets-carbon nanotubes for hydrogen evolution reaction[J]. Journal of the American Chemical Society, 2015, 137(4): 1587-1592.

[29] Zhang G, Feng Y S, Lu W T, et al. Enhanced catalysis of electrochemical overall water splitting in alkaline media by Fe doping in Ni_3S_2 nanosheet arrays[J]. ACS Catalysis, 2018, 8(6): 5431-5441.

[30] Li Y, Yin J, An L, et al. FeS_2/CoS_2 interface nanosheets as efficient bifunctional electrocatalyst for overall water splitting[J]. Small, 2018, 14(26): 1801070.

[31] Fan M, Zhang L, Li K, et al. FeS_2@C core-shell nanochains as efficient electrocatalysts for hydrogen evolution reaction[J]. ACS Applied Nano Materials, 2019, 2(6): 3889-3896.

[32] Yang Y, Zhang K, Lin H, et al. MoS_2-Ni_3S_2 heteronanorods as efficient and stable bifunctional electrocatalysts for overall water splitting[J]. ACS Catalysis, 2017, 7(4): 2357-2366.

[33] Yin Y, Zhang Y, Gao T, et al. Synergistic phase and disorder engineering in 1T-MoSe$_2$ nanosheets for enhanced hydrogen-evolution reaction[J]. Advanced Materials, 2017, 29(28): 1700311.

[34] Ambrosi A, Sofer Z, Pumera M. 2H→1T phase transition and hydrogen evolution activity of MoS$_2$, MoSe$_2$, WS$_2$ and WSe$_2$ strongly depends on the MX$_2$ composition[J]. Chemical Communications, 2015, 51(40): 8450-8453.

[35] Wang M, Zhang L, Huang M, et al. Morphology-controlled tantalum diselenide structures as self-optimizing hydrogen evolution catalysts[J]. Energy & Environmental Materials, 2020, 3(1): 12-18.

[36] Zhu Q, Shao M, Yu S H, et al. One-pot synthesis of Co-doped VSe$_2$ nanosheets for enhanced hydrogen evolution reaction[J]. ACS Applied Energy Materials, 2018, 2(1): 644-653.

[37] Sun Y, Zhang X, Mao B, et al. Controllable selenium vacancy engineering in basal planes of mechanically exfoliated WSe$_2$ monolayer nanosheets for efficient electrocatalytic hydrogen evolution[J]. Chemical Communications, 2016, 52(99): 14266-14269.

[38] Vikraman D, Hussain S, Truong L, et al. Fabrication of MoS$_2$/WSe$_2$ heterostructures as electrocatalyst for enhanced hydrogen evolution reaction[J]. Applied Surface Science, 2019, 480: 611-620.

[39] McCarthy C L, Downes C A, Schueller E C, et al. Method for the solution deposition of phase-pure CoSe$_2$ as an efficient hydrogen evolution reaction electrocatalyst[J]. ACS Energy Letters, 2016, 1(3): 607-611.

[40] Kong D, Wang H, Lu Z, et al. CoSe$_2$ nanoparticles grown on carbon fiber paper: an efficient and stable electrocatalyst for hydrogen evolution reaction[J]. Journal of the American Chemical Society, 2014, 136(13): 4897-4900.

[41] Guan Y, Feng Y, Mu Y, et al. Controlled synthesis of unique porous FeSe$_2$ nanomesh arrays towards efficient hydrogen evolution reaction[J]. Electrochimica Acta, 2017, 247: 435-442.

[42] Sarker S, Chaturvedi P, Yan L, et al. Synergistic effect of iron diselenide decorated multi-walled carbon nanotubes for enhanced heterogeneous electron transfer and electrochemical hydrogen evolution[J]. Electrochimica Acta, 2018, 270: 138-146.

[43] Zhou H, Wang Y, He R, et al. One-step synthesis of self-supported porous NiSe$_2$/Ni hybrid foam: an efficient 3D electrode for hydrogen evolution reaction[J]. Nano Energy, 2016, 20: 29-36.

[44] Liu T, Asiri A M, Sun X. Electrodeposited Co-doped NiSe$_2$ nanoparticles film: a good

electrocatalyst for efficient water splitting[J]. Nanoscale, 2016, 8(7): 3911-3915.

[45] Hu D, Zhao T, Ping X, et al. Unveiling the layer-dependent catalytic activity of $PtSe_2$ atomic crystals for the hydrogen evolution reaction[J]. Angewandte Chemie, 2019, 131(21): 7051-7055.

[46] Kukunuri S, Austeria P M, Sampath S. Electrically conducting palladium selenide (Pd_4Se, $Pd_{17}Se_{15}$, Pd_7Se_4) phases: synthesis and activity towards hydrogen evolution reaction[J]. Chemical Communications, 2016, 52(1): 206-209.

[47] McGlynn J C, Dankwort T, Kienle L, et al. The rapid electrochemical activation of $MoTe_2$ for the hydrogen evolution reaction[J]. Nature Communications, 2019, 10: 4916.

[48] Li J, Hong M, Sun L, et al. Enhanced electrocatalytic hydrogen evolution from large-scale, facile-prepared, highly crystalline WTe_2 nanoribbons with weyl semimetallic phase[J]. ACS Applied Materials & Interfaces, 2018, 10(1): 458-467.

[49] Chia X, Sofer Z, Luxa J, et al. Unconventionally layered $CoTe_2$ and $NiTe_2$ as electrocatalysts for hydrogen evolution[J]. Chemistry–A European Journal, 2017, 23(48): 11719-11726.

[50] Yang L, Xu H, Liu H, et al. Active site identification and evaluation criteria of in situ grown CoTe and NiTe nanoarrays for hydrogen evolution and oxygen evolution reactions[J]. Small Methods, 2019, 3(5): 1900113.

[51] Cherevko S, Geiger S, Kasian O, et al. Oxygen and hydrogen evolution reactions on Ru, RuO_2, Ir, and IrO_2 thin film electrodes in acidic and alkaline electrolytes: a comparative study on activity and stability[J]. Catalysis Today, 2016, 262: 170-180.

[52] Wang H, Lee H W, Deng Y, et al. Bifunctional non-noble metal oxide nanoparticle electrocatalysts through lithium-induced conversion for overall water splitting[J]. Nature Communications, 2015, 6: 7261.

[53] Suntivich J, May K J, Gasteiger H A, et al. A perovskite oxide optimized for oxygen evolution catalysis from molecular orbital principles[J]. Science, 2011, 334(6061): 1383-1385.

[54] Lee J G, Hwang J, Hwang H J, et al. A new family of perovskite catalysts for oxygen-evolution reaction in alkaline media: $BaNiO_3$ and $BaNi_{0.83}O_{2.5}$[J]. Journal of the American Chemical Society, 2016, 138(10): 3541-3547.

[55] Yagi S, Yamada I, Tsukasaki H, et al. Covalency-reinforced oxygen evolution reaction catalyst[J]. Nature Communications, 2015, 6: 8249.

[56] Suen N T, Hung S F, Quan Q, et al. Electrocatalysis for the oxygen evolution reaction: recent development and future perspectives[J]. Chemical Society Reviews, 2017,

46(2): 337-365.

[57] Wang H Y, Hung S F, Chen H Y, et al. In operando identification of geometrical-site-dependent water oxidation activity of spinel Co_3O_4[J]. Journal of the American Chemical Society, 2016, 138(1): 36-39.

[58] Li M, Xiong Y, Liu X, et al. Facile synthesis of electrospun MFe_2O_4 (M=Co, Ni, Cu, Mn) spinel nanofibers with excellent electrocatalytic properties for oxygen evolution and hydrogen peroxide reduction[J]. Nanoscale, 2015, 7(19): 8920-8930.

[59] Al-Mamun M, Su X, Zhang H, et al. Strongly coupled $CoCr_2O_4$/carbon nanosheets as high performance electrocatalysts for oxygen evolution reaction[J]. Small, 2016, 12(21): 2866-2871.

[60] Pan Y, Liu Y, Zhao J, et al. Monodispersed nickel phosphide nanocrystals with different phases: synthesis, characterization and electrocatalytic properties for hydrogen evolution[J]. Journal of Materials Chemistry A, 2015, 3(4): 1656-1665.

[61] Callejas J F, Read C G, Popczun E J, et al. Nanostructured Co_2P electrocatalyst for the hydrogen evolution reaction and direct comparison with morphologically equivalent CoP[J]. Chemistry of Materials, 2015, 27(10): 3769-3774.

[62] Xiao P, Sk M A, Thia L, et al. Molybdenum phosphide as an efficient electrocatalyst for the hydrogen evolution reaction[J]. Energy & Environmental Science, 2014, 7(8): 2624-2629.

[63] Liang Y, Liu Q, Asiri A M, et al. Self-supported FeP nanorod arrays: a cost-effective 3D hydrogen evolution cathode with high catalytic activity[J]. ACS Catalysis, 2014, 4(11): 4065-4069.

[64] Tian J, Liu Q, Cheng N, et al. Self-supported Cu_3P nanowire arrays as an integrated high-performance three-dimensional cathode for generating hydrogen from water[J]. Angewandte Chemie, 2014, 126(36): 9731-9735.

[65] Pu Z, Liu Q, Asiri A M, et al. Tungsten phosphide nanorod arrays directly grown on carbon cloth: a highly efficient and stable hydrogen evolution cathode at all pH values[J]. ACS Applied Materials & Interfaces, 2014, 6(24): 21874-21879.

[66] Xing Z, Liu Q, Asiri A M, et al. High-efficiency electrochemical hydrogen evolution catalyzed by tungsten phosphide submicroparticles[J]. ACS Catalysis, 2015, 5(1): 145-149.

[67] Duan J, Chen S, Ortíz-Ledón C A, et al. Phosphorus vacancies that boost electrocatalytic hydrogen evolution by two orders of magnitude[J]. Angewandte Chemie International Edition, 2020, 59(21): 8181-8186.

[68] Han Y, Yue X, Jin Y, et al. Hydrogen evolution reaction in acidic media on single-

crystalline titanium nitride nanowires as an efficient non-noble metal electrocatalyst[J]. Journal of Materials Chemistry A, 2016, 4(10): 3673-3677.

[69] Xie J, Li S, Zhang X, et al. Atomically-thin molybdenum nitride nanosheets with exposed active surface sites for efficient hydrogen evolution[J]. Chemical Science, 2014, 5(12): 4615-4620.

[70] Ren B, Li D, Jin Q, et al. A self-supported porous WN nanowire array: an efficient 3D electrocatalyst for the hydrogen evolution reaction[J]. Journal of Materials Chemistry A, 2017, 5(36): 19072-19078.

[71] Zhang N, Cao L, Feng L, et al. Co, N-Codoped porous vanadium nitride nanoplates as superior bifunctional electrocatalysts for hydrogen evolution and oxygen reduction reactions[J]. Nanoscale, 2019, 11(24): 11542-11549.

[72] Li Y, Zhang J, Qian X, et al. Nanoporous niobium nitride (Nb_2N) with enhanced electrocatalytic performance for hydrogen evolution[J]. Applied Surface Science, 2018, 427: 884-889.

[73] Xing Z, Li Q, Wang D, et al. Self-supported nickel nitride as an efficient high-performance three-dimensional cathode for the alkaline hydrogen evolution reaction[J]. Electrochimica Acta, 2016, 191: 841-845.

[74] Chen W F, Sasaki K, Ma C, et al. Hydrogen-evolution catalysts based on non-noble metal nickel-molybdenum nitride nanosheets[J]. Angewandte Chemie International Edition, 2012, 51(25): 6131-6135.

[75] Chen Z, Song Y, Cai J, et al. Tailoring the d-band centers enables Co_4N nanosheets to be highly active for hydrogen evolution catalysis[J]. Angewandte Chemie, 2018, 130(18): 5170-5174.

[76] Chen Z, Qin M, Chen P, et al. Tungsten carbide/carbon composite synthesized by combustion-carbothermal reduction method as electrocatalyst for hydrogen evolution reaction[J]. International Journal of Hydrogen Energy, 2016, 41(30): 13005-13013.

[77] Gong Q, Wang Y, Hu Q, et al. Ultrasmall and phase-pure W_2C nanoparticles for efficient electrocatalytic and photoelectrochemical hydrogen evolution[J]. Nature Communications, 2016, 7: 13216.

[78] Lin H, Shi Z, He S, et al. Heteronanowires of MoC-Mo_2C as efficient electrocatalysts for hydrogen evolution reaction[J]. Chemical Science, 2016, 7(5): 3399-3405.

[79] Xu H, Wan J, Zhang H, et al. A new platinum-like efficient electrocatalyst for hydrogen evolution reaction at all pH: single-crystal metallic interweaved V_8C_7 networks[J]. Advanced Energy Materials, 2018, 8(23): 1800575.

[80] McEnaney J M, Schaak R E. Solution synthesis of metal silicide nanoparticles[J].

Inorganic Chemistry, 2015, 54(3): 707-709.

[81] Park H, Encinas A, Scheifers J P, et al. Boron-dependency of molybdenum boride electrocatalysts for the hydrogen evolution reaction[J]. Angewandte Chemie International Edition, 2017, 56(20): 5575-5578.

[82] Masa J, Weide P, Peeters D, et al. Amorphous cobalt boride (Co_2B) as a highly efficient nonprecious catalyst for electrochemical water splitting: oxygen and hydrogen evolution[J]. Advanced Energy Materials, 2016, 6(6): 1502313.

[83] Lu W, Liu T, Xie L, et al. In situ derived CoB Nanoarray: a high-efficiency and durable 3D bifunctional electrocatalyst for overall alkaline water splitting[J]. Small, 2017, 13(32): 1700805.

[84] Zhang P, Wang M, Yang Y, et al. Electroless plated $Ni–B_x$ films as highly active electrocatalysts for hydrogen production from water over a wide pH range[J]. Nano Energy, 2016, 19: 98-107.

[85] Jahan M, Liu Z, Loh K P. A graphene oxide and copper-centered metal organic framework composite as a tri-functional catalyst for HER, OER, and ORR[J]. Advanced Functional Materials, 2013, 23(43): 5363-5372.

[86] Yang Y, Lun Z, Xia G, et al. Non-precious alloy encapsulated in nitrogen-doped graphene layers derived from MOFs as an active and durable hydrogen evolution reaction catalyst[J]. Energy & Environmental Science, 2015, 8(12): 3563-3571.

[87] Chen J, Liu J, Xie J Q, et al. Co-Fe-P nanotubes electrocatalysts derived from metal-organic frameworks for efficient hydrogen evolution reaction under wide pH range[J]. Nano Energy, 2019, 56: 225-233.

[88] Wang Q, Liu Z, Zhao H, et al. MOF-derived porous Ni_2P nanosheets as novel bifunctional electrocatalysts for the hydrogen and oxygen evolution reactions[J]. Journal of Materials Chemistry A, 2018, 6(38): 18720-18727.

[89] Cai G, Zhang W, Jiao L, et al. Template-directed growth of well-aligned MOF arrays and derived self-supporting electrodes for water splitting[J]. Chem, 2017, 2(6): 791-802.

[90] Sathe B R, Zou X, Asefa T. Metal-free B-doped graphene with efficient electrocatalytic activity for hydrogen evolution reaction[J]. Catalysis Science & Technology, 2014, 4(7): 2023-2030.

[91] Gao S, Li G D, Liu Y, et al. Electrocatalytic H_2 production from seawater over Co, N-codoped nanocarbons[J]. Nanoscale, 2015, 7(6): 2306-2316.

[92] Wang H, Li X B, Gao L, et al. Three-dimensional graphene networks with abundant sharp edge sites for efficient electrocatalytic hydrogen evolution[J]. Angewandte

Chemie, 2018, 130(1): 198-203.

[93] Jia Y, Zhang L, Du A, et al. Defect graphene as a trifunctional catalyst for electrochemical reactions[J]. Advanced Materials, 2016, 28(43): 9532-9538.

[94] Zhao M, Zhang J, Xiao H, et al. Facile in situ synthesis of a carbon quantum dot/graphene heterostructure as an efficient metal-free electrocatalyst for overall water splitting[J]. Chemical Communications, 2019, 55(11): 1635-1638.

[95] Shinde S S, Sami A, Lee J H. Nitrogen- and phosphorus-doped nanoporous graphene/graphitic carbon nitride hybrids as efficient electrocatalysts for hydrogen evolution[J]. ChemCatChem, 2015, 7(23): 3873-3880.

[96] Bhunia S, Das S K, Jana R, et al. Electrochemical stimuli-driven facile metal-free hydrogen evolution from pyrene-porphyrin-based crystalline covalent organic framework[J]. ACS Applied Materials & Interfaces, 2017, 9(28): 23843-23851.

[97] Maiti S, Chowdhury A R, Das A K. Electrochemically facile hydrogen evolution using ruthenium encapsulated two dimensional covalent organic framework (2D COF)[J]. ChemNanoMat, 2020, 6(1): 99-106.

[98] Fan X, Kong F, Kong A, et al. Covalent porphyrin framework-derived $Fe_2P@Fe_4N$-coupled nanoparticles embedded in N-doped carbons as efficient trifunctional electrocatalysts[J]. ACS Applied Materials & Interfaces, 2017, 9(38): 32840-32850.

[99] Qiao B, Wang A, Yang X, et al. Single-atom catalysis of CO oxidation using Pt_1/FeO_x[J]. Nature Chemistry, 2011, 3(8): 634-641.

[100] Cheng N, Stambula S, Wang D, et al. Platinum single-atom and cluster catalysis of the hydrogen evolution reaction[J]. Nature Communications, 2016, 7: 13638.

[101] Tavakkoli M, Holmberg N, Kronberg R, et al. Electrochemical activation of single-walled carbon nanotubes with pseudo-atomic-scale platinum for the hydrogen evolution reaction[J]. ACS Catalysis, 2017, 7(5): 3121-3130.

[102] Zhang Z, Feng C, Liu C, et al. Electrochemical deposition as a universal route for fabricating single-atom catalysts[J]. Nature Communications, 2020, 11: 1215.

[103] Fei H, Dong J, Arellano-Jiménez M J, et al. Atomic cobalt on nitrogen-doped graphene for hydrogen generation[J]. Nature Communications, 2015, 6: 8668.

[104] Fan L, Liu P F, Yan X, et al. Atomically isolated nickel species anchored on graphitized carbon for efficient hydrogen evolution electrocatalysis[J]. Nature Communications, 2016, 7: 10667.

[105] Kuang M, Wang Q, Han P, et al. Cu, Co-embedded N-enriched mesoporous carbon for efficient oxygen reduction and hydrogen evolution reactions[J]. Advanced Energy Materials, 2017, 7(17): 1700193.

[106] Walter M G, Warren E L, McKone J R, et al. Solar water splitting cells[J]. Chemical Reviews, 2010, 110(11): 6446-6473.

[107] Van de Krol R, Grätzel M. Photoelectrochemical hydrogen production[M]. New York: Springer, 2012.

[108] Fountaine K T, Lewerenz H J, Atwater H A. Efficiency limits for photoelectrochemical water-splitting[J]. Nature Communications, 2016, 7: 13706.

[109] Sivula K, Van De Krol R. Semiconducting materials for photoelectrochemical energy conversion[J]. Nature Reviews Materials, 2016, 1: 15010.

[110] Inoue Y. Photocatalytic water splitting by RuO_2-loaded metal oxides and nitrides with d^0-and d^{10}-related electronic configurations[J]. Energy & Environmental Science, 2009, 2(4): 364-386.

[111] Nah Y C, Paramasivam I, Schmuki P. Doped TiO_2 and TiO_2 nanotubes: synthesis and applications[J]. ChemPhysChem, 2010, 11(13): 2698-2713.

[112] Aragaw B A, Pan C J, Su W N, et al. Facile one-pot controlled synthesis of Sn and C codoped single crystal TiO_2 nanowire arrays for highly efficient photoelectrochemical water splitting[J]. Applied Catalysis B: Environmental, 2015, 163: 478-486.

[113] Mandari K K, Police A K R, Do J Y, et al. Rare earth metal Gd influenced defect sites in N doped TiO_2: defect mediated improved charge transfer for enhanced photocatalytic hydrogen production[J]. International Journal of Hydrogen Energy, 2018, 43(4): 2073-2082.

[114] Babu V J, Kumar M K, Nair A S, et al. Visible light photocatalytic water splitting for hydrogen production from $N-TiO_2$ rice grain shaped electrospun nanostructures[J]. International Journal of Hydrogen Energy, 2012, 37(10): 8897-8904.

[115] Chen Z, Jaramillo T F, Deutsch T G, et al. Accelerating materials development for photoelectrochemical hydrogen production: standards for methods, definitions, and reporting protocols[J]. Journal of Materials Research, 2010, 25(1): 3-16.

[116] Yang S, Wang H, Yu H, et al. A facile fabrication of hierarchical Ag nanoparticles-decorated $N-TiO_2$ with enhanced photocatalytic hydrogen production under solar light[J]. International Journal of Hydrogen Energy, 2016, 41(5): 3446-3455.

[117] Yang Y, Ye K, Cao D, et al. Efficient charge separation from F^- selective etching and doping of anatase-TiO_2 {001} for enhanced photocatalytic hydrogen production[J]. ACS Applied Materials & Interfaces, 2018, 10(23): 19633-19638.

[118] Liu S H, Syu H R. High visible-light photocatalytic hydrogen evolution of C, N-codoped mesoporous TiO_2 nanoparticles prepared via an ionic-liquid-template approach[J]. International Journal of Hydrogen Energy, 2013, 38(32): 13856-13865.

[119] Vázquez-Cuchillo O, Gómez R, Cruz-López A, et al. Improving water splitting using RuO_2-$Zr/Na_2Ti_6O_{13}$ as a photocatalyst[J]. Journal of Photochemistry and Photobiology A: Chemistry, 2013, 266: 6-11.

[120] Garay-Rodríguez L F, Torres-Martínez L M, Moctezuma E. Photocatalytic performance of $K_2Ti_6O_{13}$ whiskers to H_2 evolution and CO_2 photo-reduction[J]. Journal of Energy Chemistry, 2019, 37: 18-28.

[121] Saadetnejad D, Yıldırım R. Photocatalytic hydrogen production by water splitting over Au/Al-$SrTiO_3$[J]. International Journal of Hydrogen Energy, 2018, 43(2): 1116-1122.

[122] Kanazawa T, Nozawa S, Lu D, et al. Structure and photocatalytic activity of $PdCrO_x$ cocatalyst on $SrTiO_3$ for overall water splitting[J]. Catalysts, 2019, 9(1): 59.

[123] Jeong H, Kim T, Kim D, et al. Hydrogen production by the photocatalytic overall water splitting on $NiO/Sr_3Ti_2O_7$: effect of preparation method[J]. International Journal of Hydrogen Energy, 2006, 31(9): 1142-1146.

[124] Sadanandam G, Lalitha K, Kumari V D, et al. Cobalt doped TiO_2: a stable and efficient photocatalyst for continuous hydrogen production from glycerol: water mixtures under solar light irradiation[J]. International Journal of Hydrogen Energy, 2013, 38(23): 9655-9664.

[125] Liu B, Su S, Zhou W, et al. Photo-reduction assisted synthesis of W-doped TiO_2 coupled with Au nanoparticles for highly efficient photocatalytic hydrogen evolution[J]. CrystEngComm, 2017, 19(4): 675-683.

[126] Sun T, Liu E, Liang X, et al. Enhanced hydrogen evolution from water splitting using Fe-Ni codoped and Ag deposited anatase TiO_2 synthesized by solvothermal method[J]. Applied Surface Science, 2015, 347: 696-705.

[127] Wu Y, Lu G, Li S. The doping effect of Bi on TiO_2 for photocatalytic hydrogen generation and photodecolorization of rhodamine B[J]. The Journal of Physical Chemistry C, 2009, 113(22): 9950-9955.

[128] Tangale N P, Niphadkar P S, Samuel V, et al. Synthesis of Sn-containing anatase (TiO_2) by sol-gel method and their performance in catalytic water splitting under visible light as a function of tin content[J]. Materials Letters, 2016, 171: 50-54.

[129] Fan X, Wan J, Liu E, et al. High-efficiency photoelectrocatalytic hydrogen generation enabled by Ag deposited and Ce doped TiO_2 nanotube arrays[J]. Ceramics International, 2015, 41(3): 5107-5116.

[130] Kim J, Hwang D W, Kim H G, et al. Nickel-loaded $La_2Ti_2O_7$ as a bifunctional photocatalyst[J]. Chemical Communications, 2002 (21): 2488-2489.

[131] Higashi M, Abe R, Sayama K, et al. Improvement of photocatalytic activity of titanate pyrochlore $Y_2Ti_2O_7$ by addition of excess Y[J]. Chemistry Letters, 2005, 34(8): 1122-1123.

[132] Suzuki T M, Saeki S, Sekizawa K, et al. Photoelectrochemical hydrogen production by water splitting over dual-functionally modified oxide: p-Type N-doped Ta_2O_5 photocathode active under visible light irradiation[J]. Applied Catalysis B: Environmental, 2017, 202: 597-604.

[133] Haque F, Daeneke T, Kalantar-Zadeh K, et al. Two-dimensional transition metal oxide and chalcogenide-based photocatalysts[J]. Nano-micro Letters, 2018, 10(2): 1-27.

[134] Liu W S, Huang S H, Liu C F, et al. Nitrogen doping in Ta_2O_5 and its implication for photocatalytic H_2 production[J]. Applied Surface Science, 2018, 459: 477-482.

[135] Huang H, Wang C, Huang J, et al. Structure inherited synthesis of N-doped highly ordered mesoporous Nb_2O_5 as robust catalysts for improved visible light photoactivity[J]. Nanoscale, 2014, 6(13): 7274-7280.

[136] Sun Y, Murphy C J, Reyes-Gil K R, et al. Photoelectrochemical and structural characterization of carbon-doped WO_3 films prepared via spray pyrolysis[J]. International Journal of Hydrogen Energy, 2009, 34(20): 8476-8484.

[137] Zhang T, Zhu Z, Chen H, et al. Iron-doping-enhanced photoelectrochemical water splitting performance of nanostructured WO_3: a combined experimental and theoretical study[J]. Nanoscale, 2015, 7(7): 2933-2940.

[138] Kalanur S S, Seo H. Influence of molybdenum doping on the structural, optical and electronic properties of WO_3 for improved solar water splitting[J]. Journal of Colloid and Interface Science, 2018, 509: 440-447.

[139] Kalanur S S, Yoo I H, Seo H. Fundamental investigation of Ti doped WO_3 photoanode and their influence on photoelectrochemical water splitting activity[J]. Electrochimica Acta, 2017, 254: 348-357.

[140] Zhang H, Yilmaz P, Ansari J O, et al. Incorporation of Ag nanowires in $CuWO_4$ for improved visible light-induced photoanode performance[J]. Journal of Materials Chemistry A, 2015, 3(18): 9638-9644.

[141] Dong G, Hu H, Wang L, et al. Remarkable enhancement on photoelectrochemical water splitting derived from well-crystallized Bi_2WO_6 and $Co(OH)_x$ with tunable oxidation state[J]. Journal of Catalysis, 2018, 366: 258-265.

[142] Li W, Zhan F, Li J, et al. Enhancing photoelectrochemical water splitting by aluminum-doped plate-like WO_3 electrodes[J]. Electrochimica Acta, 2015, 160: 57-

63.

[143] Liew S L, Zhang Z, Goh T W G, et al. Yb-doped WO_3 photocatalysts for water oxidation with visible light[J]. International Journal of Hydrogen Energy, 2014, 39(9): 4291-4298.

[144] Zhang L, Jing D, Guo L, et al. In situ photochemical synthesis of Zn-doped Cu_2O hollow microcubes for high efficient photocatalytic H_2 production[J]. ACS Sustainable Chemistry & Engineering, 2014, 2(6): 1446-1452.

[145] Upadhyay S, Sharma D, Satsangi V R, et al. Spray pyrolytically deposited Fe-doped Cu_2O thin films for solar hydrogen generation: experiments & first-principles analysis[J]. Materials Chemistry and Physics, 2015, 160: 32-39.

[146] Yang H, Yan J, Lu Z, et al. Photocatalytic activity evaluation of tetragonal $CuFe_2O_4$ nanoparticles for the H_2 evolution under visible light irradiation[J]. Journal of Alloys and Compounds, 2009, 476(1-2): 715-719.

[147] Pulipaka S, Boni N, Ummethala G, et al. $CuO/CuBi_2O_4$ heterojunction photocathode: High stability and current densities for solar water splitting[J]. Journal of Catalysis, 2020, 387: 17-27.

[148] Peng H, Lany S. Semiconducting transition-metal oxides based on d^5 cations: Theory for MnO and Fe_2O_3[J]. Physical Review B, 2012, 85(20): 201202.

[149] Sivula K, Le Formal F, Grätzel M. Solar water splitting: progress using hematite (α-Fe_2O_3) photoelectrodes[J]. ChemSusChem, 2011, 4(4): 432-449.

[150] Jang J S, Lee J, Ye H, et al. Rapid screening of effective dopants for Fe_2O_3 photocatalysts with scanning electrochemical microscopy and investigation of their photoelectrochemical properties[J]. The Journal of Physical Chemistry C, 2009, 113(16): 6719-6724.

[151] Zhang R, Fang Y, Chen T, et al. Enhanced photoelectrochemical water oxidation performance of Fe_2O_3 nanorods array by S doping[J]. ACS Sustainable Chemistry & Engineering, 2017, 5(9): 7502-7506.

[152] Kay A, Cesar I, Grätzel M. New benchmark for water photooxidation by nanostructured α-Fe_2O_3 films[J]. Journal of the American Chemical Society, 2006, 128(49): 15714-15721.

[153] Kim J Y, Magesh G, Youn D H, et al. Single-crystalline, wormlike hematite photoanodes for efficient solar water splitting[J]. Scientific Reports, 2013, 3: 2681.

[154] Hu S, Shaner M R, Beardslee J A, et al. Amorphous TiO_2 coatings stabilize Si, GaAs, and GaP photoanodes for efficient water oxidation[J]. Science, 2014, 344(6187): 1005-1009.

[155] Gu J, Yan Y, Young J L, et al. Water reduction by a p-GaInP$_2$ photoelectrode stabilized by an amorphous TiO$_2$ coating and a molecular cobalt catalyst[J]. Nature Materials, 2016, 15(4): 456-460.

[156] Lim H, Young J L, Geisz J F, et al. High performance III-V photoelectrodes for solar water splitting via synergistically tailored structure and stoichiometry[J]. Nature Communications, 2019, 10: 3388.

[157] Low J, Yu J, Jaroniec M, et al. Heterojunction photocatalysts[J]. Advanced Materials, 2017, 29(20): 1601694.

[158] Zhou P, Yu J, Jaroniec M. All-solid-state Z-scheme photocatalytic systems[J]. Advanced Materials, 2014, 26(29): 4920-4935.

[159] Marschall R. Semiconductor composites: strategies for enhancing charge carrier separation to improve photocatalytic activity[J]. Advanced Functional Materials, 2014, 24(17): 2421-2440.

[160] Cheng C, Ren W, Zhang H. 3D TiO$_2$/SnO$_2$ hierarchically branched nanowires on transparent FTO substrate as photoanode for efficient water splitting[J]. Nano Energy, 2014, 5: 132-138.

[161] Xu Q C, Wellia D V, Ng Y H, et al. Synthesis of porous and visible-light absorbing Bi$_2$WO$_6$/TiO$_2$ heterojunction films with improved photoelectrochemical and photocatalytic performances[J]. The Journal of Physical Chemistry C, 2011, 115(15): 7419-7428.

[162] Han C, Yan L, Zhao W, et al. TiO$_2$/CeO$_2$ core/shell heterojunction nanoarrays for highly efficient photoelectrochemical water splitting[J]. International Journal of Hydrogen Energy, 2017, 42(17): 12276-12283.

[163] Ng J, Xu S, Zhang X, et al. Hybridized nanowires and cubes: a novel architecture of a heterojunctioned TiO$_2$/SrTiO$_3$ thin film for efficient water splitting[J]. Advanced Functional Materials, 2010, 20(24): 4287-4294.

[164] Zhang J, Li L, Xiao Z, et al. Hollow sphere TiO$_2$-ZrO$_2$ prepared by self-assembly with polystyrene colloidal template for both photocatalytic degradation and H$_2$ evolution from water splitting[J]. ACS Sustainable Chemistry & Engineering, 2016, 4(4): 2037-2046.

[165] Zhang J, Ma H, Liu Z. Highly efficient photocatalyst based on all oxides WO$_3$/Cu$_2$O heterojunction for photoelectrochemical water splitting[J]. Applied Catalysis B: Environmental, 2017, 201: 84-91.

[166] Li Y, Zhang L, Liu R, et al. WO$_3$@α-Fe$_2$O$_3$ heterojunction arrays with improved photoelectrochemical behavior for neutral pH water splitting[J]. ChemCatChem,

2016, 8(17): 2765-2770.

[167] Zhan F, Li J, Li W, et al. In situ formation of $CuWO_4/WO_3$ heterojunction plates array films with enhanced photoelectrochemical properties[J]. International Journal of Hydrogen Energy, 2015, 40(20): 6512-6520.

[168] Tong R, Wang X, Zhou X, et al. Cobalt-Phosphate modified $TiO_2/BiVO_4$ nanoarrays photoanode for efficient water splitting[J]. International Journal of Hydrogen Energy, 2017, 42(8): 5496-5504.

[169] Pihosh Y, Turkevych I, Mawatari K, et al. Photocatalytic generation of hydrogen by core-shell $WO_3/BiVO_4$ nanorods with ultimate water splitting efficiency[J]. Scientific Reports, 2015, 5: 11141.

[170] Bai S, Liu J, Cui M, et al. Two-step electrodeposition to fabricate the p–n heterojunction of a $Cu_2O/BiVO_4$ photoanode for the enhancement of photoelectrochemical water splitting[J]. Dalton Transactions, 2018, 47(19): 6763-6771.

[171] Pilli S K, Deutsch T G, Furtak T E, et al. $BiVO_4/CuWO_4$ heterojunction photoanodes for efficient solar driven water oxidation[J]. Physical Chemistry Chemical Physics, 2013, 15(9): 3273-3278.

[172] Chen S Y, Yang J S, Wu J J. Three-dimensional undoped crystalline SnO_2 nanodendrite arrays enable efficient charge separation in $BiVO_4/SnO_2$ heterojunction photoanodes for photoelectrochemical water splitting[J]. ACS Applied Energy Materials, 2018, 1(5): 2143-2149.

[173] Hsu Y K, Chen Y C, Lin Y G. Novel ZnO/Fe_2O_3 core–shell nanowires for photoelectrochemical water splitting[J]. ACS Applied Materials & Interfaces, 2015, 7(25): 14157-14162.

[174] Bai S, Chu H, Xiang X, et al. Fabricating of $Fe_2O_3/BiVO_4$ heterojunction based photoanode modified with NiFe-LDH nanosheets for efficient solar water splitting[J]. Chemical Engineering Journal, 2018, 350: 148-156.

[175] Ahmed M G, Kandiel T A, Ahmed A Y, et al. Enhanced photoelectrochemical water oxidation on nanostructured hematite photoanodes via p-$CaFe_2O_4$/n-Fe_2O_3 heterojunction formation[J]. The Journal of Physical Chemistry C, 2015, 119(11): 5864-5871.

[176] Hou Y, Zuo F, Dagg A, et al. A three-dimensional branched cobalt-doped α-Fe_2O_3 nanorod/$MgFe_2O_4$ heterojunction array as a flexible photoanode for efficient photoelectrochemical water oxidation[J]. Angewandte Chemie International Edition, 2013, 52(4): 1248-1252.

[177] Luo J, Steier L, Son M K, et al. Cu$_2$O nanowire photocathodes for efficient and durable solar water splitting[J]. Nano Letters, 2016, 16(3): 1848-1857.

[178] Yao L, Wang W, Wang L, et al. Chemical bath deposition synthesis of TiO$_2$/Cu$_2$O core/shell nanowire arrays with enhanced photoelectrochemical water splitting for H$_2$ evolution and photostability[J]. International Journal of Hydrogen Energy, 2018, 43(33): 15907-15917.

[179] Hou J, Yang C, Cheng H, et al. High-performance p-Cu$_2$O/n-TaON heterojunction nanorod photoanodes passivated with an ultrathin carbon sheath for photoelectrochemical water splitting[J]. Energy & Environmental Science, 2014, 7(11): 3758-3768.

[180] Meng A, Zhu B, Zhong B, et al. Direct Z-scheme TiO$_2$/CdS hierarchical photocatalyst for enhanced photocatalytic H$_2$-production activity[J]. Applied Surface Science, 2017, 422: 518-527.

[181] She X, Wu J, Xu H, et al. High efficiency photocatalytic water splitting using 2D α-Fe$_2$O$_3$/g-C$_3$N$_4$ Z-scheme catalysts[J]. Advanced Energy Materials, 2017, 7(17): 1700025.

[182] Zhang L J, Li S, Liu B K, et al. Highly efficient CdS/WO$_3$ photocatalysts: Z-scheme photocatalytic mechanism for their enhanced photocatalytic H$_2$ evolution under visible light[J]. ACS Catalysis, 2014, 4(10): 3724-3729.

[183] Zhao W, Liu J, Deng Z, et al. Facile preparation of Z-scheme CdS-Ag-TiO$_2$ composite for the improved photocatalytic hydrogen generation activity[J]. International Journal of Hydrogen Energy, 2018, 43(39): 18232-18241.

[184] Li R, Zhang F, Wang D, et al. Spatial separation of photogenerated electrons and holes among {010} and {110} crystal facets of BiVO$_4$[J]. Nature Communications, 2013, 4: 1432.

[185] Kim H, Bae S, Jeon D, et al. Fully solution-processable Cu$_2$O-BiVO$_4$ photoelectrochemical cells for bias-free solar water splitting[J]. Green Chemistry, 2018, 20(16): 3732-3742.

[186] Higashi T, Kaneko H, Minegishi T, et al. Overall water splitting by photoelectrochemical cells consisting of (ZnSe)$_{0.85}$(CuIn$_{0.7}$Ga$_{0.3}$Se$_2$)$_{0.15}$ photocathodes and BiVO$_4$ photoanodes[J]. Chemical Communications, 2017, 53(85): 11674-11677.

[187] Xu P, Feng J, Fang T, et al. Photoelectrochemical cell for unassisted overall solar water splitting using a BiVO$_4$ photoanode and Si nanoarray photocathode[J]. RSC Advances, 2016, 6(12): 9905-9910.

[188] Pan L, Kim J H, Mayer M T, et al. Boosting the performance of Cu$_2$O photocathodes

for unassisted solar water splitting devices[J]. Nature Catalysis, 2018, 1(6): 412-420.

[189] Li J, Griep M, Choi Y S, et al. Photoelectrochemical overall water splitting with textured CuBi$_2$O$_4$ as a photocathode[J]. Chemical Communications, 2018, 54(27): 3331-3334.

[190] Abdi F F, Han L, Smets A H M, et al. Efficient solar water splitting by enhanced charge separation in a bismuth vanadate-silicon tandem photoelectrode[J]. Nature Communications, 2013, 4: 2195.

[191] Brillet J, Yum J H, Cornuz M, et al. Highly efficient water splitting by a dual-absorber tandem cell[J]. Nature Photonics, 2012, 6(12): 824-828.

[192] Shi X, Jeong H, Oh S J, et al. Unassisted photoelectrochemical water splitting exceeding 7% solar-to-hydrogen conversion efficiency using photon recycling[J]. Nature Communications, 2016, 7: 11943.

[193] Luo J, Li Z, Nishiwaki S, et al. Targeting ideal dual-absorber tandem water splitting using perovskite photovoltaics and CuIn$_x$Ga$_{1-x}$Se$_2$ photocathodes[J]. Advanced Energy Materials, 2015, 5(24): 1501520.

[194] Khaselev O, Turner J A. A monolithic photovoltaic-photoelectrochemical device for hydrogen production via water splitting[J]. Science, 1998, 280(5362): 425-427.

[195] Kudo A, Miseki Y. Heterogeneous photocatalyst materials for water splitting[J]. Chemical Society Reviews, 2009, 38(1): 253-278.

[196] Ahn H J, Yoon K Y, Kwak M J, et al. A titanium-doped SiO$_x$ passivation layer for greatly enhanced performance of a hematite-based photoelectrochemical system[J]. Angewandte Chemie, 2016, 128(34): 10076-10080.

[197] Yan H, Yang J, Ma G, et al. Visible-light-driven hydrogen production with extremely high quantum efficiency on Pt-PdS/CdS photocatalyst[J]. Journal of Catalysis, 2009, 266(2): 165-168.

[198] Xie Y P, Yu Z B, Liu G, et al. CdS-mesoporous ZnS core-shell particles for efficient and stable photocatalytic hydrogen evolution under visible light[J]. Energy & Environmental Science, 2014, 7(6): 1895-1901.

[199] Li Q, Meng H, Zhou P, et al. Zn$_{1-x}$Cd$_x$S solid solutions with controlled bandgap and enhanced visible-light photocatalytic H$_2$-production activity[J]. ACS Catalysis, 2013, 3(5): 882-889.

[200] Liu X, Ye L, Ma Z, et al. Photothermal effect of infrared light to enhance solar catalytic hydrogen generation[J]. Catalysis Communications, 2017, 102: 13-16.

[201] Yang Q, Xu Q, Yu S H, et al. Pd nanocubes@ZIF-8: integration of plasmon-driven photothermal conversion with a metal-organic framework for efficient and selective

catalysis[J]. Angewandte Chemie, 2016, 128(11): 3749-3753.

[202] 李文英, 冯杰, 谢克昌. 煤基多联产系统技术及工艺过程分析 [M]. 北京 : 化学工业出版社, 2011.

[203] Coughlin R W, Farooque M. Hydrogen production from coal, water and electrons[J]. Nature, 1979, 279(5711): 301-303.

[204] Farooque M, Coughlin R W. Electrochemical gasification of coal (investigation of operating conditions and variables)[J]. Fuel, 1979, 58(10): 705-712.

[205] Chiesa P, Lozza G, Malandrino A, et al. Three-reactors chemical looping process for hydrogen production[J]. International Journal of Hydrogen Energy, 2008, 33(9): 2233-2245.

[206] Balat H, Kırtay E. Hydrogen from biomass-present scenario and future prospects[J]. International Journal of Hydrogen Energy, 2010, 35(14): 7416-7426.

[207] Demirbas A. Hydrogen production via pyrolytic degradation of agricultural residues[J]. Energy Sources, 2005, 27(8): 769-775.

第 3 章

氢气分离与
提纯用新材料

如前文所述，作为一种可再生、可持续的清洁能源，H_2 可以无污染地燃烧供能，具有高能量转换效率、高能量密度以及丰富的潜在来源，是未来最具吸引力的能源发展方向。"氢经济"成为几乎所有国家认可的可作为解决日益严重的能源危机的办法。除了能源供应外，H_2 还广泛应用于冶金、化工、石油、制药和纺织工业的大规模生产。

蒸汽重整（$CH_4+H_2O \rightarrow CO(CO_2)+H_2$）是工业上制备 H_2 的主要手段，该反应过程的主要原料是甲烷和水蒸气，所得产物是 CO_2、CO 和 H_2 的混合气，原料气体也不可避免地混入产物中。一般来说，合成气中 H_2 的含量为 60%~80%，具体含量取决于原料质量和工艺条件。近年来，H_2 的制备和储存受到广泛关注，一些新兴制氢方法如光电化学催化等日益涌现。无论采用何种方法制备 H_2，都需要一种成本低、效率高的方法将其与其他不必要的产物分离开来，从杂质中提纯 H_2 是氢能利用中的必要环节。

为了获得高纯氢，工业生产过程中，往往需要在 H_2 的分离与提纯环节投入巨额成本。目前，H_2 的分离与提纯主要依托以下 3 种方法（或组合使用）：变压吸附、分馏 / 低温精馏和膜分离技术。当需要分离的 H_2 体量较大时，前两种方法的能耗大、成本高，对分离过程有很高的要求，且所得 H_2 的纯度往往不理想。膜分离技术是最有前景的分离方法，具有能耗低、可连续运行、投资成本低、操作简便等优点。作为膜分离过程中的核心要素，高效的分离膜材料的研发一直是被关注的重点。

目前，高分子膜占据着主流的膜市场，但是其结构稳定性差，难以在高温、腐蚀等极端环境中服役。利用新型纳米材料对膜基体进行改性以优化商用高分子膜的性能，是一种改进的思路。此外，诸多新型分离膜材料也逐渐受到关注。本章围绕 H_2 的分离与提纯材料，重点介绍以石墨烯为代表的新型二维分离膜和以 MOF 膜材料为代表的有机无机杂化膜。

｜3.1 氢气分离膜简介｜

根据膜材料的组成，气体分离膜可分为有机膜、无机膜和有机无机杂化膜，如图 3-1 所示。有机膜可进一步分为生物膜和聚合物膜，无机膜可进一步分为陶瓷膜和金属膜，有机无机杂化膜的主要代表为聚合物基混合基质膜、MOF 膜等。每一类膜材料都具有基于其固有理化性质的优点和缺点。

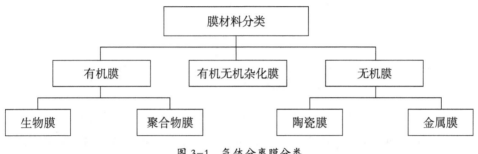

图 3-1　气体分离膜分类

1. 有机膜

在过去的半个世纪里，有机膜得到了长足的发展，聚合物是最早商业化应用的膜材料，也是目前市场上主流的气体分离膜材料。图 3-2（a）为聚合物膜的分离过程。聚合物膜具有成本低、加工性好的优势，但其往往不能在高温、腐蚀等极端环境中服役。此外，由于聚合物膜的结构特点和分离机理，其气体选择性和渗透性呈此消彼长的制衡关系，难以同时实现高选择性和高渗透性，如图 3-2（b）所示。

除了根据膜材料对膜进行分类外，还可根据膜的孔结构特点将其分为致密膜和多孔膜，其中多孔膜又可以进一步分为微孔膜（孔尺寸 <2 nm）、中孔膜（孔尺寸为 2~50 nm）和大孔膜（孔尺寸 >50 nm）。由于气体分子的尺寸较小，大孔膜通常不能用于气体分离。中孔膜的主要分离机理是克努森扩散和表面扩散，如图 3-2（c）所示。微孔膜的分离机理更为复杂，主要包括尺寸筛分和选择吸附，通常是二者的综合作用。

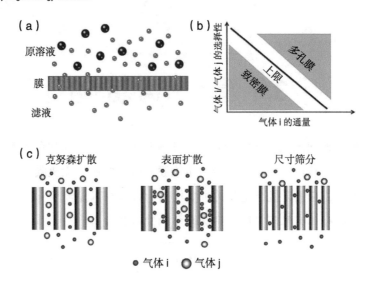

图 3-2 聚合物膜的分离过程和机理

（a）聚合物膜的分离过程；（b）聚合物膜的渗透性与选择性关系（二者相互制约，存在上限）；
（c）3 种主要的气体分离机理（克努森扩散、表面扩散及尺寸筛分）

聚合物膜包括纯相高分子膜、多相高分子膜以及高分子混合基质膜。目前关于聚合物膜的研究主要集中在以下几方面：（1）对于纯相高分子膜，优化成膜工艺，调控膜孔道尺寸、结构及理化性质，从而优化膜的分离性能；（2）对于多相高分子膜，合理筛选高分子对，充分结合二者优势，制备多相高分子分离膜，实现"1+1>2"的效果；（3）对于高分子混合基质膜，将一些无机纳米填充材料如石墨烯、碳纳米管、多孔纳米颗粒等引入高分子基体中，提高原生高分子膜的分离性能。前 2 个研究方向主要依托有机合成和有机调控。近年来，随着纳米材料和纳米技术的发展，大量的新型纳米材料被研究和开发，关于上述第 3 个研究方向的报道数量逐年上升。在聚合物基体中引入纳米填料可同时提高原生膜的选择性与渗透性，从而打破二者的制衡关系。然而，高分子基体仍然是膜的主要部分，它在高温、含腐蚀性化学品的环境中易发生溶胀。溶胀会严重影响膜的寿命，制约其实际应用的场合。其次，混合基质膜中纳米填料的添加量是有限的，通过该方法提高膜分离性能存在改性上限。此外，二者之间的界面结合强度不足、纳米填料在高分子基体中易团聚等是常见问题。

2. 无机膜

相比于聚合物膜，无机膜最大的优势在于其通常具有良好的工作稳定性，在高温、含腐蚀性化学品的环境中依旧能保持结构完整性。无机膜主要包括碳分子筛膜、二氧化硅基膜、金属类膜和沸石类膜等。

碳分子筛膜是由高分子膜经高温碳化制备的，初始高分子膜的类型、涂膜工艺、碳化温度等都可调控所得碳分子筛膜的孔径和孔结构，以获得和目标筛分气体匹配的性质，进而优化膜的气体分离性能。和高分子膜相比，这类膜往往具有更高的孔隙率，可获得到更优的气体渗透性能。

二氧化硅基膜主要通过溶胶凝胶法或化学气相沉积法制备，其制备过程往往需要多孔衬底。在制备过程中引入其他金属氧化物颗粒，如二氧化钛、二氧化锆、氧化铁和氧化铝等，可以在一定程度上调控气体分离性能。

金属类膜可以分为纯金属膜、合金膜以及无定型金属膜。这类膜的常规制备方法包括热蒸发、溅射、电弧熔炼以及电沉积等。在金属类膜中，Pd 基金属膜是研究最多的，其表面往往存在对 H_2 分子有特定作用的催化位点，可促使游离的 H_2 分子在膜表面吸附并传输至膜的另一侧，从而实现 H_2 的分离。由于金属膜属于致密膜，其他气体分子如 CO_2、O_2、N_2 和 CH_4 等都难以透过膜，因此金属膜的选择性较好，相应地，其渗透性往往不理想。

沸石类膜是目前无机气体分离膜中研究较多的一大类膜，具有本征孔结构和良好的热稳定性，在高温及含水蒸气的环境中具有良好的结构完整性。沸石类分子筛膜对 H_2 的渗透性和选择性较为均衡，是一种相对理想的气体分离膜。然而，目前大部分沸石类膜的制备过程中需要用到模板剂，而在去除模板剂的过程中，容易在膜内引入非选择性孔洞缺陷，导致膜的分离性能恶化。此外，沸石材料的组成与结构相对固定，膜的孔道结构可调整的范围有限，难以根据实际应用场合和目标筛分物进行膜结构的调节。

3. 有机无机杂化膜

有机无机杂化膜的典型代表是 MOF 材料。MOF 材料是由有机配体和金属单元自组装形成的具有周期性网络结构的晶体材料，以金属为核心、有机物为桥段，相互配位偶联形成框架结构。MOF 材料的孔的大小、形状、空间立体结构、化学稳定性等是由其组成结构中的金属单元、有机配体的结构和结合方式决定的。改变金属的配位状态、调整配体结构以及二者的相互作用力都会直接影响 MOF 材料的孔道结构。相比于其他膜材料，MOF 膜的主要优势在于：（1）孔性质高度可调，其孔道结构和配位方式丰富，可根据实际应用场合进行灵活调控；（2）易于功能化，其有机配体和金属中心离子之间有多种组合，因此会形成多种 MOF 衍生物；（3）高度结晶且具有较好的稳定性。目前，制约 MOF 膜大规模应用的两个主要问题是：（1）膜的低成本、大面积、高质量制备，制备过程中多孔衬底材料和有机配体的价格不菲，大面积制备的过程中容易产生膜缺陷；（2）膜在长期服役过程中的稳定性问题。

| 3.2 二维材料在氢气分离中的应用 |

　　自石墨烯被发现以来，二维纳米材料因其独特的结构和性质引起各领域的广泛关注。理想的膜材料需要具备以下特点：足够薄，以尽可能减小膜的传质阻力，获得高的通量；强度足够支撑其在压力环境下工作；具有大比表面积且孔尺寸可控，以获得高的选择性。石墨烯基材料具有高力学强度、大比表面积、单原子层厚度、孔尺寸分布集中等特点，在制备超薄、高性能膜方面极具潜力。

　　对膜进行减薄是增大膜通量、提高工作效率最直接也最有效的手段，二维纳米材料的发现为分离膜减薄提供了极限厚度。根据二维纳米片自身结构中是否有纳米孔，可将其分为本征无孔纳米片和本征多孔纳米片。本征无孔纳米片用于气体分离时，需要在其表面可控地引入纳米孔。本征多孔纳米片的孔尺寸是由其原子结构决定的，因此孔尺寸分布集中，更有利于实现精细的分子筛分。在实际应用中，二维纳米片直接用于气体分离是不现实的，原因是：一方面难以实现膜的低成本、大批量制备；另一方面，膜的结构完整性、工作稳定性等都是亟待解决的问题。

　　通过层层组装的方式将二维纳米片制备成层状结构膜是将其用于气体分离的更好选择，这在一定程度上可解决难以对膜进行操作的问题。在层状结构膜中，气体分子的跨膜传输路径主要包括纳米片的层间二维通道以及纳米片的表面结构缺陷。对纳米片进行尺寸调控、表面官能团修饰，对层状结构膜的组装方式、堆叠规整度进行调控等，都是优化膜的气体分离性能的有效手段。此外，将纳米片作为填充改性材料引入高分子基体内，制备混合基质膜也是优化的思路。纳米片的引入在膜内形成快速且具有选择性的纳米传输通道，可在一定程度上提高高分子膜的通量和选择性。

3.2.1 二维纳米片膜

二维本征无孔纳米片膜是指结构中不含本征孔的二维单层或少数层纳米片分离膜，其中石墨烯是典型的代表。石墨烯具有蜂窝状晶体结构，C 原子以 sp^2 杂化的方式相互连接，其单原子层的厚度和独特的电子结构赋予其诸多优异的性能，在多个领域表现出应用潜力。

单层的具有完美晶格的石墨烯对各种标准气体（如 He 等）均不通透，是迄今为止最薄的理想隔膜材料[1]。在二氧化硅衬底表面制备凹槽，将机械剥离的石墨烯转移至凹槽上面形成微腔，由二氧化硅衬底表面与其之间的范德瓦耳斯力固定，如图 3-3 所示。气体的种类和石墨烯的层数对装置的气体渗透性能有直接影响。当微腔内压与外界压力不同时，石墨烯薄膜会在压差的作用

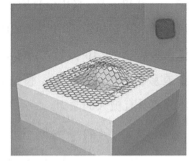

图 3-3 石墨烯密封的二氧化硅微腔（插图为单层石墨烯鼓膜在微腔上的光学显微镜照片）

下发生鼓泡。用原子力显微镜（Atomic Force Microscope，AFM）对石墨烯薄膜的鼓泡进行成像，通过成像轮廓线可转化得到对应的气体渗透率。测试结果表明，气体透过薄膜的渗透速率与石墨烯的厚度无关，说明气体传输并非通过石墨烯薄膜，而是通过微腔壁或石墨烯 / 二氧化硅界面。石墨烯薄膜对各种气体均不通透的现象可以用其独特的电子结构进行解释。石墨烯结构中离域电子遮挡苯环孔隙，形成密集的斥力场，即使在 1~5 个大气压的压差下也可阻截 H_2、He 等气体分子跨膜。此外，根据 C 原子的范德瓦耳斯半径计算得到的苯环内部的几何空隙尺寸（0.064 nm）小于 H_2（0.314 nm）和 He（0.28 nm）。

为使石墨烯薄膜具有透过性，需在其表面可控地引入纳米孔。通过高能辐照技术，如聚焦离子束、紫外氧化刻蚀、粒子轰击等方法，可以在石墨烯片中引入不同尺寸和官能化的纳米孔，处理后得到的石墨烯薄膜称为多孔石墨烯薄膜。用上述方法制备的孔结构具备不同的特点：聚焦离子束在石墨烯表面引入纳米孔的过程中会形成尺寸较大的孔（5~100 nm），这是因为离子束的"光斑"尺寸不能

做到足够小；紫外氧化刻蚀法引入纳米孔的过程中会在石墨烯表面引入含氧官能团，改变其化学性质；粒子轰击方法在石墨烯表面引入分立的点缺陷，之后用化学氧化刻蚀法放大这些缺陷，可在大面积的石墨烯薄膜上引入尺寸较小且分布相对集中的纳米孔。但在单层或少数层石墨烯薄膜上引入纳米孔的成本普遍比较高，操作复杂，难以大面积制备。

2009 年，Dai 等人采用第一性原理计算的方法分别从理论上研究了 N、H 原子和全 H 原子修饰的多孔石墨烯。如图 3-4 所示，移去石墨烯中相邻两个碳六元环，采用 N、H 原子钝化 4 个不饱和 C 原子，所得近长方形孔的尺寸约为 0.3 nm × 0.38 nm[2]。采用全 H 原子钝化 8 个不饱和 C 原子，所得孔尺寸约为 0.25 nm。两种纳米孔石墨烯膜均对 H_2/CH_4 表现出优异的选择性，其中前者对 H_2/CH_4 的选择系数高达 1×10^8，后者由于孔尺寸更小，对 H_2/CH_4 的选择系数高达 1×10^{23}。H_2 在膜中的扩散势垒小，膜对 H_2 的渗透性能优异。单层纳米孔石墨烯膜用于气体分离具有极大的潜力。

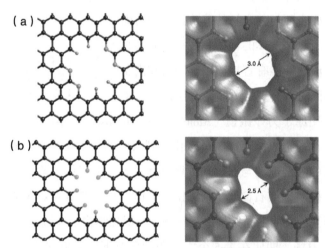

图 3-4　H、N 原子钝化的纳米孔石墨烯膜用于气体分离 [2]
（a）H、N 原子钝化孔结构及有效孔尺寸；（b）全 H 原子钝化孔结构及有效孔尺寸

除了孔的边缘结构，孔尺寸与形状也是影响多孔石墨烯传质性能的重要因素。2011 年，Du 等人 [3] 计算了纳米孔的形状和尺寸对多孔石墨烯膜用于 H_2/N_2 分离时的选择性和透过性的影响。结果证明，H_2 和 N_2 透过多孔石墨烯膜的机制是不同的。当膜的孔尺寸足够小时，只有 H_2 分子可以透过。当孔尺寸增大至可同时允许 H_2 和 N_2 跨膜传输时，N_2 以更大概率透过，这是因为 N_2 分子和石墨烯表面

的范德瓦耳斯力更大，更倾向于在石墨烯表面富集。继续增大孔尺寸，H_2 通量和孔面积呈线性相关，而 N_2 通量和孔面积的关系并不明显。

以上研究表明，多孔石墨烯中孔的尺寸、形状及修饰原子，作为其基本性质直接影响气体的跨膜传输特性。在实际应用中，采用高能粒子束轰击造孔，难以实现对孔性质的调控。2013 年，Sirichok 等人采用第一性原理的方法计算了 H_2、O_2 和 CO_2 通过无应力和有应力的纳米孔石墨烯膜的跨膜传输性质[4]。当施加 10% 的单轴拉应力时，H_2、O_2 和 CO_2 通过多孔石墨烯膜的扩散速率可分别提高 2、5 和 9 个数量级。当施加 10% 的对称拉应力时，H_2、O_2 和 CO_2 通过多孔石墨烯膜的扩散速率分别提高 7、13 和 20 个数量级。对于不同的气体分子，应力的作用机理有所不同。该研究表明，外加应力是一种调控气体分子通过多孔石墨烯膜的传质行为的有效手段。

2014 年，Sun 等人采用分子动力学的方法详细计算了 4 种气体（H_2、He、N_2、CH_4）透过不同孔结构的多孔石墨烯膜的跨膜传质特性，分析了多孔石墨烯膜的气体分离机理[5]。对于孔尺寸较小的多孔石墨烯，H_2 和 He 可跨膜，而 N_2 和 CH_4 的跨膜通量很小，说明多孔石墨烯膜具有用作气体分离膜的潜力。此外，气体分子透过多孔石墨烯膜的速率不仅与其在石墨烯膜表面的扩散速率有关，也与其在石墨烯膜表面的吸附特性有关，纳米孔的边缘官能团对气体跨膜传输过程影响明显。对于倾向于在石墨烯膜表面吸附的气体（N_2 和 CH_4），通过表面吸附扩散产生的气体通量与直接通过孔结构的气体通量在同一个数量级。纳米孔石墨烯膜的孔官能团对其气体传质特性也有直接的影响，这是造成理论计算结果与实验测试数据间的差异的原因之一。总之，尺寸筛分、表面吸附、官能团相互作用在多孔石墨烯膜用于气体分离的过程中共同发挥作用。

除了上述理论计算，研究人员也在实验上证明了纳米孔石墨烯膜用于气体分离的潜力。2012 年，Koenig 等人采用紫外氧化刻蚀法在机械剥离的石墨烯膜表面引入纳米孔，测试了 H_2、CO_2、Ar、N_2、CH_4 的单气体跨膜传输性质。其中，CO_2 和 N_2 尽管尺寸较大，但跨膜传输速率依然可观，这是因为紫外处理过程在石墨烯膜表面引入了含氧官能团，其与 CO_2 和 N_2 间的相互作用更强，有利于这两种气体的表面吸附和跨膜传输。此外，其他单气体的跨膜传输性质与理论计算结果基本吻合[6]。

多孔石墨烯膜在理论计算和实验研究中都被证明具有分离 H_2 的潜力，但其大规模的工业和商业应用仍面临巨大的挑战。首先，需要发展更完备、更低成本的高质量、大面积、少层石墨烯薄膜制备技术。其次，需要优化现有转移工艺，尽可能避免在转移过程中引入额外的非选择性孔洞缺陷。此外，精确纳米打孔技术目前尚不完善，打孔过程中容易引起应力集中，降低多孔石墨烯膜的强度，且孔的可控性差。

　　石墨烯的发现引发了对其他二维材料的研究热潮，六方氮化硼（Hexagonal Boron Nitride，h–BN）就是其中的一种。h–BN 是由 N 原子和 B 原子以类石墨烯结构排列形成的二维材料，由于其与石墨烯结构相似，因而也被称为"白石墨烯"。与石墨烯相似，h–BN 也是本征无孔纳米材料，单层 h–BN 也是理想的隔膜材料。Zhang 等人采用第一性原理结合分子动力学模拟，计算出单层 h–BN 对 H_2/CH_4 的分离特性。分别采用不同数量的 H 原子对边缘进行钝化，记作 N9H9、N9H3 和 B9H9，如图 3–5 所示。计算结果显示，H_2 和 CH_4 在孔边缘的吸附能是很低的，不会造成孔堵塞。室温下，N9H9、N9H3 和 B9H9 膜对 H_2/CH_4 的选择系数分别为 1×10^5、1×10^{17} 和 1×10^{52}，远优于商用聚合物分离膜。其中，N9H9 对 H_2 的通量最高，为 4×10^7 气体渗透率单位（Gas Permeation Unit，GPU）。上述研究表明，h–BN 膜具有分离 H_2 的潜力 [7]。

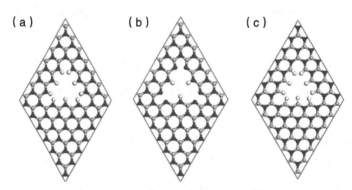

图 3–5　单层 h–BN 的孔构型 [7]
（a）N9H9；（b）N9H3；（c）B9H9

3.2.2　层状结构膜

1. GO 气体分离膜的传质机理和影响因素

　　通过旋涂、滴涂、刮涂、真空抽滤等液相成膜方法可将二维纳米片的分散液组装为层状结构膜。以石墨烯基材料为例，虽然理论计算和实验都证明多孔石墨烯有用作 H_2 分离膜的潜力，复杂的操作、高昂的成本以及并不成熟的制备工艺都是限制其大规模应用的因素。相比而言，GO 纳米片组装得到的层状 GO 膜更具有实际应用的潜力。GO 的制备成本低，分散液成膜性好，且 GO 纳米片的表面官能团可修饰，可为其与离子和气体分子之间相互作用的调控提供更大的灵活性。

2013 年，Li 等人报道了超薄 GO 膜对 H_2/CO_2 和 H_2/N_2 分别高达 3400 和 900 的选择系数[8]。首先制备厚度为 180 nm 的 GO 膜，之后将所用的 GO 纳米片的分散液分别稀释至初始量的 1/10 和 1/100，以制备厚度为 18 nm 和 1.8 nm 的超薄 GO 膜，膜的表征结果如图 3-6 所示。

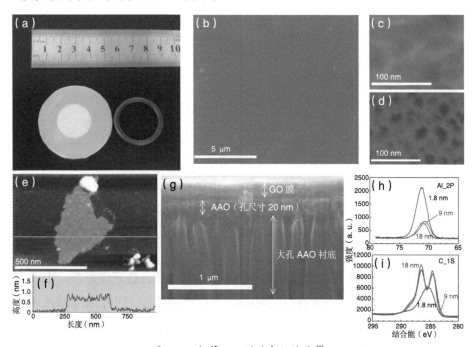

图 3-6　超薄 GO 膜的表征结果[8]

（a）阳极氧化铝（Anodic Aluminum Oxide，AAO）衬底上的超薄 GO 膜实物；（b）GO 膜的扫描电子显微镜（Scanning Electron Microscope，SEM）图像；（c）GO 膜的高分辨 SEM 图像；（d）AAO 衬底的 SEM 图像；（e）GO 纳米片的 AFM 图像；（f）GO 纳米片的厚度表征；（g）GO 膜的截面 SEM 图像；（h，i）不同厚度的 GO 膜的 XPS 表征

图 3-7 是对厚度为 18 nm 的 GO 膜进行单气体通量测试的结果，在 20 ℃下，H_2（动力学直径：0.289 nm）透过 GO 膜的速率约是 CO_2（动力学直径：0.33 nm）的 300 倍，两种气体的动力学直径仅相差 0.04 nm，说明膜的平均孔尺寸为 0.289~0.33 nm。N_2 的通量和 CO_2 的通量近似。CO 和 CH_4 的分子尺寸更大，但通量略高。

对于常规膜材料，膜的气体通量与其厚度呈反比。但有趣的是，当 GO 膜的厚度由 1.8 nm 增大至 180 nm 时，H_2 和 He 的通量随膜厚度的增加呈指数关系减小。基于此，可推断气体的跨膜传输路径主要是 GO 纳米片的表面缺陷，而不是其层间二维纳米通道。膜的选择性是评价膜性能的重要指标，对比实验结果可知，实验选用的 AAO 衬底对 H_2/CO_2 和 H_2/N_2 的选择性很低（小于 5），基本可忽略不计。不同厚度的 GO 膜在 20 ℃下对 H_2/CO_2 的选择系数均大于 2000，其机理为尺寸筛分，CO_2 分子尺寸大，不能透过大多数 GO 纳米片表面的结构缺陷，仅有一小部分 CO_2 分子可以通过某些较大的结构缺陷透过膜。和传统的聚合物膜相比，无论是选择性还是透过性，GO 膜都表现出明显的优势。

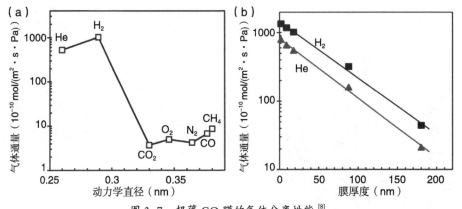

图 3-7　超薄 GO 膜的气体分离性能[8]

（a）标准单气体分子的膜通量；（b）不同厚度的 GO 膜对 H_2 和 He 的通量

GO 纳米片的质量和组装过程对 GO 膜的分离性能有决定性影响。小尺寸的 GO 纳米片易在膜内引入非选择性孔洞缺陷，这些缺陷作为针孔位置会降低膜的选择性。剥离法是制备 GO 纳米片的常用方法，该过程中的超声处理会不可避免地破坏 GO 纳米片的结构，得到尺寸不一的样品。研究发现，氧化石墨的水分散液通过快速结冰－融化的过程可剥离得到 GO 纳米片，相比于常规的剥离过程，该方法不需要超声处理，可有效避免上述问题，得到尺寸较大且分布较集中的样品，其制备过程如图 3-8 所示。Chi 等人改进了上述方法，分别用液氮和沸水水浴让氧化石墨的水分散液快速结冰－融化，多次循环后可得到尺寸较大（13 μm）且结构完整的高质量 GO 纳米片分散液[9]。GO 纳米片的组装过程同样对膜的性能有直接影响。真空抽滤法是一种简单、有效的液相成膜方法，但真空抽滤法制备的 GO 膜在宏观上光滑、均匀（如图 3-9（a）所示），而在微观上存在明显的褶皱（如图 3-9（b）

所示）。在真空抽滤过程中，分散液内部仅有垂直于 GO 纳米片方向的力，不足以形成致密堆叠的 GO 膜，而在旋涂法成膜的过程中，GO 纳米片分散液可在离心力的作用下快速、均匀地铺展在衬底表面，得到均匀、超薄的 GO 膜，如图 3-9（c-e）所示。采用真空抽滤法制备的 GO 膜的单气体通量及混合气体的分离性能差异不大，膜对 H_2 的最高通量为 $5.2 \times 10^{-7}\ mol \cdot m^{-2} \cdot s^{-1} \cdot Pa^{-1}$，高于商用聚合物膜的通量，但其对 H_2/CO_2 的选择系数只有 51。采用旋涂法制备的 GO 膜对 H_2 的通量有一定程度的降低，仅为 $3.4 \times 10^{-7}\ mol \cdot m^{-2} \cdot s^{-1} \cdot Pa^{-1}$，但其对 H_2/CO_2 的选择系数大幅提升至 240。膜选择性的提高得益于膜内 GO 纳米片更规整的堆叠结构。H_2 分子的跨膜传输路径主要是 GO 纳米片的表面缺陷，但也不排除部分 H_2 分子通过 GO 纳米片层间二维纳米通道透过膜的可能性。

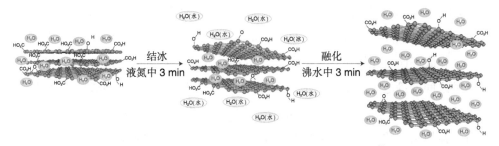

图 3-8　快速结冰 - 融化法剥离 GO 纳米片的过程 [9]

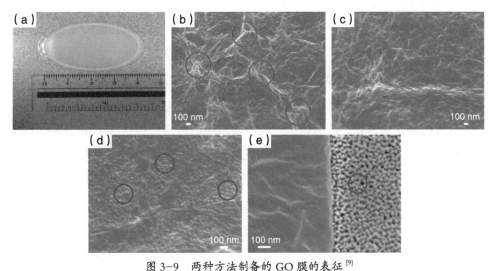

图 3-9　两种方法制备的 GO 膜的表征 [9]

（a）AAO 衬底上的 GO 膜实物；（b）真空抽滤法制备的 GO 膜的 SEM 图像；（c-e）旋涂法制备的 GO 膜的 SEM 表面图像

与石墨烯膜类似，影响层状 GO 膜的气体分离性能的因素是多样的，如 GO

纳米片的制备方法、GO 膜的衬底结构、尺寸及化学性质等都有不同程度的影响，所以目前报道的 GO 膜的气体分离性能差异很大。

2013 年，Li 等人发现 H_2 透过 GO 膜的通量随膜厚度的增加而呈指数降低。随着气体分子相对分子质量的增大，其透过超薄 GO 膜的通量降低。但是 GO 膜对于 H_2/CO_2、H_2/N_2 的选择性比基于克努森扩散理论的选择系数大得多。将组装得到的 GO 膜还原，减小其层间距，再次进行气体分离性能测试，结果表明还原后膜的通量值相比于初始未还原的 GO 膜变化不大。气体分子主要通过 GO 纳米片的结构缺陷透过膜，而不是通过膜内层间二维纳米通道。此外，CO_2 气体的吸附能力比 H_2 强很多，在 GO 膜用于气体分离的过程中，其表面官能团发挥了一定的作用。

2013 年，Park 等人详细研究了 GO 膜用于气体分离时的影响因素[10]。采用两种方法分别在商用的聚醚砜（Polyethersulfone，PES）衬底上制备 GO 膜。在方法一中，衬底表面首先接触 GO 分散液，然后通过旋涂 GO 分散液成膜。第一层 GO 纳米片之间的静电斥力使得其相互分离，呈岛状结构，后续旋涂成膜形成堆叠疏松的膜结构。在方法二中，GO 分散液直接在衬底表面旋涂成膜。GO 纳米片层间水分子蒸发引起的毛细力形成堆叠致密的膜结构。GO 膜的表征如图 3-10 所示，宏观上，两种方法制备的 GO 膜都致密、均匀，没有肉眼可见缺陷，TEM 表征结果显示，膜厚度为 3~7 nm。两种方法制备的 GO 膜的气体分离性能差别很大。相比于采用方法一制备的 GO 膜，方法二制备的 GO 膜通量更低，选择性更好。以上实验结果说明，至少一部分气体分子是通过 GO 膜的层间传输的，并非全部气体分子均通过 GO 纳米片的片内孔洞缺陷跨膜传输。此外，H_2、N_2、O_2 和 CH_4 的跨膜行为均符合克努森扩散的特征。气体的跨膜通量是由膜孔尺寸和气体分子的自由程决定的，膜对相对分子质量大的气体的通量更低。CO_2 气体的跨膜传输并不符合以上特点，膜对 CO_2 的通量随测试时间的延长急剧下降，膜对 H_2/CO_2 的选择系数远大于基于克努森扩散的理论选择系数。基于此，可推断 GO 纳米片的化学性质也对其气体分离性能有直接的影响，如 CO_2 在 GO 表面的选择性吸附降低了其跨膜通量。此外，测试压力也是影响膜性能的因素，当外加压力超过某一临界值后，H_2 的跨膜通量随加压的增大而增大，而当低于该临界值时，H_2 的跨膜通量近乎为 0。当外加压力足够大时，即使膜厚较大，H_2 也可以跨膜传输。

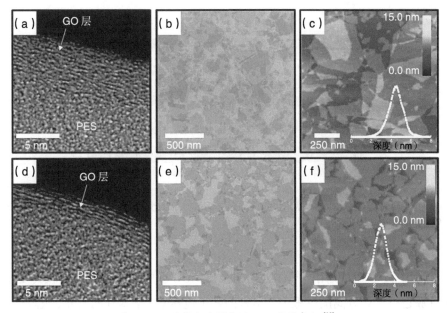

图 3-10　两种方法制备的 GO 膜的表征 [10]

（a）方法一和（d）方法二制备的膜截面 TEM 图像；（b）方法一和（e）方法二制备的膜表面 SEM 图像；（c）方法一和（f）方法二制备的膜 AFM 图像（插图为对应的厚度分析）

Ibrahim 等人也开展了关于 GO 膜分离性能的影响因素和 GO 膜气体分离机理的研究工作 [11]。分别用尺寸约为 33 μm 和 17 μm 的两种大尺寸 GO 纳米片制备膜，并对比研究其气体分离性能。在室温下，大尺寸气体分子（如 CH_4、N_2、CO_2）主要通过 GO 纳米片的层间通道跨膜传输，表现出典型的克努森扩散特征。小尺寸气体分子（如 H_2、He）的通量值比基于克努森扩散的理论值大，膜表现出良好的 H_2/CO_2 选择性能。以上实验结果表明，除了通过层间通道跨膜传输外，GO 纳米片的片间缺陷也是小尺寸气体分子的跨膜传输路径。气体分子通过 GO 膜的传输路径如图 3-11 所示。小尺寸 GO 纳米片组装所得 GO 膜的气体通量明显更高，说明 GO 纳米片的尺寸对膜性能至关重要。

目前，GO 膜用于气体分离的传质机理存在争议。有研究者认为，GO 膜良好的 H_2/CO_2 选择性来源于 CO_2 气体分子在 GO 纳米片表面的选择性吸附，降低了其跨膜通量。另有研究者认为，气体分子的跨膜传输路径主要是 GO 纳米片表面的结构缺陷，其层间距对传输性能的影响不大。也有研究者指出，气体分子同时通过 GO 纳米片表面的结构缺陷和层间二维纳米通道跨膜传输，且在该过程中，气体分子与 GO 纳米片表面的官能团之间的相互作用也会对传输性能产生影响。

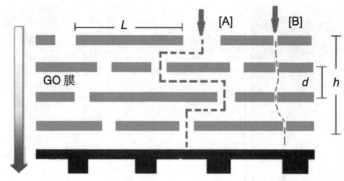

图 3-11　气体分子通过 GO 膜的传输路径 [11]

★注：[A] 为层间通道，[B] 为缺陷通道，L 为 GO 纳米片尺寸，d 为 GO 纳米片的层间距，h 为 GO 膜厚度。

综合文献中关于 GO 膜用于气体分离的报道，GO 膜的气体传质机理较为复杂，在 GO 膜进行气体分离的过程中，多种因素（包括 GO 纳米片的尺寸、化学性质、结构完整性、堆叠规整度等）共同发挥作用且相互影响。

2. GO 膜气体分离性能的优化

　　基于对 GO 膜结构、性质以及气体分离过程的认识，GO 膜的性能优化工作相继被报道。GO 膜内部的非选择性孔洞缺陷无疑是造成其性能恶化的主要因素，这些缺陷既包括在 GO 纳米片制备过程中引入的结构缺陷，也包括在 GO 膜组装过程中由于纳米片的不规则堆叠所引入的片间、层间缺陷。GO 纳米片的缺陷位置具有丰富的含氧官能团，可为第二相的形核生长提供有利的位点。如图 3-12 所示，Wang 等人基于上述想法，在 GO 纳米片的结构缺陷位置原位生长 ZIF-8 晶体，以减少纳米片自身的结构缺陷，优化所得复合膜的气体分离性能，所得膜的表征如图 3-13 所示 [12]。初始 GO 膜对 H_2 的通量为 275 GPU，对 H_2/CO_2 的选择系数为 6.2。原位生长 ZIF-8 后的膜对 H_2 的通量有所下降，下降至 90 GPU，但对 H_2/CO_2 的选择系数大幅提高，提高至 406。此外，温度对膜的气体分离性能有显著影响。室温下，ZIF-8 修饰的 GO 膜对 H_2/CO_2、H_2/N_2、H_2/CH_4 的选择系数分别为 406、155 和 335。随着测试温度的升高，对 H_2 的通量逐渐增大，但对其他气体的通量增幅更明显，因此膜的选择系数减小。在 155 ℃ 下进行测试时，膜对 H_2 的通量为 560 GPU，对 H_2/CO_2、H_2/N_2、H_2/CH_4 的选择系数分别减小至 34、19 和 17，表现出优异的综合性能。

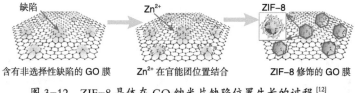

缺陷　　　　　　　　　Zn²⁺　　　　　　　　ZIF-8

含有非选择性缺陷的 GO 膜　　Zn²⁺ 在官能团位置结合　　ZIF-8 修饰的 GO 膜

图 3-12　ZIF-8 晶体在 GO 纳米片缺陷位置生长的过程[12]

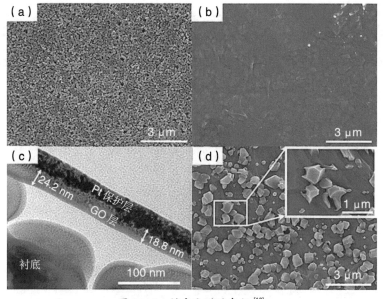

图 3-13　衬底和膜的表征[12]

（a）多孔 AAO 衬底的表面 SEM 图像；（b）初始 GO 膜的表面 SEM 图像；（c）初始 GO 膜的截面 TEM 图像；（d）ZIF-8/GO 膜的表面 SEM 图像

除了利用 ZIF-8 的原位生长来减少 GO 纳米片的结构缺陷，GO 纳米片也可作为柔性修复材料，修补 ZIF-8 膜的非选择性孔洞缺陷[13]。如图 3-14 所示，Huang 等人首先在聚多巴胺修饰的 AAO 衬底上通过水热反应制备 ZIF-8 层，然后采用层层组装的方法，用 GO 纳米片填补 ZIF-8 的晶间间隙。所得 ZIF-8/GO 膜的 SEM 表征如图 3-15 所示。GO 层的厚度可通过 GO 的用量进行调控，GO 层不是越厚越好，过厚时会引起膜通量的下降。对膜进行单气体通量测试时，发现膜对 H_2 的通量为 1.45×10^{-7} mol·m⁻²·s⁻¹·Pa⁻¹，远高于其他气体。相比于 ZIF-8 膜，ZIF-8/GO 膜对每种气体的通量值均大幅下降，其中对动力学直径大于 ZIF-8 的本征孔尺寸的气体的通量的降低尤为明显。在 250 ℃ /1 bar（1 bar=100 kPa）的测试条件下，膜对 H_2/CO_2、H_2/N_2、H_2/CH_4 的选择系数分别为 22.4、102.8、198.3，选择性优异。

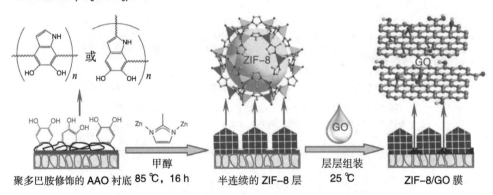

图 3-14　GO 纳米片用作柔性修复材料修补 ZIF-8 膜的孔洞缺陷[13]

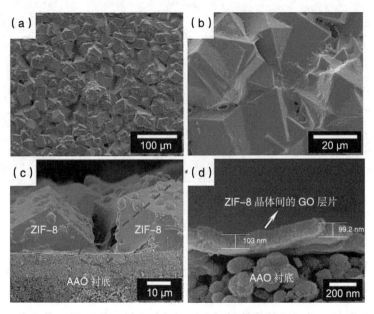

图 3-15　ZIF-8/GO 膜的 SEM 图像[13]
（a，b）膜表面；（c，d）膜截面

Jia 等人在 GO 膜内部引入 MOF 材料 UiO-66，制备了两种结构的 GO 基复合分离膜。在第一种结构中，UiO-66 均匀插层于 GO 纳米片层间；在第二种结构中，GO 层覆盖 UiO-66 层，形成双层结构。UiO-66-NH$_2$ 作为插层材料，可有效增大 GO 膜的层间距以增大其气体通量。此外，UiO-66-NH$_2$ 自身的多孔结构可为 H$_2$ 跨膜提供额外通道。UiO-66-NH$_2$ 的氨基与 GO 纳米片表面的羧基结合，可在一定程度上填补膜结构中的非选择性孔洞缺陷，提高膜分离性能[14]。

3. 其他二维层状气体分离膜

除了 GO 膜，其他二维材料如 MoS_2、Mxene、MOF 等组装的层状膜也被尝试用于 H_2 的分离。2015 年，Wang 等人用单层 MoS_2 纳米片组装得到层状膜并用于气体分离[15]，具体是制备厚度约为 17 nm、35 nm 和 60 nm 的 MoS_2 膜，并测试其气体分离性能。17 nm 厚的 MoS_2 膜对 H_2 的通量高达 28 000 GPU，但对 H_2/CO_2 的选择系数仅为 3，说明 MoS_2 纳米片有制备高通量气体分离膜的潜力。采用化学剥离法制备得到单层的 MoS_2 纳米片，然后采用真空抽滤法可在多孔 AAO 衬底上组装不同厚度的 MoS_2 膜。宏观上膜均匀、完整、无缺陷，如图 3-16（a）所示。从图 3-16（b）中膜的 X 射线衍射（X-ray Diffraction，XRD）表征结果可以计算出膜层间距有两个数值，分别为 0.62 nm 和 1 nm。

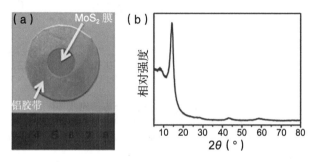

图 3-16　MoS_2 膜的表征[15]

（a）多孔 AAO 衬底上制备的 MoS_2 膜的宏观形貌；（b）MoS_2 膜的 XRD 谱

单气体通量测试（见图 3-17）表明 MoS_2 膜对 H_2 和 He 的通量显著高于 CO_2、O_2、N_2 和 CH_4，其中膜对 H_2 和 CO_2 的通量差异最大。膜的厚度是影响其气体分离性能的关键因素，随着膜厚度的增大，膜的气体通量迅速降低，选择性变化不大。对于气体分离膜而言，热稳定性也至关重要。将 60 nm 厚的 MoS_2 膜在 150 ℃下的 Ar 气氛中加热 1 h 后，再进行气体分离测试，其性能基本没有变化，说明 MoS_2 膜具有良好的热稳定性。气体透过 MoS_2 膜的通量主要受气体相对分子质量而不是动力学尺寸的影响，随着气体相对分子质量的增大，其跨膜通量呈线性趋势下降。膜的厚度对气体选择性没有明显影响，表明薄膜性能较好，因为在相近的选择性下薄膜的通量更高。

MoS_2 的相转变对层状膜的气体分离性能有直接影响[16]。Achari 等人制备了室温下为 1T 相、厚度约 500 nm 的层状结构 MoS_2 膜。室温下，膜对 H_2/CO_2 的

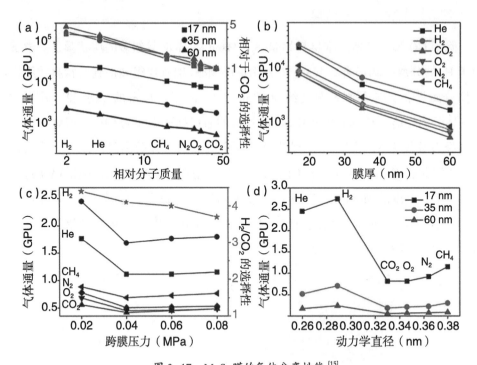

图 3-17　MoS₂ 膜的气体分离性能 [15]
（a）不同气体透过 MoS₂ 膜的通量；（b）膜厚度对气体通量的影响；（c）压力对气体通量
和选择性的影响；（d）膜通量随气体分子动力学直径的变化

选择系数为 8.29。MoS₂ 的相转变会改变 MoS₂ 纳米片的性质，将厚度为 1 μm 的
MoS₂ 膜分别加热至不同的温度，之后将其冷却至室温，并测试 MoS₂ 膜的单气体
通量和对 H₂/CO₂ 混合气的分离性能。当原气体为混合气时，膜对 H₂ 的通量比
原气体为 H₂ 单气体时低，而 CO₂ 的情况相反。此外，加热明显提高了膜的通量
（30%），但不影响其选择性，这是因为加热使 MoS₂ 由 1T 相转变为 2H 相。基
于前文，气体分子通过层状结构膜的主要路径包括二维纳米片的层间纳米通道和
纳米片的表面结构缺陷，膜的层间距往往小于气体分子的平均自由程，气体通过
膜的行为符合克努森扩散的特点。层间距的减小本应该导致膜气体通量的降低，
在该研究中，加热虽然可减小膜的层间距（1T 相膜层间距为 1.13 nm，2H 相膜
层间距为 0.61 nm），但是膜的气体通量显著增大。基于此，可推断除了膜的层
间二维通道外，MoS₂ 纳米片的片间间隙也是气体通过膜的重要传输路径。如图
3-18 所示，虽然 MoS₂ 由 1T 相到 2H 相的相转变可减小层间距，但会在膜内形成
一些较大的通路，从而增大膜的通量。

GO 膜用于气体分离时常存在通量低的缺点，而 MoS₂ 膜的选择性不甚理想。结合二者的优点，Ostwal 等人制备了 GO/MoS₂ 复合膜，研究了 MoS₂ 含量对膜性能的影响，发现厚度为 60 nm（含 75 wt% 的 MoS₂）的复合膜对 H₂ 的通量最高，厚度为 150 nm（含 29 wt% 的 MoS₂）的复合膜对 H₂/CO₂ 的选择系数最高。与 GO 膜相比，复合膜对 H₂ 的通量大幅提高，与 MoS₂ 膜相比，复合膜的选择性明显提升[17]。

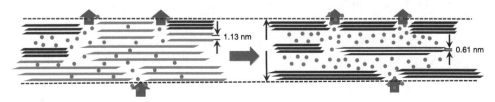

图 3-18　膜加热前后气体分子透膜通路[16]

★注：1T 相（灰色）MoS₂ 纳米片加热后转变为 2H 相（黑色），膜层间距减小，膜厚不变，膜内孔道结构自调整，膜通量增大。

GO 膜和 MoS₂ 纳米片的结构中不存在本征纳米孔。近年来，MOF 作为一种本征多孔纳米材料，对于制备高通量、高选择性膜是一种很有潜力的新材料。MOF 具有纳米尺寸的厚度以及面内规整的孔阵列结构，有望实现精细的分子筛分。常规的物理剥离法不可避免地会破坏 MOF 纳米片的面内结构，引入非选择性结构缺陷。为避免上述问题，应合理设计"自上而下"法制备 MOF 纳米片的操作过程。将 Zn₂(bim)₄ 前驱体在低转速（60 r·min⁻¹）下进行湿态球磨处理，之后在超声环境中对所得粉末进行气态溶剂剥离，可得到结构完整的 Zn₂(bim)₄ 纳米片[18]。第一步的湿态球磨有助于甲醇分子在气态溶剂剥离过程中进入 Zn₂(bim)₄ 的层间。所得 Zn₂(bim)₄ 纳米片的横向尺寸约为 600 nm，表面平整，厚度为 1.12 nm，为单层。Zn₂(bim)₄ 纳米片的制备过程与微结构表征结果如图 3-19 所示。真空抽滤不适用于层状 Zn₂(bim)₄ 膜的组装，这是因为随着抽滤过程的进行，纳米片分散液的浓度大幅度增加，重新堆叠成初始的层状结构，最终会得到致密无通量的膜。而采用加热 – 滴涂的方式，可在 120 ℃ 的 AAO 衬底上得到超薄的 Zn₂(bim)₄ 膜。温度对于成膜过程至关重要，温度低于 120 ℃时，溶剂挥发过慢，在成膜过程中会伴随 Zn₂(bim)₄ 纳米片的二次堆叠。温度过高时，溶剂挥发过快，所得膜中有针孔，性能恶化。增加膜的厚度是避免在膜中形成非选择性孔洞缺陷的有效方法，但是膜的厚度往往和其通量是负相关的。有趣的是，Zn₂(bim)₄ 膜的通量和选择性是正相关的，当膜的通量由 760 GPU 增大至 3760 GPU，对应膜的 H₂/CO₂ 选择系数由

53 增大至 291。XRD 表征结果显示，$Zn_2(bim)_4$ 膜表现出这样的性质归因于纳米片排列的规整性。

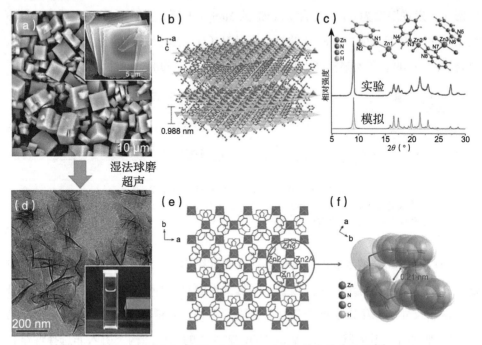

湿法球磨
超声

图 3-19 "自上而下"法制备 $Zn_2(bim)_4$ 纳米片全过程[18]

（a）$Zn_2(bim)_4$ 晶体的 SEM 图像（插图为典型的片状形貌）；（b）层状 MOF 前驱体的结构；
（c）$Zn_2(bim)_4$ 晶体的 XRD 谱；（d）$Zn_2(bim)_4$ 纳米片的 TEM 图像；（e）$Zn_2(bim)_4$ 纳米片
的网状微观结构；（f）$Zn_2(bim)_4$ 纳米片的微结构

　　采用和上述类似的方法可制备 $Zn_2(bim)_3$ 纳米片，并组装成膜，具体过程如图 3-20 所示[19]。考虑到 $Zn_2(bim)_3$ 纳米片的结构，理论上 H_2 分子能透过膜，而 CO_2 分子只能通过纳米片的层间通道进行跨膜传输。基于此，可以推断，纳米片的堆叠规整性对膜的分离性能影响明显。测试结果表明，$Zn_2(bim)_3$ 膜对 H_2/CO_2 的选择系数随 AAO 衬底的加热温度升高而逐渐增大。衬底温度升高会加速溶剂蒸发，形成更为致密规整的孔结构，使得 H_2 通量基本不受影响，而 CO_2 通量明显降低，最终导致 H_2/CO_2 选择系数增大。在 200 ℃时制备的膜对 H_2/CO_2 的选择系数约为 128。相比于 H_2，膜对大尺寸气体分子的通量低很多，显示出明显的尺寸筛分效应。

　　Yang 等人认为上述热辅助成膜方法操作复杂，并对其进行改进，采用 GO 纳米片作为辅助交联材料，制备 GO/MOF 膜，制备过程如图 3-21 所示。柔软的 GO 纳米片可有效修复 MOF 的片间缺陷，所得膜的结构均匀、完整[20]。1,4-苯

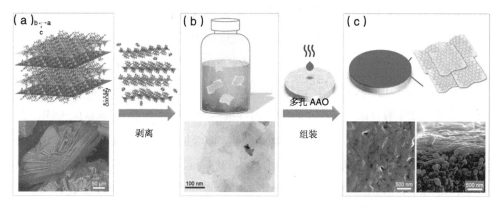

图 3-20　$Zn_2(bim)_3$ 纳米片剥离和膜组装过程[19]

（a）上：前驱体结构，下：SEM 图像；（b）上：分散在甲醇 / 异丙醇分散液中的 $Zn_2(bim)_3$ 纳米片，下：TEM 图像；（c）上：$Zn_2(bim)_3$ 纳米片组装所得的层状膜结构，下：膜表面和截面的 SEM 图像

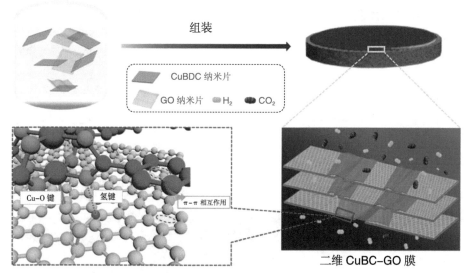

图 3-21　CuBDC-GO 膜的制备过程[20]

二甲酸铜（Copper 1,4-benzene Dicarboxylate，CuBDC）纳米片是一种非常有潜力的气体分离膜材料。首先，独立自支撑的 CuBDC 纳米片可通过简便的"自下而上"法合成。其次，CuBDC 纳米片结构中含有尺寸约 0.52 nm 的本征孔，可用于气体分子筛分。此外，CuBDC 纳米片具有大比表面积和单原子层厚度，是组装层状结构膜的理想材料。采用真空抽滤法在多孔 AAO 表面可制备得到均匀、致密的 CuBDC-GO 膜，在成膜的过程中，CuBDC 纳米片与 GO 纳米片之间通过氢键、π-π 相互作用以及 Cu-O 键结合，使得柔性 GO 纳米片可修复 CuBDC 纳米片的

片间间隙。GO 纳米片的添加量对膜的气体分离性能影响明显，随着 GO 纳米片含量的增大，膜的通量逐渐降低，选择系数逐渐增大。

利用超声、球磨等方法进行 MOF 材料剥离的过程中往往难以避免对纳米片结构的破坏，会得到大量小尺寸碎片，使得所得膜的选择性不理想。Wang 等人采用溶剂凝固 – 融化的方法，利用温和的剥离环境得到大尺寸 $Ni_8(5-bbdc)_6(\mu-OH)_4$。这是一种可调网状分子筛（Mesh Adjustable Molecular Sieve，MAMS）纳米片[21]，为方便起见，命名为 MAMS–1。MAMS–1 纳米片的制备过程如图 3–22 所示，将前驱体分散在己烷中，分别用液氮和热水浴制造过冷和过热的环境，通过己烷的固态与液态间的相转变辅助剥离得到高质量的 MAMS–1 纳米片。之后，将 MAMS–1 纳米片的己烷分散液倾倒在不相溶的溶剂上部。在重力的作用下，大尺寸的 MAMS–1 纳米片会逐渐沉降进入下层溶剂内部，实现对纳米片尺寸的优化。所得的大尺寸的 MAMS–1 纳米片在 N, N- 二甲基甲酰胺（N,N–Dimethylformamide，DMF）中分散性良好，无团聚现象。

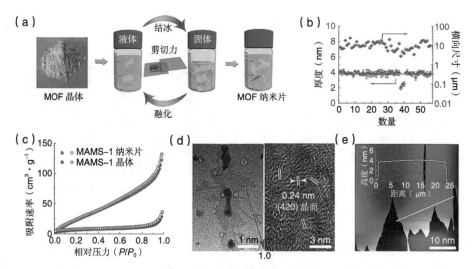

图 3–22　MAMS–1 纳米片的剥离和纯化过程[21]

（a）凝固 – 融化法制备 MAMS–1 纳米片的过程；（b）MAMS–1 纳米片的尺寸和厚度；（c）N_2 吸附等温线；（d）TEM 图像；（e）AFM 图像

将 MAMS–1 纳米片组装成膜，厚度为 12 nm 的膜对 H_2/CO_2 的选择系数为 34，H_2 通量为 6516 GPU。膜对小尺寸的 H_2 和 He 的通量明显高于对大尺寸的气体分子的通量，说明膜的分离机理包含尺寸筛分机制。膜对 H_2/CO_2、H_2/O_2、H_2/N_2

的选择系数分别为 268、96 和 123。虽然 CO_2 与 N_2 和 CH_4 的尺寸差别不大，但其跨膜通量明显更低，这是因为 CO_2 与膜之间的亲和力更大。进一步采用分子动力学的方法探究膜的气体分离机理，在单气体测试中，CO_2 透过双层 MAMS-1 纳米片的概率为 0，而 H_2 透过的概率为 35%。混合气体模拟测试结果也证明，膜的分离机理为尺寸筛分。块状 MAMS-1 具有热响应，其宏观性质会随温度的变化而变化，组装所得的层状膜也具有温度响应特性。当测试温度由 20 ℃ 提高至 40 ℃ 时，膜对 H_2 的通量由 392 GPU 增大至 430 GPU，继续提高测试温度至 60 ℃ 和 80 ℃，膜对 H_2 的通量分别降低至 390 GPU 和 256 GPU。当测试温度升高至 100 ℃ 和 120 ℃ 时，膜对 H_2 的通量近乎为 0。当体系温度由 120 ℃ 降低至 80 ℃ 时，膜对 H_2 的通量恢复至 356 GPU。将膜冷却至 20 ℃，再次测试，膜对 H_2 的通量恢复至初始值。上述可逆的热调制分离性能可归因于不同温度下 MAMS-1 结构的可逆变化，如图 3-23 所示。

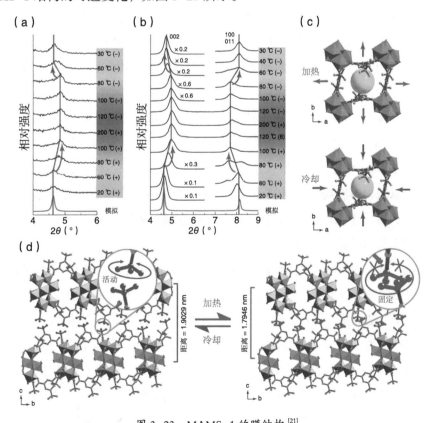

图 3-23　MAMS-1 的膜结构 [21]

（a）MAMS-1 膜和（b）MAMS-1 晶体在不同温度下的 XRD 谱；（c）MAMS-1 晶格和
（d）MAMS-1 膜在加热和冷却时的结构变化

| 3.3 金属有机框架材料在氢气分离中的应用 |

MOF 材料是有机配体和金属离子自组装所形成的具有周期性网络结构的晶体材料，其比表面积大、孔容高、密度小、孔道规则有序、结晶度高，且兼具有机物和金属的优点，在药物缓释、分离、光催化等领域均表现出良好的应用前景。由于有机配体和金属离子排列的规律性、多样性以及可设计性，因而 MOF 材料的结构和性质均高度可调。这主要得益于：（1）MOF 的合成条件更容易控制，合成反应通常在温和的条件下进行；（2）有机配体的种类多样，可方便地利用有机合成进行设计和修饰；（3）采用网状合成方法，通过配体和合成条件的预合成设计来调整 MOF 的结构和性质，而不改变连接性或拓扑结构；（4）MOF 材料的官能化后处理是进一步调控其结构和性质的有效手段。与传统的无机多孔材料相比，MOF 的种类极其丰富，结构的多样性赋予其诸多独特的性质，因此用途广泛。

不同于体相 MOF 材料，MOF 膜制备过程的关键在于避免膜内孔洞缺陷和针孔的形成，因为这类缺陷会显著降低膜的选择性。MOF 膜的制备方法主要包括原位生长法和晶种法。原位生长法是指在多孔衬底表面直接生长 MOF 膜，采用该方法难以获得厚度均匀的 MOF 膜。晶种法是指先在多孔衬底表面制备晶种层，随后将其放置于生长母液中制备连续的 MOF 膜层。采用晶种法可有效调控 MOF 膜的取向生长以及膜的厚度。

目前，针对 MOF 膜气体分离性能的优化主要有 3 种思路。（1）对膜进行减薄是提升其通量的有效手段。近年来，二维层状 MOF 膜的设计和制备引起广泛的关注。"自上而下"法剥离、"自下而上"法生长均可获得二维 MOF 纳米片。（2）膜的孔结构和理化性质对其分离性能有决定性的影响，MOF 膜孔结构和性质的精细设计和调控是提高其选择性最为有效的手段。采用合适链长的有机配体进行 MOF 膜的生长、对所得 MOF 膜进行后处理等都是提高膜选择性的思路。（3）将 MOF 材料与其他功能材料进行复合，二者的协同增强作用可获得更优异的分离性能。

MOF 膜面临的两个问题：（1）膜的大面积、低成本制备；（2）膜的稳定性问题。针对第一个问题，可尝试利用微流系统在中空纤维衬底的内壁上制备 MOF 膜，也可采用静电纺丝、热压等方法制备大面积的 MOF 膜。针对第二个问题，主要的解决思路是提高 MOF 材料的疏水性。

3.3.1　金属有机框架膜的制备

MOF 膜的制备不同于体相 MOF 材料，需要得到交缠生长的 MOF 晶体，以避免膜内孔洞缺陷和针孔的形成，因为晶间缺陷会显著降低膜的分离性能。

1. 原位生长法

原位生长法是制备 MOF 膜最直接的方法。在原位生长法中，载体不需要任何处理或表面修饰，可直接置于膜的生长母液中，载体表面经过形核、生长以及晶粒间连接等过程，得到 MOF 膜。2009 年，Lai 等人报道了采用原位溶剂热法在多孔 AAO 衬底上直接生长得到连续的 MOF-5 膜，并证明其具有气体分离的潜力[22]。单个晶粒的尺寸约为 50 μm，反应过程中溶剂的选择可有效调控所得晶粒的尺寸，膜厚度约为 25 μm。Caro 等人用甲醇替换 DMF 作为溶剂，采用类似的溶剂热法在 AAO 衬底上制备了致密、无缺陷的多晶 ZIF-8 薄膜[23]。相比于 DMF，甲醇分子与 ZIF-8 框架间的相互作用要弱很多，更容易从 ZIF-8 的框架中移除，晶体内部的应力会显著削弱，从而得到高质量的 ZIF-8 膜。

MOF 晶体在衬底表面的异质形核数量有限，因此采用溶剂热法直接在未经修饰的多孔衬底上生长连续、无缺陷的 MOF 膜难度较大。考虑到 MOF 的生长需要在金属中心和配体之间成键，如果多孔衬底和目标 MOF 材料中的金属为同一材料，有望提高所得 MOF 膜与衬底之间的界面力，辅助 MOF 膜的生长。2009 年，Guo 等人采用铜网作为衬底并在其表面制备了 $Cu_3(BTC)_2$ 膜[24]。如图 3-24 所示，400 目的铜网首先在 100 ℃下氧化，在表面生成氧化铜，铜网的颜色由黄色变为绿色。再将预处理后的铜网放在 120 ℃的 $Cu_3(BTC)_2$ 母液中反应 3 天，可得到均匀、无缺陷、厚度约为 60 μm 的膜。采用类似的思路可在镍网上生长手性 MOF 膜。在生长过程中，镍网不仅充当多孔衬底，还为 MOF 膜的生长提供金属源[25]。镍网水平放置在反应釜中与母液发生反应时，$Ni_2(L\text{-asp})_2(bipy)$ 首先在镍网表面成核然后生长。由于镍网是金属源，MOF 膜只能在衬底附近生长，因而可得到超薄、致密的 MOF 膜。

MOF 膜与生长衬底间的结合力弱，这是在水热法或溶剂热法制备 MOF 膜时普遍存在的问题，对多孔衬底表面进行化学修饰是解决该问题的有效方法。Caro 等人采用3-氨丙基三乙氧基硅烷（APTES）修饰多孔 AAO 衬底，并在其表面制备了 ZIF-90 膜[26]。膜的制备过程如图3-25 所示，首先，APTES 的乙氧基与 AAO 表面的羟基反应结合，在生长过程中 APTES 的氨基与 ZIF-90 的配体 ICA 的醛基反应缩合。

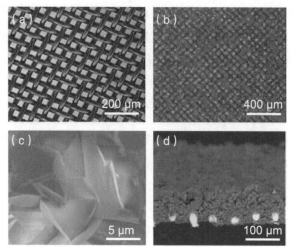

图 3-24　Cu₃(BTC)₂ 膜的表征[24]

（a）纯铜网和（b）生长有 Cu₃(BTC)₂ 膜的铜网的光学显微镜照片；Cu₃(BTC)₂ 的（c）表面和（d）截面的 SEM 图像

ZIF-90 在这些官能团位置形核生长。随后，在 100 ℃水热反应 18 h 后，APTES 改性的 AAO 表面被交缠生长的菱形十二面体完全覆盖，得到厚度约为 20 μm 的致密 ZIF-90 膜。

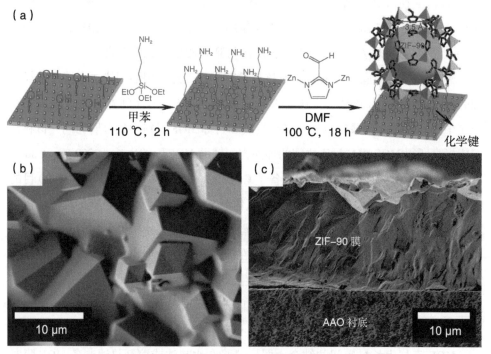

图 3-25　在 APTES 修饰的 AAO 衬底上生长 ZIF-90 膜[26]

（a）生长过程；（b）膜表面和（c）膜截面的 SEM 图像

Jeong 等人也报道了一种简单修饰衬底以制备 ZIF 膜的通用方法。用咪唑配体通过 Al–N 键修饰多孔 AAO 衬底，即将衬底放置在修饰溶液的蒸汽中处理。该前处理过程有助于在多孔 AAO 表面生长得到连续、无缺陷的 ZIF-8 膜[27]。而表面未经修饰的 AAO 衬底在相同的反应条件下无法得到 ZIF-8 膜，且在室温下对多孔 AAO 表面进行修饰也得不到连续的 ZIF-8 膜。以上结果说明 Al–N 修饰 AAO 衬底的过程是需要在高温下进行活化的。ZIF-8 膜的微结构可通过改变生长溶液的 pH 值进行调控。所得膜对 H_2/N_2、H_2/CH_4 最优的选择系数分别为 11.6 和 13。Jeong 等人利用对称扩散的方法制备了 ZIF-8 膜。首先将多孔 AAO 衬底浸泡在含有金属离子的溶液中，然后将其放置在配体溶液中进行溶剂热生长。二者接触后，在浓度梯度的驱动下，金属离子和配体会对向扩散，在扩散中发生反应。待 30 min 后晶体生长完成，得到厚度约为 1.5 μm 的膜，且膜厚不随反应时间延长而增大。

除了在多孔衬底上制备 MOF 膜外，文献中也有关于制备独立自支撑的 MOF 膜的报道[28]。2012 年，Ben 等人报道了一种简单、通用、易于操作的制备独立自支撑 MOF 膜的方法。膜的制备过程如图 3-26 所示，在模板衬底上首先旋涂聚甲基丙烯酸甲酯（Polymethyl Methacrylate，PMMA），之后用浓硫酸水解 PMMA，得到聚甲基丙烯酸（Polymethacrylic Acid，PMAA）。表面涂覆 PMMA–PMAA 涂层的衬底被放置在 HKUST-1 母液中反应一定时间，可得到连续致密的 MOF 膜。将 PMMA–PMAA 在氯仿中溶解即可得到独立自支撑的 MOF 膜，即 HKUST-1 膜。为了提高所得 MOF 膜的强度，可利用不锈钢网作为衬底，在其表面制备 PMMA 涂层，并按照上述流程生长 HKUST-1 膜。该方法可制备多种形状、尺寸、厚度的 MOF 膜，并可将 MOF 膜与其他多功能的衬底膜材料结合，为开发新

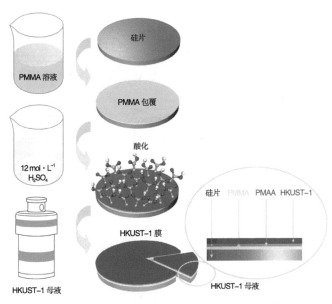

图 3-26　自支撑 HKUST-1 膜的制备过程[28]

型纳米功能器件提供了更多的可能性。

2. 二次生长法

前述的原位生长法是一种直接生长法,但在该方法中,用于制备 MOF 膜的多孔衬底的种类有限,且衬底的表面处理较复杂。而未经修饰的载体表面往往不平整,不利于获得取向性好且厚度薄的 MOF 膜。

二次生长法,也称为晶种法,是一种使用较为广泛的通用制膜方法。在该方法中,先在载体表面制备晶种层,随后将其置于生长母液中制得膜层。在载体表面制备晶种层可以促进膜层的结晶,且可以控制晶体的生长。与原位生长法相比,晶种法可有效地控制晶体的生长取向和膜层厚度。要制备有取向的膜层,主要有以下两种方法:(1)在载体表面制备有取向的晶种层,从而促进膜层的取向生长;(2)制备无序、无取向的晶种层,采用合适的液相外延生长条件,制备得到有取向的膜层。

2010年,Xu等人采用层层生长法在多孔AAO衬底上进行晶种层的制备,经二次生长后得到高质量的HKUST-1膜[29]。在晶种制备阶段,多孔AAO衬底被多次、往复地浸没在含有BTC^{3-}和Cu^{2+}的溶液中,其流程如图3-27所示。第一

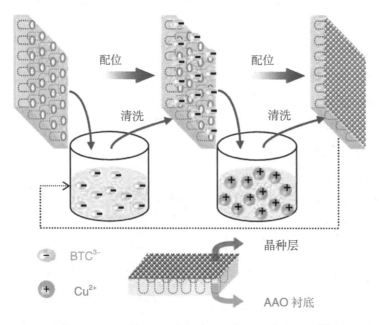

图 3-27　AAO 衬底上逐层沉积 BTC^{3-} 和 Cu^{2+} 的过程 [29]

次循环完成后，膜表面因Cu^{2+}的附着变为浅蓝色。随着循环次数的增加，衬底表面蓝色逐渐加深。图3-28为制备所得HKUST-1膜的表面形貌，随着反应母液浓度的增大，晶粒尺寸逐渐增大，膜的完整性得到优化。但是，母液浓度并非越高越好，过高的浓度会导致膜层过厚，通量显著下降。Xu等人制备所得的HKUST-1膜对H_2/CH_4、H_2/N_2和H_2/CO_2的选择系数分别为2.9、3.7和5.1，接近基于克努森扩散的理论值，说明气体分子通过膜的行为基本符合克努森扩散。HKUST-1晶体的本征孔尺寸大于标准气体（包括H_2、N_2、CO_2、CH_4）的动力学直径，且对H_2分子没有明显的选择性吸附，所以HKUST-1膜并不是非常适用于H_2的分离。

图 3-28　HKUST-1 膜的 SEM 图像[29]
（a-c）采用不同浓度前驱体制备的 HKUST-1 膜的表面图像；（d）截面图像

3.3.2　金属有机框架膜的优化

针对 MOF 膜性能的优化，主要有以下 3 种思路：（1）对 MOF 进行降维减薄，组装二维 MOF 层状结构膜；（2）对 MOF 膜的孔结构进行精细设计和调控，通过调控金属单元和配体，得到不同孔隙率和孔尺寸的 MOF 材料；（3）将 MOF 材料与其他材料结合，充分发挥二者的优势，以优化膜的综合分离性能。

1. 对 MOF 进行降维减薄

MOF 纳米片的制备是对 MOF 膜进行降维减薄的第一步。制备 MOF 纳米片的方法主要包括超声剥离、机械剥离、化学剥离、锂插层剥离、表面活性剂辅助制备以及超声辅助合成。与石墨烯的制备方法类似，可将上述合成思路分为两大类："自上而下"法剥离和"自下而上"法合成。层状 MOF 材料的层内作用力是化学键和配位键，层间作用力是范德瓦耳斯力。在剥离的过程中，层间的范德瓦耳斯力很容易被打破，从而获得二维 MOF 纳米片。此外，通过限制 MOF 材料垂直方向的生长，也可以得到二维 MOF 纳米片。

与剥离 GO 纳米片的原理相似，通过插层处理可将层状体相 MOF 材料剥离，降维得到二维 MOF 纳米片。2010 年，Zamora 等人报道了一种利用超声处理制备二维 $Cu_2Br(IN)_2$ 纳米片的方法，利用大功率的超声机可以克服层间的 $\pi-\pi$ 相互作用，将三维体相 $[Cu_2Br(IN)_2]_n$ 成功剥离为二维 $Cu_2Br(IN)_2$ 纳米片，AFM 表征结果表明所得纳米片的厚度仅为 0.5 nm，且为单层结构[30]。随后，Xu 等人采用相似的思路得到了 MOF-2（$Zn(BDC)H_2ODMF$），通过在丙酮分散液中超声处理体相 MOF-2 粉末 1 h，得到厚度为 1.5~6 nm、横向尺寸为 100 nm~ 几微米的纳米片。若纳米片的分散溶剂完全挥发，纳米片将发生二次堆叠[31]。Cheetham 等人详细研究了 DMS 基 MOF 材料的剥离，并在剥离过程中尝试了不同的溶剂，包括水、甲醇、乙醇、异丙醇和甲苯，结果发现乙醇是其中最适合用于剥离的溶剂，并可防止制备所得纳米片的二次堆叠。此外，溶剂的浓度和剥离时间对剥离效果有显著影响。在剥离时间上，20 min 的超声处理可将 70% 的体相 MOF 剥离，得到纳米片。在溶剂的选择上，合适的溶剂不仅需要有利于体相 MOF 材料的剥离，更需要协助分散剥离得到的纳米片。为了同时实现高效的剥离和良好的分散稳定性，可采用混合溶剂进行剥离，以结合不同溶剂的优势。

除了超声剥离，还有其他新型剥离方法。Zhao 等人采用凝固－融化法制备了 MAMS-1 纳米片[21]。首先将 MAMS-1 粉体分散在甲苯中，然后将分散液在液氮中凝固，再在热水中融化。在凝固－融化的过程中，甲苯的体积发生变

化，可辅助剥离得到二维纳米片。所得纳米片的厚度约为 4 nm，横向尺寸约为
10 μm。从整体上看，采用剥离法制备 MOF 纳米片的产率较低。多种剥离方法的
结合是提高剥离效率的一种思路。Xia 等人报道了超声和锂插层相结合的剥离方
法，制备了 $La_2(TDA)_3$ 纳米片。制备时首先采用超声剥离制备少数层 $La_2(TDA)_3$，
然后用锂插层的方法将所得的层状 $La_2(TDA)_3$ 剥离为单层 $La_2(TDA)_3$ 纳米片[32]。锂
插层可以削弱层间相互作用，促进层状 MOF 材料的剥离，这一点类似于以石墨
为原料制备石墨烯的过程。Zhou 等人报道了插层和化学剥离结合制备超薄 MOF
纳米片的方法。与 Xia 等人的工作相比，用有机配体代替锂离子，用 4-4' 联吡啶
二硫化物进行二次插层，可利用 4-4' 联吡啶二硫化物的有机配体与金属单元之
间的耦合来显著降低层间相互作用。借助该方法可制备厚度约 1 nm 的单层 MOF
纳米片，产率大幅提升至约 57%[33]。

　　与"自上而下"法制备 MOF 纳米片的思路不同，"自下而上"法制备 MOF
纳米片是以金属原子和有机配体为前驱体，通过抑制 MOF 沿垂直方向的生长
而得到二维纳米片的过程。对于层状 MOF 材料而言，限制层间连接是比较容
易实现的，而本征非层状 MOF 材料的纳米片的制备难度较大。"自下而上"
合成 MOF 纳米片的方法主要包括界面合成、表面活性剂辅助合成以及超声辅助
合成。

2. 界面合成

　　界面合成是一种常用的"自下而上"生长 MOF 纳米片的方法，此处所指的
界面是金属单元和有机配体之间的界面，MOF 材料仅在界面处生长，因此可以
得到二维纳米片。适用于该方法的界面是多样的，包括液 / 液界面、液 / 气界面
以及液 / 固界面。对于液 / 液界面，两种不相溶的液体分别用于分散金属单元和
有机配体。Zhu 等人报道了在水 / 二氯甲烷界面处制备 Cu–BHT 纳米片的方法，
将 BHT 分散在二氯甲烷中，Cu^{2+} 分散在水中，两相在水 – 油界面处接触并发生
反应，生成 Cu–BHT 纳米片，反应过程的实物图和样品表征结果如图 3–29 所示[34]。
在液 / 液界面处生长的 MOF 纳米片的厚度可通过分散液中配体的浓度进行调控，
所得 MOF 纳米片的厚度往往较大（大于 100 nm）。

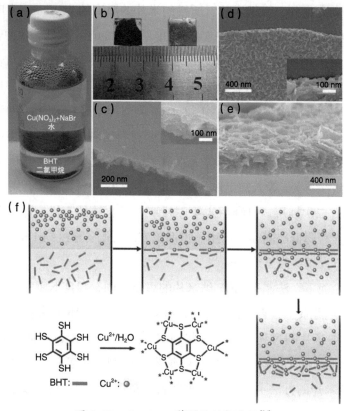

图 3-29　Cu-BHT 薄膜的制备过程 [34]
（a）在水 / 二氯甲烷界面处形成的 Cu-BHT 薄膜；（b）薄膜正面和反面图像及（c, d）
SEM 图像；（e）薄膜的截面图像；（f）Cu-BHT 薄膜的形成过程

　　在液 / 气界面处更容易制备得到更薄的 MOF 材料。常用的液 / 气界面是水 /
空气界面，首先在水表面滴加超薄的一层有机溶剂，其挥发后可形成水 / 空气
界面。后续反应过程只在水表面进行，可有效控制 MOF 材料的结晶和生长。采
用这种方法可制备单层的 MOF 纳米片。若使用较大暴露面的容器，在一次反应
中即可得到大量的二维 MOF 纳米片，大大提高反应效率。Makiura 等人在水 / 空
气界面制备了一系列 TCPP 基 MOF 纳米片 [35]。纳米片的制备过程如图 3-30 所
示，将 CoTCPP 配体分散在氯仿和甲醇（3∶1）的混合溶液中，然后将分散液涂
布在 CuCl$_2$ 的水溶液上，氯仿和甲醇的混合溶液完全挥发后，在水表面生成单层
CoTCPP-py-Cu 纳米片。

　　液 / 固界面也可用于二维 MOF 纳米片的生长。Otsubo 等人在液 / 固界面利用
层层生长的方法制备了 Fe(py)$_2$[Pt(CN)$_4$] 纳米片。衬底反复被浸没在分散有 Fe^{2+} 离

子和 $[Pt(CN)_4]^{2-}$ 离子的乙醇溶液中，纳米片通过 π–π 相互作用连接、堆叠。膜的厚度可通过循环次数控制，如 30 个循环后可得到厚度约为 16 nm 的纳米片。

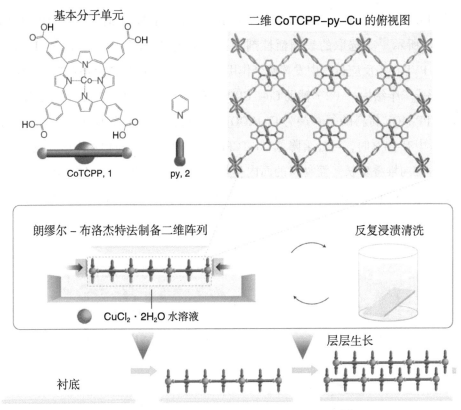

图 3-30　CoTCPP-py-Cu 纳米片的制备过程[35]

与其他二维材料相似，MOF 纳米片也可以通过化学气相沉积法制备。在该过程中金属前驱体和有机配体前驱体在金属催化剂的特定晶面上发生反应。Lin 等人用化学气相沉积法在金属衬底表面制备了 MOF 纳米片。以 Fe-TPA 为例，首先将 TPA 配体和 Fe 原子分别用有机分子束外延和电子束加热的方法沉积在 Cu(111) 表面，然后在超高真空的环境下对所得样品进行退火（450 K，5 min），即可得到二维 Fe-TPA 纳米片[36]。

利用界面反应制备二维 MOF 纳米片是一种简单、有效的方式，尤其是利用液/气界面反应，可获得超薄，甚至是单层的 MOF 材料。但是该方法也不是完美的，不适用于金属前驱体需要在高温下反应生成 MOF 材料的情况。此外，反应得到的二维 MOF 纳米片往往较少。

3.表面活性剂辅助合成

由于二维 MOF 纳米片具有较大的表面能，因而具有团聚的倾向。Zhang 等人采用表面活性剂辅助法制备了一系列 TCPP 基二维 MOF 纳米片，制备思路如图 3-31 所示[37]。选取的表面活性剂为聚乙烯吡咯烷酮（Polyvinylpyrrolidone，PVP），PVP 在该反应过程中发挥两个作用：（1）限制 MOF 材料沿垂直方向的生长，从而形成二维结构；（2）辅助 Co-TCPP 纳米片在溶液中稳定分散，防止团聚。Co-TCPP MOF 材料的每一层为 $Co_2(COO)_4$，层间有机配体为 TCPP。实验发现，当体系中有 PVP 时，可显著降低 Co-TCPP MOF 材料的层间相互作用，阻止材料沿垂直方向堆叠生长。而材料的面内生长则不受 PVP 的影响，这是因为其面内的本征键合比较强。除了用于制备 Co-TCPP 纳米片外，该方法也可用于制备其他 MOF 材料，包括 Cu-TCPP、Cd-TCPP、Zn-TCPP 等。

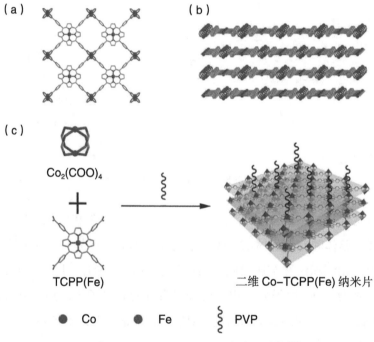

图 3-31　Co-TCPP(Fe) 纳米片的制备[37]
（a，b）晶体结构；（c）表面活性剂辅助制备纳米片的过程

4.超声辅助法合成

超声辅助法合成也是获得二维 MOF 材料的一种有效手段[38]。Tang 等人采用该方法制备了超薄的 NiCo-UMOFNs 纳米片。首先，将 Ni^{2+}、Co^{2+} 和 BDC 分别

分散在 DMF、水和乙醇中，在混合溶液中加入三甲胺，而后在 40 kHz 的超声机中反应 8 h 得到 NiCo–UMOFNs 纳米片。TEM 和 AFM 表征结果证明所得纳米片厚度仅约为 3 nm。除此之外，类似的方法也被用于制备其他纳米片，包括 Mn–UMOFNs、Ni–MOF 纳米片、CoTDA 纳米片等。

综上，"自上而下"剥离是制备 MOF 纳米片简单、有效的方法，超声剥离、机械剥离、化学剥离以及凝固 – 融化剥离都被证实可获得二维 MOF 纳米片，但仍然面临着一些问题。现有的剥离方法产率普遍不高，亟待优化。为了提高产率，可结合多种剥离方法进行 MOF 纳米片的制备。此外，纳米片在溶液中的稳定分散也是一大问题。其中一个可能的解决思路是采用与 MOF 纳米片表面能相近的溶剂进行分散。与"自上而下"法不同，"自下而上"生长可用于制备体相为非层状结构的 MOF 纳米片，其中利用液 / 气界面反应可制备少数层甚至是单层的 MOF 纳米片。但该方法也有一些弊端，如界面反应制备的 MOF 纳米片的结晶度并不理想。

5. 对 MOF 膜的孔尺寸进行精确调控

调控 MOF 膜孔尺寸最直接的方法是根据目标分离物质，选用不同长度的配体制备适配的 MOF 膜[39]。如图 3–32 所示，Qiu 等人选取了两种不同长度的配体，即 4,4– 联吡啶（bipy）和吡嗪（pz），采用二次生长法制备了相似结构的 $Ni_2(L-asp)_2(bipy)$ MOF 膜，并研究了膜的孔尺寸对其气体分离性能的影响。所得 MOF 膜是高度结晶并交联生长的，分离层致密完整、无针孔缺陷。在 150 ℃下加热 10 h 后结构无明显变化，表现出良好的热稳定性。如前所述，在晶种法生长 MOF 膜的过程中，晶种在衬底表面的均匀分布是获得连续 MOF 膜的关键。图 3–33 为晶种生长完成后的镍衬底，可以看出晶种在其表面分布均匀、致密，这对于生长高质量的 MOF 膜是有利的。对于采用长链配体制备的 MOF 膜，气体通量随着气体相对分子质量的增大而降低，说明气体分子跨膜行为符合克努森扩散的特点，MOF 膜对 H_2 的通量较大，对 H_2/CH_4、H_2/N_2 和 H_2/CO_2 的选择系数分别为 3.5、4.5 和 10.2。采用短链配体制备的 MOF 膜对 H_2 的选择性较好，对 H_2/CH_4、H_2/N_2 和 H_2/CO_2 的选择系数分别为 26.3、17.1 和 38.7。因此，在制备 MOF 膜的过程中采用短链有机配体可有效缩小膜的有效孔尺寸，尺寸筛分效应的增强可优化膜的选择性。

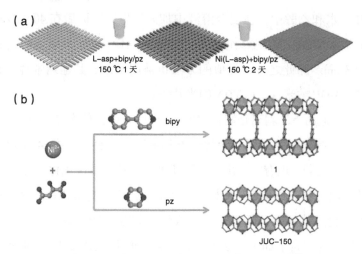

图 3-32　选取不同长度的配体制备 MOF 膜 [39]

（a）镍网上制备 $Ni_2(L-asp)_2(bipy)$ 膜的过程；（b）采用两种链长的配体制备的 MOF 膜结构

图 3-33　镍网上均匀分布的晶种层的 SEM 图像 [39]

（a-c）晶体 type-1；（d-f）晶体 type-JUC-150

　　通过官能化处理的手段调控 MOF 膜的有效孔尺寸或调控膜与气体分子之间的亲和力，是优化 MOF 膜的气体分离性能的另一种思路。官能化处理不仅可以在一定程度上填充晶间缺陷，保持膜的初始孔尺寸，还可以通过改变膜的气体吸附特性，提高膜的选择性。Caro 等人用乙醇胺对 ZIF-90 膜进行修饰，以提高膜的选择性（见图 3-34）[40]。首先采用溶剂热法制备 ZIF-90 膜，所得膜的厚度约为 20 μm，单个交联生长的晶粒尺寸为 5~10 μm。然后，将膜在 60 ℃的甲醇和乙醇胺的混合液体中回流处理 10 h。XRD 表征结果显示，ZIF-90 膜的晶体结构在处理后未发生变化。氨基修饰的 ZIF-90 膜对 H_2 单气体的通量与混合气体测试中膜对 H_2 的通量在数值上差别不大，说明大尺寸气体分子对 H_2 的跨膜传输基本没有影响。氨基修饰可显著提高膜对 H_2/CO_2、H_2/N_2、H_2/CH_4 的选择系数。

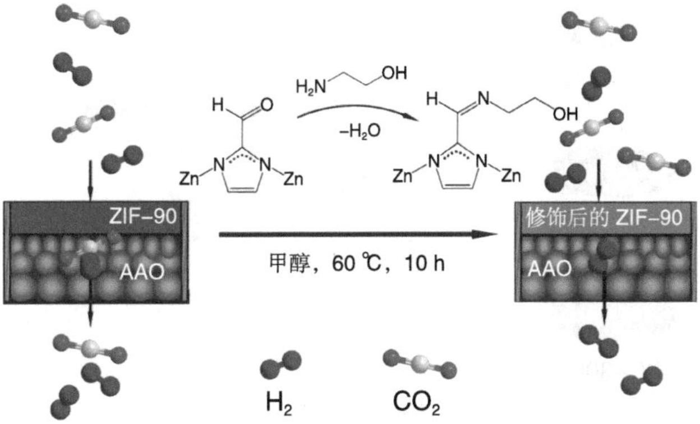

图 3-34　乙醇胺修饰 ZIF-90 膜提高对 H_2/CO_2 的选择性[40]

　　除了 ZIF-90 膜外，氨基可修饰 Mg-MOF-54 膜。一方面可缩小膜的有效孔尺寸，另一方面可增强膜与 CO_2 的相互作用，膜对 H_2/CO_2 的选择系数由 10.5 提高至 28[41]。Mg-MOF-74 晶体在多孔 AAO 表面异质形核的能力有限，采用直接生长法难以得到致密、无缺陷的膜。若用 MgO 作为晶种，在衬底表面制备致密的晶种层，随后利用 MgO 为后续膜的生长过程提供金属源，则可得到均匀、致密、无晶间缺陷的 Mg-MOF-74 膜。膜对气体的通量大小顺序为 H_2 > CH_4 > N_2 > CO_2，对 H_2/CO_2 的选择系数最大，为 10.5。这是因为 Mg-MOF-74 膜中不饱和的 Mg^{2+} 位点与 CO_2 气体分子之间具有较强的结合力，可显著降低 CO_2 通过膜的能力。用乙二胺修饰 Mg-MOF-74 膜表面可降低膜对 H_2、CH_4 和 N_2 等气体的单气体通量，膜对 H_2/CO_2 的选择系数增大。

6. MOF 与其他材料结合制备复合膜

　　MOF 膜的晶间非选择性孔洞缺陷是影响其选择性的重要因素，将 MOF 膜与其他材料复合是填补膜内孔隙的一种思路。此外，复合膜还可以在一定程度上结合两种材料的性能优势。Qiu 等人在实验中发现 MOF 膜可以在 COFs 膜上生长，得到 COF/MOF 复合膜，其制备过程如图 3-35 所示[42]。相比于单相膜，COF/MOF 复合膜无论是气体通量还是气体选择性，都明显提高。对 COF/MOF 复合膜的界面进行 TEM 表征，结果如图 3-36 所示。在晶态 COF 和晶态 MOF 的界面处，由于二者的晶格错配而形成了非晶 MOF。非晶 MOF 与晶态 MOF 具有相似的孔结构，但是缺乏长程有序度，可填补 COF 膜的非选择性孔洞间隙，从而提高复合膜的气体分离性能。

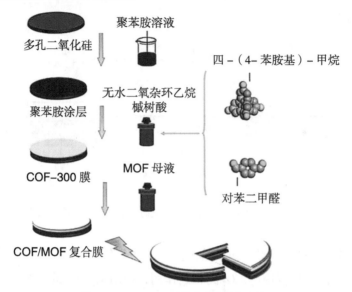

图 3-35 COF/MOF 复合膜的制备过程

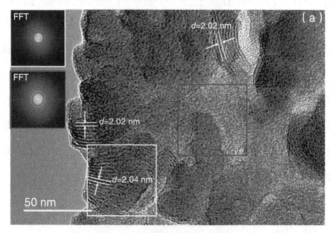

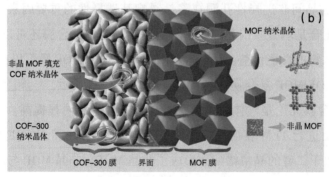

图 3-36 COF/MOF 膜的两相界面表征

（a）TEM 图像和 FFT 表征；（b）界面处形成的非晶 MOF

3.3.3 金属有机框架膜的主要问题与解决思路

1. 大面积制备

近年来，关于 MOF 膜的研究取得了突破性进展，但是 MOF 膜距实际应用仍有一定的距离。寻找更高效、低成本、大批量的 MOF 材料的制备方法是其实际应用中的重要环节。MOF 膜制备过程中多孔衬底材料和有机配体的价格较高、大面积制备的过程中容易产生膜缺陷等，都是限制 MOF 膜实际应用的重要问题。实现 MOF 材料工业化应用最有效的方法是将 MOF 作为填充材料集成到商用聚合物膜基体内，制备混合基质膜。目前，关于 MOF 基混合基质膜的报道主要集中于用不同种类的 MOF 材料填充聚合物基体以提高膜性能。该方法主要针对小尺寸平板膜，而关于中空纤维膜的报道则较少。

（1）MOF 基混合基质膜

将新型纳米材料引入聚合物膜基体内形成混合基质膜结构，可以结合纳米材料的结构及性能优势以及聚合物膜成本低、制备简单的优势。混合基质膜的主体结构仍为聚合物基体，因此溶解扩散机制是其主要分离机制。加入 MOF 材料后，气体分子与膜的相互作用可能被增强。此外，MOF 材料自身也起到一定的尺寸筛分作用。用 MOF 作聚合物基体中的填充材料具有以下优势。（1）MOF 材料自身的性质高度可调，通过控制合成条件或后处理，可根据目标筛选物质选择具有特定孔结构和官能团的 MOF 填充材料；（2）MOF 材料与聚合物基体之间的界面调控更容易进行，相比于大多数无机纳米填充材料，MOF 材料由于结构中存在本征有机配体，因而与聚合物基体具有更好的相容性。

2009 年，Perez 等人在 Matrimid 基体中加入 MOF-5，当 MOF-5 的添加量为 30 wt% 时，膜的气体通量可提高 120%。MOF-5 具有较高的孔隙率，可促进气体分子在聚合物基体中的扩散。与此同时，膜的选择性基本不受影响[43]。Hu 等人在聚酰亚胺（Polyimide，PI）基体中引入 CuBTC，制备混合基质中空纤维膜[44]。CuBTC 与 PI 之间的界面结合良好，膜对 H_2 的通量明显提高，当 CuBTC 的填充量为 6 wt% 时，膜对 H_2 的通量可提高 45%。同时，膜对 H_2/CH_4、H_2/CO_2、H_2/O_2 的选择性也得到改善。

ZIF-8 是报道较多的一种 MOF 材料。Ordonez 等人制备了 ZIF-8/Matrimid 混

合基质膜，随着 ZIF-8 添加量的增大（0~40 wt%），膜对 H_2、CO_2、O_2、N_2、CH_4 的通量均有所增大。ZIF-8 的添加可增大聚合物分子链的距离，进而引起膜的有效孔尺寸增大。当 ZIF-8 的添加量大于 40 wt% 时，气体分子穿透膜的路径过长，膜通量下降。此外，ZIF-8 的添加可在一定程度上提高膜对 H_2/CH_4 的选择性，这是因为 ZIF-8 自身的小尺寸可以起到一定的尺寸筛分作用。Diaz 等人也报道了类似的现象，在聚亚苯基醚 – 醚 – 砜（PPEES）基体中加入 ZIF-8，随着 ZIF-8 添加量的增大，膜的通量以及气体在膜中的扩散系数明显增大，同时膜的选择性不受影响。Song 等人详细报道了 ZIF-8 的作用机理，向 Matrimid 基体中加入 ZIF-8 可影响基体的分子链构型，增大体系的有效孔隙，进而增大膜的气体通量。

目前，MOF 基混合基质膜面临的问题包括以下 3 个方面。（1）合适的 MOF/ 聚合物材料对的选择。聚合物基体和 MOF 材料的种类繁多，同样的聚合物基体，可以选择大量的 MOF 材料进行填充。此外，在一种聚合物基体中同时添加两种甚至多种 MOF 材料，可获得较好的综合性能。一方面可为调控膜材料的性能提供大的自由度，另一方面也会对筛选合适的聚合物 –MOF 造成困扰，相关理论计算有助于高效筛选聚合物 –MOF 材料，从而在节约人力、物力的前提下获得更好的填充效果。（2）MOF 填充材料与聚合物基体之间的界面优化。结合强度适中的界面需要有效规避 MOF 的团聚问题以及界面处孔洞缺陷的形成。采用合适的官能化处理来实现 MOF 材料高比例、均匀的填充，对于提高膜的性能非常必要。（3）多种填充材料的选择。在该过程中，需要重点关注填充材料的分散性，同时降低填充材料的用量，以获得通量与选择性之间的平衡。

（2）中空纤维膜

中空纤维膜是在实际应用中更为普遍的膜结构，在中空纤维膜表面生长 MOF 膜对于 MOF 膜的放大应用有重要意义。相比于在衬底的外表面生长 MOF 膜，在中空纤维衬底的内表面生长 MOF 膜，可有效避免膜与膜的接触和由此产生的界面及潜在的缺陷，但是在内表面有限的空间内可控生长高质量 MOF 膜的难度较大。Nair 等人报道了一种用微流系统在 Torlon 中空纤维膜内壁上生长 ZIF-8 膜的方法 [45]。实验装置如图 3-37 所示，采用微流体系可精细控制反应溶液的浓度与供给速度，进而控制所得膜的位置和均匀性。膜的生长可通过调控进给溶液的浓度、流速、反应时间进行控制。若反应溶液静止，则得到不连续的 ZIF-8 颗粒。若反应溶液匀速供给，则得到的 ZIF-8 膜的厚度较薄（约 2 μm）。基于此，首先在反应过程中匀速供给反应溶液。短时静止后，再以脉冲的形式少量多次供给反应溶液。采用这样的方式，即可得到厚度约 9 μm 的连续、高质量的 ZIF-8 膜。对所得的 ZIF-8 膜进行气体分离性能测试，结果表明，在 120 ℃下，膜对 H_2/C_3H_8 的选择系数为 130，膜对 H_2 的通量与测试的温度紧密相关。Coronas 等人采用相似的方法在聚砜（Polysulfone，PSF）中空纤维衬底内壁上生长 ZIF-7 和 ZIF-8 膜，膜的厚度分别约为 2.4 μm 和 3.6 μm。与前述 Nair 等人的工作相比，该研究改进了反应系统，减少了前驱体反应溶液的消耗量[46]。

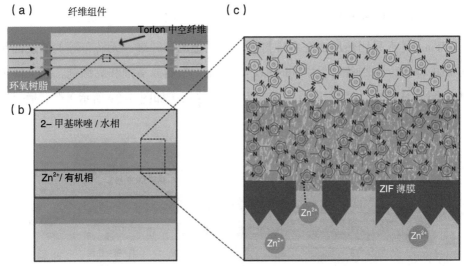

图 3-37　利用微流系统生长 MOF 膜[45]
（a）反应体系的侧面；（b）金属源和有机配体的进给方式及（c）局部放大

除了基于微流系统的制备方法，也可用其他方法在中空纤维衬底上生长 MOF 膜。Qiu 等人报道了一种用静电纺丝技术在多种形状的衬底上制备 ZIF-8 膜的方法[47]，制备过程如图 3-38 所示。ZIF-8/PVP 复合纤维扮演着晶种层的角色，静电纺丝过程中的施加电压、聚合物分散液的浓度以及针头与衬底之间的距离都会通过影响纤维层的参数，进而影响 ZIF-8 膜的形貌和均匀程度，结合后续的反应过程即可得到连续、均匀的 ZIF-8 膜。

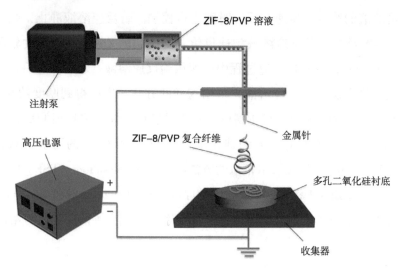

图 3-38　采用静电纺丝技术在二氧化硅衬底上制备 ZIF-8/PVP 晶种层[47]

　　Wang 等人采用热压法在多种衬底（包括金属、纤维、无纺布等）的表面制备 MOF 涂层。在制备过程中同时加热、加压，不需要溶剂和黏结剂，10 min 内即可将初始的粉末状反应原材料转变为 MOF 涂层（如图 3-39 所示）[48]。通过这

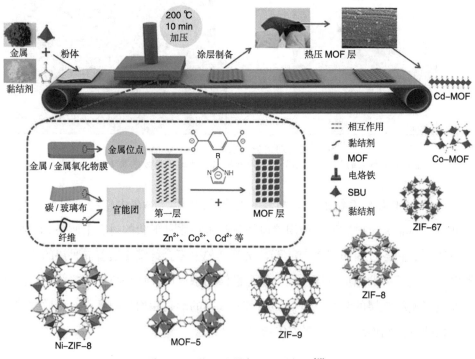

图 3-39　热压法制备 MOF 涂层[48]

种方法，可以方便地在柔性功能衬底上制备 MOF 涂层，以制备多功能化的器件。以在碳布上制备 ZIF-8 涂层为例，首先在碳布表面均匀涂布 Zn(OAc)$_2$、2- 甲基咪唑和聚乙二醇。其中聚乙二醇的添加是为了促进金属源的扩散，以辅助 MOF 材料的生长。之后，将碳布用铝箔覆盖，加热至 200 ℃，保温 10 min，即可在其表面形成均匀分布的、尺寸约 100 nm 的 ZIF-8 颗粒。该涂层的表面密度可通过反应物的用量加以调控。如果加入第二种金属源，还可以在反应过程中实现对 ZIF-8 涂层的掺杂。为了证明该方法的普适性，分别在碳布、AAO、铜箔、镍网的表面采用上述方法制备涂层加以比较。结果显示，在这些衬底表面均可获得均匀分布的 ZIF-8 颗粒。该种方法易于放大，且所得涂层与衬底之间具有良好的附着力，远优于采用水热法制备的涂层。

2. 稳定性问题

对于绝大多数 MOF 材料而言，稳定性问题是制约其实际应用的首要问题，提高 MOF 材料的稳定性是推进其应用的重中之重。目前，仅有几种 MOF 材料的水热稳定性较好，其中包括 ZIF 类、MIL 类以及部分锆基的 MOF 材料。通过官能团设计，在 MOF 的制备过程中选用含有疏水基团的有机配体以制备本征疏水的 MOF 材料，是提高稳定性的一种思路。后处理则是提高 MOF 材料稳定性的另一种思路，但是在处理过程中应格外注意不破坏 MOF 初始的孔隙率和孔结构。

MOF 膜表面的亲疏水性是影响其在高湿度环境中的稳定性的主要因素。Yu 等人在实验中证明，采用 PDMS 涂层将 MOF 膜的表面由亲水转变为疏水可显著提高膜在高湿度环境中的稳定性，同时，可保证 MOF 的初始孔隙率和比表面积不受影响[49]。涂层的制备方法如图 3-40 所示，在一个密闭的玻璃容器中将 MOF 和 PDMS 共同加热至 235 ℃，PDMS 发生热解，热蒸汽在 MOF 表面沉积成膜，形成 PDMS 保护涂层。基于这种方法，选择 3 种稳定性较差的 MOF 材料（MOF-5、HKUST-1 以及 ZnBT）进行实验，涂层处理前，3 种 MOF 材料的初始水接触角均接近 0°，覆盖 PDMS 涂层后，MOF 材料的表面水接触角约为 130°。将涂层处理前后的 MOF-5 样品分别在 55% 相对湿度的空气中放置 2 天，并表征其结构变化，结果如图 3-41 所示。初始 MOF-5 晶体为典型的立方体形貌且表面光滑，如图 3-41（a，d）所示。在上述条件下放置 2 天后，从 SEM 表征图像可以看出无涂层处理的 MOF-5 晶体的表面被水分子严重腐蚀，出现大量裂纹，立方体形貌塌陷，如图 3-41（b）所示，而有 PDMS 涂层处理的 MOF-5 晶体的立方体形貌保持完好，如图 3-41（e）所示。从 XRD 表征结果可以看出，无涂层处理的 MOF-5 晶体放置 2 天后完全转变为 MOF-69c，而有 PDMS 涂层处理的 MOF-5 晶体的 XRD 谱未见明显变化，说明 PDMS 涂层可明显改善 MOF-5 的稳定性。

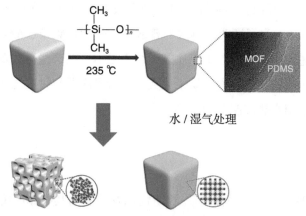

图 3-40　MOF 表面制备 PDMS 涂层以提高其在高湿度环境中的稳定性[49]

图 3-41　MOF-5 样品的结构表征[49]
（a，b）无涂层和（d，e）有涂层保护的 MOF-5 在湿度环境下放置 2 天前后的 SEM 图像（插图为对应的 TEM 图像）；（c）无涂层和（f）有涂层保护的 MOF-5 的 XRD 谱

Park 等人报道了通过简单加热在 IRMOF-1 的表面制备非晶碳保护层的方法，可有效避免其与水蒸气直接接触，从而抑制水解，该制备过程如图 3-42 所示[50]。

通过温度可控制非晶碳保护层的厚度，所采用的加热温度越高，非晶碳层越厚，保护效果越好。具有非晶碳保护层的 IRMOF-1 在空气中放置 14 天后仍保持初始的晶体结构和孔结构。

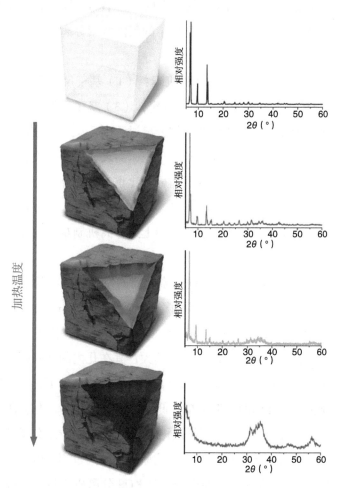

图 3-42　IRMOF-1 表面加热制备非晶碳保护层及相应的 XRD 谱[50]

3.3.4　金属有机框架材料在氢同位素分离中的应用

氘（D）不仅是核聚变反应堆的潜在能源，在重水核反应堆的中子减速器、非放射性同位素示踪、质子核磁共振光谱、中子散射技术中也有广泛的应用，同时在医疗成像、癌症诊断中有着不可替代的位置。自然界中氢同位素含量很低，D_2 的摩尔分数仅占地球上所有氢的 0.0184%，为了满足应用需求，需要进行 D_2

的制备和分离。氢同位素具有近乎相同的尺寸、形状和物化性质，目前用于氢同位素分离的技术十分有限，主要包括低温蒸馏和格德勒（Girdler）硫化反应，其中前者依托于不同氢同位素沸点的差异（H_2 的沸点为 20.3 K，而 D_2 的沸点为 23.7 K），后者依托于不同氢同位素的化学反应速率的差异。这两种方法的能耗大且分离系数不高，因此发展高效、低成本的氢同位素分离技术具有重要的现实意义。

多孔材料用于气体分离主要有 3 种机理：（1）基于尺寸和形状差异的分子筛分；（2）基于扩散系数差异的动力学分离；（3）基于吸附剂与分子间相互作用差异的热力学平衡分离。在传统的气体分离过程中，尺寸筛分效应发挥着主要作用，尺寸小于膜的孔尺寸的气体分子透过膜，而尺寸大的则被膜拦截，从而达到筛分效果。在经典力学中，轻质的气体分子比重的气体分子的扩散速率更快。基于此，分子质量差异较大的气体，如 H_2 和 CO_2 可实现有效的分离。对于同位素的分离而言，其近乎相同的理化性质使得上述分离机制难以发挥作用，实现同位素的分离依赖于体系中的量子效应。

图 3-43 为纳米多孔材料用于氢同位素分离的发展过程中的重要时间节点。1995 年，Beenakker 等人提出动力学量子筛分（Kinetic Quantum Sieving，KQS）的概念 [51]。当多孔材料的孔尺寸与氢同位素的德布罗意波长接近时，由于体系中的量子效应，气体同位素分子的零点能越大，其在孔内的平衡密度越低。由于重的同位素分子的零点能比轻的同位素分子小，在相同条件下，其平衡吸附量比轻的同位素分子大，在孔内的扩散势垒更低，会以更快的速率透过纳米孔。因此，基于二者扩散系数的差异，可实现不同同位素的分离。同位素分子的德布罗意波长的差异在低温下更加明显，因此基于上述原理的分离过程在低温下效果更好。体系的 KQS 效应对孔结构的依赖性很强，且 KQS 分离机制只有在极低温度下才表现出较好的选择性，分离过程条件苛刻，实际应用困难。

除了基于动力学扩散的筛分机理外，热力学效应也可用于氢同位素的分离。2013 年，Fitzgerald 等人报道了化学亲和量子筛分（Chemical Affinity Quantum Sieving，CAQS）效应 [52]。当气体分子与吸附剂之间存在强相互作用时，其将在孔壁上进行选择性吸附。此机理也可用于同位素的分离。通常，气相中的双原子分子有 6 个自由度（3 个平移、2 个旋转和 1 个振动）。当气体分子在某位点吸附时，除了垂直于吸附表面的振动外，其自由度都受到限制。氢同位素不同的零点能使其在活性位点的吸附焓有所差别，在活性位点处的吸附能越高，吸附焓的差异越大，吸附剂对同位素的选择效果越好，此现象即为 CAQS。与 KQS 效应相比，CAQS 对孔尺寸的依赖性减弱，且可在更高的温度下发挥作用。

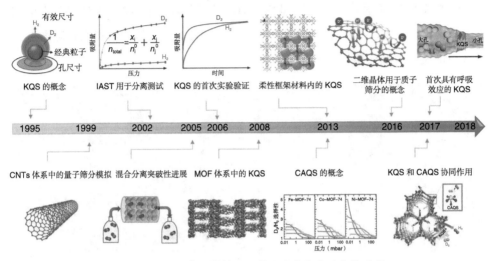

图 3-43　纳米多孔材料用于氢同位素分离的发展历程

目前，实验上已证实具有氢同位素分离潜力的多孔材料种类有限，主要包括多孔碳、沸石以及 MOF 和 COFs 材料。将多孔碳和沸石用于氢同位素分离的报道不多，且分离效率低。为了增强上述体系中的量子筛分效应，吸附剂通常需要在极端低温下工作。KQS 效应要求吸附剂的孔尺寸接近 H_2 的德布罗意波长且分布集中，CAQS 效应要求吸附剂内部有特定的选择性吸附位点。

MOF 材料具有规整的孔结构，通过结构设计可以精细地调控其孔尺寸。MOF 材料结构中的开放性金属位点可作为强吸附区域。通过开放金属位点的设计和官能团修饰可在分子尺度最大化体系中的量子筛分效应，因此 MOF 材料具有良好的氢同位素分离潜力。

1. MOF 体系中的动力学量子筛分

Chen 等人最早报道了双重多孔 MOF 骨架中的 KQS 效应，并将其用于氢同位素的分离[53]。$Zn_3(BDC)_3[Cu(Pyen)]$ 的结构中大孔的尺寸为 0.56×1.2 nm，此外还有不规则的小孔，如图 3-44（a）所示。在 77~87 K 的温度范围内，H_2 和 D_2 的吸附等温线显示 n_{D_2}/n_{H_2} 为 1.09~1.11，D_2 的吸附动力学明显快于 H_2。Kaneko

等人报道了 Cu(4,4′–bipyridine)$_2$(CF$_3$SO$_3$)$_2$（CuBOTf）体系中的 KQS 效应 [54]。在 CuBOTf 体系中存在两种一维纳米孔，小孔尺寸为 0.2 × 0.2 nm，没有筛分效果，而大孔尺寸为 0.87 × 0.87 nm，如图 3–44（b）所示。在 77 K 的温度下，H$_2$ 和 D$_2$ 的吸附等温线显示，D$_2$ 的吸附量均比 H$_2$ 的吸附量高约 13%，和理论模拟值相近，直接证明了 KQS 效应的存在。该体系对 D$_2$/H$_2$ 混合气体的选择系数随温度的降低而增大，说明低温下量子筛分效应更强。

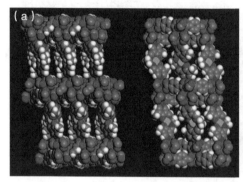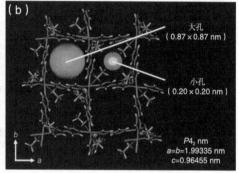

图 3–44　两种 MOF 材料的结构 [53, 54]
（a）Zn$_3$(BDC)$_3$[Cu(Pyen)]；（b）CuBOTf

　　吸附剂的孔结构对其同位素分离性能具有决定性作用。Oh 等人详细研究了 KQS 效应与多孔结构的孔尺寸之间的关系 [55]。ZIF–7、ZIF–8、COF–1 和 COF–102 的孔尺寸分别为 0.3 nm、0.34 nm、0.9 nm 和 1.2 nm，H$_2$ 和 D$_2$ 在 ZIF–7 中的吸附量很低，这是因为 ZIF–7 的孔尺寸过小，接近 H$_2$ 的动力学直径。D$_2$ 在其他 3 种材料中的吸附量均大于 H$_2$，且这一趋势随着温度的降低和孔尺寸的减小变得更为明显。由于孔尺寸过大，COF–102 中的量子筛分效应并不明显，在 19.5~70 K 的温度范围内及 0~1 bar 的压力下，n_{D_2}/n_{H_2} 仅略大于 1。随着孔尺寸的减小，量子筛分效应逐渐增强。上述实验表明，最佳的孔尺寸应为 0.3~0.34 nm，如图 3–45 所示。需要注意的是，所有数据均是在极低温度下的近真空环境中得到的，并不适合实际推广和应用。

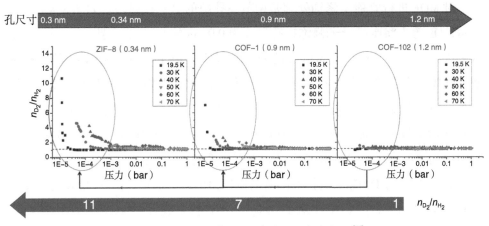

图 3-45　n_{D_2}/n_{H_2} 随 MOF 有效孔尺寸的变化[55]

2. 温度和呼吸效应调控的动力学量子筛分

　　某些 MOF 材料会随着所处环境中温度和压力的变化表现出明显的结构变化，该现象又称为呼吸效应。KQS 效应对孔尺寸的变化是高度敏感的，结构中原子或修饰分子的位置变化会直接影响材料的分离性能。通过调控环境的温度和压力来调控 MOF 材料的同位素分离性能也是一种思路。Teufel 等人报道了利用 MFU-4 结构中 Cl 原子位置的变化实现 D_2 的分离[56]。MFU-4 具有双重孔结构，大孔和小孔通过 4 个 Cl 原子形成边长为 2.52 Å 的周期性方形孔连接，如图 3-46（a）所示。理论计算结果表明，Cl 原子的位置以及与其相连接形成的孔隙大小会随着环境中温度的变化而改变。随着温度的升高，MFU-4 的气体吸附量有所增加，说明温度的升高可减小气体吸附的势垒。此外，在 70 K 的温度下，D_2/H_2 的单气体吸附比为 1.7∶1，而在 50 K 的温度下，D_2/H_2 的单气体吸附比增大至 4.1∶1。MFU-4 对 D_2/H_2 的选择系数随着测试温度的降低而增大，随着测试时间的延长而减小。在 60 K 的温度下，测试时间为 15 min 时，MFU-4 对 1∶1 D_2/H_2 的选择系数为 7.5，而测试时间为 60 min 时，选择系数降低为 3.7。该现象在温度升高时更加明显，在 70 K 的温度下，测试时间为 5 min 时，MFU-4 对 1∶1 D_2/H_2 的选择系数为 2.8，而测试时间为 15 min 时，选择系数降低为 1.4。在测试初期，D_2 的选择性吸附较为明显，选择系数高，随着测试时间的延长，体系逐渐到达平衡吸附态，导致体系的选择性下降。值得注意的是，实际的同位素分离过程应该是连续的，上述现象对其实际应用有较大的制约。

对 MOF 进行官能团修饰处理是调节膜孔隙的另一种思路。如图 3-46（b）所示，Oh 等人将吡啶分子修饰在孔尺寸为 0.9 nm 的 COF-1 框架内部，得到 py/COF-1，并研究了其对氢同位素的分离性能[57]。由于所得 py/COF-1 的结构致密，气体分子在其内部的扩散缓慢，在低温下的吸附等温线表现出明显的迟滞行为。环境温度发生变化时，上述迟滞的程度有所改变，说明 py/COF-1 的孔结构随环境温度变化而变化。20~40 K 时，py/COF-1 和 COF-1 对 D_2/H_2 的单气体吸附比测试结果证明吡啶分子可显著提高体系的工作压力。测试温度低于 30 K 时，py/COF-1 对 D_2/H_2 的选择性随着测试压力的增大而增大，在 22 K 的温度和 26 mbar 的压力下，py/COF-1 对 1∶1 D_2/H_2 的选择系数为 9.7。

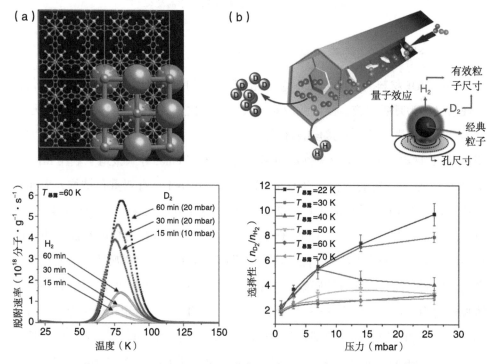

图 3-46　MFU-4 和吡啶分子修饰的 COF-1 的结构和分离性能[56]

（a）MFU-4 的晶体结构及其热脱附谱（60 K，D_2/H_2 混合气中暴露 15 min、30 min 和 60 min）；（b）吡啶分子修饰 COF-1 的孔道内壁结构及其在不同温度和压力下对 D_2/H_2 的选择性

除了温度，气体分子吸附也会引起 MOF 材料结构的变化。例如，伴随着 H_2 的吸附和脱附，MIL-53（Al）的孔结构会发生可逆变换，两相转变之间的中间状态，有可能发生显著的量子筛分[58]。在低温和真空环境下，MIL-53（Al）为小孔相，

对 H_2 表现出零吸附。随着压力的增大，H_2 的吸附造成显著的呼吸效应，MIF–53（Al）转变为大孔相，体系对 H_2 的吸附量显著增大。随着 MOF–53（Al）在 1∶1 D_2/H_2 中暴露时间的不同，其对 D_2/H_2 表现出不同的选择性和吸附容量。随着暴露时间的延长，D_2 的吸附容量上升。但当其完全发生相转变后，由于孔隙尺寸过大，MOF–53（Al）对 D_2 和 H_2 的吸附量均上涨，导致膜对 D_2/H_2 的选择系数下降。除了温度，压力也是影响其相转变的重要参数。低压下，MIF–53（Al）的孔隙较小，D_2 可选择性透过，而 H_2 的透过量很小，膜对 D_2/H_2 的选择性较高。当压力增大至 80 mbar 时，MIF–53（Al）的孔隙较大，D_2 和 H_2 均可透过，膜对 D_2/H_2 的选择性降低。

3. MOF 体系中的化学亲和量子筛分

KQS 效应仅在低温下较为明显，分离体系对工作环境的要求较为苛刻，而 CAQS 效应可在一定程度上降低体系对温度的要求。MOF 结构中的不饱和金属区域可作为选择性吸附位点，由于不同同位素分子吸附焓的差异，较重的同位素分子的选择性吸附更强，可实现分离效果。FitzGerald 等人在研究 H_2 与 MOF–74 族材料之间的相互作用时，首次提出重的同位素分子在吸附位点的吸附焓更高，并将该效应用于氢同位素分离 [52]。D_2 与不饱和金属 Fe、Co 和 Ni 的相互作用均强于 H_2，且金属位点的吸附强度越高，上述差异越大。在 Fe–MOF–74、Co–MOF–74 和 Ni–MOF–74 这 3 种 MOF 体系中，Ni–MOF–74 的筛分效果最好。

Oh 等人研究了 CPO–27–Co 中的 Co 吸附位点对氢同位素分离性能的影响 [59]。在 19.5~70 K 的温度范围内测试了 CPO–27–Co 对 H_2 和 D_2 的单气体吸附等温线。结果表明，在整个温度范围内，D_2 的吸附量始终高于 H_2，证明了 D_2 在 CPO–27–Co 结构内的吸附倾向。为了证明结构中的强结合位点是不饱和的 Co，对样品进行了低温脱附光谱测试，D_2 和 H_2 的脱附谱中均存在 3 个峰，分别对应 3 种强度不同的结合位点。D_2 的每一个峰均比 H_2 对应的峰温度高，说明二者在同一位点的结合能有所差别，CPO–27–Co 与 D_2 间的结合强度高于 H_2。此外，COF–1 和 CPO–27–Co 的孔尺寸相近，但结构中没有不饱和金属位点。COF–1 和 CPO–27–Co 对 D_2/H_2 的物质的量之比均在极低压力下取得最大值，且该值随着压力的增大而减小。COF–1 的物质的量之比随着测试温度的降低而增大，但是 CPO–27–Co 却呈现相反的变化趋势，说明结构中不饱和 Co 的存在决定体系的选择性与温度之间的关系。一般而言，KQS 效应在低温下更加明显，选择系数随着温度的降低而增大，但是 CPO-27-Co 的选择性却在温度稍高时更好，说明其结构中的不饱和 Co 对其选择性起主导作用。在 MOF 体系中引入不饱和金属位点，可增强 D_2 的选择性吸附，强化体系的 CAQS 效应，获得理想的 D_2/H_2 分离系数。

此外，CAQS 效应可在一定程度上提高 MOF 体系进行氢同位素分离时的工作温度。Weinrauch 等人报道了可在 100 K 的温度下分离 D_2/H_2 的 Cu-MFU-4l，其结构中有强金属结合位点 Cu（I），如图 3-47（a）所示[60]。在低温下，Cu（I）位点处的吸附机理是受动力学控制的，H_2 快速扩散至活性位点并与之结合，这将阻止扩散速率慢的 D_2 与活性位点结合，导致 Cu-MFU-4l 对 D_2 的选择性较低。当温度提高到 90 K 以上时，Cu（I）位点处的吸附机理是受热力学控制的，由于 D_2 和 H_2 吸附焓的差别，吸附剂宏观上是选择性吸附 D_2 的。即使是在 100 K 的温度下，Cu-MFU-4l 仍可获得对 D_2/H_2 高达 11 的选择系数。为了进一步优化 MOF 的氢同位素分离性能，Kim 等人对 MOF-74 的结构进行了设计和修饰，同时强化体系的 KQS 和 CAQS 效应[61]，如图 3-47（b）所示。为了使 CAQS 效应较为明显，选用具有高密度金属活性位点的 MOF-74-Ni，用不同量的咪唑分子对其孔进行修饰，以减小有效孔尺寸，增强体系的 KQS 效应。气体吸附/脱附实验显示，MOF-74-IMs 具有弱的滞回现象，说明在测试温度范围内存在着明显的 KQS 效应。需要注意的是，增加咪唑分子的修饰量会减少体系中的不饱和金属位点，弱化 CAQS 行为，因此咪唑分子的修饰量需要优化，以达到两种量子筛分最佳的协同作用。该实验证明，通过合理的设计和调控，可使两种量子筛分机制在同一体系中协同作用以达到更好的分离效果。

自 1995 年 KQS 效应被提出以来，多孔材料用于氢同位素分离取得了一定的进展。关于 MOF 材料用于氢同位素分离的研究主要有以下几个方面的结论。（1）MOF 材料的分离效果受其自身孔尺寸、所处温度和环境压力的影响，降低温度和压力有助于获得更好的分离效果。为了在体系中观察到明显的 KQS 现象，MOF 的有效孔尺寸应为 3.0~3.4 nm。（2）KQS 机理需要 MOF 在极端低温和低压下工作，不适合实际应用。可随外界压力的变化产生结构变化的 MOF 材料可在稍高的压力下获得最佳的选择系数，但仍需在极低温度下工作。（3）为了提高体系的工作温度，需要设计并在 MOT 结构中引入选择性吸附活性位点，以增强

CAQS 效应。在具有不饱和金属位点的 MOF 结构中，D_2 的吸附焓明显高于 H_2。基于此，可在更高的温度下实现 D_2/H_2 的分离。在 MOF 体系中可控引入并增强 CAQS 效应，可降低分离过程对温度和压力的依赖，对于用 MOF 材料进行氢同位素分离的实际应用具有重要意义。

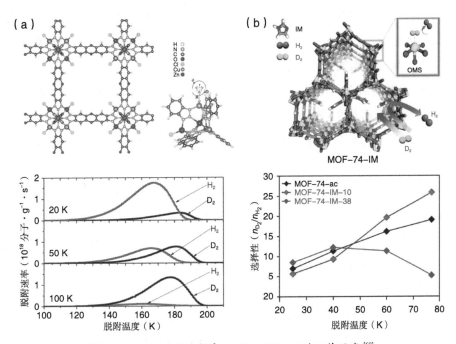

图 3-47　CAQS 效应提高 Cu(I)-MFU-4l 的工作温度[60]

（a）Cu(I)-MFU-4l 的结构及其热脱附谱（暴露于 D_2/H_2 混合气中）；（b）MOF-74-ac 和 MOF-74-IMs 对 D_2/H_2 的选择性（MOF-74-ac 为未修饰样品；MOF-74-IMs 包含 MOF-74-IM-10 和 MOF-74-IM-38，二者为不同 IM 占比的样本）

| 3.4　本章小结 |

H_2 的高效、低成本分离与提纯对于氢能的利用至关重要，高通量、高选择性 H_2 分离膜的研发是氢能实际应用中亟待解决的问题。商用的 H_2 分离膜多为聚合物膜，在高温、含水蒸气或腐蚀性化学品的环境中易发生溶胀，严重影响其服役时间，制约其应用的场合。开发高性能、成本低、稳定性好的新型膜材料一直是该领域的热点。

对膜进行减薄是降低其传质阻力从而提高膜通量最直接有效的手段,而单原子层即为膜厚度的极限。以石墨烯为代表的二维材料具有单原子层的厚度,此外,石墨烯强度大、比表面积大、孔尺寸分布集中,对于制备超薄、高性能膜很有潜力。将二维纳米片作为添加改性材料引入高分子膜内部,制备混合基质膜,是推进膜材料实际应用的另一种思路。得益于低传质阻力且具有选择性的纳米传输通道的引入,高分子膜的通量和选择性均可得到优化。

MOF 材料的种类丰富,结构多样,其本征有孔且孔结构高度可调,在气体分离领域具有很好的应用前景。减小膜的厚度是增大膜通量的有效手段,将 MOF 纳米片组装得到层状结构膜或将 MOF 作为纳米填充材料与聚合物基体组装得到混合基质膜的研究都已有成果。对于膜的另外一个重要评价指标是选择性,膜的孔结构是影响其选择性的决定性因素。MOF 材料的本征结构决定其孔尺寸高度可调,通过调节金属中心单元或配体,可以根据膜的应用场景和分离对象合理调控其尺寸。通过后处理调控 MOF 膜与目标分离物质之间的相互作用是优化膜选择性的一种思路。MOF 材料还可以与多种第二相结合制备 MOF 基复合膜。第二相可作为填充剂、修复剂等,在多方面优化 MOF 膜的性能,包括膜的选择性、透过性和结构稳定性。尽管 MOF 膜用于气体分离的研究已取得诸多进展,膜的大面积、低成本制备以及工作稳定性仍是非常棘手的问题,严重限制了其实际应用,仍需在上述方向上继续优化和改进。

从理化性质基本相同的氢同位素混合物中有效分离 D_2 和 H_2 是现代分离技术面临的一个重要挑战。目前,纳米多孔材料用于氢同位素分离的研究还处于实验验证阶段,很多实际问题需要解决。在实际应用中,吸附剂需要在高温下具有高的选择性,且其吸附容量也是需要考虑的问题。此外,吸附体系连续性工作的稳定性也至关重要。在温和条件下实现氢同位素混合物的高效分离对于 MOF 膜的实际应用具有深远的意义。

参考文献

[1] Bunch J S, Verbridge S S, Alden J S, et al. Impermeable atomic membranes from graphene sheets[J]. Nano Letters, 2008, 8(8): 2458-2462.

[2] Jiang D, Cooper V R, Dai S. Porous graphene as the ultimate membrane for gas separation[J]. Nano Letters, 2009, 9(12): 4019-4024.

[3] Du H, Li J, Zhang J, et al. Separation of hydrogen and nitrogen gases with porous graphene membrane[J]. The Journal of Physical Chemistry C, 2011, 115(47): 23261-23266.

[4] Jungthawan S, Reunchan P, Limpijumnong S. Theoretical study of strained porous graphene structures and their gas separation properties[J]. Carbon, 2013, 54: 359-364.

[5] Sun C, Boutilier M S H, Au H, et al. Mechanisms of molecular permeation through nanoporous graphene membranes[J]. Langmuir, 2014, 30(2): 675-682.

[6] Koenig S P, Wang L, Pellegrino J, et al. Selective molecular sieving through porous graphene[J]. Nature Nanotechnology, 2012, 7(11): 728-732.

[7] Zhang Y, Shi Q, Liu Y, et al. Hexagonal boron nitride with designed nanopores as a high-efficiency membrane for separating gaseous hydrogen from methane[J]. The Journal of Physical Chemistry C, 2015, 119(34): 19826-19831.

[8] Li H, Song Z, Zhang X, et al. Ultrathin, molecular-sieving graphene oxide membranes for selective hydrogen separation[J]. Science, 2013, 342(6154): 95-98.

[9] Chi C, Wang X, Peng Y, et al. Facile preparation of graphene oxide membranes for gas separation[J]. Chemistry of Materials, 2016, 28(9): 2921-2927.

[10] Kim H W, Yoon H W, Yoon S M, et al. Selective gas transport through few-layered graphene and graphene oxide membranes[J]. Science, 2013, 342(6154): 91-95.

[11] Ibrahim A, Lin Y S. Gas permeation and separation properties of large-sheet stacked graphene oxide membranes[J]. Journal of Membrane Science, 2018, 550: 238-245.

[12] Wang X, Chi C, Tao J, et al. Improving the hydrogen selectivity of graphene oxide membranes by reducing non-selective pores with intergrown ZIF-8 crystals[J]. Chemical Communications, 2016, 52(52): 8087-8090.

[13] Huang A, Liu Q, Wang N, et al. Bicontinuous zeolitic imidazolate framework ZIF-8 @ GO membrane with enhanced hydrogen selectivity[J]. Journal of the American Chemical Society, 2014, 136(42): 14686-14689.

[14] Jia M, Feng Y, Liu S, et al. Graphene oxide gas separation membranes intercalated by UiO-66-NH$_2$ with enhanced hydrogen separation performance[J]. Journal of Membrane Science, 2017, 539: 172-177.

[15] Wang D, Wang Z, Wang L, et al. Ultrathin membranes of single-layered MoS$_2$ nanosheets for high-permeance hydrogen separation[J]. Nanoscale, 2015, 7(42): 17649-17652.

[16] Achari A, Sahana S, Eswaramoorthy M. High performance MoS$_2$ membranes: effects

of thermally driven phase transition on CO_2 separation efficiency[J]. Energy & Environmental Science, 2016, 9(4): 1224-1228.

[17] Ostwal M, Shinde D B, Wang X, et al. Graphene oxide-molybdenum disulfide hybrid membranes for hydrogen separation[J]. Journal of Membrane Science, 2018, 550: 145-154.

[18] Peng Y, Li Y, Ban Y, et al. Metal-organic framework nanosheets as building blocks for molecular sieving membranes[J]. Science, 2014, 346(6215): 1356-1359.

[19] Peng Y, Li Y, Ban Y, et al. Two-dimensional metal-organic framework nanosheets for membrane-based gas separation[J]. Angewandte Chemie, 2017, 129(33): 9889-9893.

[20] Yang F, Wu M, Wang Y, et al. A GO-induced assembly strategy to repair MOF nanosheet-based membrane for efficient H_2/CO_2 separation[J]. ACS Applied Materials & Interfaces, 2018, 11(1): 990-997.

[21] Wang X, Chi C, Zhang K, et al. Reversed thermo-switchable molecular sieving membranes composed of two-dimensional metal-organic nanosheets for gas separation[J]. Nature Communications, 2017, 8: 14460.

[22] Liu Y, Ng Z, Khan E A, et al. Synthesis of continuous MOF-5 membranes on porous α-alumina substrates[J]. Microporous and Mesoporous Materials, 2009, 118(1-3): 296-301.

[23] Bux H, Liang F, Li Y, et al. Zeolitic imidazolate framework membrane with molecular sieving properties by microwave-assisted solvothermal synthesis[J]. Journal of the American Chemical Society, 2009, 131(44): 16000-16001.

[24] Guo H, Zhu G, Hewitt I J, et al. "Twin copper source" growth of metal-organic framework membrane: $Cu_3(BTC)_2$ with high permeability and selectivity for recycling H_2[J]. Journal of the American Chemical Society, 2009, 131(5): 1646-1647.

[25] Kang Z, Xue M, Fan L, et al. "Single nickel source" in situ fabrication of a stable homochiral MOF membrane with chiral resolution properties[J]. Chemical Communications, 2013, 49(90): 10569-10571.

[26] Huang A, Dou W, Caro J. Steam-stable zeolitic imidazolate framework ZIF-90 membrane with hydrogen selectivity through covalent functionalization[J]. Journal of the American Chemical Society, 2010, 132(44): 15562-15564.

[27] McCarthy M C, Varela-Guerrero V, Barnett G V, et al. Synthesis of zeolitic imidazolate framework films and membranes with controlled microstructures[J]. Langmuir, 2010, 26(18): 14636-14641.

[28] Ben T, Lu C, Pei C, et al. Polymer-supported and free-standing metal-organic framework membrane[J]. Chemistry–A European Journal, 2012, 18(33): 10250-10253.

[29] Nan J, Dong X, Wang W, et al. Step-by-step seeding procedure for preparing HKUST-1 membrane on porous α-alumina support[J]. Langmuir, 2011, 27(8): 4309-4312.

[30] Amo-Ochoa P, Welte L, González-Prieto R, et al. Single layers of a multifunctional laminar Cu (I, II) coordination polymer[J]. Chemical Communications, 2010, 46(19): 3262-3264.

[31] Li P Z, Maeda Y, Xu Q. Top-down fabrication of crystalline metal-organic framework nanosheets[J]. Chemical Communications, 2011, 47(29): 8436-8438.

[32] Wang H S, Li J, Li J Y, et al. Lanthanide-based metal-organic framework nanosheets with unique fluorescence quenching properties for two-color intracellular adenosine imaging in living cells[J]. NPG Asia Materials, 2017, 9(3): e354.

[33] Ding Y, Chen Y P, Zhang X, et al. Controlled intercalation and chemical exfoliation of layered metal-organic frameworks using a chemically labile intercalating agent[J]. Journal of the American Chemical Society, 2017, 139(27): 9136-9139.

[34] Huang X, Sheng P, Tu Z, et al. A two-dimensional π-d conjugated coordination polymer with extremely high electrical conductivity and ambipolar transport behaviour[J]. Nature Communications, 2015, 6: 7408.

[35] Makiura R, Motoyama S, Umemura Y, et al. Surface nano-architecture of a metal-organic framework[J]. Nature Materials, 2010, 9(7): 565-571.

[36] Stepanow S, Lingenfelder M, Dmitriev A, et al. Steering molecular organization and host-guest interactions using two-dimensional nanoporous coordination systems[J]. Nature Materials, 2004, 3(4): 229-233.

[37] Wang Y, Zhao M, Ping J, et al. Bioinspired design of ultrathin 2D bimetallic metal-organic-framework nanosheets used as biomimetic enzymes[J]. Advanced Materials, 2016, 28(21): 4149-4155.

[38] Zhao S, Wang Y, Dong J, et al. Ultrathin metal-organic framework nanosheets for electrocatalytic oxygen evolution[J]. Nature Energy, 2016, 1: 16184.

[39] Kang Z, Xue M, Fan L, et al. Highly selective sieving of small gas molecules by using an ultra-microporous metal-organic framework membrane[J]. Energy & Environmental Science, 2014, 7(12): 4053-4060.

[40] Huang A, Caro J. Covalent post-functionalization of zeolitic imidazolate framework ZIF-90 membrane for enhanced hydrogen selectivity[J]. Angewandte Chemie International Edition, 2011, 50(21): 4979-4982.

[41] Wang N, Mundstock A, Liu Y, et al. Amine-modified Mg-MOF-74/CPO-27-Mg membrane with enhanced H_2/CO_2 separation[J]. Chemical Engineering Science, 2015,

124: 27-36.

[42] Fu J, Das S, Xing G, et al. Fabrication of COF-MOF composite membranes and their highly selective separation of H_2/CO_2[J]. Journal of the American Chemical Society, 2016, 138(24): 7673-7680.

[43] Perez E V, Balkus Jr K J, Ferraris J P, et al. Mixed-matrix membranes containing MOF-5 for gas separations[J]. Journal of Membrane Science, 2009, 328(1-2): 165-173.

[44] Hu J, Cai H, Ren H, et al. Mixed-matrix membrane hollow fibers of $Cu_3(BTC)_2$ MOF and polyimide for gas separation and adsorption[J]. Industrial & Engineering Chemistry Research, 2010, 49(24): 12605-12612.

[45] Brown A J, Brunelli N A, Eum K, et al. Interfacial microfluidic processing of metal-organic framework hollow fiber membranes[J]. Science, 2014, 345(6192): 72-75.

[46] Cacho-Bailo F, Catalan-Aguirre S, Etxeberria-Benavides M, et al. Metal-organic framework membranes on the inner-side of a polymeric hollow fiber by microfluidic synthesis[J]. Journal of Membrane Science, 2015, 476: 277-285.

[47] Fan L, Xue M, Kang Z, et al. Electrospinning technology applied in zeolitic imidazolate framework membrane synthesis[J]. Journal of Materials Chemistry, 2012, 22(48): 25272-25276.

[48] Chen Y, Li S, Pei X, et al. A solvent-free hot-pressing method for preparing metal-organic-framework coatings[J]. Angewandte Chemie International Edition, 2016, 55(10): 3419-3423.

[49] Zhang W, Hu Y, Ge J, et al. A facile and general coating approach to moisture/water-resistant metal-organic frameworks with intact porosity[J]. Journal of the American Chemical Society, 2014, 136(49): 16978-16981.

[50] Yang S J, Park C R. Preparation of highly moisture-resistant black-colored metal organic frameworks[J]. Advanced Materials, 2012, 24(29): 4010-4013.

[51] Beenakker J J M, Borman V D, Krylov S Y. Molecular transport in subnanometer pores: zero-point energy, reduced dimensionality and quantum sieving[J]. Chemical Physics Letters, 1995, 232(4): 379-382.

[52] FitzGerald S A, Pierce C J, Rowsell J L C, et al. Highly selective quantum sieving of D_2 from H_2 by a metal-organic framework as determined by gas manometry and infrared spectroscopy[J]. Journal of the American Chemical Society, 2013, 135(25): 9458-9464.

[53] Chen B, Zhao X, Putkham A, et al. Surface interactions and quantum kinetic molecular sieving for H_2 and D_2 adsorption on a mixed metal-organic framework material[J].

Journal of the American Chemical Society, 2008, 130(20): 6411-6423.

[54] Noguchi D, Tanaka H, Kondo A, et al. Quantum sieving effect of three-dimensional Cu-based organic framework for H_2 and D_2[J]. Journal of the American Chemical Society, 2008, 130(20): 6367-6372.

[55] Oh H, Park K S, Kalidindi S B, et al. Quantum cryo-sieving for hydrogen isotope separation in microporous frameworks: an experimental study on the correlation between effective quantum sieving and pore size[J]. Journal of Materials Chemistry A, 2013, 1(10): 3244-3248.

[56] Teufel J, Oh H, Hirscher M, et al. MFU-4–a metal-organic framework for highly effective H_2/D_2 separation[J]. Advanced Materials, 2013, 25(4): 635-639.

[57] Oh H, Kalidindi S B, Um Y, et al. A cryogenically flexible covalent organic framework for efficient hydrogen isotope separation by quantum sieving[J]. Angewandte Chemie International Edition, 2013, 52(50): 13219-13222.

[58] Kim J Y, Zhang L, Balderas-Xicohténcatl R, et al. Selective hydrogen isotope separation via breathing transition in MIL-53(Al)[J]. Journal of the American Chemical Society, 2017, 139(49): 17743-17746.

[59] Oh H, Savchenko I, Mavrandonakis A, et al. Highly effective hydrogen isotope separation in nanoporous metal-organic frameworks with open metal sites: direct measurement and theoretical analysis[J]. ACS Nano, 2014, 8(1): 761-770.

[60] Weinrauch I, Savchenko I, Denysenko D, et al. Capture of heavy hydrogen isotopes in a metal-organic framework with active Cu(I) sites[J]. Nature Communications, 2017, 8: 14496.

[61] Kim J Y, Balderas-Xicohténcatl R, Zhang L, et al. Exploiting diffusion barrier and chemical affinity of metal-organic frameworks for efficient hydrogen isotope separation[J]. Journal of the American Chemical Society, 2017, 139(42): 15135-15141.

第 4 章

储氢新材料

H_2 在自然界中含量丰富、来源广泛，具有燃烧性能好、能量密度高、燃烧产物单一、可再生等优点，是一种理想的绿色能源。通常，氢以气态形式存在，具有密度小、易燃、易爆和易扩散的特点，这给氢能存储带来极大挑战。氢能存储是目前氢能推广的关键，也是氢能应用的技术难点，如何安全高效、高密度地储氢是开发、应用氢能亟待解决的难题。根据储氢原理的不同，储氢方式主要分为 3 种，即气态储氢、液态储氢和固态储氢。

气态储氢即高压储氢，是通过高压将 H_2 压缩并储存于高压容器中，其优点是可在常温下进行且充放速度快，缺点是存在储氢容量小、气体压缩耗能高、对高压容器材质要求高和容器破裂导致气体泄漏风险高等问题。

液态储氢即液化储氢，是通过低温技术使 H_2 液化后储存在容器中。由于液氢体积密度大，因而具有储氢容量大、容器体积小的优点。但也存在液化过程能耗高、对储氢容器材质要求高和泄漏风险高等问题，难以实现大规模应用。

固态储氢是通过物理或化学方式使储氢材料和氢结合来实现储氢。固态储氢的储氢密度大，在相同压力、温度条件下可达气态储氢的 1000 倍，且安全性高、运输便捷、储存成本低，是一种非常有潜力的储氢方式。因此，开发在室温下能够对 H_2 进行高密度存储的新型储氢材料是解决当前氢能存储难题的关键。

美国能源部公布的理想储氢技术标准包括含氢质量分数高、体积密度大、循环寿命长、安全性高、储氢成本低和充放氢速率快等。因此衡量储氢材料性能的标准主要有：储氢质量分数高、易活化；吸放氢动力学和热力学性能好；吸放氢可逆性好、滞后小、可循环使用寿命长、安全性高；原料储量大、成本低。

继气态储氢和液态储氢后，储氢合金的研究开启了固态储氢材料的新纪元，如 $LaNi_5$、Mg_2Ni、$TiFe$ 等二元合金。随着研究的不断深入，从二元储氢合金逐步发展到性能更优异的多元储氢合金、配位氢化物、有机化合物、新型碳基材料等新型固态储氢材料。

| 4.1 金属氢化物 |

金属氢化物，又称储氢合金。合金通过与 H_2 发生可逆化学反应实现储氢，可像海绵一样进行 H_2 的吸收和释放。金属氢化物具有储氢体积密度大、能耗低、安全系数高、储运方便且制备工艺成熟等优点，是当前研究最多、应用最广泛的一类储氢材料，主要包括镁系、过渡金属钒 / 钛 / 锆系和 RE 系储氢合金。

储氢合金的储氢机理如下：首先氢分子在合金表面吸附并被催化分解成 H 原子，由于 H 原子半径仅为 53 pm，可继续向合金内部扩散，进入金属原子间隙形成 α 相固溶体 MH_x，当固溶体氢饱和后，会与过剩的 H 原子进一步反应形成 β 相金属氢化物 MH_y，从而实现储氢。由于 H 原子存在于间隙位置，因而最大储氢容量由合金的间隙数目决定，储氢反应公式如下：

$$\frac{2}{y-x}MH_x + H_2 \leftrightarrow \frac{2}{y-x}MH_y \tag{4-1}$$

式中，x 表示固溶体的氢平衡浓度，y 表示合金氢化物中的氢浓度，在一般情况下 $y \geq x$。储氢合金在吸氢时放热，在放氢时吸热。氢以原子态储存在合金中，故储氢密度大，安全性好。

储氢合金在吸氢后形成的金属氢化物属于金属间化合物，其最简单的形式是 AB_xH_n，其中，A 元素表示对氢亲和力强的元素，是储氢合金的关键元素，通常是 RE 或碱土金属（如 Mg、Ca、Ti、V、Zr、La 等），倾向于和 H 原子形成稳定的氢化物，对储氢合金材料的储氢容量有决定作用。B 元素通常是过渡金属元素（如 Cr、Mn、Fe、Ni、Co、Cu、Zn、Al 等），与氢的亲和力弱，只能形成不稳定的氢化物，对储氢合金吸放氢的可逆性有决定作用，能调节生成热、分解压力。几种典型的储氢合金及其氢化物的晶体结构如图 4-1 所示。储氢合金对氢的吸收具有选择性，能大量吸收 H_2 而不吸收或极少吸收其他气体，兼具分离和提纯 H_2 的能力。

分组	储氢合金结构	金属氢化物结构	体积比（%）
A（BCC-V）	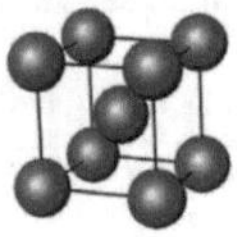	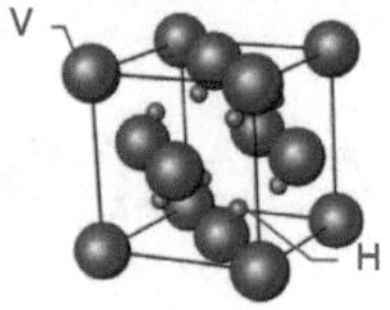 V H	35.5（V → VH$_2$） 30.9（V$_2$H → VH$_2$）
B（LaNi$_5$）	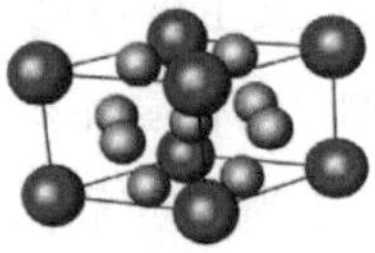	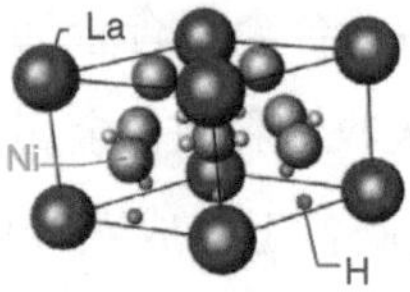 La Ni H	20.4（LaNi$_5$ → LaNi$_5$H$_6$）
C（TiMn$_2$）	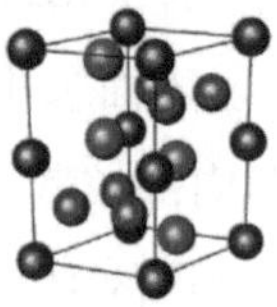	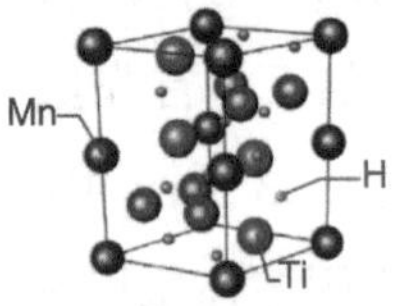 Mn H Ti	19.6（TiMn$_2$ → TiMn$_2$H$_{2.5}$）
D（TiFe）	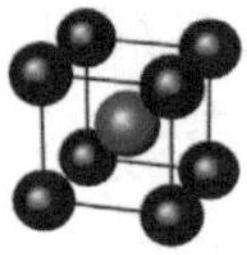	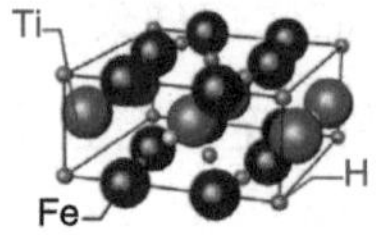 Ti H Fe	18.3（TiFe → TiFeH$_2$）

图 4-1　典型储氢合金及其氢化物的晶体结构 [1]

　　在储氢过程中，金属与氢的反应平衡用压力－组成－温度（Pressure–Composition–Temperature，PCT）曲线来表示。从 PCT 曲线中可获得金属氢化物的最大储氢容量和在一定温度下的分解压力值，如图 4-2 所示。在 α 固溶体和 β 金属氢化物的两相共存区，等温线出现平台，平台宽度决定储氢合金的储氢容量。从 α 相到 β 相的过渡是连续的，两相区的临界点温度为 T_c。在 β 相中氢的压力随浓度增加而急剧上升。PCT 曲线是评价储氢材料热力学性能的一个重要特性曲线，既可作为评价储氢合金吸放氢性能的指标，又可作为探索新储氢合金的依据。

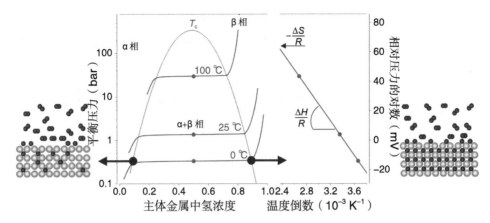

图 4-2　储氢合金的特性曲线（左图为 PCT 曲线；右图为范特霍夫曲线）[2]

如图 4-2 所示，取 PCT 曲线中绝对温度的倒数和平台的氢相对压力的对数作图，经线性回归后可得一条直线，即平衡压力 p_{eq} 与温度的关系，二者满足范特霍夫方程，如式（4-2）所示：

$$\ln\left(\frac{p_{eq}}{p_{eq}^0}\right)=\frac{\Delta H}{R}\cdot\frac{1}{T}-\frac{\Delta S}{R} \qquad （4-2）$$

式中，T 表示温度，单位为 K。R 为气体常数，为 8314 J·mol^{-1}·K^{-1}。p_{eq}^0 为环境压力。p_{eq} 与熵变 ΔS、焓变 ΔH 有关，该直线的斜率为生成焓与 R 的比值，截距为生成熵与 R 的比值。该式可为研究储氢合金吸放氢的过程提供理论指导。

H 原子在金属氢化物中的稳定性对储氢性能有重要影响，主要受相邻金属原子对应的氢化物稳定性的影响，氢化物稳定性越高则 H 原子在间隙中越能稳定存在。一般而言，电负性在 1.35~1.82 的所有元素都不能形成稳定的氢化物。

通常，储氢合金在形成金属氢化物之前需活化处理，即先将储氢合金置于高温高压的 H$_2$ 中，再进行减压抽真空，多次循环后可有效提高储氢合金的吸放氢性能。调控储氢合金的活化难易程度主要有两种途径：一种是通过球磨法或酸碱处理来移除合金表面的氧化层，暴露具有高催化活性的表面来提高活化性能；另一种是通过优化合金的基体性质，如相结构、晶格参数和均质化处理，降低金属原子和 H 原子形成氢化物时所需要克服的能垒。如图 4-3 所示，储氢合金种类众多，储氢性质主要由间隙 H 原子和金属原子之间的相互作用决定，因此其储氢性能很大程度上取决于合金的晶体结构，主要结构类型有 AB$_5$（如 CaCu$_5$ 结构）、

AB$_2$（如 Laves 相）、AB（如 CsCl 结构）、A$_2$B（如 AlB$_2$ 结构）和钒基固溶体等。根据储氢合金成分的不同，可分为镁基合金、过渡金属钛 / 锆 / 钒基合金和 RE 基合金这三大类，下面分别进行介绍。

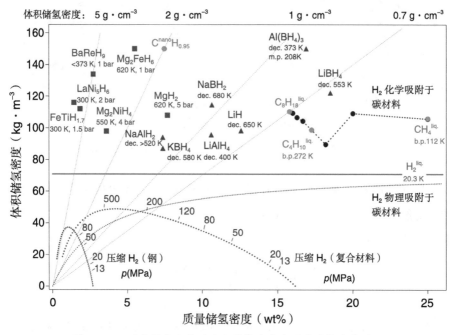

图 4-3　不同金属氢化物的体积储氢密度和质量储氢密度对比
★ 注：dec. 指爆裂温度；b.p. 指沸点；m.p. 指熔点；liq. 指液态。

4.1.1 镁基合金

　　镁基合金具有储氢容量高、成本低、密度低、地壳含量丰富（约 2.35%）、无污染等优点，是最有前途的一类固态储氢材料。纯镁的理论储氢容量为 7.6 wt%，但其吸放氢的速率较慢、形成的金属氢化物热力学稳定性高，因此放氢所需温度高，需要制备成镁基合金来改善性能。储氢合金的制备方法主要有熔炼法、粉末烧结法、扩散法、机械合金化法、氢化燃烧合成法等。镁基合金的家族非常庞大，镁元素可与众多金属元素，例如 RE 系金属（如 Ce、La）、非过渡金属（如 Al、Li、铟（In））和过渡金属（如 Ni、Co、Fe、Cu、Ag、Sc、Y）等形成合金。目前报道的镁基合金已超过 300 种，第二相金属对应的氢化物稳定性较低，能够降低 Mg-H 键的强度，提高整体储氢性能。根据结构的差异，镁基合金分为两大类：镁基金属间化合物和镁基固溶体合金。

1. 镁基金属间化合物

　　某些镁基金属间化合物能够进行可逆氢吸附（如 Mg-Ni 合金），而可逆性对于储氢合金的实际应用具有非常重要的意义。其中，Mg_2Ni 合金是一种非常典型的 Mg-Ni 系合金，其用于储氢的报道始于 1986 年，Reilly 等人通过熔炼法制备金属间化合物 Mg_2Ni。该合金具有六方晶系结构，与 H_2 发生反应可形成 Mg_2NiH_4 氢化物，在 300 ℃ /2 MPa 下的储氢容量可达 3.6 wt%。该 Mg-Ni 体系的储氢潜力被发现后，镁基合金受到广泛关注 [3]。然而，Mg_2Ni 合金的放氢温度和粉末电阻稳定性还有待进一步优化，在 Mg_2Ni 合金中引入第 3 种金属元素 M 来部分取代 Mg 或 Ni，构建得到 Mg_2Ni-M 储氢体系，可有效降低吸放氢的反应温度、增强反应动力学。M 元素的选择有很多种，如 Cu、Zn、Pd、Cr、Mn、Co、Zr、V 和 RE 元素等，在合金中的质量分数通常不超过 15 wt%。由于 Ni 和 RE 元素含量高或合金晶粒尺寸较大，Mg-Ni-RE 体系的储氢容量均低于 5 wt%，因此还需对其成分设计和制备工艺进一步优化，以获得尺寸细小的高储氢性能镁基合金。Huang 等人通过在球磨过程中加入控制剂，实现部分晶化的 Mg-Ce-Ni-Cu 金属玻璃的可控制备。少量纳米晶的引入可极大地提高合金的吸放氢性能，不但能增强氢吸收动力学，还能有效调控脱氢温度 [4]。

　　为实现对 Mg_2Ni 合金储氢热力学和动力学性质的双重调控，Ouyang 等人通过粉末烧结法和球磨法制备得到 $Mg_2NiIn_{0.1}$ 固溶体。该固溶体保留 Mg_2Ni 的晶体结构，In 元素的掺入会引起 Mg_2Ni 晶格的扩展，加速氢扩散，削弱 Mg-Ni 键强度，使 Mg_2Ni 的脱氢活化能从 80 kJ·mol^{-1} 下降至 28.9 kJ·mol^{-1}，焓变从 64.5 kJ·$(mol·H_2)^{-1}$ 下降至 38.4 kJ·$(mol·H_2)^{-1}$。由此可见，引入 In 元素不仅能改善 Mg_2Ni 的脱氢动力学，还可降低合金的热力学稳定性，为调控合金储氢热力学和动力学性质提供一种有效途径 [5]。

　　另一种具有储氢潜力的 Mg-Ni 系金属间化合物是 $MgNi_2$ 合金。$MgNi_2$ 也属于六方晶系结构，但其储氢性能不及 Mg_2Ni 合金优异，即使是加热到 350 ℃的多晶相态也几乎不与 H_2 反应，基本不具备氢吸收能力。然而，对 $MgNi_2$ 合金施加高压扭转则可使其具备储氢能力，高压扭转有助于降低晶粒尺寸和增加各向异性应变，H 原子储存在合金的晶界位置，储氢容量为 0.1 wt%[6]。此外，结构细化也有

助于诱导 $MgNi_2$ 储氢，球磨法得到的 $MgNi_2$ 纳米合金在室温下即可与 H_2 发生反应，储氢容量为 0.5 wt%[7]。

值得一提的是，Mg 和与其互溶性差的金属（如 Fe、Co）可以通过形成氢化物来储氢。Mg_2FeH_6 的储氢容量较高，储氢体积比容量可达 150 kg·m^{-3}，储氢质量比容量为 5.5 wt%。Mg_2FeH_6 是通过可逆反应（$2Mg + Fe + 3H_2 \rightarrow Mg_2FeH_6$）制备的，在放氢时可以重新生成 Mg 和 Fe 单质[8]。相似地，Mg_2CoH_5 也可通过类似的反应途径进行 H_2 的储存，储氢容量可达 4.5 wt%[9]。

在一些镁基合金中，储氢过程涉及的反应十分复杂，可能会发生一步或多步歧化反应。歧化反应是指合金中同一种元素，一部分被氧化，另一部分被还原的反应。由于歧化反应的产物 MgH_2 的稳定性强，因而会给后续的放氢过程带来困难。镁基合金中，能够发生一步歧化反应的代表性合金为 Mg-RE 系和 Mg- 过渡金属系合金，可能发生多步歧化反应的典型合金为 Mg-Ba、Mg-Ca 和 Mg-Ga 合金。

Mg 和镧系 RE 元素可以形成相对稳定的合金，自 20 世纪 80 年代以来，Mg-RE 系合金得到了越来越多的关注。虽然该体系合金的储氢性能较优，但由于 Mg 和 RE 元素与氢的结合都较强，因而氢脱附所需的温度较高，如 Mg_3La 合金具有 DO$_3$ 结构，储氢容量可达 4 wt%，工作温度为 300 ℃ [10]。采用球磨法制备小粒径 Mg_3La 合金，可将尺寸减小，进而增加合金的表面积和缺陷数，将储氢容量提升至 7.70 wt%[11]。此外，大多数具有 DO$_3$ 结构的 Mg_3RE 化合物都可通过感应熔炼法制备，如 Mg_3La、Mg_3Pr、Mg_3Nd 和 Mg_3Mm（Mm 含 56 wt%La、31 wt%Nd、5 wt%Ce、8 wt%Pr）合金，储氢容量分别为 2.89 wt%、2.58 wt%、1.95 wt% 和 2.91 wt%[12-14]。这些具有 DO$_3$ 结构的 Mg-RE 合金可在室温下发生氢化反应，在氢化作用后转变为面心立方结构，活化后原位生成的 REH_x 相有利于加速动力学反应，从而使 Mg-RE 合金表现出快速的氢化 / 脱氢动力学，在 Mg-RE 合金中掺入 Ni 或 Co 元素能进一步提升其动力学性能。

Mg- 过渡金属系合金（如 Mg-Cu 和 Mg-Ag 合金）同样会在储氢过程中发生一步歧化反应。Mg 与 Cu 可以形成 Mg_2Cu 和 $MgCu_2$ 两种化合物。Mg 元素在合金中的含量对其储氢性能有决定性的影响，$MgCu_2$ 在 350 ℃ /2.35 MPa 下几乎不能吸氢，而 Mg_2Cu 在 300 ℃ /2.15 MPa 下容易与氢反应，并通过歧化反应（$2Mg_2Cu + 3H_2 \rightarrow 3MgH_2 + MgCu_2$）生成两种产物[15]，这与 Mg_2Ni 氢化后只能形成 Mg_2NiH_4 不同。进一步提高合金中 Mg 元素的含量，即超过 Mg_2Cu 的正常组成时，Mg-

Mg$_2$Cu 合金的 PCT 曲线会出现双平台，表现出增强的储氢性能，与 Mg–Mg$_2$Ni 合金非常相似。当 Mg 含量达到 90.5 wt%，Cu 含量达到 9.5 wt% 时，氢与 Mg$_2$Cu 和 Mg 的反应分别形成上下平台，合金能够在低于 300 ℃ /3 MPa 下快速与氢反应。Mg$_2$Cu 的存在催化了 Mg 的氢化反应和 MgH$_2$ 的分解反应，使 Mg–Mg$_2$Cu 合金的储氢容量高达 6.62 wt%。类似地，Mg–Ag 合金在储氢过程中也会发生一步歧化反应（Mg$_3$Ag +2H$_2$ → 2MgH$_2$ + MgAg），增加 Mg 含量有助于提高储氢性能[16]。

对储氢过程中发生多步歧化反应的 Mg-Ba、Mg-Ca 和 Mg-Ga 合金来说，脱氢途径不止一种。Mg-Ba 合金的元素配比有多种，如 Mg$_{17}$Ba$_2$、Mg$_{23}$Ba$_6$ 和 Mg$_2$Ba 等。Wu 等人通过感应熔炼法制备 Mg$_{17}$Ba$_2$ 合金，并探究其储氢性能和相变机制，Mg$_{17}$Ba$_2$ 合金的储氢容量为 4.0 wt%，脱氢活化能为 173.92 kJ·mol^{-1}。由此推断，在脱氢过程中可能经历多级反应，即 MgH$_2$ 脱氢后形成 Mg；Ba$_2$Mg$_7$H$_{18}$ 脱氢转变为 Ba$_6$Mg$_7$H$_{26}$；最后 Ba$_6$Mg$_7$H$_{26}$ 再进行脱氢转变为 Ba$_2$MgH$_6$ 和 Mg$_{17}$Ba$_2$[17]。

Mg-Ca 合金体系中的主要代表为 CaMg$_2$ 合金。CaMg$_2$ 在储氢时先转变为 MgH$_2$ 和 Ca$_4$Mg$_3$H$_{14}$，然后，Ca$_4$Mg$_3$H$_{14}$ 再转变为 CaH$_2$ 和 Mg。CaMg$_2$ 在 450 ℃ 高温下的储氢容量可达 6.3 wt%，但室温下并不能吸氢。Ma 等人通过感应熔炼法在 CaMg$_2$ 中掺入少量 Ni 元素制备得到 CaMg$_2$Ni$_{0.1}$，实现了不需要活化过程的室温储氢，储氢容量可达 5.65 wt%[18]。

Mg-Ga 合金体系包含很多金属间化合物，如 Mg$_5$Ga$_2$、Mg$_2$Ga 和 MgGa 等。Mg-Ga 氢化物的脱氢过程分两步：首先，Mg$_2$Ga 和 MgH$_2$ 反应得到 MgH$_2$ 并释放 H$_2$（2Mg$_2$Ga + MgH$_2$ → Mg$_5$Ga$_2$ + H$_2$）；MgH$_2$ 再放氢（MgH$_2$ → Mg + H$_2$）。歧化反应不但有利于加速脱氢过程，还能有效降低脱氢焓变。该合金体系的脱氢焓变和活化能分别为 68.7 kJ·(mol·H$_2$)$^{-1}$ 和 149 kJ·mol^{-1}，表现出优异的储氢性能[19]。形成金属间化合物是提升镁基合金储氢性能的一种有效手段，但也存在不足之处，如重金属元素会导致储氢容量下降、氢化反应中 Mg 与其他金属的键断裂会使得合金的储氢可逆性变差、金属间化合物在脱氢过程中的焓变比较大等问题。

2. 镁基固溶体合金

构建镁基固溶体合金也是一种提升储氢性能的有效策略，通过对 Mg 的结构和组成进行调控，虽然可能牺牲其储氢容量，但能实现对储氢材料的热力学稳定性的有效调控。固溶体合金是指溶质原子溶入溶剂的晶格中而仍能保持溶剂晶体结构的合金相。Cd 可在 Mg 中无限固溶。基于此，Skripnyuk 等人通过高能球磨法制备 Mg_3Cd 固溶体，该固溶体表现出良好的加氢动力学，可逆储氢容量为 2.8 wt%。通过 Cd 在 Mg 结构中的扩散可调节氢化反应的活化能。在加氢过程中，多余的 Cd 会受到氢化物相的排斥，在 MgH_2 晶粒上或晶粒之间形成 MgCd 和其他富 Cd 相[20]。

在 Mg-In 二元相图中，在较大温度范围内，In 在 Mg 中的溶解度都大于 10 at%，Mg-In 固溶体的可逆形成有利于调节 MgH_2 的脱氢热力学。虽然 $Mg_{0.95}In_{0.05}$ 固溶体的储氢容量可达 5.3 wt%，但其吸放氢动力学的过程非常缓慢。Lu 等人提出通过烧结法和球磨法可制备三元 $Mg_{90}In_5Cd_5$ 固溶体合金，加氢过程为 $Mg_{90}In_5Cd_5 + 70H_2 \rightarrow 70MgH_2 + 5MgIn + 5Mg_3Cd$，会形成 MgH_2、MgIn 和 Mg_3Cd，可逆储氢容量为 4.3 wt%。第 3 种元素的引入可提升合金的吸氢动力学，使加氢活化能下降至 61.0 $kJ \cdot mol^{-1}$，但由于 In 和 Cd 在 MgH_2 中会长距离扩散，导致合金的脱氢速率较慢[21]。

镁基合金作为一类重要的储氢材料，具有储氢容量高、成本低、无污染等优点，但也存在氢化物稳定性强和吸放氢温度过高等缺点，距离大规模应用还存在一定差距。镁基储氢合金的性能优化方法主要有纳米结构化、合成亚稳相、掺杂催化剂、调控合金成分、形成纳米复合合金和采用新型制备技术等。

镁基合金的纳米结构化有助于提高缺陷密度，包括晶粒/相间边界、位错和堆积层错等。合金粒径减小能缩短氢扩散的路径，增大合金的比表面积，增加金属氢化反应的形核位点数，在不增加成本、不降低储氢容量的前提下优化材料的吸放氢动力学。额外引入的边界和表面也可能降低 Mg-H 体系的反应焓，即纳米结构化可对储氢反应的动力学和热力学性能进行双重调控。球磨法是实现储氢纳米合金结构化的常用方法，具有简单易操作、适用性广的优点。目前，新型纳米结构化策略也正逐步被开发。Zhang 等人提出采用微胶囊化纳米约束法实现镁基合金的纳米化制备，通过氢化化学气相沉积法将均匀分散的 Mg_2NiH_4 单晶纳米颗粒固定在石墨烯表面[22]。Mg_2NiH_4 纳米颗粒脱附氢后形成半空心结构的 Mg_2Ni，脱氢活化能仅为 31.2 $kJ \cdot mol^{-1}$，表面的 MgO 层不但能有效分离纳米颗粒，避免在氢吸附和脱附过程中形成团簇，使材料具有优异的热力学和机械稳定性，还具有选择透气性，避免 Mg_2NiH_4 纳米颗粒的氧化。

合成亚稳相也有利于改善镁基合金的动力学性能，如添加过渡金属有利于稳定合金结构。Li 等人系统地总结了具有体心立方（Body-Centered Cubic，BCC）晶体结构的镁基亚稳态纳米合金的储氢性能。这种亚稳态纳米合金的独特之处在于其晶格结构不随氢吸收和释放发生明显变化，具有优异的低温动力学性能和超高的储氢容量[23]。

催化剂的添加可以显著降低反应能垒，提高加氢和放氢的反应速率，是提高镁基合金的储氢反应动力学的一种可行途径。过渡金属、金属氧化物、金属间化合物和碳材料等能在温和条件下进行吸氢反应的材料都可作为掺杂的催化剂。Ismail 通过球磨 MgH_2 和 $LaCl_3$ 的混合物，探究了添加 $LaCl_3$ 对 MgH_2 储氢性能的影响。$LaCl_3$ 的引入在加热过程中可形成 Mg-La 合金和 $MgCl_2$，使脱氢温度降低 50 ℃，活化能下降 23 kJ·mol^{-1}，在 300 ℃时 2 min 内使加氢容量从 3.8 wt% 提升至 5.1 wt%，同时使脱氢量提升至 4.2 wt%，有效增强了 MgH_2 的储氢动力学性能[24]。

构建纳米复合合金是指将镁基合金与其他具有良好储氢动力学性能的合金进行复合，两种组分在吸氢和放氢过程中能同时发挥作用，表现出协同增强的效果，进而获得优异的储氢性能。Liu 等人通过超声混合 Mg 和 5 wt% 的 $LaNi_5$ 纳米颗粒获得 Mg-$LaNi_5$ 纳米复合物，在吸放氢过程中会进一步转化为 Mg-Mg_2Ni-LaH_3 纳米复合物，Mg_2Ni 和 LaH_3 的催化作用和转变过程的尺寸缩减效应使该复合物表现出良好的氢吸附动力学，在 200 ℃时 5 min 内可吸附 3.5 wt% 的 H_2，在 400 ℃时的储氢容量高达 6.7 wt%[25]。

在镁基合金中添加其他元素（如 Si、Al、Ge 等），能与 Mg 结合形成多种稳定相，进而改变反应通路，降低合金的脱氢焓变。Lu 等人探讨了 Mg-In-Ni 三元合金体系的储氢性能及其在吸放氢过程中发生的结构转变，研究了成分变化对动力学和热力学性质的影响机理。结果表明，在 $Mg_{14}In_3Ni_3$ 和 Mg_2InNi 中存在可逆的氢致相变，在氢化过程中 $Mg_{14}In_3Ni_3$ 会转变为 MgH_2 和 Mg_2InNi。该变化在脱氢过程中完全可逆，$Mg_{14}In_3Ni_3$ 的脱氢焓变和活化能分别为 70.1 kJ·$(mol·H_2)^{-1}$ 和 78.5 kJ·mol^{-1}，最低脱氢温度可低至 230 ℃。这是因为 Ni 的氢化物高度不稳定，在 Mg-In 合金中添加 Ni 元素能够显著改善 Mg(In) 二元固溶体的储氢热力学和动力学性能[26]。

新型的储氢合金制备技术不断被开发，如反应机械球磨法、薄膜技术、氢等离子体金属反应法、氢化化学气相沉积法、熔体纺丝法、严重塑性变形法、化学还原法和电化学沉积法等。制备方法的改进有助于细化晶粒尺寸、增加缺陷位点数量，提高合金的储氢反应活性和储氢容量，并降低合金储氢时对反应条件的要求，对实现储氢合金的大规模工业化应用具有深远影响 [7]。

4.1.2 过渡金属钛 / 锆 / 钒基合金

过渡金属合金也是储氢合金的重要组成部分，主要包括钛基、钒基和锆基合金，储氢机理也是通过合金与氢形成金属间氢化物进行储氢。

1. 钛基合金

钛基合金即 Ti 元素和其他金属元素形成的合金，包含 Ti-Fe、Ti-Cr、Ti-Mn、Ti-Zr、Ti-Ni 等，以 AB 型的 Ti-Fe 合金为典型代表。Ti-Fe 合金具有成本低、制备方便、储氢容量较高、循环稳定性强、反应迅速等优点，可在室温下吸放氢的特性使其具有广阔的应用前景。Ti-Fe 合金具有 CsCl 型结构，氢化反应分为两步进行：先生成 β 相氢化物 $TiFeH_{1.04}$，再进一步反应生成 γ 相氢化物 $TiFeH_{1.95}$，最大储氢容量为 1.8 wt%。钛基合金在储氢时也面临一些问题：合金表面易形成致密的氧化钛保护层，给合金的活化过程带来阻碍，需要严苛的高温高压活化条件；吸放氢过程中存在滞后现象，易受 H_2O、O_2 等气体杂质毒化。上述问题目前主要通过元素掺杂和表面处理来解决。

采用 Ni、Cr、Co、Mn 等过渡金属元素部分取代 Ti-Fe 合金中的 Fe 元素，能够改变合金的相结构和晶格参数，降低氢化反应的能量要求，从而改善合金的活化性能。比如，Mn 元素部分取代 Fe 元素得到的 $TiFe_{0.85}Mn_{0.15}$ 合金比 Ti-Fe 合金更稳定，活化过程也更容易进行。Modi 等人提出一种简单的活化方法，将 $TiFe_{0.85}Mn_{0.15}$ 合金置于空气中氧化 2 h 后再于 300 ℃ /3 MPa 下进行热处理活化，如图 4-4 所示。在空气中，合金表面被完全氧化。热处理时，Fe 元素被还原，会在合金表面形成新的反应通路，促进 H 原子向合金内部扩散 [27]。此外，RE 元素也可以实现 Ti-Fe 合金活化性能的提升，与过渡金属不同的是，RE 元素以微小颗粒状存在于合金中。在 Ti-Fe 合金中掺入混合稀土金属（Misch metal，Mm），Mm 在室温下就可进行氢吸收，氢化物形成后会在合金内产生大量的微裂纹，极大地加速氢的扩散和氢化反应，使合金在室温下通过 2~3 个吸放氢循环即可完成活化 [1]。

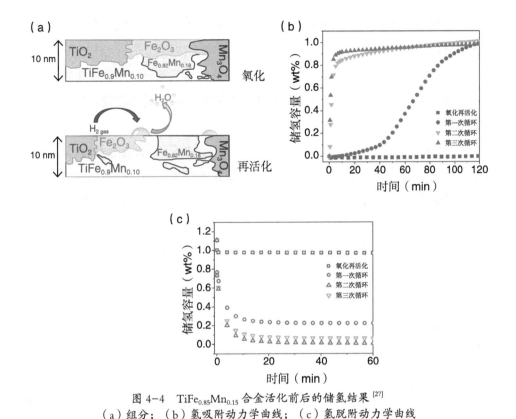

图 4-4　$TiFe_{0.85}Mn_{0.15}$ 合金活化前后的储氢结果[27]
（a）组分；（b）氢吸附动力学曲线；（c）氢脱附动力学曲线

对合金进行表面修饰能有效解决 Ti-Fe 合金易受杂质气体毒化的问题。在 Ti-Fe 合金表面包覆能催化解离氢分子的金属层，可有效防止合金毒化，提高其储氢性能和延长其使用寿命。Davids 等人通过金属 - 有机化学气相沉积法在 Ti-Fe 合金表面沉积 Pd 保护层，将前驱体乙酰丙酮钯和 Ti-Fe 合金粉末混合后进行热分解，形成 Pd 纳米颗粒组成的覆盖层。修饰后的合金表面对 H_2 解离的催化活性显著提高[28]。

2. 钒基合金

钒基合金主要是指具有 BCC 晶体结构的钒基固溶体合金，主要包括 Ti-V-Cr、Ti-V-Mn、Ti-V-Ni、Ti-V-Fe 等，具有储氢容量高、可在室温下吸放氢、储氢反应速率快等优点，以及熔点高、制备成本高、表面容易生成氧化膜、活化难度较大等缺点。钒基合金在氢化反应后形成 β 相氢化物 VH/VH_2，在吸氢饱和后生成 γ 相氢化物 VH_2。VH_2 的理论储氢容量为 3.8 wt%，但由于 VH 的稳定性很高，在常温常压下不能彻底放氢，导致放氢难度大，限制了钒基合金储氢性能的充分发挥。

通过元素的添加或替换来改变合金组分，是提高钒基合金储氢性能的有效手段。V 的价格昂贵，引入其他金属元素不仅能够降低成本，还能调控储氢性能。目前，一系列钒基合金体系得以制备，储氢性能不断提升。Ti、Nb、Ta、Mo、Cr 等都可溶于 V 形成二元固溶体合金，其中具有 BCC 晶体结构的 V-Ti 合金是研究最多的，Ti 的加入可降低合金的解离压力，但会形成稳定的二氢化物，提高反应熵。虽然 Ti-V 合金的加氢性能很优异，但是较低的循环稳定性严重限制了其实际应用。

为延长 Ti-V 合金的循环寿命，通常会添加其他元素（如 Cr、Fe、Al、Si、Zr、Co、Ni、Mn 等）来形成三元或四元合金。其中，应用最广泛的是 V-Ti-Cr 合金，合金中 V 元素的含量对合金的循环稳定性至关重要，在不影响储氢能力的前提下，Cr 元素的加入能使合金表现出良好的循环稳定性和抗粉化性。Song 等人研究了 V 含量和 Mn、Ni 元素对 Ti-V-Cr 固溶体合金组织和吸放氢性能的影响，V 含量的增加，可提高合金的吸放氢性能，PCT 曲线上的压力平台也变得更明显，并逐渐向低压水平移动。添加少量 Mn 和 Ni 元素可以提高平台压力和吸氢性能，但对合金的吸氢动力学影响不大 [29]。对于 V 含量较低的 V-Ti-Cr 合金，还可以通过加入 Fe 元素来增强其循环稳定性。Aoki 等人证实仅添加 1 at% 的 Fe 元素也能显著提升 $Ti_{12}Cr_{23}V_{65}$ 合金的循环稳定性，$Ti_{12}Cr_{23}V_{64}Fe_1$ 合金在循环 100 次后的储氢容量可以保持 97%，远高于不添加 Fe 元素时的 88%。这是因为 Fe 元素能够抑制晶格应变的产生和晶粒尺寸的减小，从而提高合金的循环稳定性 [30]。

RE 元素也可增强钒基合金的储氢性能。Chen 等人为提高合金的储氢容量并延长循环寿命，采用 Hf 元素部分取代 $Ti_{23}V_{40}Mn_{37}$ 合金中的 Ti 元素。随着 Hf 含量的增加，合金的氢吸放性能和循环稳定性都显著提高。当 Hf 含量为 4 at% 时，该合金在 20 ℃下的储氢容量为 1.88 wt%，20 个循环后储氢容量的保持率为 93.3%[31]。

3. 锆基合金

锆基合金具有储氢容量高、吸放氢反应速率快、易活化等优点，但也存在成本高和循环稳定性差的缺点。锆基储氢合金的相结构很丰富，如 C14、C15、C36、Laves 相和 BCC 晶体结构等，Laves 相锆基合金主要包含 Zr-V 系、Zr-Cr 系和 Zr-Mn 系。这类合金主要以 AB_2 型的 $ZrMn_2$ 为代表，$ZrMn_2$ 的氢化物很稳定，理论储氢容量为 2 wt%。

部分取代组成元素是提高锆基合金储氢性能的一种有效手段，不仅可以优化储氢性能，还可以有效降低成本。一方面可以用 Ti 元素取代部分 Zr 元素，减小晶胞体积并延长合金的循环寿命；另一方面可采用 Fe、Co、Ni、V、Al 等金属部分取代 Mn 元素，在 $ZrMn_2$ 合金中存在两种 Mn 位点，这些取代元素会随机占据两种位点。Yao 等人通过 V 元素部分取代 Mn 元素，制备得到 $ZrMn_{2-x}V_x$（$x = 0$、0.4、0.6 或 0.8）和 $ZrMn_{1.4-y}V_{0.6}$（$y = 0$、0.2 或 0.4）合金，并研究组分变化对合金微观结构、氢化动力学、吸放氢热力学和循环稳定性的影响。结果表明，所有合金都含有主相 $ZrMn_2$ 和少量杂质相。V 元素取代 Mn 元素会引起晶格参数变大，导致 200 ℃下的放氢平衡压力从 0.3 MPa（$ZrMn_2$–H）降到 0.008 MPa（$ZrMn_{1.2}V_{0.6}$–H），反应焓从 43.29 kJ·(mol·H_2)$^{-1}$ 变为 60.38 kJ·(mol·H_2)$^{-1}$。经过 20 次循环，$ZrMn_{1.2}V_{0.6}$ 合金依然能够保持 1.63 wt% 的稳定储氢容量[32]。Yoshida 等人分别采用 Ti 和 V 元素来部分取代 $ZrNi_{1.3}Mn_{0.7}$ 合金中的 Zr 和 Mn 元素，并研究取代元素对合金结构和氢吸放能力的影响。结果表明，当同时取代 Ti 和 V 元素时，会形成 C14 相。Ti 含量增加会导致晶格参数降低和平台压力增加，而 V 含量增加则引起相反的结果。同时取代法有助于实现对合金晶格参数和平台压力的精准调控，平台压力越小则对应的合金储氢容量越高[33]。

4.1.3 稀土基合金

RE 基储氢合金具有能量密度高、易活化、吸放氢条件温和、对杂质气体不敏感、储氢容量高等优点，同时存在价格昂贵、循环寿命短、吸氢后晶胞体积易膨胀、合金易粉化等缺点。RE 基储氢合金主要以 AB_5 型金属间化合物为代表，其中 A 代表 RE 金属，B 多为 Ni 元素。其中，研究最为广泛的 $LaNi_5$ 合金已应用于商业化 Ni–MH 电池的负极材料。$LaNi_5$ 合金的结构为 $CaCu_5$ 型，氢化后生成 $LaNi_5H_6$，在 25 ℃ /0.2 MPa 下的储氢容量为 1.38 wt%。由于 $LaNi_5$ 合金的循环稳定性差，储氢容量衰减太快，因而在 Ni–MH 电池的实际应用中存在困难。储氢合金在循环储氢过程中发生的性能退化可能源于外部降解和内部降解，其中外部降解能够通过调节外部条件得到缓解，但内部降解主要是发生歧化反应、非歧化反应或形成稳定化合物所引起的，目前仍是一个待解决的难题。

采用 Mm 元素如 La、Ce、Nd 和 Pr 等，部分取代 $LaNi_5$ 合金中的 La 元素能够有效提高 LaNi$_5$ 合金的循环稳定性。在 LaNi$_5$ 合金中，La 的质量分数越高则初始储氢容量越高，但容量衰减越快，循环使用寿命越短。成分改变会引起 LaNi$_5$ 合金结构的变化，如 Ce 元素部分取代 La 元素后虽能保持初始的晶体构型，但 Ce 的原子半径小于 La，会使晶胞体积减小，从而影响合金的储氢稳定性。Tarasov 等人对比了 LaNi$_5$ 合金和 La$_{0.5}$Ce$_{0.5}$Ni$_5$ 合金的循环稳定性的差异，Ce 元素部分取代 La 元素会使 La$_{0.5}$Ce$_{0.5}$Ni$_5$ 合金中金属原子间结合能增加，降低储氢过程中歧化反应的热力学驱动力，有效抑制歧化反应的发生，提高储氢循环稳定性[33]。采用单一的 Ce、Nb、Pr 元素替代 LaNi$_5$ 合金中的部分 La 元素会使晶胞体积减小，但当这些元素同时替代部分 La 元素时，由于各元素间存在相互作用，因而会增加 LaNi$_5$ 合金的晶胞体积，提高其抗粉化能力并增强合金的结构稳定性。Mm 掺杂 LaNi$_5$ 合金不但可显著提高合金储氢性能的稳定性，还能降低成本，对实际储氢应用意义重大，但也存在导致合金吸放氢的平衡压力变大的负面影响。

采用过渡金属（如 Al、Fe、Cr、Cu、Ag、Co 等）部分取代 LaNi$_5$ 合金中的 Ni 元素，可在提升合金的储氢循环稳定性的同时，降低合金吸放氢过程的平衡压力。Al、Co、Cu、Fe 等的原子半径大于 Ni 原子，因而能够增大晶胞体积，减少合金储氢过程中的体积膨胀，提高合金的抗粉化能力，减少合金成分的析出，从而提高合金的结构和成分的稳定性，有效改善其储氢循环稳定性。Liu 等人在 Ar 气氛中通过电弧熔炼一定比例的 La、Ni 和 Al 单质，制得 LaNi$_{5-x}$Al$_x$（$x = 0$、0.25 或 0.5）合金。LaNi$_5$ 合金在循环过程中产生应变和金属原子错位，导致晶体结构破坏和储氢性能退化。随着循环次数增加，吸放氢平台逐渐倾斜。由于 Al 原子的半径较大，能降低晶格在吸氢过程中的体积膨胀并阻止循环过程中的原子迁移，因此 Al 元素的添加量越大，合金的初始循环降解率越低，循环稳定性越好，如图 4-5 所示[34]。

由于掺杂元素作用机理不同，同时掺入两种或多种元素分别替换 La 和 Ni 元素能有效提高 LaNi$_5$ 合金的综合储氢性能。Zhu 等人研究了 La$_{5-x}$Ce$_x$Ni$_4$Co（$x = 0.4$ 或 0.5）和 La$_{5-y}$Y$_y$Ni$_4$Co（$y = 0.1$ 或 0.2）合金中 Ce 和 Y 元素对其循环稳定性和平衡压力的影响。Co 元素是延长 LaNi$_5$ 合金循环寿命的常用元素，当掺入 Ce 和 Y 元素后，合金仍能保持 CaCu$_5$ 型晶体结构，但其晶胞体积减小、各向异性提高，相应地，抗粉化能力提升，结构稳定性得到优化。Ce 元素能增加储氢容量，La$_{4.5}$Ce$_{0.5}$Ni$_4$Co 合金的储氢容量在 40 ℃下时最高为 1.54 wt%，1000 个吸放氢循环后储氢容量保持率为 96%，平衡压力平台滞后小、高原期长，在氢压缩机中具有广阔的应用前景[35]。

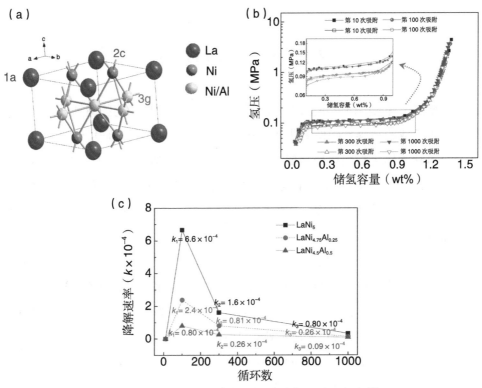

图 4-5 LaNi$_{4.5}$Al$_{0.5}$ 合金的结构与储氢性能（70 ℃）[34]
（a）晶体结构；（b）循环 PCT 曲线；（c）循环降解结果（k_1、k_2、k_3 分别表示经历 100、300、1000 次循环后的降解率）

合金颗粒尺寸对其储氢性能也有重要影响，颗粒尺寸的减小有助于加快合金储氢反应的动力学，同时会引起晶格缺陷的增多，造成合金储氢反应平衡压力的增大。实际生产中，LaNi$_5$ 合金的常用制备方法为熔炼铸锭法和熔体快凝法，用这两种方法制备得到的合金晶粒尺寸较大。Liu 等人分别采用燃烧沉淀法和氢氧化钙还原法制备得到尺寸为 170 nm 和 250 nm 的 LaNi$_5$ 纳米颗粒，颗粒尺寸的减小可显著地增强反应动力学，可在数分钟内实现完全氢脱附，并且 LaNi$_5$ 纳米颗粒在储氢循环过程中的形貌不会变化。由于晶格缺陷增加，纳米级 LaNi$_5$ 在平衡压力上表现出较大的氢吸收和解吸滞后，但反应焓和反应熵不会发生明显改变[36]。此外，表面处理也是改善 RE 基储氢合金的重要手段，如酸 / 碱处理、表面包覆处理等，均有助于提升储氢循环稳定性。

| 4.2 配位氢化物 |

新型储氢材料的研究重点之一是开发高性能、轻质的氢化物储氢材料，即由轻质元素组成的高容量配位氢化物，其理论储氢质量比容量高达 5~19 wt%。金属配位氢化物储氢材料由碱金属（如 Li、Na、K）或碱土金属（如 Mg、Ca）与ⅢA 主族的元素（如 B、Al）组成。传统金属氢化物主要由重金属组成，存在储氢质量比容量低的缺点，而金属配位氢化物则由 Li、Al 等轻金属组成，可显著提高储氢质量比容量，并且具有高储氢密度，可在温和条件下脱氢，对实际应用具有重要意义。在储氢应用中，金属配位氢化物可能分解为高稳定的成分，不利于氢燃料动力设备的燃料补给。这是因为金属配位氢化物在氢循环中的热力学稳定性较高，反应动力学较缓慢，通过元素取代掺杂、添加反应性氢化物以构建复合物和纳米结构化等手段可以改善其储氢性能。

与金属氢化物的储氢机理的差别在于，金属配位氢化物吸氢时会向离子或共价化合物转变，H 原子参与成键，而金属氢化物中的 H 元素则以原子态储存于合金中。根据元素组成的不同，金属配位氢化物主要分为金属铝氢化物、金属硼氢化物和金属氮氢化物。此外，还有一种研究较多、不含金属元素的配位氢化物——氨硼烷（Ammonia Borane，AB）。

4.2.1 金属铝氢化物

铝是一种良好的、稳定的氢化物组分，在配位氢化物的发展中被广泛应用。金属铝氢化物的化学式为 $MAlH_4$（M = Li、Na 或 K），又被称为铝酸盐。这类材料可在温和条件下储氢，具有优异的储氢潜力，理论储氢容量高达 10.4 wt%[37]。与传统金属氢化物不同的是，$MAlH_4$ 的脱氢过程是通过化学分解进行的，即金属铝氢化物先发生融化，再形成化学式为 M_3AlH_6 的中间物，在分解过程中逐步释放 H_2，具体的分解过程分为以下 3 步 [38]：

$$MAlH_4 (s) \rightarrow MAlH_4 (l) \qquad\qquad (4-3)$$

$$MAlH_4 (l) \rightarrow 1/3\ M_3AlH_6 + 2/3\ Al + H_2 \qquad\qquad (4-4)$$

$$1/3 \, M_3AlH_6 \rightarrow MH + 1/3 \, Al + 1/2 \, H_2 \qquad\qquad (4-5)$$

金属铝氢化物的典型代表为 $NaAlH_4$ 和 $LiAlH_4$。使用合适的金属催化剂可将这些铝氢化物的分解温度降到室温，这对实际应用来说非常重要。$NaAlH_4$ 的可逆储氢容量高达 5.6 wt%，此外，$NaAlH_4$ 价格低、易于批量购买，是一种理想的储氢材料。脱氢分解过程分为两步：$NaAlH_4$ 先分解为 Na_3AlH_6、Al 和 H_2；Na_3AlH_6 再进一步分解为 NaH、Al 和 H_2。两步脱氢反应的 H_2 释放量分别为 3.7 wt% 和 1.85 wt%，反应所需的温度通常较高[39]。为了能更好地满足应用需求，通常在 $NaAlH_4$ 中添加合适的催化剂来提升其脱氢性能，其中 Ti 基催化剂比较常用，如 Ti 单质和 $TiCl_3$ 能够降低 $NaAlH_4$ 的脱氢分解温度，改善 $NaAlH_4$ 反应动力学缓慢和可逆性差的问题。Xiao 等人通过球磨 NaH/Al 混合物和一定比例的 Ti 粉末，制备得到 Ti 掺杂的 $NaAlH_4$，并研究了 Ti 元素的含量对 $NaAlH_4$ 储氢性能的影响：随着 Ti 含量的增加，材料的可逆储氢性能呈现出提高的趋势。球磨的气氛也会对储氢容量和吸放氢的反应速率产生影响，在 H_2 中球磨的样品比在 Ar 中球磨的性能更优异，最大储氢容量可达 4.25 wt%。储氢性能增强的机理是掺入 Ti 元素后会形成活性的 $TiH_{1.924}$ 和 TiAl 颗粒，这些颗粒分散于 $NaAlH_4$ 表面作为催化的活性位点，从而促进 $NaAlH_4$ 氢化和脱氢性能的提升[40]。

金属氧化物，如 TiO_2、La_2O_3、Nd_2O_5 等，也能提升 $NaAlH_4$ 的脱氢性能。Pukazhselvan 等人对 TiO_2、CeO_2、La_2O_3、Pr_2O_3、Nd_2O_3、Sm_2O_3、Eu_2O_3、Gd_2O_3 等金属氧化物提升 $NaAlH_4$ 的脱氢动力学性能进行了报道，如图 4-6（a）所示。其中 TiO_2 是最有效的，可将 $NaAlH_4$ 的脱氢温度从 200 ℃降至 100 ℃。在该过程中，TiO_2 纳米颗粒的尺寸对催化效果有重要影响[41]。Rafiuddin 等人也通过实验证实了纳米级金属氧化物 Nb_2O_5 和 TiO_2 掺杂 $NaAlH_4$ 对其脱氢性能的提升要显著优于未经掺杂的和 Cr_2O_3 掺杂的 $NaAlH_4$。Nb_2O_5 和 TiO_2 加入后，两步脱氢反应的表观活化能显著降低，吸放氢动力学明显优化，脱氢反应温度降低[42]。

碳材料可促使 $NaAlH_4$ 从原来的两步反应脱氢变成一步反应脱氢，从而加快脱氢反应速率。Gao 等采用熔体渗透法制备了 $NaAlH_4$/ 多孔碳纳米复合材料，$NaAlH_4$ 纳米颗粒被限制在多孔碳的孔隙中，与碳材料的界面接触使其释放氢的性能得以改善，实现一步反应释放 H_2。此外，该复合结构在反应热力学上可降低 $NaAlH_4$ 的反应脱氢温度，使 $NaAlH_4$ 在温和条件（150 ℃ /2.4 MPa）下重新氢化，提升可逆储氢性能。块体 $NaAlH_4$ 和被限制在多孔碳孔隙中的 $NaAlH_4$ 的相图对比如图 4-6（b，c）所示[43]。碳材料的孔隙尺寸对 $NaAlH_4$ 的放氢性能有显著影响。Fan 等人采用硬模板法合成孔径分别为 200 nm、60 nm、30 nm 和 4 nm 的均匀多孔碳，$NaAlH_4$ 纳米颗粒渗透在多孔碳的孔隙之中。这些受限的 $NaAlH_4$ 纳米颗粒能够实现一步脱氢反应。当多孔碳的孔径减小到 30 nm 时，$NaAlH_4$ 在 100 ℃左右就能开始分解，脱氢峰值温度为 172 ℃。当多孔碳孔径尺寸为 30 nm 和 4 nm 时，$NaAlH_4$ 的脱氢活化能分别为 84.9 kJ·mol^{-1} 和 69.7 kJ·mol^{-1}，与块体 $NaAlH_4$ 的第一步脱氢反应活化能相比明显下降。脱氢后，在多孔碳孔隙中原位生长的 NaH

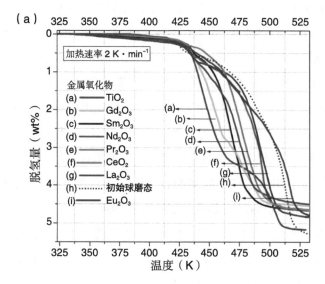

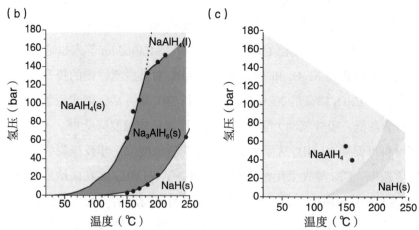

图 4-6　$NaAlH_4$ 的储氢性能

（a）不同金属氧化物与 $NaAlH_4$ 混合球磨后的升温脱附曲线[41]；

（b）块状 $NaAlH_4$ 的相图；（c）限制在多孔碳孔隙中 $NaAlH_4$ 的相图[43]

还能在 250 ℃进一步分解释放氢，该温度远低于块体 $NaAlH_4$ 的脱氢分解温度。因此，将 $NaAlH_4$ 限制在多孔碳的纳米级孔隙中，在动力学和热力学上可显著加速脱氢反应，实现温和条件下 $NaAlH_4$ 中氢的全部释放和利用[44]。作为碳材料家族的重要成员，石墨烯和 CNTs 在提升 $NaAlH_4$ 脱氢性能中极有潜力。Meenakshi 等人基于 DFT 理论计算结果，提出了 CNTs 可以增强 $NaAlH_4$ 团簇的脱氢动力学，并系统研究了 CNTs 与 $NaAlH_4$ 的相互作用：由于二者之间存在电荷的转移和重新分配，削弱了 $NaAlH_4$ 团簇之间的键合，进而降低了氢释放能[45]。

4.2.2 金属硼氢化物

金属硼氢化物是另外一类重要的配位氢化物储氢材料，其 H 含量较高，一般超过 10 wt%，化学式为 $M(BH_4)_n$，其中 M 代表碱金属或者碱土金属等轻金属元素，n 代表 M 的化合价，典型代表包括 $LiBH_4$、$NaBH_4$ 和 $Mg(BH_4)_2$ 等。B 原子与周围邻近的 4 个 H 原子共价结合，形成阴离子 BH_4^-，从阳离子 M^{n+} 到阴离子 BH_4^- 的电荷转移是决定金属硼氢化物热力学稳定性的关键因素，且 B–H 共价键的强度较大。这类材料的热力学稳定性较高，在储氢时存在脱氢/再加氢的反应温度高、反应动力学缓慢等问题。

$LiBH_4$ 为正交晶体结构，通常呈白色固体状，在空气中易潮解，储氢密度极高，质量和体积氢密度分别为 18.5 wt% 和 121 $kg \cdot m^{-3}$。释放 H_2 时的反应式为：$LiBH_4 \rightarrow LiH + B + 3/2H_2$，反应条件较苛刻。脱氢温度在 400 ℃左右，在储氢领域中已被广泛关注与研究[46]。优化 $LiBH_4$ 的脱氢/再加氢特性和改善脱氢反应条件的主要策略包括阴/阳离子取代、添加催化剂和纳米限域。

1. 阴/阳离子取代

在金属硼氢化物中，阳离子具有一定的电负性，能够影响金属硼氢化物的稳定性，即金属阳离子的电负性越高，金属硼氢化物的稳定性越低，所需的脱氢温度也越低。因此，可以采用电负性高的阳离子部分取代金属阳离子，实现 $LiBH_4$ 的去稳定化，提高其释放氢能的效率。同时，部分取代阴离子也能够改善材料的基本热学性能。Nickels 等人报道了混合碱金属硼氢化物 $LiK(BH_4)_2$ 的制备方法，双金属阳离子可改变与 BH_4^- 阴离子之间的电荷传输特性，$LiK(BH_4)_2$ 的分解温度位于 $LiBH_4$ 和 KBH_4 之间。如图 4-7 所示，该双金属硼氢化物的制备为精确调控硼氢化物的热分解温度提供了有力的实验依据[47]。

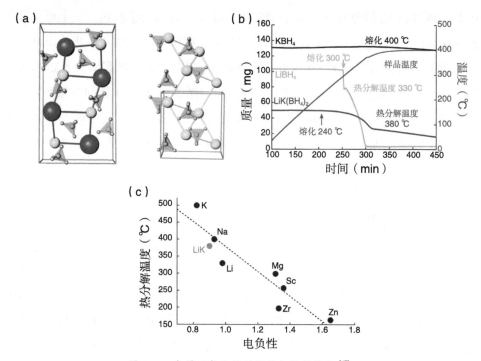

图 4-7 金属硼氢化物的结构与储氢性能 [47]

（a）LiK(BH$_4$)$_2$ 和 LiBH$_4$ 的结构（紫色代表 K，黄色代表 Li，绿色代表 B，灰色代表 H）；
（b）LiK(BH$_4$)$_2$、LiBH$_4$ 和 KBH$_4$ 的热重分析；（c）不同金属硼氢化物热分解温度与电负性的
关系（金属符号代表其对应的硼氢化物）

2. 添加催化剂

添加金属、金属氢化物、金属氧化物、金属硫化物或者碳材料等催化剂也是
降低 LiBH$_4$ 脱氢反应温度的有效方法。2LiBH$_4$-MgH$_2$ 复合体系是最典型的例子，
其理论储氢容量可达 11.4 wt%。在脱氢过程中，分解通路发生改变，即 2LiBH$_4$+
MgH$_2$ → 2LiH + MgB$_2$ + 4H$_2$。其中，MgB$_2$ 的生成可有效改善体系的脱氢状态和提
高储氢容量。此外，在放氢过程中提高压力可抑制 LiBH$_4$ 在熔化状况下的单独分
解，促进 MgB$_2$ 的生成。Ding 等人通过球磨法和气溶胶喷雾法制备得到 LiBH$_4$-
MgH$_2$ 纳米混合物，该混合物在 265 ℃下的可逆储氢容量达到 5 wt%，MgH$_2$ 的引
入不仅可显著降低 LiBH$_4$ 的脱氢温度，还可加速再加氢的动力学过程，显著提高
其储氢可逆性[48]。Wang 等人构建了 2Mg(NH$_2$)$_2$-3LiH-4LiBH$_4$ 复合体系，该体系
在 53 ℃时完全吸收氢分子，98 ℃时完全解吸。3 种氢化物之间的协同作用使该

复合材料表现出优异的可逆储氢性能，其中 $LiBH_4$ 表现出类似溶剂的行为，其与 $Mg(NH_2)_2$–LiH 的脱氢反应中间体和产物进行络合，可极大提高脱氢产物的稳定性，从而影响该 3 组分氢化物复合体系的脱氢和再加氢热力学 [49]。

3. 纳米限域

纳米限域是将 $LiBH_4$ 限制在其他材料中，确保 $LiBH_4$ 拥有纳米级尺寸和丰富的晶粒边界，有效避免晶粒的长大和团聚，缩短 H_2 在体系脱氢和再加氢反应过程中的扩散距离，改善 $LiBH_4$ 的表面性能，增加其与其他材料的接触面积，从而实现对 $LiBH_4$ 热力学和动力学性能的改善。用于限制 $LiBH_4$ 的材料有很多，如沸石、MXene、多孔碳等。Shao 等人采用超高压技术辅助将 $LiBH_4$ 纳米颗粒限制在具有高孔隙率和机械稳定性的沸石模板碳（Zeolite–templated Carbon，ZTC）中，形成致密的 $LiBH_4$/ZTC 纳米复合结构。二者之间的表面 / 界面效应使该纳米复合体系的脱氢温度下降至 194 ℃，还可在 260 ℃ /2 MPa 下重新氢化。储氢质量比容量为 6.92 wt%，体积比容量为 75.43 kg·m^{-3}，储氢可逆性和循环稳定性也得以增强 [50]。之后，Zang 等人通过浸渍法将 $LiBH_4$ 限制在二维层状 MXene 材料 Ti_3C_2 中，得到 $LiBH_4$/$2Ti_3C_2$ 结构。Ti_3C_2 独特的层状结构所产生的纳米约束效应能有效阻碍 $LiBH_4$ 颗粒的生长和团聚，促进 $LiBH_4$ 的去稳定化，使脱氢温度显著降低，脱氢 / 再加氢动力学得以改善。$LiBH_4$/$2Ti_3C_2$ 结构的脱氢温度降至 172.6 ℃，在 380 ℃ 下 1 h 的放氢量达到 9.6 wt%。更重要的是，脱氢产物在 300 ℃ /9.5 MPa 的条件下还能重新部分氢化 [51]。

4.2.3 金属氮氢化物

金属氮氢化物是由金属氨基氢化物与金属氢化物共同组成的金属 – 氮 – 氢固态储氢材料，典型代表有 $LiNH_2$/LiH、$Mg(NH_2)_2$/LiH、$Ca(NH_2)_2$/LiH 和 $LiNH_2$/$LiBH_4$。以 $LiNH_2$/LiH 体系为例来说明这类储氢材料的脱氢机理：$LiNH_2$ 中带正电荷的 $H^{\delta+}$ 和 LiH 中带负电荷的 $H^{\delta-}$ 结合形成 H_2 实现脱氢，理论储氢容量为 6.5 wt%，反应式为：$LiNH_2 + LiH \rightarrow Li_2NH + H_2$。该混合体系的脱氢反应是分两步进行的：首先，$LiNH_2$ 分解（$LiNH_2 \rightarrow 1/2Li_2NH + 1/2NH_3$），该过程受扩散控制，速率较慢；然后，生成的 NH_3 与 LiH 反应得到 $LiNH_2$ 并释放 H_2（$1/2NH_3 + 1/2LiH \rightarrow 1/2LiNH_2 + 1/2H_2$），该过程反应速率很快，为微秒级。两步反应继续

重复循环后，直到 LiNH$_2$ 和 LiH 全部转化为 Li$_2$NH 和 H$_2$[52]。Shaw 等人通过高能球磨法制备得到 LiHN$_2$/LiH 复合体系，该体系在 285 ℃进行 10 个脱氢 / 加氢循环后，储氢性能几乎没有退化。在氢化和脱氢反应中，固相的重复形核以及 LiNH$_2$ 产物层从反应物 LiH 表面的不断剥落使得 LiHN$_2$/LiH 复合体系具有优异的循环稳定性。根据反应前后材料体积的对比、高温下颗粒团聚的增加以及 LiNH$_2$ 分解与 H$_2$ 释放步骤的速率差异得出：Li$_2$NH 在 LiNH$_2$ 收缩核外形成连续壳层，NH$_3$ 通过 Li$_2$NH 产物层进行扩散，NH$_3$ 与 LiH 反应生成的 LiNH$_2$ 不断脱落，以确保 NH$_3$ 与 LiH 持续反应。整个脱氢过程是由扩散控制的，限速步骤是 NH$_3$ 通过 Li$_2$NH 产物层的扩散步骤，如图 4-8 所示 [53]。

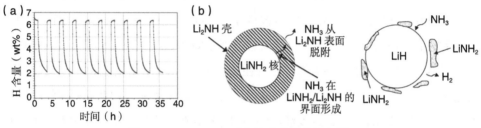

图 4-8　LiNH$_2$/LiH 混合体系的储氢性能 [53]
（a）285 ℃下的等温吸放氢循环；（b）脱氢反应途径

金属氮氢化物因其高储氢容量备受关注，但其热力学稳定性和动力学壁垒较高，脱氢活化能高达 130 kJ·mol^{-1}。这类材料的吸放氢温度高，吸放氢速率慢。此外，该过程还可能伴随着 NH$_3$ 的释放。降低颗粒尺寸、添加催化剂是优化金属氮氢化物储氢性能的有效途径。

1. 降低颗粒尺寸

制备复合纳米结构体系可以显著降低加氢 / 脱氢温度，提高储氢循环稳定性。Xia 等人采用多步反应法合成纳米尺寸的 Li$_2$Mg(NH)$_2$ 颗粒，将其均匀分散并限制在空心的碳球薄膜中，薄膜的高度介孔框架结构能容纳大量 Li$_2$Mg(NH)$_2$ 纳米颗粒，并可有效防止其在连续吸附过程中的烧结和生长。Li$_2$Mg(NH)$_2$ 加氢后转化为 Mg(NH$_2$)$_2$-LiH，该过程的可逆反应式为：Mg(NH$_2$)$_2$ + 2LiH → Li$_2$Mg(NH)$_2$ + 2H$_2$。该 Li-Mg-N-H 体系的加氢 / 脱氢反应温度被显著降低。105 ℃下的可逆储氢容量可达 5.5 wt%，且储氢循环稳定性优异。经过 20 多个脱氢 / 加氢循环后，该体系的储氢能力依然接近理论值 [54]。类似地，将 Li$_2$Mg(NH)$_2$ 纳米颗粒限制在多孔 CNTs

中也可提升材料的储氢稳定性，CNTs 内的 $Li_2Mg(NH)_2$ 纳米颗粒在低至 105 ℃ 的温度下就能实现完全加氢和脱氢。由于储氢材料的纳米尺寸效应和多孔碳骨架的空间限制作用，该复合体系在 130 ℃下进行 50 个脱氢 / 加氢循环后，性能依然保持良好，表现出优异的储氢稳定性，如图 4-9 所示。理论计算表明，减小粒径尺寸可有效降低相对活化能势垒，促进 Li 空位和带电荷 H 的形成和扩散，进而增强 $Li_2Mg(NH)_2$ 纳米颗粒对氢分子的吸附作用[55]。

2. 添加催化剂

添加催化剂也是一种简单、有效的性能优化途径，氢化物、氧化物、氢氧化物、氮化物、卤化物等均可提高 $LiNH_2$–LiH 复合体系的储氢性能。Amica 等人探究了在 $LiNH_2$–LiH 复合体系中加入 MgH_2、CaH_2 和 TiH_2 后对复合体系储氢性能的影响。结果表明，添加 CaH_2 和 MgH_2 使体系的脱氢温度和脱氢动力学明显提高，而 TiH_2 的提高效果不明显。这是因为复合体系的脱氢过程是受扩散控制的，在 H_2 中加热时，MgH_2 和 CaH_2 会与 $LiNH_2$ 发生反应得到 $Li_2Mg(NH)_2$ 和 $2CaNH$–$Ca(NH_2)_2$ 固溶体，提高锂化物的流动性，实现脱氢速率的提升。在 300 ℃下，添加 CaH_2 后的脱氢速率可比原始体系的脱氢速率提升 3 倍，可逆储氢容量为 3.8 wt%[56]。

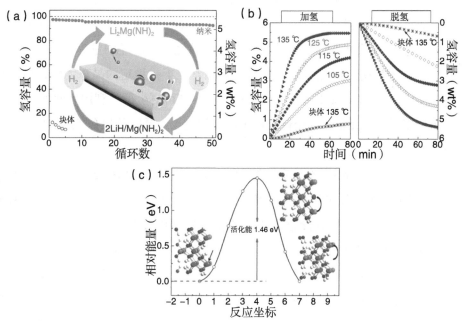

图 4-9　$Li_2Mg(NH)_2$ 和 CNTs 复合材料的储氢性能[55]
（a）储氢原理和循环稳定性；（b）不同温度下的脱氢和加氢曲线；
（c）$Li_2Mg(NH)_2$ 中 Li 空位的低能量扩散路径能量分布

Lin 等人研究了 Ce 基添加剂，如 CeO_2、CeF_3、CeF_4 和 Ce 单质等对 $LiNH_2$–LiH 复合体系储氢性能的影响。研究发现，CeF_4 的性能提升效果最明显。1 wt% 的 CeF_4 对提高 $LiNH_2$–LiH 复合材料的储氢动力学及循环性能、降低脱氢温度、抑制 NH_3 的排放都表现出显著的催化作用 [57]。随着研究的不断深入，Sitthiwet 等人提出通过添加 TiF_4 和 CNTs 来增强压紧的 $LiNH_2$–LiH 小型储氢罐的氢吸附动力学。引入添加剂后，脱氢反应通路由原来的两步变为一步，反应温度范围从 150~450 ℃ 降至 150~350 ℃，具有较长时间的平台温度和恒定氢流量，表现出显著增强的脱氢动力学。在 335 ℃ 下的氢释放和再生含量由 1.90~2.40 wt% 提升到 3.10~4.70 wt%。在脱氢和加氢过程中，TiF_4 起到催化氢离解和重组的作用，CNTs 可提高系统的导热性和对 H_2 的渗透性，进而提升系统的脱氢动力学。在循环过程中 $LiNH_2$ 与 Ti 生成 Li_5TiN_3，进一步吸附 NH_3 形成 $Li_5TiN_3(NH_3)_x$，可提高 $LiNH_2$–LiH 体系的储氢特性 [58]。

4.2.4 氨硼烷

AB是一种路易斯酸碱加合物，化学式为 NH_3BH_3，其中的B原子和N原子以配位键的方式结合，也属于配位氢化物，形成的分子构型为 C_{3v} 对称性。与N原子结合的H原子呈现正电性，与B原子结合的H原子呈负电性，二者之间存在静电相互作用，使AB表现出一定的热稳定性和化学特性。AB的含H量为19.6 wt%，在含氢化合物中较高，属化学储氢材料，常温常压下是稳定的晶态固体，熔点在 110~114 ℃。AB的脱氢和加氢反应过程可逆，能可再生循环利用。此外，AB具有分解温度适中、无毒、安全性和稳定性高的优点，是一种颇有应用前景的固态储氢材料。

AB 的脱氢方式分为热分解和水解，水解反应式为：$NH_3BH_3 + 2H_2O \rightarrow NH_4^+ + BO_2^- + 3H_2$。室温下的水解放氢速率非常缓慢，降低溶液的 pH 值、提高反应温度有助于提高脱氢速率，采用过渡金属作为催化剂的催化效果更显著。Zhang 等人利用 g-C_3N_4 负载非贵金属（如 Fe、Co、Ni 及二元合金 Cu–Co、Fe–Co、Ni–Co、Cu–Ni 和 Fe–Ni）纳米颗粒，实现在室温可见光驱动下高效催化 AB 的水解脱氢。非贵金属的催化活性在可见光照射下可明显增强，这是由于 g-C_3N_4 与金属纳米颗粒的界面处存在莫特 – 朔特基效应，大大增加了金属纳米颗粒的电子密度，从而加速了 AB 的分解脱氢反应。Lu 等人通过热处理将 Au–Co 纳米颗粒嵌到 SiO_2

纳米球中，形成 Au-Co/SiO$_2$ 复合纳米球，并探究其对 AB 室温下水解脱氢的协同催化作用。结果表明，复合催化剂能够使 AB 在更短时间内实现完全脱氢[59]。

热分解完全脱氢的反应式为：NH$_3$BH$_3$→NB + 3H$_2$，该过程H$_2$的释放量更高。热分解产物与脱氢反应条件有关，反应条件的差异使得AB具有多种脱氢副产物，给加氢再生过程带来困难。此外，AB体系还存在热分解脱氢温度高、温和条件下的放氢动力学缓慢、放氢时产生挥发性杂质气体等问题。将金属及其合金、化合物等催化剂或添加剂负载到AB上，不但可以降低脱氢温度、提高脱氢反应动力学，还能够减少副产物的生成。Luo等人报道了Mg和MgH$_2$修饰的AB，即AB-Mg和AB-MgH$_2$。修饰后的AB在85 ℃下，1.5 h内能够快速释放超过9 wt%的氢。该温度是聚合物电解质膜燃料电池的工作温度，对于实际应用有重要的研究价值。该优化效果是3个因素共同作用的结果，即部分AB向流动相AB*的相变、高的导热性和足量的外部能量输入。AB-Mg和AB-MgH$_2$样品的脱氢过程分3步：AB到AB*的快速相转变；AB*与Mg或MgH$_2$反应形成亚稳态甚至不稳定的MgAB*相；最后是MgAB*相的自分解。其中，MgAB*的形成是温和条件下大量脱氢的关键步骤[60]。

纳米结构化也是提升 AB 放氢性能的有效手段，当 AB 的尺寸降低到纳米尺度时，其热稳定性和反应活性会随之改变。Demirci 等人采用碱性水溶液为主要溶剂，热稳定的表面活性剂十六烷基三甲基溴化铵（Cetyltrimethylammonium Bromide，CTAB）和 C$_{12}$H$_{26}$ 作为反溶剂，直接合成平均直径为 110 nm 的 AB 纳米球。尺寸的细化使得 AB 脱氢时的分解起始温度降低，副产物的生成被有效抑制[61]。纳米限域效应对于提升 AB 脱氢性能有明显的促进作用，Sullivan 等人将 AB 负载到一系列的介孔材料中，AB 与介孔材料表面的硅醇基团相互作用形成氢键，会促使亚稳相 AB* 的形成，使 AB 晶格更容易被破坏，从而实现较低温度下 H$_2$ 的释放。此外，介孔材料中 SiO$_2$ 的存在会提高 H$_2$ 形成的选择性，减少气态含硼副产物的产生[62]。

金属取代是提高 AB 脱氢性能最有效的途径，即采用金属原子取代 NH$_3$BH$_3$ 中与 N 原子连接的一个或多个 H 原子，生成新的金属 AB 储氢材料，如 LiAB、NaAB、KAB、MgAB、CaAB、SrAB、YAB、AlAB 和 FeAB 等。这类材料主要通过机械球磨法和湿化学合成法制备。在众多金属 AB 中，脱氢性能较好的是碱金属 AB，其中的典型代表为 LiAB 和 NaAB，化学式为 LiNH$_2$BH$_3$ 和 NaNH$_2$BH$_3$，90 ℃左右的脱氢量分别为 10.9 wt% 和 7.5 wt%，如图 4-10 所示。金属 AB 的放氢温度更低、放氢速率更快，且能减少杂质气体的生成[63]。

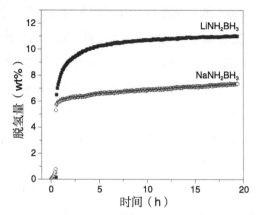

图 4-10　90 ℃时 LiNH₂BH₃ 和 NaNH₂BH₃ 的储氢性能

　　金属AB的热分解途径是类似的，Shimoda等人采用固态核磁共振技术探究了AB、LiAB和KAB在热分解过程中的结构改变。在热分解过程中，AB先在90 ℃左右释放H_2，生成$(NH_2BH_2)_n$。进一步升温至200 ℃时，释放H_2，生成$(NHBH)_n$。LiAB和KAB在80~90 ℃时就会直接生成$(NHBH)_n$，脱氢所需温度更低、速率更快[64]。此外，将AB制备成双金属AB（如NaMgAB、NaLiAB等）、金属AB的衍生物（如$MgAB \cdot NH_3$、$LiBH_4(NH_3BH_3)$）等也是改善其放氢性能的良好选择。

| 4.3　有机化合物 |

4.3.1　液体有机氢化物

　　液体有机氢化物载体（Liquid Organic Hydrogen Carrier，LOHC）主要是指通过不饱和液态芳烃和对应氢化物（环烷烃）之间的加氢、脱氢反应实现H_2的储存。如图 4-11 所示，苯 - 环己烷、甲基苯 - 甲基苯环己烷等有机物，都能在保持原有碳环结构的基础上进行加氢和脱氢反应，即 C–H 键断裂时不会引起 C–C 骨架结构的破坏[65]。这类储氢材料的优点很多：加氢和脱氢反应可逆、反应物和产物可循环使用、储氢容量高达 6~8 wt%。此外，这些有机氢化物可大规模工业化生产，在室温常压下呈液态，给储存和运输带来极大便利，不仅适用于长周期的季节性储存，还能够实现远距离运输，对于解决区域能源分配不均具有深远意义，是一类很有应用潜能的储氢材料。目前，研究最多的 LOHC 储氢循环为甲基苯环己烷 – 甲基苯 – 氢循环、环己烷 – 苯 – 氢循环和十氢化萘 – 萘 – 氢循环。

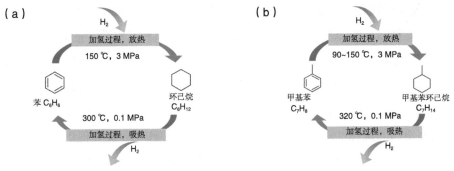

图 4-11　LOHC 储氢循环[65]
（a）苯 – 环己烷；（b）甲基苯 – 甲基苯环己烷

　　液态芳烃的加氢反应是吉布斯自由能减小的过程，在热力学上是容易进行的。加氢方式有热化学加氢和电催化加氢，加氢过程的转化率甚至可达 100%。而环烷烃的脱氢反应则是强吸热的过程，需要在高压、低温条件下进行，因此提高环烷烃的脱氢效率是实现 LOHC 可逆储氢实用化的关键环节，开发高选择性、高转化率以及性能稳定的脱氢催化剂尤为重要。目前，应用较广且性能优异的环烷烃脱氢催化剂主要是含贵金属 Pt 的脱氢催化剂和非贵金属脱氢催化剂，常用的脱氢催化剂的载体为氧化铝、氧化镁、活性炭、CNTs 和沸石等多孔性材料。Pt 基催化剂的催化性能优异，负载型 Pt 催化剂催化十氢化萘的脱氢反应时，脱氢反应转化率可达 98%，选择性为 99.9%。在 Pt 基贵金属脱氢催化剂中引入第二种金属组分 M，如 Mo、W、Rh、Re、Ir 和 Pd 等元素，形成 Pt–M 复合脱氢催化剂，不但可以减少贵金属 Pt 的使用量，大大节约成本，还能有效改善其催化性能。第二种金属组分不仅能使 C–H 键的断裂更容易发生，还起到吸附产物芳烃的作用。Kariya 等人采用活性碳布和阳极氧化铝片支撑 Pt 和 Pt–M（M = Re、Rh 或 Pd）脱氢催化剂，并探究了其对环烷烃脱氢反应的催化效果。在环己烷的脱氢反应中，双金属 Pt–Rh 的催化活性优于单金属 Pt，这主要是由于 Rh 对 Pt 的电子效应。Rh 的 C–H 键裂解能力高，而 Pt 的氢复合能力优异，二者的协同作用使得复合体系的催化性能显著提升。此外，H_2 的生成速率在很大程度上还取决于反应物的投料速率、反应温度和催化剂载体结构[66]。

Pt 基贵金属催化剂的脱氢效果较好，但是为了减少贵金属的使用量以降低成本，非贵金属催化剂也逐渐被发掘。Kustov 等人研究了芳烃加氢和环烷脱氢可逆过程中，金属间化合物催化剂 Mg_2Ni 和 $LaNi_5$ 在有、无 Pt 催化剂的情况下对饱和三联苯的脱氢催化作用。这些催化剂的吸氢量不超过 3.6 wt%，可在脱氢温度以下实现 H_2 的释放，拓宽脱氢反应的温度范围，提高饱和有机分子的脱氢活性，且不会发生裂化、氢解、开环或成焦等副反应[67]。Takanabe 等人研究了 Ni–Zn 双金属催化剂（$NiZn_{0.6}/Al_2O_3$）在甲基环己烷脱氢生成甲苯过程中的催化作用，与单金属 Ni/Al_2O_3 催化剂相比，双金属催化剂 $NiZn_{0.6}/Al_2O_3$ 表现出更优异的催化性能，具有更高的选择性和转化率，其中 Zn 元素的主要作用是提高催化选择性[68]。值得一提的是，催化剂载体的比表面积、催化剂的形态以及在载体上的分散程度等都会对脱氢催化剂的性能产生重要影响。

除了以上的 LOHC，能够进行脱氢和加氢反应的液态有机体系都有潜力作为储氢材料，提高液态有机物的不饱和程度，显著提升其储氢性能。Jang 等人报道了联苯和二苯甲烷共晶混合物体系的储氢性能，采用 Ru/Al_2O_3 催化加氢时，在 120 ℃ /5 MPa 下能够实现完全氢化。采用 Pd/C 催化脱氢反应，能产生高纯度的 H_2。此共晶混合物体系的储氢容量较高，质量比容量和体积比容量分别达到 6.9 wt% 和 60 kg·m^{-3}。连续进行 9 个加氢 / 脱氢循环后，依然保持良好的储氢性能，具有优异的储氢可逆性。如图 4-12 所示，体系与质子膜燃料电池联用时，能够连续产生超过 0.5 kW 的电能。该体系在 H_2 储能系统、离网发电系统、分布式发电系统和 H_2 加气站等应用中具有广阔的前景[69]。

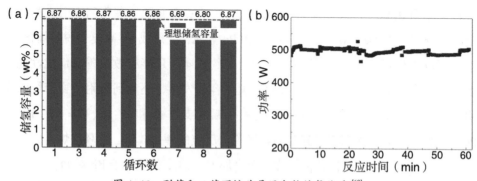

图 4-12　联苯和二苯甲烷共晶混合物储氢体系[69]

（a）不同加氢 / 脱氢循环后的储氢容量；（b）与质子膜燃料电池联用的功率输出

LOHC 以不饱和芳烃和对应的环烷烃为主，此外还包括 N、B 元素取代 C 元素得到的杂环化合物（如二氢吲哚）、甲醇、甲酸等，这些材料都可作为储氢的介质，其储氢机理都是通过化学反应进行加氢和脱氢。

4.3.2　金属有机框架化合物

前文已提及 MOF，MOF 这类多孔结晶材料的组成和结构丰富、具有超大的比表面积、独特的孔状结构，并且制备方法简便、骨架结构尺寸可调、便于进行化学修饰，是极具潜力的储氢材料，适合 H_2 的长周期储存和长距离运输。由于成分和结构的多样性与可设计性，MOF 材料是一个很庞大的家族，根据金属元素组成的不同，可将 MOF 储氢材料分为 Zn-MOF、Cu-MOF、Mn-MOF、Cr-MOF、Al-MOF、Ni-MOF 等，该材料体系还在持续丰富和发展。

2003 年，Rosi 等人报道了 MOF 材料具有氢吸附能力。如图 4-13 所示，MOF-5 晶体由 $[Zn_4O]^{6+}$ 连接到 BDC 八面体阵列，形成多孔立方 $Zn_4O(BDC)_3$ 骨架结构，该结构的比表面积达 2000 $m^2 \cdot g^{-1}$，可作为理想的气体吸附材料。连接体彼此分离能够确保从各个方向顺利吸附气体，可在室温或更低温度下储氢。MOF-5 与 H_2 之间具有良好的吸附作用，在 $-196\ ℃$ 下进行氢吸附时，MOF-5 在低压即可很快达到饱和，0.07 MPa 下的氢吸附量可达 4.5 wt%。室温下，随着压力增加，MOF-5 的氢吸附量呈线性增加，在 20 bar 时达到 1 wt%。吸附氢分子的旋转跃迁非弹性中子散射光谱表明，在 MOF-5 结构中存在两种氢分子结合位点，即 Zn 和 BDC。有机配体 BDC 对 MOF-5 的氢吸附量有着至关重要的影响，通过设计相对分子质量更大的有机配体可以提升 MOF 材料的储氢容量[70]。由此，MOF 材料在储氢领域的应用开始受到关注。

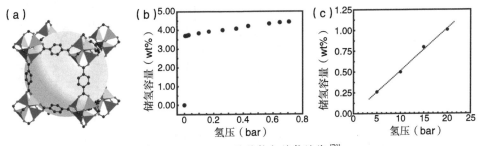

图 4-13　MOF-5 的结构与储氢性能[70]
（a）晶体结构（蓝色多面体代表金属，红球代表 O，黑球代表 C）；
（b）$-195\ ℃$ 下的 H_2 吸附等温线；（c）$25\ ℃$ 下的 H_2 吸附等温线

MOF 材料的储氢机理是 H_2 分子与金属或有机配体间通过范德瓦耳斯力进行物理吸附。由于相互作用力弱，MOF 材料具有良好的吸放氢可逆性。压力对 MOF 材料的吸放氢过程影响较小，而温度对 MOF 材料的储氢容量有较大的影响。比表面积和孔径尺寸对 MOF 材料的储氢性能也具有至关重要的影响，比表面积的增加能显著提高 MOF 材料的氢吸附量，比表面积越大，则储氢容量越高。MOF 材料的比表面积决定其最大氢吸附量。孔径尺寸也会直接影响 H_2 分子与 MOF 材料之间的相互作用大小，含高曲率壁的小孔径 MOF 材料与 H_2 之间的相互作用要比大孔径 MOF 材料更强，有助于储氢性能的提升。此外，改变孔隙结构的形状也可实现对 MOF 材料储氢性能的调控。Zhang 等人在考虑孔隙结构的基础上，探究了孔隙的几何形状与 MOF 材料储氢容量之间的相关性，以预测具有不同几何形状孔隙的 MOF 材料的储氢性能，结果如图 4-14 所示。在相同孔隙体积下，具有笼型孔隙结构的 MOF 材料的孔隙填充率普遍高于具有沟道型孔隙结构的 MOF 材料，其与吸附分子间的相互作用也更强，因而更有利于 H_2 的储存[71]。

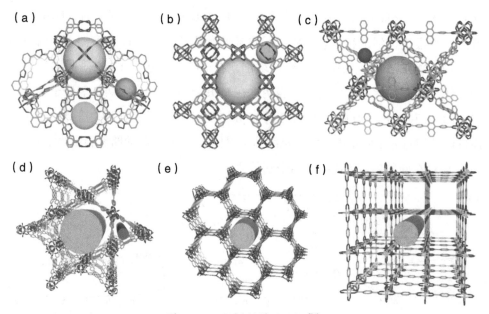

图 4-14　MOF 材料的结构[71]
笼型孔隙结构：（a）NU-125、（b）HKUST-1 和（c）UiO-68-Ant；
沟道型孔隙结构：（d）NU-1000、（e）Cu-MOF-74 和（f）$Zn_2(BDC)_2(DABCO)_2$

Farha 等人结合理论计算对 MOF 结构的设计结果，合成了具有笼型孔隙结构的 NU–100。该 MOF 材料的比表面积为 6143 $m^2 \cdot g^{-1}$，在 –196 ℃ /7 MPa 的条件下，其储氢容量高达 16.4 wt%，表现出优异的储氢性能 [72]。对氢燃料动力汽车或其他移动设备来说，有效行驶 300 英里（1 英里 ≈ 1.61 km）需要安全储存大约 5.6 kg 的 H_2，因此轻量化和精巧化是固态储氢材料研究的目标，即提高储氢材料的体积比容量和质量比容量是并行目标。MOF 材料大多具有较高的储氢质量比容量，而体积比容量相对较低，这限制了氢燃料动力汽车的最大行驶里程。Ahmed 等人从已知化合物数据库中提取出 5309 种 MOF 材料的储氢容量，并利用经验关联规则和直接原子模拟对 MOF 材料的储氢性能进行预测，确定巨正则蒙特卡罗（Grand Canonical Monte Carlo，GCMC）是最有效的筛选方法。基于理论预测，采用有机交换法制备合成的 IRMOF–20 在 –196 ℃、压力为 10~0.5 MPa（适合氢燃料动力汽车的压力范围）的条件下，储氢容量分别达 5.7 wt% 和 33.4 $kg \cdot m^{-3}$，表现出质量比容量和体积比容量的有效平衡 [73]。这项研究工作也体现了理论计算对于确定和优化 MOF 材料整体储氢性能的重要指导作用。随后，Chen 等人通过 GCMC 分子模拟预测并合成了基于金属三环簇的笼型多孔 MOF 材料，即 NU–1501–M（M = Al 或 Fe）。合理的有机配体结构设计，使 NU–1501–Al 同时拥有超大的质量比表面积（7310 $m^2 \cdot g^{-1}$）和体积比表面积（2060 $m^2 \cdot cm^{-3}$），较其他多孔 MOF 材料有明显优势。超高孔隙率和大比表面积使 NU–1501–Al 具有出色的储氢质量比容量和体积比容量，在 –196 ℃ /10 MPa~–113 ℃ /0.5 MPa 的条件下，储氢质量比容量高达 14.0 wt%，体积比容量为 46.2 $kg \cdot m^{-3}$，二者达到了有效平衡。如图 4–15 所示，NU–1501–Al 的储氢综合性能远优于美国能源部发布的 2025 年储氢性能目标（5.5 wt%，40 $kg \cdot m^{-3}$）[74]。

　　MOF 材料在室温下与 H_2 分子的结合力很弱，氢吸附能仅为 15.1 $kJ \cdot mol^{-1}$，导致其储氢容量很低（一般不超过 2 wt%），而达到超高储氢容量时的工作温度太低（通常在 –200 ℃左右）。温度的下降可显著降低 H_2 分子在 MOF 材料上的吸附能，从而提高 MOF 材料的储氢容量。超低的储氢温度给 MOF 材料的实际应用造成了严重的阻碍，要充分发挥 MOF 材料的储氢潜能，需要尽可能将 MOF 材料的最佳储氢温度调至室温附近。增强 MOF 材料对 H_2 分子的相互作用能够实现对多孔 MOF 材料储氢温度的优化，优化途径主要包括以下 3 种：金属阳离子优化、Li 元素掺杂和催化剂掺杂。

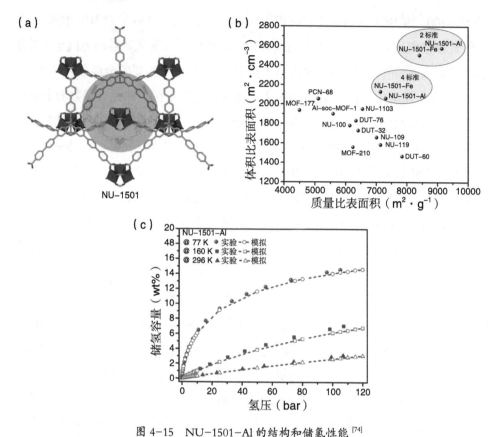

图 4-15 NU-1501-Al 的结构和储氢性能 [74]
（a）晶体结构（灰色多面体代表金属中心，黑球代表 O，灰色链是 C 链）；（b）MOF 比表面积对比；（c）NU-1501-Al 在不同温度下随压力变化的储氢容量（实心球为实验结果，空心球为模拟结果）

1. 金属阳离子优化

MOF 材料中金属阳离子的种类对其 H_2 吸附特性有重要的影响。Sun 等人通过计算发现，改变 MOF 材料中的过渡金属的种类能够有效调控其与 H_2 间的结合力。Mn-MOF、Sc-MOF、Ti-MOF 和 V-MOF 与 H_2 分子的结合能分别为 10.4 kJ·mol⁻¹、21.9 kJ·mol⁻¹、34.6 kJ·mol⁻¹ 和 46.5 kJ·mol⁻¹。该工作为通过优化 MOF 材料中的金属阳离子来改善其氢吸附特性提供了理论指导[75]。

2. Li 元素掺杂

Li 元素掺杂可显著增强 MOF 材料对 H_2 分子的吸附，进而改善 MOF 材料在室温下的储氢性能。Han 等人通过 GCMC 计算证明：Li 原子优先结合在六边形芳香族环的中心位置，随着 Li 掺杂量的增加，MOF 材料的储氢容量不断提高[76]。在 27 ℃ /5 MPa 的条件下，Li 掺杂后的可逆储氢容量最高可达 4.56 wt%，而未经 Li 掺杂的储氢容量仅有 0.56 wt%，Li 元素掺杂使该 MOF 材料的室温储氢容量提升近 10 倍。未掺杂时，H_2 分子吸附在金属氧化物团簇和有机芳香基团位置，结合能分别为 6.3 kJ·mol^{-1} 和 3.8 kJ·mol^{-1}，结合力较弱。掺杂 Li 元素后，芳香族 sp^2 碳骨架的高电子亲和性会诱导产生正电位 Li 位点，显著增强其与 H_2 的结合力，结合能达到 16.7 kJ·mol^{-1}，极大地提高了室温下 MOF 材料的储氢容量。此外，Stergiannakos 等人设计了含咔咯基团的 MOF 结构模型，Li 掺杂 MOF 可在咔咯基团的凹面和凸面容纳 10 个氢分子，GCMC 原子模拟实验也验证了上述结果，在 –196 ℃ 和 27 ℃ 下，Li 掺杂的 MOF 材料均表现出显著增强的氢吸附能力，且这种增强作用在低压下更为明显[77]。

3. 催化剂掺杂

催化剂掺杂主要是指在 MOF 材料中引入能解离氢分子的催化剂（如贵金属 Pt）来提高其室温储氢容量的方法。该方法主要利用氢溢出效应，即氢分子在金属表面发生吸附解离，随后 H 原子会迁移到 MOF 材料表面进一步吸附。产生溢出效应的方法主要有物理混合、化学掺杂和有机架桥。Li 等人提出在 MOF 材料（IRMOF-8）中掺杂 Pt/ 活性炭催化剂来提高其储氢性能。在 25 ℃ /10 MPa 的条件下，掺杂 Pt/ 活性炭催化剂能使 IRMOF-8 的储氢容量从 0.5 wt% 提升至 4 wt%。这种增强作用得益于 H 原子在活性炭上的溢出和在 IRMOF-8 上的二次溢出。氢分子在 Pt 催化位点裂解为 H 原子，H 原子再先后扩散到活性炭和 IRMOF-8 的表面进行吸附[78]。由于 H 原子在金属中心和有机配体上的结合力均比氢分子强很多，因而可显著提升 IRMOF-8 的室温储氢容量。

4.3.3 共价有机框架化合物

2.1.3 节已介绍 COFs 是由轻质元素（C、O、N、B 等）组成的有机结构单元通过共价键连接形成的有序多孔的有机聚合物晶体，按照结构维度主要分为二维 COFs 和三维 COFs。COFs 材料具有 MOF 材料的所有优点，如孔隙率高、比表面积大、结晶性好、稳定性高和结构单元可设计等，还比 MOF 材料具有更低的密度。COFs 材料的储氢机理与 MOF 材料相同，也是通过材料与氢分子之间的物理吸附作用来实现储氢的，是继 MOF 材料之后的又一种有潜力的有机多孔储氢材料。

三维 COFs 比二维 COFs 拥有更高的孔隙率和更大的比表面积，因而储氢性能更优异。Klontzas 等人基于 C_3N_4 网络拓扑结构设计并构建了三维 COF 材料，然后采用多尺度技术对该结构进行优化，并通过 GCMC 模拟对优化后的结构进行储氢容量的校核，理论计算结果表明，该 COF 材料在 −196 ℃下的储氢容量高达 25 wt%，室温下的储氢容量也能超过 6 wt%[79]。

但是 COFs 材料与 MOF 材料等多孔储氢材料一样，都存在室温下储氢容量低的问题，无法满足实际应用要求。为探究提升 COFs 材料储氢性能的途径，Assfour 等人采用分子动力学模拟，对二维 COF（COF-5）和三维 COFs（COF-102、COF-103、COF-105、COF-108、COF-202）材料进行了稳定性探究，确定了氢分子的优先结合位点。计算结果表明，氢分子会优先吸附在有机连接体的苯环上以及 B-O 网络附近，COFs 材料的吸附相互作用能约为 3.0 kJ·mol^{-1}。提升 COFs 材料储氢性能的有效途径为结构修饰和金属元素掺杂。结构修饰要求在保证低密度和大比表面积的同时实现对 H_2 吸附位点数目和吸附能的优化。金属元素掺杂是采用与 H_2 具有高相互作用能的金属元素如 Li、Na 等，对 COFs 材料进行掺杂，提高 COFs 材料对 H_2 的吸附能，进而提高储氢容量[80]。

1. 结构修饰

COFs 材料对 H_2 弱的吸附作用限制了此类材料的储氢容量，采用官能团对 COFs 材料进行结构修饰可有效改善其对 H_2 的吸附能，提高室温储氢性能。Xia 等人分别采用 −OH、−Cl、−NH$_2$、−NO$_2$、−CH$_3$ 和 −CN 等官能团来取代 COF-320 苯环上的 H 原子，得到改性后的 COF-320-X。通过 GCMC 研究 COF-320-X 的氢吸附能，可知不同取代产物的储氢容量与其等量吸附热紧密相关。上述官能团修饰均能提高 COF-320 的储氢能力，其中 −NH$_2$ 的效果最佳，在 25 ℃和 −196 ℃下的储氢容量分别可提升 27.6% 和 35.2%[81]。

2. 金属元素掺杂

掺杂金属原子或离子是另一种增强 COFs 材料对 H_2 的吸附作用的有效方法。Song 等人通过第一性原理探究了金属掺杂剂（如 Li、Na、Mg、Al）对 COF-108 材料储氢性能的影响机制。所有掺杂体系皆表现出与掺杂剂金属态相关的正结合能，在 Na 掺杂体系中，COF-108 的结合能最低，其次是 Li 和 Mg 掺杂体系，而 Al 掺杂的 COF-108 的结合能最高。电子结构分析表明，Li 和 Na 掺杂剂能够移动导带横穿费米能级，在费米能级附近引入弱键电子，引起氢分子极化，进而增强氢分子与 COF-108 材料之间的相互作用。掺杂剂 Mg 会使材料导带和价带之间的带隙轻微减小，但由于 Mg 与 COF-108 的键峰重叠较少，很难与 COF-108 中的原子形成化学键，几乎无法影响 COF-18 的电子分布，因此对原子间的化学相互作用影响很微弱 [82]。选择合适的金属掺杂剂能够显著改善 COFs 材料对氢分子的吸附作用。Xia 等人采用 DFT 和 GCMC 模拟了 Li 元素掺杂对 COF-320 材料室温储氢性能的影响，掺杂 Li 元素的 COF-320 与 H_2 的相互作用能比未掺杂的 COF-320 高 3 倍左右，从而显著影响其储氢性能。在 25 ℃ /10 MPa 的条件下，掺杂 Li 元素的 COF-320 的储氢质量比容量可提高 30.9%，达到 0.725 wt%[83]。除了金属元素直接掺杂，还可采用金属原子取代 COFs 材料骨架结构中的非金属原子从而整合到有机骨架结构中。这种思路不会明显增加材料的质量，还可避免金属原子团簇，实现更稳定的元素掺杂。Li 等人提出在保持有机骨架结构的基础上，采用包含金属元素的环，如 C_2O_2Al、C_2N_2Al 和 C_2Mg_2N 来取代 COF-108 结构中的 C_2O_2B 环，使其与 H_2 的结合能提高 4 倍，达到 10 kJ·mol^{-1}，室温下的储氢容量也能提高 2~3 倍，达到 2.73 wt%[84]。

结构修饰和元素掺杂对 COFs 材料储氢性能的提高还表现出协同增强效应。COF-108 是密度最小的三维 COF 晶体材料，密度仅为 0.17 g·cm^{-3}，在储氢领域有广阔的应用前景。Ke 等人提出首先通过注入 C_{60} 或者接枝芳环对 COF-108 进行结构修饰，然后表面掺杂 Li 元素得到复合 COF-108 材料。理论计算表明，修饰后的复合 COF-108 在 –40 ℃ /10 MPa 的条件下的储氢质量比容量和体积比容量分别能够达到 4.56 wt% 和 28.6 g·cm^{-3}。注入 C_{60} 和接枝芳环不仅可提高 Li 元素的掺杂密度，还可与氢分子产生更多的重叠电位相互作用，增加 COF-108 单位体积内 H_2 吸附位点的数目，进而增强 COF-108 材料的室温储氢性能 [85]。

4.3.4 多孔聚合物

多孔聚合物能在常温常压下物理吸附 H_2，利用自身的多孔结构和大比表面积进行储氢，具有孔隙率高、颗粒尺寸小和 H_2 扩散距离短等优点。其中，自具微孔聚合物（Polymers of Intrinsic Microporosity，PIMs）、共轭微孔聚合物（Conjugated

Microporous Polymers，CMPs）和 超 交 联 聚 合 物（Hypercrosslinked Polymers，HCPs）是目前研究较多的多孔聚合储氢材料。储氢条件为中低温（–196~0 ℃）和中高压（1~10 MPa），温度越低、压力越高，对应的储氢容量就越大。

1. 自具微孔聚合物

PIMs 完全由稠环亚基组成，具有高度刚性和扭曲的非平面次级结构，可有效阻止分子链堆积，从而形成具有大量相互连通的自由体积的多孔固体结构，其内部比表面积达 500~1000 $m^2 \cdot g^{-1}$。PIMs 是通过合适单体之间的哌氧环烷相互反应合成的，其中一个单体必须包含一个扭曲结点（如螺旋体中心或刚性非平面单元）。根据单体所包含的邻苯二酚和芳香邻二卤化物的数量，可将 PIMs 制成不溶性网络结构或可溶性聚合物。PIMs 作为储氢吸附材料的优势是密度低、化学均质性好、热稳定性和化学稳定性高等。

设计单体结构、热处理工艺和金属离子修饰等方法均可显著提高 PIMs 材料的可逆氢吸附特性。McKeown 等人对比了 CTC–network–PIM、PIM–1 和 HATN–network–PIM 超微孔结构的气体吸附性能，其比表面积分别为 830 $m^2 \cdot g^{-1}$、760 $m^2 \cdot g^{-1}$ 和 820 $m^2 \cdot g^{-1}$。在 –196 ℃ /0.1 MPa 的条件下，氢吸附量的顺序为 CTC–network–PIM > HATN–network–PIM > PIM–1，对应的超微孔体积分别为 0.56 $cm^3 \cdot g^{-1}$、0.5 $cm^3 \cdot g^{-1}$ 和 0.43 $cm^3 \cdot g^{-1}$，表明具有碗状结构的 CTC 亚基能够有效增强 PIMs 对 H_2 的吸附作用[86]。

此外，热处理工艺也能对 PIMs 的储氢性能产生一定影响。Ramimoghadam 等人探究了不同温度和时间的退火条件对 PIM–1 的孔隙率和氢吸附性能的影响，并测定了 PIM–1 在 32 MPa 压力下的氢吸附能力。结果表明，若仅在较低的温度（如 110 ℃）下退火，则 PIM–1 的比表面积、孔径较小，氢吸附量较低。而在低温退火后再于 250 ℃下退火，则可实现 PIM–1 的热交联、热氧化交联和碳化，增加孔隙率，进而增强 PIM–1 的室温和低温储氢容量[87]。

金属离子改性也是增大 PIMs 比表面积和提升储氢性能的有效途径。Ramimoghadam 等人采用 Pd 离子来修饰 HATN–PIM，改性后的 HATN–PIM 比表面积从初始的 772 $m^2 \cdot g^{-1}$ 提高到 1927 $m^2 \cdot g^{-1}$，Pd 离子的引入能够增加新的 H_2 吸附活性位点，从而提高 HATN–PIM 的孔隙率和室温储氢容量[88]。

2. 共轭微孔聚合物

CMPs 是由多个 C–C 单键或芳香基团连接而成的框架结构，具有独特的扩展 π 共轭结构。CMPs 主要通过单体的偶联反应合成，拥有多孔结构和共轭线性聚合物的双重优势，在储氢领域备受关注。这类材料的比表面积超过 1000 $m^2 \cdot g^{-1}$，热分解温度高于 300 ℃，具有优异的化学和热稳定性，结构上具有类似 MOF 和 COFs 材料的可精细设计性，可以通过改变单体结构来实现对这类材料比表面积和孔结构的有效调控。

无机盐离子对交叉偶联反应合成含氮 CMPs 具有重要的调节作用，Chen 等人报道了一系列关于无机盐（如 $LiNO_3$、NaF 等）影响聚三苯胺的比表面积和孔隙率的研究成果。无机盐离子优化后的 CMPs 的孔径分布可缩小至微孔范围，比表面积可从 58 $m^2 \cdot g^{-1}$ 大幅增大到 1152 $m^2 \cdot g^{-1}$，降低阴、阳离子的大小能使聚三苯胺的表面积增大。盐离子对聚合物物理性能的影响主要归因于合成聚合物时，盐离子能够调控和优化溶剂的汉森溶解度参数，进而实现对聚合物的比表面积、孔隙率的有效调控[89]。

金属离子除了会影响多孔聚合物的比表面积和孔隙率外，原子级分散的金属离子还与氢分子之间存在静电荷四极和电荷诱导偶极子的相互作用，与氢分子发生键合。掺杂碱金属离子（如 Li^+、Na^+）可有效提高 CMPs 材料的储氢性能。Li 等人将 CMPs 基体浸入含 Li^+ 的前驱体溶液中，并在惰性气氛中充分搅拌，基体中的 C≡C 的活性位点与 Li^+ 发生相互作用，从而将 Li^+ 掺杂到 CMPs 基体中，掺杂后的 CMPs 在 –196 ℃ /0.1 MPa 的条件下，储氢容量提升至 6.1 wt%[90]。

3. 超交联聚合物

HCPs 是由轻质元素（如 C、H、P、O 等）组成的高度交联的有机多孔材料，是通过超交联反应形成的高度不可折叠的刚性网络结构，具有小孔径结构和大比表面积。这类材料的合成条件温和、单体来源广泛、催化剂成本低、热稳定性良好，是极具储氢潜力的新型有机多孔材料，近年来得以快速发展。从合成角度看，HCPs 主要基于傅瑞德尔 – 克拉夫茨反应，制备方法有以下 3 种：含官能团聚合物前驱体的后交联、功能化小分子单体的直接一步自缩聚和外交联剂编织刚性芳香族单元等。

Lee 等人通过氯甲基苯乙烯的悬浮聚合，在 80 ℃的二氯乙烷中进行傅瑞德尔－克拉夫茨反应后交联，再以 $FeCl_3$ 作催化剂，合成一种高交联聚苯乙烯多孔聚合物。该聚合物在 –196 ℃ /1.5 MPa 的条件下可吸附 3.04 wt% 的 H_2[91]。增大 HCPs 的比表面积和孔隙率是提升储氢能力的有效途径，此外在聚合物多孔结构中引入官能团或杂原子，能够通过增强与氢分子的相互作用来增加吸附量，提高吸附特性。Demirocak 等人分别采用湿浸法和桥接法得到 Pt 掺杂的超交联聚苯乙烯，并命名为 MN270–6wt%Pt 和 MN270–Bridged。在这两种超交联聚苯乙烯中，Pt 颗粒的平均尺寸分别为 3.9 nm 和 9.9 nm。Pt 掺杂能改变 MN270 的表面性质并增强溢出效应，在 25 ℃ /10 MPa 时，相比于未掺杂的 MN270，MN270–Bridged 能使 H_2 的吸附量提高 10%[92]。

HCPs 还可经碳化后制备大比表面积和孔隙率的多孔碳结构，进而提升 H_2 的吸附性能。Lee 等人采用苯、吡咯和噻吩作为初始原料，通过傅瑞德尔－克拉夫茨反应合成 3 种 HCPs 网络结构，再进行氧化钾活化和碳化处理，得到超大比表面积的多孔碳材料。其中，吡咯作为初始原料，在 800 ℃ 下进行碳化处理得到的多孔结构具有最大的比表面积（4334 $m^2 \cdot g^{-1}$）、孔体积（3.14 $cm^3 \cdot g^{-1}$）和微孔体积（1.05 $cm^3 \cdot g^{-1}$）。结构上的优势使该多孔结构在 –196 ℃ /0.1 MPa 和 –196 ℃ /1 MPa 条件下的氢吸附量分别高达 3.6 wt% 和 5.6 wt% [93]。

总之，通过结构设计、制备条件优化和引入掺杂剂等来增大多孔聚合物的比表面积和孔隙率，进而提高储氢容量的效果十分显著。此外，当多孔聚合物的尺寸低于 20 nm 时，放氢温度会明显下降，放氢动力学和可逆性也得到不同程度的改善，因此结构的纳米尺度化是提升多孔聚合物储氢性能的另一种有效途径，有待进一步探索。

| 4.4 碳基材料 |

碳基材料主要包括超级活性炭、碳纳米纤维、CNTs 和石墨烯等，具有比表面积大、表面化学基团丰富、孔隙结构发达、氢吸附可逆性好、吸放氢条件温和、制备简单、使用寿命长和绿色环保无污染等优点，主要通过氢分子和碳基材料的可逆吸附进行储氢。氢分子的动力学直径是 0.4 nm，吸氢材料的最佳孔径尺寸为

0.6~0.7 nm，孔径太小会阻碍氢分子的吸附，而孔径太大又不利于固定，增加碳基材料的比表面积和调控其孔体积能有效提高其氢吸附量。

由于碳基材料的导电性优异，可通过电化学法储氢。充电时，电解质中的水会在电极表面发生分解形成 H^+，碳基材料电极在外加电压下会产生内部极化，使表面吸附的 H^+ 进入内部层片间或缺陷位置，实现氢吸附。放电时，碳基材料的内部极化作用消失，H^+ 从结合位点脱离，并进一步扩散到电解质中，重新与溶液中的 OH^- 结合成水，实现氢脱附。基于此，碳基材料储氢的方式分为两种，低温高压储氢和电化学储氢。这两种方式都是通过碳基材料和氢分子之间的吸附作用实现的。根据氢与碳基材料间相互作用力的不同，吸附作用又分为物理吸附和化学吸附。

4.4.1 超级活性炭

活性炭，又称为碳分子筛，由固态碳质物经高温碳化以及氧化活化过程制备而成。活性炭主要由石墨微晶构成，具有较大的比表面积、发达的孔隙结构、丰富的表面功能团。多数活性炭的孔径分布范围较广，从微孔、介孔（2~50 nm）到大孔（大于 50 nm），孔体积大于 $0.5\ cm^3 \cdot g^{-1}$，比表面积达 500~1500 $m^2 \cdot g^{-1}$。活性炭来源丰富、氢吸附容量大、解吸速度快、热稳定性和化学稳定性高、循环寿命长且成本低。具有大比表面积的活性炭即超级活性炭，近年来已发展成为一种易于产业化的多孔吸附储氢材料。

室温下，超级活性炭表面和氢分子间存在弱吸附作用，氢吸附热仅为 5~8 $kJ \cdot mol^{-1}$。超级活性炭的储氢容量低，在适中压力（5~10 MPa）下一般低于 1 wt%，在高压（50 MPa）下不超过 3 wt%。表面修饰和金属掺杂是两种提升超级活性炭的室温储氢性能的有效方法。Kopac 等人研究了氨和硼改性对活性炭表面和氢吸附特性的影响，先采用氨溶液改性经氢氧化钾处理后的活性炭，再用不同浓度（0.025~0.1 $mol \cdot L^{-1}$）的十水合硼砂溶液进行改性。经氨改性后的活性炭比表面积为 2195 $m^2 \cdot g^{-1}$，再经 0.075 $mol \cdot L^{-1}$ 的十水合硼砂溶液改性后，比表面积可提升至 3037 $m^2 \cdot g^{-1}$，室温储氢容量最高为 4.14 wt%。吸附性能提升的原因在于：一方面改性后的活性炭的孔结构得以优化，比表面积和孔隙率显著增大；另一方面，N、B 元素对 H 元素的亲和力较强，能高效吸附氢分子，提高活性炭表面对氢的吸附作用[94]。

Pt、Pd、Ni、Co 等过渡金属元素掺杂会产生氢溢出效应，超声波或等离子技术辅助可提高金属催化剂的分散度和均匀度，进而增强活性炭的储氢性能。Li 等人将 AX-21 超级活性炭浸泡至含 H_2PtCl_6 的丙酮溶液中进行超声处理，实现 Pt 纳米颗粒掺杂的超级活性炭的制备（Pt/AX-21），Pt 纳米颗粒的粒径约为 2 nm，均匀分布在超级活性炭的表面。当 Pt 掺杂量为 5.6 wt% 时，材料在 25 ℃/10 MPa 下的储氢容量可提高 2 倍，达到 1.2 wt%，并且等温线完全可逆。Pt 纳米颗粒对超级活性炭储氢性能的增强作用得益于 Pt/AX-21 表面的氢溢出效应，即 Pt 纳米颗粒对氢分子的解离作用以及 H 原子在碳表面的扩散和吸附[95]。

与其他物理吸附型储氢材料类似，降低工作温度能显著提高超级活性炭材料的储氢性能。增大超级活性炭的比表面积和孔体积可进一步提升其低温储氢容量。活化处理是另外一种简单有效的操作手段。最常用的是 KOH 化学活化法，该法具有活化时间短、活化温度低、所得空隙结构发达、吸附性较高以及活化效率高等优点。基于此，Sevilla 等人提出通过水热碳化葡萄糖、淀粉、纤维素或桉树木屑等有机材料来制备大比表面积的超级活性炭。制备过程分为两步：有机材料的水热碳化和以 KOH 为活化剂的化学活化。所得超级活性炭的比表面积最大可达 2700 $m^2 \cdot g^{-1}$，孔尺寸分布均匀。通过改变活化处理条件，可有效调控超级活性炭的结构特性。活化过程在超级活性炭结构的调控中非常关键，再活化可进一步调整孔隙率，使得在 −196 ℃/2 MPa 时的储氢容量最高可达 6.4 wt%，储氢密度可达 11.7~16.4 $\mu mol \cdot m^{-2}$。储氢密度与超级活性炭的孔尺寸密切相关，小孔径有利于提高材料的储氢密度[96]。

直接采用高分子聚合物作为反应前驱体，不仅能充分发挥前驱体的多孔性结构优势，还可以同步实现元素掺杂。Sevilla 等人采用 KOH 化学活化聚噻吩，制得的超级活性炭的比表面积超过 3000 $m^2 \cdot g^{-1}$，孔体积高达 1.75 $m^3 \cdot g^{-1}$，S 含量为 3~12 wt%，且随着活化温度的升高而不断下降。S 元素掺杂的超级活性炭在 −196 ℃/2 MPa 条件下的最大储氢容量可达 6.64 wt%[97]。

4.4.2 碳纳米纤维

碳纳米纤维（Carbon Nanofibers，CNFs）是指 C 含量达 95% 以上的具有高强度、高模量的新型纤维材料，微观上是由片状的石墨微晶等有机纤维沿着纤维的轴向方向堆砌而成，经过碳化和石墨化处理后得到的微晶石墨材料。石墨层间距为 0.335 nm，中空管内径约为 10 nm，表面分散着分子级的细孔。CNFs 具有比表面积大、密度低、化学和热稳定性好等优点，主要通过催化裂解含碳化合物来制备。改变催化剂的种类可制得管状、平板状和鱼骨状的 CNFs，其中鱼骨状的 CNFs 的储氢性能表现最为突出。CNFs 储氢是通过与氢分子 / 原子之间的物理或化学吸附作用实现的。在发生化学吸附时，CNFs 的碳边缘位点对氢分子进行催化裂解。此外，CNFs 的导电性良好，还能通过电化学法储氢。与传统的高压 / 低温储氢方式相比，电化学储氢可在常温常压下进行，极具应用潜力。

　　增加比表面积和孔隙率能有效提高 CNFs 材料的氢吸附量。Xing 等人以硅溶胶与多孔阳极氧化铝为复合模板制备得到介孔 CNFs。独特的多级纳米结构、开放的大尺度孔道和大的比表面积不仅可为氢吸附提供丰富的活性位点，还能保证快速地传质和传输电子。在 25 mA·g^{-1} 电流密度下的放电容量为 679 mA·h·g^{-1}，显著高于同等比表面积的有序介孔碳材料。此外，CNFs 还表现出优异的循环稳定性和倍率性能，是一种很有应用前景的电化学储氢材料[98]。

　　CNFs 的官能化处理可有效增加纳米纤维的孔隙，进而提升其储氢容量。Calindo 等人在微波辐射的条件下，采用硝酸溶液侵蚀 CNFs 来实现其表面官能化。官能化的 CNFs 的储氢容量是未官能化的 CNFs 的 200%，CNFs 表面修饰的 –COOH 基团的相互排斥作用使得相邻 CNFs 之间产生额外的间距，同时引起 CNFs 壁内体积增大。官能化处理不仅可在 CNFs 表面修饰 –COOH 官能团，还可移除起结构粘连作用的细 CNFs，提高界面孔隙率，从而有效提升 CNFs 的储氢性能[99]。

　　基于溢出机制，过渡金属纳米颗粒对 CNFs 的储氢过程具有催化作用。氢分子先在过渡金属纳米颗粒表面进行化学吸附和解离，使得形成的 H 原子从金属表面溢出，再吸附到 CNFs 表面。Back 等人分别采用两种掺杂方法来对 CNFs 进行 Pd 掺杂。采用多元醇法制备的 Pd 含量为 5 wt% 的 CNFs，在 25 ℃ /9 MPa 时的储氢容量为 0.41 wt%。而采用乙醇 / 甲苯还原法制备的 Pd 颗粒尺寸更小，当 Pd 含量为 3 wt% 时，其储氢容量可达 0.59 wt%。Pd 颗粒的尺寸和掺杂量通过影响 Pd 颗粒和 CNFs 的比表面积间接影响其氢吸附行为[100]。Kim 等人采用化学金属电镀法在多孔 CNFs 表面负载 Ni 纳米颗粒。由于在金属 – 碳界面存在溢出效应，在 25 ℃ /10 MPa 时，该材料的最高储氢容量为 2.2 wt%，对应的 Ni 纳米颗粒的含量为 5.1 wt%。由此可见，高度分散的 Ni 纳米颗粒可有效增强 CNFs

的储氢性能，调控 Ni 纳米颗粒的含量能够进一步优化 CNFs 的储氢性能，如图 4-16 所示 [101]。

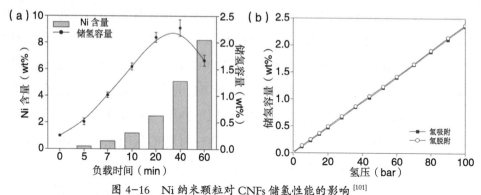

图 4-16　Ni 纳米颗粒对 CNFs 储氢性能的影响 [101]
（a）Ni 纳米颗粒含量与储氢容量的关系；（b）氢吸附和脱附等温曲线（25 ℃，5.1 wt%Ni）

　　构建多组元复合结构，利用各组分之间的协同增强效应来提高 CNFs 的储氢性能也是一种好的选择。Yadav 等人将 Ni 纳米颗粒原位分散在活性炭超细纤维基体中，并作为化学气相沉积反应的催化剂生长 CNFs，再进一步采用蒸汽处理以增大复合材料的比表面积和孔隙率。低温下，该复合体系的储氢容量主要受活性炭超细纤维基底超大的比表面积控制。室温下，CNFs 和 Ni 纳米颗粒的作用更明显。在 25 ℃ /5 MPa 下，该复合材料的储氢容量达 0.75 wt%，这得益于复合材料中 Ni 纳米颗粒、CNFs 和活性炭超细纤维基底之间的协同增强效应 [102]。

4.4.3　碳纳米管

　　CNTs 的中空管能容纳氢分子，表面 C 原子还存在一定比例的悬挂键，与氢分子形成共价键来吸附氢，从而实现高效储氢。氢吸附的位置主要有 3 种：CNTs 的管外壁、中空管内腔以及管之间的空隙。吸附过程主要依赖 CNTs 与氢之间的物理吸附作用和化学吸附作用。

　　根据卷曲石墨片层数的不同，CNTs 主要分为 SWNTs 和 MWNTs。SWNTs 是指由单层石墨片卷曲得到的直径尺寸为几纳米的管状碳材料，MWNTs 是指由 2~50 层的石墨片卷曲成的直径低于几十纳米的管状碳材料。CNTs 具有比表面积大、微孔结构丰富、稳定性高、机械强度大、电化学性能优异的优点，是吸附储氢和电化学储氢的良好选择。提升 CNTs 储氢容量的手段主要有化学改性、元素掺杂/

构建复合物和结构优化等。

1. 化学改性

化学改性是通过氧化处理、酸化处理、碱处理和热氟化处理等手段对 CNTs 进行修饰和改性，以提高其结构缺陷和表面官能团数目。Rajaura 等人采用化学氧化法对 CNTs 进行官能化处理，经酸处理后的 CNTs 的形貌和结构都发生较大变化，氧官能团和表面缺陷的出现使 CNTs 的表面积显著增大，室温储氢容量从 0.65 wt% 提升到 0.89 wt%[103]。

2. 元素掺杂 / 构建复合物

元素掺杂 / 构建复合物是指通过额外引入非金属、金属元素或其他金属化合物等来提升 CNTs 的储氢性能的方法。Ni 等人通过 DFT 计算探究了 Li 元素掺杂对 SWCNTs 与氢分子相互作用力的影响：带正电荷的 Li 元素掺杂 SWCNTs 能显著增强其与氢分子的结合能，使其适合室温储氢[104]。Reyhani 等人采用体积法和电化学法探究了 Ca、Co、Fe、Ni 和 Pd 纳米颗粒修饰 MWCNTs 对其室温储氢性能的影响。氢分子先在 MWCNTs 的缺陷位点吸附，再通过缺陷位点和打开的尖端扩散到相邻的 C 原子之间。金属纳米颗粒的作用是吸附并促进氢分子解离。Pd 是最有效的催化剂，氢分子能在 Pd 纳米颗粒表面解离成原子，H 原子再进入相邻碳层之间的空隙位置形成松散键合的 CH_x 和 $Pd–C–H_x$，比 C–H 化学键更容易分解，脱附 H_2[105]。非金属元素对于提升 CNTs 的储氢性能也有明显效果。Sawant 等人采用浮动催化剂化学气相沉积法合成 B 含量为 2.02 at% 的 B-CNTs，在 –196 ℃ /1 MPa 下，该材料的储氢容量为 2.5 wt%，最大氢吸附量达 9.8 wt%，较未掺杂的 CNTs 性能提升近 12 倍[106]。

3. 结构优化

CNTs 的结构显著影响其储氢性能。Anikina 等人探究了尺寸效应对 Li 元素掺杂 CNTs 储氢容量的重要性。CNTs 的长度会显著影响 Li 和氢分子在管内腔的吸附，进而改变 CNTs 与氢的结合能，造成碳骨架变形。此外，CNTs 的曲率对其氢吸附能也有重要的影响，即管内腔的吸附能要明显高于管外的吸附能[107]。Liu 等人利用分子动力学模拟证明了，在室温下弯曲 CNTs 是一种简单的氢释放方法。在低温下将大量氢分子存入 CNTs 中，然后弯曲至一个临界角度，会在扭结处形成一个能垒，阻止氢分子逃离CNTs并将其完全包覆在其中。临界角的大小受CNTs长度、管内吸附氢分子量和温度等因素的影响。在室温下改变CNTs的弯曲角度可精准控制氢分子的释放，如图4-17所示[108]。

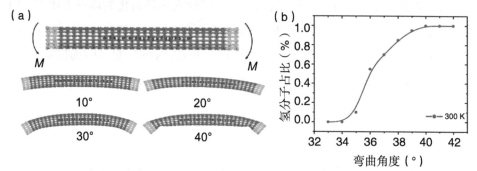

图4-17　弯曲CNTs调控储氢性能[108]
（a）不同弯曲角度的模型；（b）氢分子占比与弯曲角度的关系

4.4.4 石墨烯

石墨烯是由单层C原子紧密堆积而成的、晶格结构为二维蜂窝状的新型碳基纳米材料。石墨烯密度轻、比表面积大（2630 $m^2 \cdot g^{-1}$）、化学稳定性好，还表现出独特的小尺度效应，储氢性能良好，是一种轻质、高效、适合长距离 H_2 运输的理想载体，具有广阔的应用前景和发展空间。石墨烯储氢有两种机理：基于范德瓦耳斯力的物理吸附和通过与石墨烯表面C原子或官能团形成化学键的化学吸附。碳的化学多功能性使其可以从 sp^2 杂化转变为 sp^3 杂化，有效地与H原子结合。然而，氢分子和石墨烯的吸附作用比较弱，二者的结合能范围为 -0.01~-0.09 eV。本征石墨烯不利于氢分子的物理吸附，一般来说，本征石墨烯储氢容量较低，不能满足实际应用的需求。

设计新型石墨烯纳米结构能有效增大其比表面积和孔隙率，进而增强石墨烯对氢分子的吸附作用。Klechikov等人通过KOH处理和 H_2 气氛退火两步活化过程，制备了具有超高孔隙率的石墨烯三维结构，其比表面积为3400 $m^2 \cdot g^{-1}$，孔体积达到2.2 $cm^3 \cdot g^{-1}$，在 -196 ℃下的储氢容量为7.5 wt%。优异的储氢性能得益于活化过程中构建了由富含缺陷的石墨烯层相互连接组成的三维结构，破裂的孔洞边缘能够将石墨烯层片彼此分离，避免致密堆叠[109]。"自下而上"构建三维多孔碳材料也是增大其比表面积的有效手段。由扶手式石墨烯纳米带连接而成的六方多孔碳结构，是一种 sp^2-sp^3 杂化的碳同素异形体，具有比天然金刚石更高的热力学稳定性和明显的各向异性力学性能。通过结构设计可调控这种多孔碳同素异形体的电学性能和比表面积，使其表现出优异的储氢能力，质量比容量最高可达 8.4 wt%，体积比容量高达 73.9%[110]。

石墨烯对氢分子的化学吸附作用比物理吸附更强，吸附氢的稳定性更高，更适合长时间的储存和长距离的运输。然而，平整石墨烯的化学吸附和脱附氢分子的能垒较高，均为eV级别，因而寻找降低能垒的方法是提高单层石墨烯储氢性能的关键所在。石墨烯具有优异的机械柔性，可以通过改变其褶皱结构来调控其储氢容量。Tozzini等人通过理论计算探究了氢结合能与石墨烯褶皱曲率的关系。当石墨烯中存在褶皱时，凸出部位可作为更有利的氢结合位点，而凹陷位置则可促进氢的释放，当局部曲率达到0.02 nm时，石墨烯与氢的结合能变化可达2 eV，即形成褶皱结构对于石墨烯与氢的结合能有显著的调控作用。在随时间变化的变形波的作用下，石墨烯褶皱位置实现凸凹面反转，H原子在褶皱石墨烯上进行化学吸附和脱附，褶皱的可控反转可有效促进氢释放的进行，如图4-18所示，达到类似于"机械催化"的效果，最高可逆储氢容量为8 wt%，并且伴随快速的储氢动力学[111]。

对石墨烯进行修饰和改性能很好地提升其对氢分子的吸附作用，进而提高其储氢性能。不同掺杂元素的作用有所差别：非金属元素（如 Si、B 等）掺杂石墨烯能够提高其表面原子的稳定性；金属元素（如 Ti、Ni、Li 等）掺杂石墨烯能够有效改善其与氢分子之间的结合力，使其强度介于物理吸附力和化学吸附力之间，从而显著提升可逆储氢能力。理论计算表明：Li 元素掺杂能引起氢分子极化，进而提高石墨烯的氢吸附作用，Li 元素掺杂多孔石墨烯的理论储氢容量可达 12 wt%[112]。Zhou 等人将 Pd 纳米颗粒均匀分散在石墨烯表面，构建得到 Pd/ 石墨烯纳米复合物。该复合物具有储氢容量大、吸放氢条件温和的优点，在 25 ℃ / 6 MPa 时的储氢容量可达 8.67 wt%。Pd 纳米颗粒增强石墨烯储氢性能的机理包括：一方面，分散良好的 Pd 原子能够吸引氢分子，Pd 的存在能引起氢分子极化，进而提高与氢的结合能并促进其在石墨烯表面的吸附。另一方面，吸附在 Pd 原子表面的部分氢分子会解离成 H 原子，形成金属氢化物或进一步吸附到石墨烯表面[113]。

此外，基于石墨烯优异的导电性，还可通过电化学法储氢。在充电过程中，

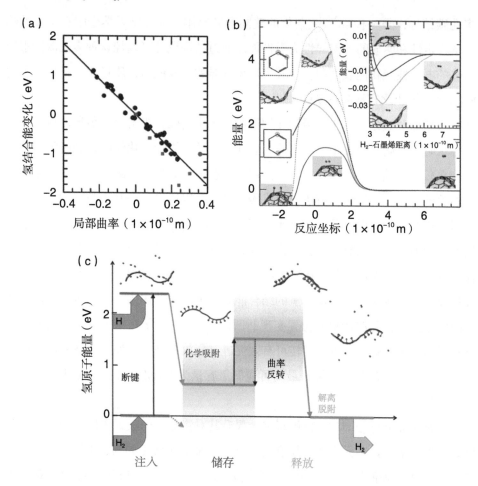

图 4-18　褶皱石墨烯的储氢性能[111]

（a）氢结合能和局部曲率的线性关系；（b）解吸反应的能量分布（实线代表对位吸附氢，虚线代表邻位吸附氢，绿色代表石墨烯凹陷位置，蓝色代表凸起位置，黑色代表平整石墨烯）；（c）褶皱石墨烯的氢吸附和脱附

水解离的 H^+ 会吸附到石墨烯电极表面，再通过外加电场引起石墨烯极化，H^+ 会被进一步吸附到内部。放电时，石墨烯的极化消失，H^+ 解吸并脱附，重新与溶液中的 OH^- 结合成水。Gunasekaran 等人通过采用 N 元素掺杂石墨烯，使其电化学储氢性能得以显著提升，容量从 272.5 F·g^{-1} 提升到 374.4 F·g^{-1}[114]。

| 4.5 其他储氢材料 |

4.5.1 笼形水合物

笼形水合物，简称水合物，是指在一定的压力、温度、气体饱和度、pH 值和水盐度条件下，由水或冰与气体分子发生反应制得的笼形结构的冰状固态晶体化合物。水分子通过氢键形成的空腔在范德瓦耳斯力的作用下包覆气体分子。笼形水合物的晶体结构包含 sI 型、sII 型和 sH 型，每一种结构都有不同的晶体性质，包含不同形状和大小的空腔。sI 型结构为 BCC 结构，在单位晶胞中包含 46 个水分子，形成 2 个正五边形十二面体（5^{12}）小空腔和 6 个六边形截断梯形体（$5^{12}6^2$）大空腔。sII 型结构为金刚石型面心立方结构，在单位晶胞中包含 136 个水分子，形成 16 个五边形十二面体（5^{12}）小空腔和 8 个球形六面体（$5^{12}6^4$）。sH 型结构是六面体结构，由 34 个水分子构成，包含 3 个 5^{12} 小空腔、2 个扁球形十二面体（$4^35^66^3$）空腔和 1 个椭球形二十面体（$5^{12}6^8$）大空腔，各空腔结构如图 4-19（a）所示[115]。

笼形水合物是一种宿主复合物，将客体气体分子包含在由宿主水分子组成的主体框架的多面体笼中。气体分子和水结构之间的相互作用是确保水合物结构稳定的关键因素，如果没有气体分子的支撑，其结构就会坍塌形成液态水。当气体分子主要为 CH_4 时，就得到天然气水合物；当气体分子为氢分子时，可通过形成笼形的 H_2 水合物来储氢。氢分子是通过物理吸附作用被捕获在空腔中的，不同大小的空腔能储存的氢分子数目也不同，即空腔的大小和形状决定了水合物的储氢能力，如 5^{12} 小空腔能容纳 2 个氢分子，$5^{12}6^4$ 空腔中可以容纳 4 个氢分子。笼形水合物用作储氢材料有众多优势：储氢材料为水，环境友好、安全性高；氢以分子形式储存，只需减压或施加热刺激即可随时利用，吸放氢的过程完全可逆；适宜的储存温度和压力条件；单位质量 / 体积的储氢容量高等。

由于氢分子的直径太小，很难与水形成稳定的水合物，因而纯 H_2 水合物的合成需要近 200 MPa 的高压和低温环境，并且 H_2 水合物在室温下的稳定性比较差，给储氢的实际应用带来巨大阻碍。在合成过程中引入四氢呋喃（Tetrahydrofuran，THF）、甲基环己烷（Methylcyclohexane，MCH）、季铵盐和有机胺类等促进剂来填充较大空腔，可有效改善 H_2 水合物严苛的制备条件，降低合成压力并提高 H_2 水合物的稳定性，但促进剂的引入会占据一定的大空腔位置，使氢分子只能更多地占据小空腔，一定程度上削弱了材料的储氢能力。此外，调整促进剂的浓度能够改善水合物的形成条件和提高储氢容量之间的平衡。Lee 等人提出在 THF-H_2 水合物中调控 THF 的添加量，强迫氢分子和 THF 竞争 sII 型水合物的大空腔。如图 4-19（b，c）所示，随着 THF 浓度的降低，氢分子将有更多的机会占据到水合物的大空腔位置。THF-H_2 水合物在 -3 ℃ /12 MPa 条件下形成，在 -3 ℃ /0.1 MPa 条件下将氢完全释放，但该过程的反应动力学很缓慢，不能满足实际的应用需求 [116]。

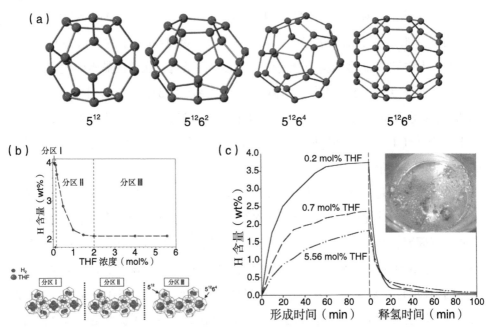

图 4-19 笼形水合物的结构和储氢性能
（a）笼形水合物的空腔结构 [115]；（b）H 含量与 THF 浓度的关系及氢分子在 THF-H_2 水合物中的位置分布；（c）THF-H_2 水合物的形成和释氢动力学 [116]

除了液态促进剂外，在水合物中引入 CH_4 分子也可增加 H_2O-CH_4 结构的氢键，进而提高水合物的稳定性。Khan 等人探究了氢分子浓度对 MCH-H_2O-CH_4-H_2 四元 sH 型水合物相平衡的影响，调整 H_2/CH_4 的比例会影响结构的相平衡以及空腔的占据率。随着 H_2 浓度增加，即 H_2/CH_4 的比例从 0 到 7，在相同温度下形成 sH 型水合物所需的压力增大。由于氢分子的竞争作用，CH_4 分子在中小空腔中的占据率降低[117]。通过综合调控促进剂和客体分子的浓度可实现对 H_2 水合物形成条件的改善和结构稳定性的提高。

sⅠ型、sⅡ型和 sH 型水合物是主要的 H_2 水合物，但也存在其他不常见的结构，如半笼形水合物。完全笼形水合物的客体分子与主体分子之间没有化学键，只是通过范德瓦耳斯力吸引来占据空腔。与完全笼形水合物不同，半笼形水合物中存在化学键，如季铵盐半笼形水合物中季铵盐的阳离子占据空腔，而阴离子会通过氢键与主体分子相连，从而增强水合物的稳定性。

为了进一步提升水合物的储氢容量，化学 - 水合物联合储氢的方法也被提出，即不仅将 H 原子储存在水合物空腔中，还将氢分子束缚在空腔结构外组成晶格结构。Strobel 等人采用对苯二酚水合物证实了化学 - 水合物联合储氢的可行性，使得最高储氢容量可增加 300%。脱氢过程分两步：先是水合物分解以释放空腔中的氢分子；然后进行主体晶格结构的化学脱氢，此过程中对苯二酚会被氧化成苯醌[118]。当然，关于笼形水合物的研究还需进一步深化，如从热力学和动力学上探究其形成机理、寻找性能更优异的促进剂和客体分子等，进一步优化制备条件和提高储氢性能。

4.5.2　中空玻璃微球

中空玻璃微球（Hollow Glass Microspheres，HGM）是一种内部中空的球形超轻质材料，直径范围是 10~250 μm，单个球体的壁厚约为 0.5~2.0 μm，密度随着结构变化而改变，表观密度范围为 80~700 $kg \cdot m^{-3}$。HGM 具有质量轻、稳定性和分散性好、储氢密度高、无毒、耐高压等优点，在储氢领域中极具应用潜力。

储氢时，将 HGM 置于高温高压下，以加速氢分子在微球内的扩散，随后将体系冷却到室温，氢分子因扩散速率降低被保存在 HGM 中。由于导热性差，吸附过程中氢分子只能部分填充，解吸过程中 H_2 释放速率也严重降低。采用红外线照射可加快 H_2 在 HGM 中的扩散，降低放氢温度，缩短放氢时间。因此，要提高 HGM 的储氢容量，需要提高其传热特性。

添加金属元素，如 Mg、Co 等，可有效解决 HGM 导热性差的问题。Dalai 等人将玻璃粉分别与六水合硝酸镁盐溶液和四水合氯化亚铁合物溶液混合制备得到添加 Mg 和 Fe 的 HGM，以改善其传热性能，提高其储氢能力。改变金属添加量可实现对储氢性能的调控，Mg 的最佳负载量为 2.0 wt%，在 200 ℃ /1 MPa 下的氢吸附量为 2.0 wt%。继续增加负载量，则会在结构中形成 MgO 和 Mg 的纳米晶体，堵塞 HGM 的孔隙并降低其储氢能力。添加 Fe 会在火焰球化过程中形成 FeO 并堵塞 HGM 孔隙，给 HGM 的储氢性能带来不利影响[119]。此外，Dalai 等人采用同样的制备方法得到添加 Co 的 HGM，随着 Co 负载量的提高，该体系的氢吸附量呈不断提高的趋势。当负载 2.0 wt% 的 Co 时，该体系在 200 ℃ /1 MPa 下的储氢容量可达 2.32 wt%[120]。

由于氢分子是穿过多孔壁扩散进 HGM 空心腔中的，HGM 中多孔壁的孔隙越多，则其氢吸附效果越好。研究发现，在 HGM 制备过程中加入发泡剂能有效提高多孔壁的孔隙率。Dalai 等人采用尿素作为发泡剂制得含有大量微 / 纳米孔洞的多孔壁 HGM。在火焰球化过程中尿素分解为氨和碳的氧化物，促进孔隙形成。随着尿素添加量的增大，HGM 的孔隙率逐渐提高。但添加量过高，尿素则在高温下发生团聚，影响孔隙的形成。当添加 2 wt% 的尿素时，体系在 200 ℃ /1 MPa 下的氢吸附量可达 2.3 wt%[121]。总体而言，利用 HCG 储氢时，还需要进一步优化多孔壁的空心结构，提升储氢容量，改善高温高压环境，才能满足实际应用需求。

4.5.3 沸石

沸石是由 Si 和 Al 的四面体（SiO_4 和 AlO_4）共享 O 原子而形成的水合结晶硅铝酸盐。沸石骨架中包含大量的规则孔道结构，可选择性吸附气体分子，是最具代表性的分子筛。沸石的结构式为 $A_{(x/q)}$[$(AlO_2)_x (SiO_2)_y$]$n(H_2O)$，其中 A 表示 Ca、Na、K、Ba、Sr 等金属阳离子，y/x 的取值范围为 1~5，$x+y$ 表示单位晶胞中四面体的数目，q 表示金属阳离子化合价，n 表示水分子数目。如图 4-20（a）所示，根据晶体构型、Si/Al 元素比和金属阳离子的不同，沸石分子筛的结构类型丰富，包含 MFI 型、FAU 型（X 型和 Y 型）、MOR 型和 BEA 型等。由于具备种类丰富、比表面积大、孔隙率高、孔道结构多、吸附性良好、成本低等优点，沸石已成为一类很有应用潜力的储氢材料。与其他多孔材料相似，沸石通过与氢分子之间的吸附作用来储氢。常温常压下，沸石的储氢容量较低，需要通过降低温度和提高压力来提升其储氢容量。

沸石的储氢性能受到骨架的拓扑结构、元素组成、微孔体积、比表面积、通道直径及金属阳离子种类等因素的影响。Martin 等人通过分子模拟在数据库中筛选了 219 种在 –196 ℃ /1 MPa 和 –248 ℃ /100 MPa 的条件下氢吸附性能最优的沸石结构，其中 RWY、IRR、OBW、NPT、JSR 和 BOZ 型沸石在 –248 ℃ /100 MPa 条件下的储氢容量均超过 4 wt%，RWY 型沸石的最大储氢容量甚至可达 7 wt%。综合考虑饱和容量、孔径尺寸分布、优先吸附位点和吸附热随温度变化曲线等因素，可建立吸附热随温度变化曲线与沸石拓扑结构的关系，如图 4-20（b）所示。当沸石结构包含一种孔径尺寸或两种以上尺寸相近的孔时，吸附热随温度变化曲线呈现抛物线形。当沸石结构同时包含大孔和小孔时，吸附热随温度变化曲线在最低温时出现扭结，扭结取决于最小孔径的尺寸[122]。

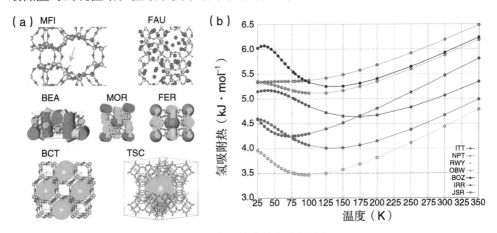

图 4-20　沸石的结构和储氢性能
（a）不同类型沸石的结构（黄色代表 Si、灰色代表 Al、红色代表 O 和品红代表 Na）；
（b）ITT、NPT、RWY、OBW、BOZ、IRR 和 JSR 型沸石的氢吸附热随温度变化曲线[122]

此外，金属阳离子对沸石的氢吸附性能也有重要影响，暴露的金属阳离子密度越高、半径越小，则对应的氢吸附性能越高。Li 等人研究了碱金属离子（Li$^+$、Na$^+$、K$^+$）充分交换的低 Si 含量 X 型沸石的储氢性能。骨架上的氧阴离子是次要吸附位点，而碱金属阳离子是主要吸附位点，该沸石的氢吸附性能与暴露位点的碱金属阳离子的半径和密度密切相关。氢分子和碱金属阳离子的相互作用能随离子半径的增加而降低，即 Li$^+$ > Na$^+$ > K$^+$。含 Li$^+$ 沸石的储氢性能最优，在 –196 ℃ /0.1 MPa 和 25 ℃ /10 MPa 条件下的储氢容量分别为 1.5 wt% 和 0.6 wt%。进一步地，在含 Li$^+$ 沸石和氢解离催化剂之间建立碳桥，增强 H 原子的溢出效应，可使其在 25 ℃ /10 MPa 条件下的储氢容量显著提升到 1.6 wt%，且氢吸附和脱附过程迅速，储氢可逆性优异 [123]。

虽然对沸石储氢性能的研究有了重要突破，但离沸石储氢的实际应用还有一定距离。由于沸石具有独特的孔道结构，除了直接用作储氢材料外，沸石还可作为反应模板来生长具有大比表面积、有序孔结构和高储氢容量的多孔碳储氢材料。Cai 等人通过纳米烧结沸石 10X 制得比表面积可达 3331 $m^2 \cdot g^{-1}$、孔体积可达 1.94 $cm^3 \cdot g^{-1}$、孔径为 1.2 nm 的有序多孔碳结构。此外，通过调节合成工艺参数可调控多孔碳材料的微观结构，该多孔碳材料在 –196 ℃ /2 MPa 下的储氢容量高达 6.1 wt%，为发展纳米孔储氢材料提供了新思路 [124]。

| 4.6 本章小结 |

H$_2$ 储存是氢能利用中的关键环节，安全高效、高密度储氢是开发利用氢能亟待解决的难题。根据与 H$_2$ 作用方式的不同，储氢材料可分为化学储氢材料和物理储氢材料。特别地，导电性好的材料可制成电极进行电化学储氢，如碳基材料和金属氢化物等。目前，对储氢材料的研究已取得重要突破，但距实际应用还存在一定距离。

化学储氢材料（如金属氢化物、配位氢化物和有机液态氢化物等）具有储氢容量高、易于制备、安全环保等优点，但由于热稳定性较高，存在吸放氢温度高、速率缓慢、循环稳定性差等缺点。纳米结构化、元素掺杂、添加催化剂、构建复合结构等是优化其储氢性能的有效手段。

物理储氢材料主要指吸附型多孔储氢材料，如多孔有机物、碳基材料等，具有比表面积大、孔结构丰富、质量密度低、储氢可逆性好等优点，但与 H$_2$ 结合弱、室温储氢容量低，通过增加压力、降低温度能增强氢吸附。高压低温的储存条件不利于长距离运输，需要通过金属掺杂、添加催化剂和结构优化来提升储氢性能。

储氢质量比容量和体积比容量高、循环寿命长、安全性高、成本低、充放氢速率快和工作条件温和是新型储氢材料的具体要求与发展方向，可从以下方向入手来进一步提升现有储氢材料的性能。（1）研究储氢机理：对储氢机理进一步深入研究，为开发新型储氢材料提供理论指导。（2）优化制备工艺：直接进行纳米储氢材料的制备，简化结构优化的工艺，增大比表面积，提高反应活性。（3）设计微观结构：设计储氢材料的微观结构以增大孔体积、孔隙率和比表面积，如多孔材料的孔道结构和三维构型设计。（4）发掘新型材料：在理论计算的指导下，探究其他热点材料（如 MoS_2、SiC）的储氢潜力，不断丰富、壮大储氢材料家族。（5）制备复合材料：将两种或多种储氢材料复合，充分发挥各组分的储氢性能优势，得到高性能的复合储氢材料，以满足实际应用的需求。（6）减少稀缺金属用量：采用含量丰富、性能优异的非贵金属代替贵金属或 RE 金属，以减少稀缺金属的使用量和降低成本，在保证经济和环保的条件下提高储氢性能。

参考文献

[1] Lototskyy M V, Yartys V A, Pollet B G, et al. Metal hydride hydrogen compressors: a review[J]. International Journal of Hydrogen Energy, 2014, 39(11): 5818-5851.

[2] Züttel A. Materials for hydrogen storage[J]. Materials Today, 2003, 6(9): 24-33.

[3] Reilly Jr J J, Wiswall Jr R H. Reaction of hydrogen with alloys of magnesium and nickel and the formation of Mg_2NiH_4[J]. Inorganic Chemistry, 1968, 7(11): 2254-2256.

[4] Huang L J, Wang H, Liu J W, et al. Low temperature de/hydrogenation in the partially crystallized $Mg_{60}Ce_{10}Ni_{20}Cu_{10}$ metallic glasses induced by milling with process control agents[J]. Journal of Alloys and Compounds, 2019, 792: 835-843.

[5] Ouyang L, Cao Z, Wang H, et al. Dual-tuning effect of in on the thermodynamic and kinetic properties of Mg_2Ni dehydrogenation[J]. International Journal of Hydrogen Energy, 2013, 38(21): 8881-8887.

[6] Kusadome Y, Ikeda K, Nakamori Y, et al. Hydrogen storage capability of $MgNi_2$ processed by high pressure torsion[J]. Scripta Materialia, 2007, 57(8): 751-753.

[7] Ouyang L, Liu F, Wang H, et al. Magnesium-based hydrogen storage compounds: a review[J]. Journal of Alloys and Compounds, 2020, 832: 154865.

[8] Polanski M, Nielsen T K, Cerenius Y, et al. Synthesis and decomposition mechanisms of Mg_2FeH_6 studied by in-situ synchrotron X-ray diffraction and high-pressure DSC[J]. International Journal of Hydrogen Energy, 2010, 35(8): 3578-3582.

[9] Zhang J, Cuevas F, Zaidi W, et al. Highlighting of a single reaction path during reactive

ball milling of Mg and TM by quantitative H_2 gas sorption analysis to form ternary complex hydrides (TM= Fe, Co, Ni)[J]. The Journal of Physical Chemistry C, 2011, 115(11): 4971-4979.

[10] Dong H, Ouyang L, Sun T, et al. Effect of ball milling on hydrogen storage of Mg_3La alloy[J]. Journal of Rare Earths, 2008, 26(2): 303-306.

[11] Huang J, Duan R, Ouyang L, et al. The effect of particle size on hydrolysis properties of Mg_3La hydrides[J]. International Journal of Hydrogen Energy, 2014, 39(25): 13564-13568.

[12] Ouyang L, Yang X, Dong H, et al. Structure and hydrogen storage properties of Mg_3Pr and $Mg_3PrNi_{0.1}$ alloys[J]. Scripta Materialia, 2009, 61(4): 339-342.

[13] Ouyang L, Dong H, Peng C, et al. A new type of Mg-based metal hydride with promising hydrogen storage properties[J]. International Journal of Hydrogen Energy, 2007, 32(16): 3929-3935.

[14] Ouyang L, Yao L, Yang X, et al. The effects of Co and Ni addition on the hydrogen storage properties of Mg_3Mm[J]. International Journal of Hydrogen Energy, 2010, 35(15): 8275-8280.

[15] Reilly Jr J J, Wiswall Jr R H. Reaction of hydrogen with alloys of magnesium and copper[J]. Inorganic Chemistry, 1967, 6(12): 2220-2223.

[16] Ouyang L, Cao Z, Yao L, et al. Comparative investigation on the hydrogenation/ dehydrogenation characteristics and hydrogen storage properties of Mg_3Ag and Mg_3Y[J]. International Journal of Hydrogen Energy, 2014, 39(25): 13616-13621.

[17] Wu D, Ouyang L, Wu C, et al. Phase transition and hydrogen storage properties of $Mg_{17}Ba_2$ compound[J]. Journal of Alloys and Compounds, 2017, 690: 519-522.

[18] Ma M, Duan R, Ouyang L, et al. Hydrogen storage and hydrogen generation properties of $CaMg_2$-based alloys[J]. Journal of Alloys and Compounds, 2017, 691: 929-935.

[19] Wu D, Ouyang L, Wu C, et al. Phase transition and hydrogen storage properties of Mg-Ga alloy[J]. Journal of Alloys and Compounds, 2015, 642: 180-184.

[20] Skripnyuk V M, Rabkin E. Mg_3Cd: a model alloy for studying the destabilization of magnesium hydride[J]. International Journal of Hydrogen Energy, 2012, 37(14): 10724-10732.

[21] Lu Y, Wang H, Ouyang L, et al. Reversible hydrogen storage and phase transformation with altered desorption pressure in $Mg_{90}In_5Cd_5$ ternary alloy[J]. Journal of Alloys and Compounds, 2015, 645: S103-S106.

[22] Zhang J, Zhu Y, Lin H, et al. Metal hydride nanoparticles with ultrahigh structural stability and hydrogen storage activity derived from microencapsulated

nanoconfinement[J]. Advanced Materials, 2017, 29(24): 1700760.

[23] Li B, Li J, Zhao H, et al. Mg-based metastable nano alloys for hydrogen storage[J]. International Journal of Hydrogen Energy, 2019, 44(12): 6007-6018.

[24] Ismail M. Effect of $LaCl_3$ addition on the hydrogen storage properties of MgH_2[J]. Energy, 2015, 79: 177-182.

[25] Liu T, Chen C, Qin C, et al. Improved hydrogen storage properties of Mg-based nanocomposite by addition of $LaNi_5$ nanoparticles[J]. International Journal of Hydrogen Energy, 2014, 39(32): 18273-18279.

[26] Lu Y, Wang H, Liu J, et al. Reversible de/hydriding reactions between two new Mg-In-Ni compounds with improved thermodynamics and kinetics[J]. The Journal of Physical Chemistry C, 2015, 119(48): 26858-26865.

[27] Modi P, Aguey-Zinsou K F. Titanium-iron-manganese ($TiFe_{0.85}Mn_{0.15}$) alloy for hydrogen storage: reactivation upon oxidation[J]. International Journal of Hydrogen Energy, 2019, 44(31): 16757-16764.

[28] Davids M W, Lototskyy M, Nechaev A, et al. Surface modification of TiFe hydrogen storage alloy by metal-organic chemical vapour deposition of palladium[J]. International Journal of Hydrogen Energy, 2011, 36(16): 9743-9750.

[29] Song X P, Pei P, Zhang P L, et al. The influence of alloy elements on the hydrogen storage properties in vanadium-based solid solution alloys[J]. Journal of Alloys and Compounds, 2008, 455(1-2): 392-397.

[30] Aoki M, Noritake T, Ito A, et al. Improvement of cyclic durability of Ti-Cr-V alloy by Fe substitution[J]. International Journal of Hydrogen Energy, 2011, 36(19): 12329-12332.

[31] Chen X Y, Chen R R, Ding X, et al. Substitution effect of Hf on hydrogen storage capacity and cycling durability of $Ti_{23}V_{40}Mn_{37}$ metal hydride alloys[J]. International Journal of Hydrogen Energy, 2018, 43(42): 19567-19574.

[32] Yao Z, Xiao X, Liang Z, et al. Study on the modification of Zr-Mn-V based alloys for hydrogen isotopes storage and delivery[J]. Journal of Alloys and Compounds, 2019, 797: 185-193.

[33] Tarasov B P, Bocharnikov M S, Yanenko Y B, et al. Cycling stability of RNi_5 (R= La, La+Ce) hydrides during the operation of metal hydride hydrogen compressor[J]. International Journal of Hydrogen Energy, 2018, 43(9): 4415-4427.

[34] Liu J, Li K, Cheng H, et al. New insights into the hydrogen storage performance degradation and Al functioning mechanism of $LaNi_{5-x}Alx$ alloys[J]. International Journal of Hydrogen Energy, 2017, 42(39): 24904-24914.

[35] Zhu Z, Zhu S, Zhao X, et al. Effects of Ce/Y on the cycle stability and anti-plateau splitting of $La_{5-x}Ce_xNi_4Co$ (x=0.4, 0.5) and $La_{5-y}Y_yNi_4Co$ (y=0.1, 0.2) hydrogen storage alloys[J]. Materials Chemistry and Physics, 2019, 236: 121725.

[36] Liu W, Aguey-Zinsou K F. Low temperature synthesis of $LaNi_5$ nanoparticles for hydrogen storage[J]. International Journal of Hydrogen Energy, 2016, 41(3): 1679-1687.

[37] Rusman N A A, Dahari M. A review on the current progress of metal hydrides material for solid-state hydrogen storage applications[J]. International Journal of Hydrogen Energy, 2016, 41(28): 12108-12126.

[38] Gross K J, Sandrock G, Thomas G J. Dynamic in situ X-ray diffraction of catalyzed alanates[J]. Journal of alloys and compounds, 2002, 330: 691-695.

[39] Thomas G J, Gross K J, Yang N Y C, et al. Microstructural characterization of catalyzed $NaAlH_4$[J]. Journal of Alloys and Compounds, 2002, 330: 702-707.

[40] Xiao X, Chen L, Wang X, et al. The hydrogen storage properties and microstructure of Ti-doped sodium aluminum hydride prepared by ball-milling[J]. International Journal of Hydrogen Energy, 2007, 32(13): 2475-2479.

[41] Pukazhselvan D, Hudson M S L, Sinha A S K, et al. Studies on metal oxide nanoparticles catalyzed sodium aluminum hydride[J]. Energy, 2010, 35(12): 5037-5042.

[42] Xuanhui Q, Ping L, Zhang L, et al. Superior catalytic effects of Nb_2O_5, TiO_2, and Cr_2O_3 nanoparticles in improving the hydrogen sorption properties of $NaAlH_4$[J]. The Journal of Physical Chemistry C, 2012, 116(22): 11924-11938.

[43] Gao J, Adelhelm P, Verkuijlen M H W, et al. Confinement of $NaAlH_4$ in nanoporous carbon: impact on H_2 release, reversibility, and thermodynamics[J]. The Journal of Physical Chemistry C, 2010, 114(10): 4675-4682.

[44] Fan X, Xiao X, Shao J, et al. Size effect on hydrogen storage properties of $NaAlH_4$ confined in uniform porous carbons[J]. Nano Energy, 2013, 2(5): 995-1003.

[45] Agnihotri D, Sharma H. Carbon nanotubes for improving dehydrogenation from $NaAlH_4$[J]. Computational and Theoretical Chemistry, 2016, 1097: 61-69.

[46] Li C, Peng P, Zhou D W, et al. Research progress in $LiBH_4$ for hydrogen storage: a review[J]. International Journal of Hydrogen Energy, 2011, 36(22): 14512-14526.

[47] Nickels E A, Jones M O, David W I F, et al. Tuning the decomposition temperature in complex hydrides: synthesis of a mixed alkali metal borohydride[J]. Angewandte Chemie, 2008, 120(15): 2859-2861.

[48] Ding Z, Lu Y, Li L, et al. High reversible capacity hydrogen storage through Nano-

LiBH$_4$+ Nano-MgH$_2$ system[J]. Energy Storage Materials, 2019, 20: 24-35.

[49] Wang H, Wu G, Cao H, et al. Near ambient condition hydrogen storage in a synergized tricomponent hydride system[J]. Advanced Energy Materials, 2017, 7(13): 1602456.

[50] Shao J, Xiao X, Fan X, et al. Enhanced hydrogen storage capacity and reversibility of LiBH$_4$ nanoconfined in the densified zeolite-templated carbon with high mechanical stability[J]. Nano Energy, 2015, 15: 244-255.

[51] Zang L, Sun W, Liu S, et al. Enhanced hydrogen storage properties and reversibility of LiBH$_4$ confined in two-dimensional Ti$_3$C$_2$[J]. ACS Applied Materials & Interfaces, 2018, 10(23): 19598-19604.

[52] Shaw L L, Ren R, Markmaitree T, et al. Effects of mechanical activation on dehydrogenation of the lithium amide and lithium hydride system[J]. Journal of Alloys and Compounds, 2008, 448(1-2): 263-271.

[53] Shaw L L, Osborn W, Markmaitree T, et al. The reaction pathway and rate-limiting step of dehydrogenation of the LiHN$_2$+LiH mixture[J]. Journal of Power Sources, 2008, 177(2): 500-505.

[54] Xia G, Chen X, Zhou C, et al. Nano-confined multi-synthesis of a Li-Mg-N-H nanocomposite towards low-temperature hydrogen storage with stable reversibility[J]. Journal of Materials Chemistry A, 2015, 3(24): 12646-12652.

[55] Xia G, Chen X, Zhao Y, et al. High-performance hydrogen storage nanoparticles inside hierarchical porous carbon nanofibers with stable cycling[J]. ACS Applied Materials & Interfaces, 2017, 9(18): 15502-15509.

[56] Amica G, Larochette P A, Gennari F C. Hydrogen storage properties of LiNH$_2$-LiH system with MgH$_2$, CaH$_2$ and TiH$_2$ added[J]. International Journal of Hydrogen Energy, 2015, 40(30): 9335-9346.

[57] Lin H J, Li H W, Murakami H, et al. Remarkably improved hydrogen storage properties of LiNH$_2$-LiH composite via the addition of CeF$_4$[J]. Journal of Alloys and Compounds, 2018, 735: 1017-1022.

[58] Sitthiwet C, Plerdsranoy P, Dansirima P, et al. Improved hydrogen sorption kinetics of compacted LiNH$_2$-LiH based small hydrogen storage tank by doping with TiF$_4$ and MWCNTs[J]. Journal of Alloys and Compounds, 2020, 832: 155026.

[59] Zhang H, Gu X, Liu P, et al. Highly efficient visible-light-driven catalytic hydrogen evolution from ammonia borane using non-precious metal nanoparticles supported by graphitic carbon nitride[J]. Journal of Materials Chemistry A, 2017, 5(5): 2288-2296.

[60] Luo J, Kang X, Chen C, et al. Rapidly releasing over 9 wt% of H$_2$ from NH$_3$BH$_3$-Mg or NH$_3$BH$_3$-MgH$_2$ composites around 85 °C[J]. The Journal of Physical Chemistry C,

2016, 120(33): 18386-18393.

[61] Valero-Pedraza M J, Cot D, Petit E, et al. Ammonia borane nanospheres for hydrogen storage[J]. ACS Applied Nano Materials, 2019, 2(2): 1129-1138.

[62] Sullivan J A, Herron R, Phillips A D. Towards an understanding of the beneficial effect of mesoporous materials on the dehydrogenation characteristics of NH_3BH_3[J]. Applied Catalysis B: Environmental, 2017, 201: 182-188.

[63] Xiong Z, Yong C K, Wu G, et al. High-capacity hydrogen storage in lithium and sodium amidoboranes[J]. Nature Materials, 2008, 7(2): 138-141.

[64] Shimoda K, Doi K, Nakagawa T, et al. Comparative study of structural changes in NH_3BH_3, $LiNH_2BH_3$, and KNH_2BH_3 during dehydrogenation process[J]. The Journal of Physical Chemistry C, 2012, 116(9): 5957-5964.

[65] Modisha P M, Ouma C N M, Garidzirai R, et al. The prospect of hydrogen storage using liquid organic hydrogen carriers[J]. Energy & Fuels, 2019, 33(4): 2778-2796.

[66] Kariya N, Fukuoka A, Utagawa T, et al. Efficient hydrogen production using cyclohexane and decalin by pulse-spray mode reactor with Pt catalysts[J]. Applied Catalysis A: General, 2003, 247(2): 247-259.

[67] Kustov L M, Tarasov A L, Tarasov B P. Intermetallide catalysts for hydrogen storage on the basis of reversible aromatics hydrogenation/dehydrogenation reactions[J]. International Journal of Hydrogen Energy, 2013, 38(14): 5713-5716.

[68] Al-ShaikhAli A H, Jedidi A, Cavallo L, et al. Non-precious bimetallic catalysts for selective dehydrogenation of an organic chemical hydride system[J]. Chemical Communications, 2015, 51(65): 12931-12934.

[69] Jang M, Jo Y S, Lee W J, et al. A high-capacity, reversible liquid organic hydrogen carrier: H_2-release properties and an application to a fuel cell[J]. ACS Sustainable Chemistry & Engineering, 2018, 7(1): 1185-1194.

[70] Rosi N L, Eckert J, Eddaoudi M, et al. Hydrogen storage in microporous metal-organic frameworks[J]. Science, 2003, 300(5622): 1127-1129.

[71] Zhang X, Lin R B, Wang J, et al. Optimization of the pore structures of MOFs for record high hydrogen volumetric working capacity[J]. Advanced Materials, 2020, 32(17): 1907995.

[72] Farha O K, Yazaydın A Ö, Eryazici I, et al. De novo synthesis of a metal-organic framework material featuring ultrahigh surface area and gas storage capacities[J]. Nature Chemistry, 2010, 2(11): 944-948.

[73] Ahmed A, Liu Y, Purewal J, et al. Balancing gravimetric and volumetric hydrogen density in MOFs[J]. Energy & Environmental Science, 2017, 10(11): 2459-2471.

[74] Chen Z, Li P, Anderson R, et al. Balancing volumetric and gravimetric uptake in highly porous materials for clean energy[J]. Science, 2020, 368(6488): 297-303.

[75] Sun Y Y, Kim Y H, Zhang S B. Effect of spin state on the dihydrogen binding strength to transition metal centers in metal-organic frameworks[J]. Journal of the American Chemical Society, 2007, 129(42): 12606-12607.

[76] Han S S, Goddard W A. Lithium-doped metal-organic frameworks for reversible H_2 storage at ambient temperature[J]. Journal of the American Chemical Society, 2007, 129(27): 8422-8423.

[77] Stergiannakos T, Tylianakis E, Klontzas E, et al. Hydrogen storage in novel Li-doped corrole metal-organic frameworks[J]. The Journal of Physical Chemistry C, 2012, 116(15): 8359-8363.

[78] Li Y, Yang R T. Hydrogen storage in metal-organic frameworks by bridged hydrogen spillover[J]. Journal of the American Chemical Society, 2006, 128(25): 8136-8137.

[79] Klontzas E, Tylianakis E, Froudakis G E. Designing 3D COFs with enhanced hydrogen storage capacity[J]. Nano Letters, 2010, 10(2): 452-454.

[80] Assfour B, Seifert G. Hydrogen adsorption sites and energies in 2D and 3D covalent organic frameworks[J]. Chemical Physics Letters, 2010, 489(1-3): 86-91.

[81] Xia L, Wang F, Liu Q. Effects of substituents on the H_2 storage properties of COF-320[J]. Materials Letters, 2016, 162: 9-12.

[82] Song Y, Dai J H. Mechanisms of dopants influence on hydrogen uptake in COF-108: a first principles study[J]. International Journal of Hydrogen Energy, 2013, 38(34): 14668-14674.

[83] Xia L, Liu Q. Lithium doping on covalent organic framework-320 for enhancing hydrogen storage at ambient temperature[J]. Journal of Solid State Chemistry, 2016, 244: 1-5.

[84] Li F, Zhao J, Johansson B, et al. Improving hydrogen storage properties of covalent organic frameworks by substitutional doping[J]. International Journal of Hydrogen Energy, 2010, 35(1): 266-271.

[85] Ke Z, Cheng Y, Yang S, et al. Modification of COF-108 via impregnation/ functionalization and Li-doping for hydrogen storage at ambient temperature[J]. International Journal of Hydrogen Energy, 2017, 42(16): 11461-11468.

[86] McKeown N B, Gahnem B, Msayib K J, et al. Towards polymer-based hydrogen storage materials: engineering ultramicroporous cavities within polymers of intrinsic microporosity[J]. Angewandte Chemie, 2006, 118(11): 1836-1839.

[87] Ramimoghadam D, Boyd S E, Brown C L, et al. The effect of thermal treatment on the

hydrogen-storage properties of PIM-1[J]. ChemPhysChem, 2019, 20(12): 1613-1623.

[88] Ramimoghadam D, Naheed L, Boyd S E, et al. Postsynthetic modification of a network polymer of intrinsic microporosity and its hydrogen adsorption properties[J]. The Journal of Physical Chemistry C, 2019, 123(12): 6998-7009.

[89] Chen J, Yan W, Townsend E J, et al. Tunable surface area, porosity, and function in conjugated microporous polymers[J]. Angewandte Chemie International Edition, 2019, 58(34): 11715-11719.

[90] Li A, Lu R F, Wang Y, et al. Lithium-doped conjugated microporous polymers for reversible hydrogen storage[J]. Angewandte Chemie, 2010, 122(19): 3402-3405.

[91] Lee J Y, Wood C D, Bradshaw D, et al. Hydrogen adsorption in microporous hypercrosslinked polymers[J]. Chemical Communications, 2006 (25): 2670-2672.

[92] Demirocak D E, Ram M K, Srinivasan S S, et al. Spillover enhancement for hydrogen storage by Pt doped hypercrosslinked polystyrene[J]. International Journal of Hydrogen Energy, 2012, 37(17): 12402-12410.

[93] Lee J S M, Briggs M E, Hasell T, et al. Hyperporous carbons from hypercrosslinked polymers[J]. Advanced Materials, 2016, 28(44): 9804-9810.

[94] Kopac T, Kırca Y. Effect of ammonia and boron modifications on the surface and hydrogen sorption characteristics of activated carbons from coal[J]. International Journal of Hydrogen Energy, 2020, 45(17): 10494-10506.

[95] Li Y, Yang R T. Hydrogen storage on platinum nanoparticles doped on superactivated carbon[J]. The Journal of Physical Chemistry C, 2007, 111(29): 11086-11094.

[96] Sevilla M, Fuertes A B, Mokaya R. High density hydrogen storage in superactivated carbons from hydrothermally carbonized renewable organic materials[J]. Energy & Environmental Science, 2011, 4(4): 1400-1410.

[97] Sevilla M, Fuertes A B, Mokaya R. Preparation and hydrogen storage capacity of highly porous activated carbon materials derived from polythiophene[J]. International Journal of Hydrogen Energy, 2011, 36(24): 15658-15663.

[98] Xing Y, Fang B, Bonakdarpour A, et al. Facile fabrication of mesoporous carbon nanofibers with unique hierarchical nanoarchitecture for electrochemical hydrogen storage[J]. International Journal of Hydrogen Energy, 2014, 39(15): 7859-7867.

[99] Galindo-Hernández F, Portales B, Domínguez J M, et al. Porosity and fractal study of functionalized carbon nanofibers: effects of the functionalization degree on hydrogen storage capacity[J]. Journal of Power Sources, 2014, 269: 69-80.

[100] Back C K, Sandí G, Prakash J, et al. Hydrogen sorption on palladium-doped sepiolite-derived carbon nanofibers[J]. The Journal of Physical Chemistry B, 2006,

110(33): 16225-16231.

[101] Kim B J, Lee Y S, Park S J. A study on the hydrogen storage capacity of Ni-plated porous carbon nanofibers[J]. International Journal of Hydrogen Energy, 2008, 33(15): 4112-4115.

[102] Yadav A, Faisal M, Subramaniam A, et al. Nickel nanoparticle-doped and steam-modified multiscale structure of carbon micro-nanofibers for hydrogen storage: effects of metal, surface texture and operating conditions[J]. International Journal of Hydrogen Energy, 2017, 42(9): 6104-6117.

[103] Rajaura R S, Srivastava S, Sharma P K, et al. Structural and surface modification of carbon nanotubes for enhanced hydrogen storage density[J]. Nano-Structures & Nano-Objects, 2018, 14: 57-65.

[104] Ni M, Huang L, Guo L, et al. Hydrogen storage in Li-doped charged single-walled carbon nanotubes[J]. International Journal of Hydrogen Energy, 2010, 35(8): 3546-3549.

[105] Reyhani A, Mortazavi S Z, Mirershadi S, et al. Hydrogen storage in decorated multiwalled carbon nanotubes by Ca, Co, Fe, Ni, and Pd nanoparticles under ambient conditions[J]. The Journal of Physical Chemistry C, 2011, 115(14): 6994-7001.

[106] Sawant S V, Banerjee S, Patwardhan A W, et al. Effect of in-situ boron doping on hydrogen adsorption properties of carbon nanotubes[J]. International Journal of Hydrogen Energy, 2019, 44(33): 18193-18204.

[107] Anikina E, Banerjee A, Beskachko V, et al. Li-functionalized carbon nanotubes for hydrogen storage: importance of size effects[J]. ACS Applied Nano Materials, 2019, 2(5): 3021-3030.

[108] Liu Z, Xue Q, Ling C, et al. Hydrogen storage and release by bending carbon nanotubes[J]. Computational Materials Science, 2013, 68: 121-126.

[109] Klechikov A, Mercier G, Sharifi T, et al. Hydrogen storage in high surface area graphene scaffolds[J]. Chemical Communications, 2015, 51(83): 15280-15283.

[110] Xie L, Wang Z, Xu X, et al. A multiporous carbon family with superior stability, tunable electronic structures and amazing hydrogen storage capability[J]. Physical Chemistry Chemical Physics, 2020, 22(17): 9734-9739.

[111] Tozzini V, Pellegrini V. Reversible hydrogen storage by controlled buckling of graphene layers[J]. The Journal of Physical Chemistry C, 2011, 115(51): 25523-25528.

[112] Du A, Zhu Z, Smith S C. Multifunctional porous graphene for nanoelectronics and hydrogen storage: new properties revealed by first principle calculations[J]. Journal

of the American Chemical Society, 2010, 132(9): 2876-2877.

[113] Zhou C, Szpunar J A. Hydrogen storage performance in Pd/graphene nanocomposites[J]. ACS Applied Materials & Interfaces, 2016, 8(39): 25933-25940.

[114] Gunasekaran S S, Kumaresan T K, Masilamani S A, et al. Divulging the electrochemical hydrogen storage on nitrogen doped graphene and its superior capacitive performance[J]. Materials Letters, 2020, 273: 127919.

[115] Chattaraj P K, Bandaru S, Mondal S. Hydrogen storage in clathrate hydrates[J]. The Journal of Physical Chemistry A, 2011, 115(2): 187-193.

[116] Lee H, Lee J W, Kim DY, et al. Tuning clathrate hydrates for hydrogen storage[J]. Nature, 2005, 434(7034): 743-746.

[117] Khan M N, Rovetto L J, Peters C J, et al. Effect of hydrogen-to-methane concentration ratio on the phase equilibria of quaternary hydrate systems[J]. Journal of Chemical & Engineering Data, 2015, 60(2): 418-423.

[118] Strobel T A, Kim Y, Andrews G S, et al. Chemical-clathrate hybrid hydrogen storage: storage in both guest and host[J]. Journal of the American Chemical Society, 2008, 130(45): 14975-14977.

[119] Dalai S, Vijayalakshmi S, Sharma P, et al. Magnesium and iron loaded hollow glass microspheres (HGMs) for hydrogen storage[J]. International Journal of Hydrogen Energy, 2014, 39(29): 16451-16458.

[120] Dalai S, Vijayalakshmi S, Shrivastava P, et al. Effect of Co loading on the hydrogen storage characteristics of hollow glass microspheres (HGMs)[J]. International Journal of Hydrogen Energy, 2014, 39(7): 3304-3312.

[121] Dalai S, Vijayalakshmi S, Shrivastava P, et al. Preparation and characterization of hollow glass microspheres (HGMs) for hydrogen storage using urea as a blowing agent[J]. Microelectronic Engineering, 2014, 126: 65-70.

[122] Martin-Calvo A, Gutiérrez-Sevillano J J, Matito-Martos I, et al. Identifying zeolite topologies for storage and release of hydrogen[J]. The Journal of Physical Chemistry C, 2018, 122(23): 12485-12493.

[123] Li Y, Yang R T. Hydrogen storage in low silica type X zeolites[J]. The Journal of Physical Chemistry B, 2006, 110(34): 17175-17181.

[124] Cai J, Li L, Lv X, et al. Large surface area ordered porous carbons via nanocasting zeolite 10X and high performance for hydrogen storage application[J]. ACS Applied Materials & Interfaces, 2014, 6(1): 167-175.

第 5 章

氢能转换中

的新材料

受限于化石燃料的不可再生性及其污染性，氢能有望成为替代化石燃料的重要新能源之一。除了氢能的制备、提纯和储存等问题，氢能的能量转换也是氢能利用中的重要问题之一。

目前，绝大部分的能量转换都是通过热机（如内燃机）来实现的。由于卡诺循环的限制，内燃机的转换效率低于 30%，而且会产生粉尘、CO_2、NO_x、SO_x 等物质。氢气内燃机（Hydrogen-fueled Internal Combustion Engines，H_2ICE）的发展由来已久。相比于传统的内燃机，H_2ICE 使用 H_2- 空气混合气作为燃料。H_2ICE 运行后的产物为 H_2O（也可能带有 NO_x），比化石燃料的燃烧更加环保。NO_x 的产生是因为使用 H_2- 空气混合气作为燃料时，空气中 N_2 的热分解和氧化会产生 NO_x。低温燃烧虽然能够降低 NO_x 的排放，但同时也会降低 H_2ICE 的输出功率密度。此外，由于 H_2 的燃烧热值比化石燃料高 2 倍以上，释放相同热量时所需 H_2 的质量比化石燃料低。因此，使用 H_2- 空气混合气为燃料能够降低内燃机的成本。不足的是，由于 H_2- 空气混合气的点燃能比传统的碳氢化合物 - 空气低一个数量级，H_2ICE 易出现早燃问题，即在火花放电之前，混合气已被燃烧室内的炽热点提前点燃。早燃会增大热释放速率，从而产生压力激增、更高的气缸压力峰值和声振荡、更高的排热，进一步增加气缸表面的温度，从而引发更严重的早燃问题。早燃问题如果不能得到解决就会导致引擎失效。再考虑到 H_2ICE 的非零排放模式和受限于卡诺循环的效率，H_2ICE 只能作为化石燃料向氢能发展的过渡动力系统。

燃料电池具有环保无污染、转换效率高等特点，是理想的能源利用方式，可以将储存在燃料和氧化剂中的化学能直接转换成电能。燃料电池中的电极、电解质、隔膜等都对新材料提出了越来越高的需求。本章重点介绍氢燃料电池中涉及的新材料，并对氢能的主要应用场景进行简要的概述。

| 5.1 燃料电池中的新材料 |

在燃料电池中，常用的燃料有 H_2、富含氢的气体（如重整气）和甲醇水溶液等液体，常用的氧化剂有 O_2、净化空气等气体和过氧化氢、硝酸水溶液等液体。当以 H_2 为燃料、O_2 为氧化剂时，燃料电池的反应产物仅为水。同时，由于不受卡诺循环的限制，燃料电池的转换效率非常高（35%~60%）。如果进一步利用电池所产生的余热，那么燃料电池可以达到更高的效率（超过 90%）。但是，燃料电池的成本较高、体积功率密度低，因而目前仅应用在某些特殊领域（如航天航空）。燃料电池对工作温度的兼容性、对环境毒物的敏感性和开关循环下的耐久性等，也限制了燃料电池的广泛应用。此外，使用 H_2 作为燃料时，大规模、低成本、高效且环保的制氢技术的开发也存在困难。另外，由于氢能的体积能量密度很低，氢能的储存也是一大难点。因此，在燃料电池广泛投入使用之前，尚有很多问题亟须解决。

5.1.1 基本原理与设计

1. 燃料电池的分类

如表 5-1 所示，按照所用电解质的类型可以将燃料电池分为碱性燃料电池（Alkaline Fuel Cell，AFC）、磷酸燃料电池（Phosphoric Acid Fuel Cell，PAFC）、质子交换膜燃料电池（Proton Exchange Membrane Fuel Cell，PEMFC）、熔融碳酸盐燃料电池（Molten Carbonate Fuel Cell，MCFC）和固体氧化物燃料电池（Solid Oxide Fuel Cell，SOFC）。燃料电池的工作方式与内燃机类似。在工作时，不断地向电池内部输入燃料与氧化剂，同时，不断地输出与生成物等量的反应产物。由于燃料电池的能量效率为 35%~60%，剩余的能量以余热的形式排出，因此燃料电池中必须有排热系统。燃料电池输出的电压为直流电，对于交流用户还需将直流电转换成交流电，即需要电压逆变系统。由此可知，燃料电池系统中应包含 5 个分系统：燃料与氧化剂供给系统，完成化学能 – 电能转换的电池组，电池水、热管理系统，输出电能调整系统，以及自动进行检测、调整和控制的自动控制系统。本节主要介绍电池组中各个组件的功能及其选材要求。电池组的组件及运行过程如图 5-1 所示。单个燃料电池的主要构件为电极、电解质隔膜和双极板。

表 5-1　不同类型燃料电池的性能和应用领域[1]

类型	工作温度（℃）	系统输出功率（kW）	电效率（%）	利用余热后的效率（%）	应用领域
AFC	90~100	10~100	60	>80	军事、航天
PAFC	150~200	50~1000	>40	>85	分布式发电
PEMFC	50~100	<1~250	53~58	70~90	备用电源、便携式电源、专用汽车、小型分布式发电
MCFC	600~700	<1~1000	45~47	>80	电气设施、大型分布式发电
SOFC	600~1000	<1~3000	35~43	<90	辅助电源、电气设施、大型分布式发电

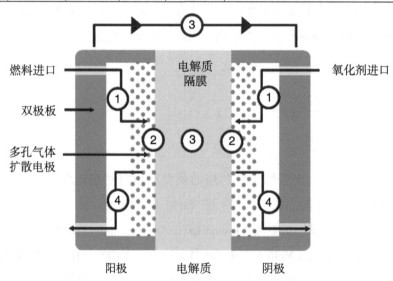

图 5-1　电池组的截面及其运行过程中的重要步骤[2]

★注：序号①、②、③、④分别对应反应物传输、电化学反应、离子和电子的传导及产物排出过程。

2. 多孔气体扩散电极

燃料电池通常使用气体作为燃料和氧化剂，但气体在电解质中的溶解度很低。

为了增大反应电流密度、减小极化，应增大电极的表面积并尽可能减少液相传质的边界层厚度。多孔气体扩散电极采用负载型高分散的电催化剂，这不仅有利于增大催化剂的比表面积，而且也将液相传质层的厚度从平板电极的 0.1 mm 减小至 0.001~0.01 mm。以 H_2 和 O_2 的反应为例，在酸性条件下，氧化和还原反应以及总反应为：

$$H_2 \rightarrow 2H^+ + 2e^- \tag{5-1}$$

$$\frac{1}{2}O_2 + 2H^+ + 2e^- \rightarrow H_2O \tag{5-2}$$

$$H_2 + \frac{1}{2}O_2 \rightarrow H_2O \tag{5-3}$$

由此可知，气体扩散电极内应具有电子和离子传导通道及气体扩散通道。电子传导通道由电催化剂提供，离子传导通道由填充电解质的孔道提供，气体扩散通道则由电极内未被电解质填充的孔道提供。因此，保持多孔气体扩散电极内部的三相（固 – 液 – 气）界面反应区的稳定十分重要。双孔结构电极通过电极的双孔结构保持三相界面的稳定，如图 5-2（a）所示。控制气体压力可以使小孔径填充电解质，而大孔径填充气体。如图 5-2（b）所示，在黏合型气体扩散电极中，会通过添加少量的憎水剂［如聚四氟乙烯（PTFE）、聚乙烯、烷烃］使电极具有一定的憎水性，从而保持三相界面的稳定，即憎水剂加入后产生的未被电解质填充的孔道，用作气体扩散通道。对于使用固态电解质的燃料电池（如 PEMFC 和 SOFC），需要在电极的电催化层混入质子交换树脂或 O^{2-} 导电的固体氧化物，来扩展和稳定反应区。这是由于固态电解质不能进入电极的催化层，电极催化层内无法建立离子通道，反应仅在电解质与电催化剂的界面处进行。将离子导体加入电极催化层内能够在电极内建立离子导电通道，即电极内掺入的离子交换树脂 / 固体氧化物提供离子传导通道。用于燃料电池的电催化剂必须是电的良导体，且电催化剂需要在工作电压、氧化剂或燃料、电解质、工作高温等工作环境下保持高的活性和稳定性。基于这些高要求，早期用于电催化的材料仅限于贵金属及其合金。随着研究的深入，其他合适的电催化材料，如碳材料、过渡金属化合物、钙钛矿等也被发现。当然，对于使用不同电解质的燃料电池，需要使用与之匹配的电催化材料。由此可知，电极的性能不仅与电催化材料的活性有关，还与电极内各组分的配比、孔径分布、孔隙率和导电性等因素有关[3]。

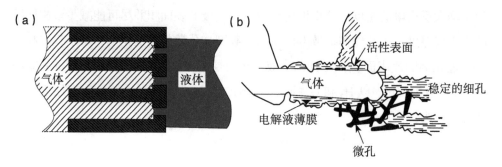

图 5-2　多孔气体扩散电极中两种常见的电极结构 [3]
（a）双孔结构电极；（b）黏合型气体扩散电极

3. 电解质隔膜和双极板

使用酸、碱性电解质或熔盐作为电解质，除了要考虑电极和催化材料的选择，有些电极结构还要考虑电解质隔膜的使用以及隔膜材料的选择。例如，若使用由 PTFE 等憎水剂黏合的气体扩散电极，由于电极本身不具备阻气和阻液功能。因此，需要在靠向电解质一侧加一个细孔层（如石棉膜、SiC 多孔膜、$LiAlO_2$ 多孔膜），然后按照双孔电极结构组装电池。这种存在溶液腔体的电池称为自由介质型燃料电池。为了进一步减小电池内阻并简化电池结构，常使用一张多孔的饱浸有电解质的隔膜作为细孔层，所获得的电池称为隔膜型燃料电池。通常将这种隔膜与阳极和阴极组合构成"三合一"组件。因此，构成多孔膜的材料需要与电解质具有很好的浸润性，且能够抑制电解质的腐蚀。此外，这种材料应为无机 / 有机绝缘材料以防止电池的内漏电。如果使用质子交换膜（Proton Exchange Membrane，PEM）或固体氧化物电解质膜等离子导体膜作为电解质，则不需要使用额外的隔膜。其中，PEM 包括全氟磺酸型、部分氟化型和烃类等。固体氧化物电解质包括萤石结构和钙钛矿结构（详见 5.1.2 节）。另一个重要的电池组件是双极板。燃料电池中起集流、分隔反应气并引导反应气在电池内电极表面流动的导电隔板称为双极板。因此，要求双极板具有阻气和抗电解质腐蚀能力，且双极板的材料是电和热的良导体以便于集流和排热。通常在双极板两侧加入流场，流场的存在有利于引导燃料和氧化剂在燃料电池气室的流动，从而使反应气体在整个电极均匀分布。流场一般由各种图案的沟槽与脊构成，脊与电极接触起集流作用，而沟槽引导反应气体的流动。因此，在流场的设计中，脊和沟槽的占比也是一个重要的参数。

4. 结构和基本原理

电解质会影响电池组的结构，而且不同电解质所在电池组的工作机理也是不同的。AFC 使用 KOH 或 NaOH 等强碱溶液为电解质，以 H_2 为燃料，以 O_2 或净化空气为氧化剂。AFC 电池组的工作原理如图 5-3（a）所示，H_2 与溶液中的 OH^- 在阳极发生氧化反应，属于氢氧化反应（Hydrogen Oxidation Reaction，HOR）。O_2 与 H_2O 在阴极发生还原反应，属于氧还原反应（Oxygen Reduction Reaction，ORR）。阴极反应产生的 OH^- 穿过饱浸碱液的隔膜或双孔结构电极的细孔层迁移至阳极。在 AFC 中，必须脱除空气中微量的 CO_2，否则碱液会与 CO_2 反应生成固态不导电的碳酸盐，显著降低电池的性能甚至使电池失效。

PAFC 使用 H_3PO_4 溶液作为电解质，H_3PO_4 溶液要在较高温度才有足够的离子电导率，因而 PAFC 的工作温度（150~200℃）比 AFC 高。当以 H_2 为燃料，以 O_2 为氧化剂时，PAFC 电池组的工作机理如图 5-3（b）所示。H_2 在阳极中发生 HOR 被氧化成 H^+，O_2 与 H^+ 在阴极发生 ORR 生成 H_2O。阳极反应产生的 H^+ 穿过饱浸酸液的隔膜或双孔结构电极的细孔层迁移至阴极。与 AFC 不同的是，使用空气作为氧化剂时，空气中微量的 CO_2 对 PAFC 影响不大。但是，PAFC 的电解质中酸的阴离子容易吸附在阴极的电催化剂上，导致 PAFC 的氧还原速度比 AFC 慢得多。此外，酸的腐蚀性要强于碱，几乎只有贵金属才能在强酸溶液中稳定存在。因此，多采用贵金属作电催化材料。

PEMFC 常以全氟磺酸（Perfluorosulfonic Acid，PFSA）膜为电解质，以 H_2 或净化重整气为燃料，以 O_2 或空气为氧化剂。由于 PFSA 膜的成本较高，也可以使用部分氟化的 PEM、非氟化的 PEM 等。在增湿的情况下，PEM 可传导质子。PEMFC 电池组的工作机理如图 5-3（c）所示，其机理与酸性电解质燃料电池类似，阳极产生的 H^+ 经 PEM 到达阴极。一般将混入质子交换树脂的电极（阳极和阴极）与电解质膜热压在一起，组成膜-电极组件（Membrane-Electrode Assembly，MEA）。该"三合一"MEA 有利于减少膜与电极的接触电阻，并在电极内建立离子通道以扩展和稳定反应区。因此，PEMFC 的能量转换效率高、比能量和比功率高。此外，由于使用的是固态电解质，PEMFC 还具有可在室温快速启动、无电解质流失和寿命长等特点。但是，如果使用重整气作为燃料，需要注意重整气中微量 CO 对电催化剂（如 Pt）的毒化作用。可以直接使用抗 CO 毒化的合金催化剂，也可以将抗毒化的催化剂作为外层催化剂以构建双催化层电极。

由表 5-1 可知，AFC、PAFC 和 PEMFC 均属于低温电池，容易进行快速启动，有利于用作便携式电源。高温电池虽然不具有这些优点，但高温有利于提高电极的催化活性从而提高电池效率。其中，MCFC 使用熔融碱金属碳酸盐为电解质，以 H_2、净化煤气、天然气或重整气为燃料，以 O_2 或空气为氧化剂。碳酸盐在高温下变为熔化态，为电池提供离子传输通道。因此，MCFC 需在很高的温度（600~700 ℃）下工作。以 H_2 为燃料、O_2 为氧化剂时，MCFC 的工作机理如图 5-3（d）所示。O_2 与 CO_2 在阴极发生还原反应产生 CO_3^{2-}，CO_3^{2-} 穿过饱浸熔融碳酸盐的隔膜到达阳极，与 H_2 发生氧化反应，重新生成 CO_2。为了保证电池稳定、连续工作，需要将阳极产生的 CO_2 送回阴极。

SOFC 使用固态氧化物作为电解质，以 H_2、净化煤气或天然气为燃料，以 O_2 或空气为氧化剂。SOFC 的工作机理如图 5-3（e）所示，O_2 在阴极被还原成 O^{2-}，O^{2-} 在电位差和浓度差驱动下通过电解质迁移至阳极，与 H_2 等燃料发生 HOR。高温工作条件有利于加快 SOFC 的反应，但启动时间会很长。为了降低工作温度，通常使用在较低温度下仍有较高性能的电解质和电催化材料，也可以将电池从平面状结构换成管式结构（如 Siemens-Westinghouse 管式 SOFC）。

此外，还有很多未包含在上述分类中的燃料电池，如直接液体燃料电池、生物燃料电池、无膜燃料电池和金属 - 空气电池等。由于这些燃料电池并不直接使用 H_2 作为燃料，或运行效率和功率较低，此处不详细介绍。

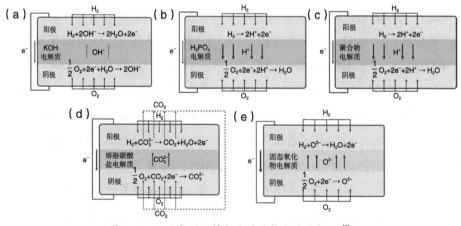

图 5-3 不同类型燃料电池的结构和反应机理[2]
（a）AFC；（b）PAFC；（c）PEMFC；（d）MCFC；（e）SOFC

5. 表征与测试

对燃料电池的表征包括原位的电化学表征和非原位表征。原位的电化学表征包括电池的电流密度 – 电压（j–V）、EIS、电流中断和 CV 测试。非原位的表征包括燃料电池中各结构材料的比表面积、孔隙率、透气性、电导率和热导率等测试，以及形貌、结构和成分表征。原位的电化学表征中，j–V 曲线表示在稳态情况下燃料电池在给定电流输出时的输出电压，也称为极化曲线。理想的燃料电池能够在保持恒定电压下给出任意值的电流。实际上，如图 5-4（a）所示，燃料电池的输出电压小于理想值。通常输出电流越大，其所对应的输出电压越小，限制了燃料电池的总功率。这种损失主要来源于电化学反应的激活能损失、离子和电子导电带来的欧姆损失，以及扩散传质引起的浓度损失。因此，从 j–V 曲线可判断燃料电池整体性能的好坏，以及所产生的物理化学损失的情况。理想情况下，EIS 曲线能够给出激活能损失和欧姆损失的相对大小。如图 5-4（b）所示，EIS 曲线与 x 轴的 3 个交点与欧姆损失（R_Ω）、阳极激活能（$R_{f, A}$）和阴极激活能（$R_{f, c}$）有关。其中，阴极的激活能损失对燃料电池性能的影响占主导。因此，将测得的曲线按照合适的等效电路模型进行模拟，即可得到对应的反应动力学损失参数、溶液界面的双电层电容、溶液传质扩散相关的参数等。

将 j–V 曲线和 EIS 曲线相结合，测试 j–V 曲线上不同区域内某些点的 EIS 曲线，即可判断各个区域对应的动力学损失的情况。但是，由于 EIS 测试比较复杂且与测试条件强相关，加上实际等效电路的确定也比较困难，EIS 测试的结果仅作为参考，并不能用作定量的描述。电流中断测试是指电流突变时所导致的电压随时间的变化，反映电池组中电容和电阻部分的性质。如图 5-4（c）所示，电流突变时，电压产生的瞬时反弹（0.6 V → 0.7 V）与电池组的欧姆损失有关，而随后的缓慢变化（0.7 V → 1.0 V）与激活能和传质扩散损失有关。电流中断测试中的欧姆阻抗用于校准 j–V 电流曲线，从而获得"iR- 校正"的 j–V 曲线。当采用塔费尔方程对校正后的 j–V 曲线进行拟合后，即可区分出其中的激活能损失和浓度损失。

图 5-4（d）所示的 CV 曲线是指电压在一定范围内来回扫描时，电流的响应曲线。通过 CV 曲线可以表征催化剂的电化学活性表面积。除了上述性能和结构成分表征，燃料电池的耐用性或寿命也直接影响其实际应用的可行性。除了工作

环境（如温度、压力、湿度、加载方式、开关循环）的影响，电解质材料、电极及催化材料、隔膜材料和双极板材料的稳定性对电池组寿命均起关键影响。在电池运行过程中，以下几方面都有可能导致电池组的寿命缩短：（1）材料的形貌和结构的变化；（2）材料的烧结和团聚；（3）晶界或材料界面之间的化学反应或互相扩散。

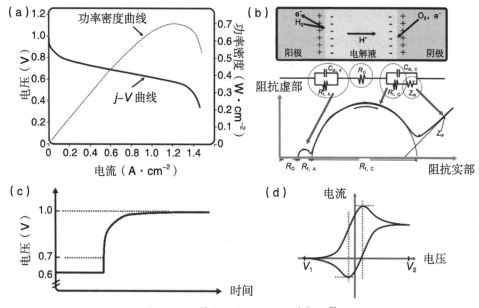

图 5-4　燃料电池的原位电化学表征[2]

（a）j-V 曲线及功率密度曲线；（b）电池组的物理结构（上）（含有两个界面的阳极 / 电解液 / 阴极结构），等效电路（中）（电池欧姆损失用电阻 R_Ω 表示，两个串联的 RC 单元分别表示阳极（$C_{dl, A}$ 和 $R_{f, A}$）和阴极（$C_{dl, C}$ 和 $R_{f, C}$）的等效电路（双电层电容和激活能），阴极使用无限扩散阻抗（Z_w）表示其传质扩散损失）和 EIS 曲线（下）（欧姆损失 R_Ω 对应高频处（左侧）的阻抗截距，小半圆环对应阳极的 RC 单元，大半圆环对应阴极的 RC 单元，低频处（右侧）的斜线对应阴极的传质扩散损失 Z_w）；（c）电流中断时电压随时间的变化曲线（0.6 V → 0.7 V 为电压突变，0.7 V → 1.0 V 为电压缓慢变化）；（d）CV 曲线

5.1.2　电解质材料

　　燃料电池使用的电解质需满足以下条件：（1）较高的离子导电性以减少欧姆损失，较低的电子电导率以减少漏电损失；（2）良好的阻气能力，以防止反应气通过电解质互相渗透，特别是固态电解质；（3）在工作条件（电压、反应气、温度等）下稳定且耐用；（4）固态电解质具有优异的力学性能、稳定性和化学相容性，以及与其他材料匹配的热膨胀系数；（5）阴离子不会对电极产生强吸

附以保证活性位点的暴露；（6）应用成本低。

1. AFC

AFC 使用高浓度（30%~65%）的 KOH、NaOH 等强碱溶液作为电解质。其中，KOH 溶液成本低且具有非常高的离子电导率（$0.1~0.5\ \text{S}\cdot\text{cm}^{-1}$），是 AFC 最常用的电解质。但是，当使用净化空气作为氧化剂时，要求完全去除空气中的 CO_2，否则 KOH 容易和 CO_2 反应产生 K_2CO_3。金属盐的形成会消耗电解质中的 OH^-，导致电解质成分变化，降低电解质的离子导电率，且产生的碳酸盐有可能堵住电极内的气体传输通道。为减少微量 CO_2 对电解质的这种毒化作用，可以使用循环的电解质以稳定电解质的成分并及时去除电解质中的杂质。基于循环液态电解质装置的复杂性和高成本，阴离子导电聚合物电解质应运而生。使用阴离子交换膜（Anion Exchange Membrane，AEM）代替液态电解质能够避免 CO_2 带来的影响。这是因为即使部分 OH^- 仍会和 CO_2 反应产生 CO_3^{2-}，但由于固态电解质中没有可移动的阳离子，最终并不会产生金属碳酸盐。使用 AEM 的碱性燃料电池也称为阴离子交换膜燃料电池（Anion Exchange Membrane Fuel Cell，AEMFC），AEMFC 中最重要的问题是具有高离子电导率和化学稳定性的 AEM 的制备[4]。

2. PAFC

在众多的无机酸中，高浓度或纯的 H_3PO_4 在较高的温度（100 ℃以上）下具有良好的稳定性和低挥发性，是 PAFC 主要的电解质材料。H_3PO_4 在室温下的离子电导率不高。随着温度升高（100 ℃以上），H_3PO_4 逐渐脱水形成焦磷酸聚合物。通过 H_3PO_4 的自离子化（$2\,H_3PO_4 \rightarrow H_4PO_4^+ + H_2PO_4^-$），焦磷酸盐链上的离子进行 H^+ 的传导。因此，H_3PO_4 并不是水溶液酸，而是一个特殊的熔融酸盐。随着温度升高，电解质的离子电导率提高。因此，PAFC 的工作温度较高（150~200 ℃）[5]。

3. PEMFC

PEMFC的电解质膜需要有较强的 H^+ 传输能力、阻气能力和良好的化学稳定性。此外，膜树脂在分解前应具有一定的黏弹性和强度，以便于制备MEA。最常用的膜材料为PFSA膜（如图5-5所示），其基本结构与PTFE类似，不过膜上存在磺酸（$SO_3^-H^+$）基团。PTFE基的结构提供优异的力学性能，而 $SO_3^-H^+$ 有利于质子的传输。膜中的自由空间会团聚成相互连接的纳米尺度的孔，孔壁由 $SO_3^-H^+$ 基团组成。在湿润的情况下，孔中的H⁺形成H₃O⁺并从表面脱离。H₃O⁺能够在液相下迁移，与溶液电解质中的离子传导类似。因而，在足够润湿的条件下，PFSA膜中的质子传导性能与溶液相近，且其质子电导率与水合程度呈正相关关系。但是，这类膜的实际应用仍存在以下问题：（1）膜成本高（每平方米大于2500元）；（2）以甲醇为燃料时，可能会产生甲醇穿透；（3）膜在工作时应处于湿润状态，这样会增加系统的复杂性和成本，且导致其不能在更高的温度（100 ℃以上）下工作。此外，应均衡PFSA膜的厚度（50~200 μm）。减小膜厚可减小膜电阻和降低成本，并提高膜的水合速度。但膜厚度过小则会降低膜的耐用性，并增大燃料的渗透率。通过控制膜的成分或微观结构也能均衡这两种相反的影响[2]。

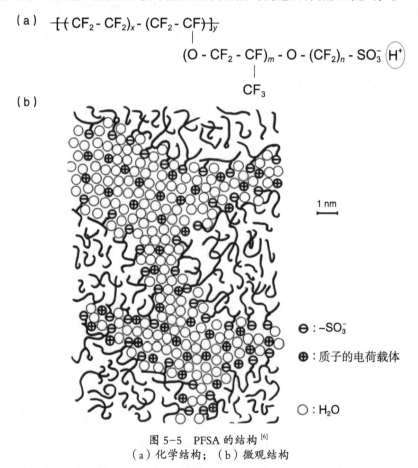

图 5-5 PFSA 的结构 [6]
（a）化学结构；（b）微观结构

对PFSA膜进行改性能够提高其在更高温度下保留水的能力，进而提高膜在更高温度下的电导率，以使对应的PEMFC能在更高的温度下工作。复合膜还可能具有更加优异的力学性能，减小电解质膜所需的厚度。此外，由于直接甲醇燃料电池（Direct Methanol Fuel Cell，DMFC）同样使用PFSA膜作为电解质膜，对膜的改性还可抑制DMFC的甲醇渗透问题。

使用具有优异力学稳定性的聚合物基底（如PTFE、聚丙烯、聚偏二氟乙烯）增强PFSA膜，可改善复合膜的强度及其在膨胀作用下的尺寸稳定性。强度的提升使得电解质膜所需的厚度减小，不仅能减小膜内阻，还可降低膜成本。PTFE是最常用的聚合物增强材料，如多孔膨胀的PTFE纳米片或PTFE微纤维。由PTFE增强的PFSA基复合膜的厚度可以降至5~30 μm，并保留足够好的质子电导率和力学性能。其他的聚合物材料（如聚酰亚胺、聚乙烯）则更多地用于改善DMFC的PFSA的电解质膜的性质。所得的复合膜能够减少甲醇的渗透，而对力学性能的改进较弱。

将不同的无机填料（如碳纳米管、金属氧化物、层状材料）与PFSA膜结合，可增强复合膜的力学性能，减少吸水膨胀，还能降低反应气体和自由基通过电解质膜的渗透。在二元金属氧化物（如 SiO_2、TiO_2）–PFSA 复合膜中，填料的存在能够提高膜在较高温度下（如80 ℃以上）或低相对湿度情况下的保水能力。同时，填料的加入可使膜的气体和自由基的扩散通道更加曲折，有利于增大气体和自由基的渗透阻力。复合膜的弹性模量比 PFSA 膜大，其在潮湿环境中的尺寸变化比PFSA 膜小。因而，以这种复合膜为电解质膜的燃料电池的性能虽然比 PFSA 膜的差一些，但具有更加优异的稳定性，即在运行过程中复合膜的物理/化学降解程度减小。复合膜性能较差，主要是因为惰性、非质子导电增强材料的加入通常会降低 PFSA 复合膜在低温下的质子电导率。因此，PFSA 复合膜的力学性能和质子电导率之间存在均衡问题。

虽然上述改性可以改善PFSA膜的部分性能，但复合膜的成本依然很高。此外，复合膜的电导率仍受膜的水合程度影响，且复合膜在更高温度（如 150 ℃以上）下运行时可能会降解。因此，其他具有优异综合性能的低成本 PEM 的研究对PEMFC 的广泛应用非常重要。含有苯环的高分子材料（如聚醚酮、聚醚砜、聚酰亚胺、聚酯等）具有优异的力学性能，将它们磺化也可以用作 PEM 材料。磺化能够增大聚合物的质子电导率，但同时也会降低聚合物的化学稳定性，因而磺化程度要适中。这类化合物具有的极性基团使得它们在较宽的温度范围内有较高的水吸收能力，而且成本低，易于回收利用。虽然这类材料的低温电导率（100 ℃

以下）和化学稳定性均比不上 PFSA 膜，但它们在更高温度（如 150 ℃ 以上）下的电导率更高，有可能应用于较高温度下运行的 PEMFC 中。

无机酸（如 H_2SO_4、H_3PO_4、卤化物酸）具有很强的酸性，将其与具有弱碱性的树脂［如聚氧化乙烯、聚乙烯醇、聚乙烯吡咯烷酮、聚苯并咪唑（PBI）等］结合，可获得低成本的 PEM。这种膜的质子传导并不依赖于水，而是通过包含无机酸的自由酸载体进行。所获得的膜不仅具有高的离子导电性和力学性能，还具有高的工作温度（约 200 ℃）。但是，膜的酸浸出和氧化降解会降低该膜在长时间使用时的稳定性。另外，ORR 在无机酸中的反应动力学缓慢，会降低以该膜为电解质的 PEMFC 的效率。PBI–H_3PO_4 是上述典型的复合膜，其电导率与 PFSA 膜相近。PBI–H_3PO_4 对湿度的依赖性显著降低，其热稳定性、强度和成本都优于 PFSA 膜。

除了聚合物膜材料以外，固体酸也可用作 PEMFC 的质子导体。固体酸介于正常酸（如 H_2SO_4、H_3PO_4）和盐（如 K_2SO_4）之间，当正常酸的 H 原子被所选择的阳离子取代后就得到了固体酸（如 $CsHSO_4$、CsH_2PO_4）。固体酸在室温下是固态且能够形成膜结构。固体酸中的质子在旋转移动的四面体含氧阴离子基团（如 SO_4^{2-}、PO_4^{3-}）间传递，在较高温度（100~200 ℃）下具有优异的质子电导率（大于 0.01 $S \cdot cm^{-1}$）。但是，固体酸所形成的膜在还原气氛下会降解，降解所产生的 H_2S 等会毒化催化剂，且固体酸薄膜的力学性能差，制备困难，因而，固体酸的适用性仍有待探究[6]。

4. MCFC

在 MCFC 中，O^{2-} 与 CO_2 结合形成 CO_3^{2-} 作为离子载体。CO_2 在 MCFC 中作为去极化剂以消除可能产生的浓度梯度。为了保证电池稳定、连续地工作，需要将阳极释放的 CO_2 送回阴极。因此，MCFC 使用 $(K/Li)_2CO_3$ 等碳酸盐作为电解质。碳酸盐要在熔融温度下才具有比较理想的离子电导率，且提高温度有利于增大电解质的离子电导率。因此，MCFC 要在高温（600~700 ℃）下工作。但是，需要合理设计电解质的成分（碱金属离子的种类和占比），以减小电解质对其他电池组件（如电极、电解质隔膜和双极板）的腐蚀[5]。

5. SOFC

SOFC 的固态氧化物电解质需具有较高的稳定性和离子电导率及阻气能力，

且该电解质要与电极等其他材料具有较好的化学相容性和相近的热膨胀系数。SOFC 的导电离子是 O^{2-}，O^{2-} 的传导是通过高温下的跳跃完成的。离子从一个位置到另一个位置的跳跃过程主要发生在晶格缺陷处，如空位、间隙。固体氧化物中的离子电导率要低于大多数的聚合物质子导电体。用作 SOFC 电解质的材料包括萤石结构的电解质材料（如 δ-Bi_2O_3、CeO_2、ZrO_2、ThO_2、HfO_2 等）及钙钛矿结构的电解质材料（如 $LaGaO_3$）。Bi_2O_3 的其中一个高温相 δ-Bi_2O_3（727~824 ℃）中存在大量的 O 空位（25%），因而 δ-Bi_2O_3 的 O^{2-} 离子电导率比低温相 α-Bi_2O_3 高 3 个数量级。使用 RE 元素（如 Y、Dy、Er）或过渡金属（如 W、Nb）的高价阳离子对 Bi_2O_3 进行掺杂，掺杂的 Bi_2O_3 能够在较低的温度下保持较高的离子电导率。但是，在 H_2 气氛下，Bi_2O_3 容易被还原成 Bi 金属。此外，Bi_2O_3 的电子电导率高、强度低、耐蚀性差，且在使用温度下容易蒸发。因而 Bi_2O_3 的适用性仍有待探究。对于稳定化的 CeO_2 和 ZrO_2，为了在材料中引入可移动的 O 空位，需要引入二价或三价的金属掺杂剂 M（如 RE 元素）。根据缺陷化学理论，该过程对应的掺杂反应可写为：

$$M_2O_3 \underset{ZrO_2}{\rightarrow} 2M'_{Zr} + 3O_O^x + V_O^{\cdot\cdot} \tag{5-4}$$

在达到最优的掺杂量之前，随着掺杂量的增大，对应的氧化物的离子导电性增大。在 Gd_2O_3 掺杂（10%~20%）的 CeO_2（GDC）中，Gd 和 Ce 具有相近的原子尺寸，掺杂后产生的晶格畸变小，因而 GDC 具有较高的离子电导率。但是，在工作温度和富 H_2 的气氛下，部分 Ce^{4+} 容易在还原气氛下被还原成 Ce^{3+}，这使得 GDC 具有 N 型电子导电性质，从而产生局部电子短路。此外，GDC 在还原条件下容易膨胀，导致机械性损坏。因而一般将 GDC 作为阳极侧电解质，而另一侧用其他电解质材料。然而，对于多层的电解质结构，电解质间的界面和热膨胀的匹配程度对整体的离子导电性和力学性能影响很大。Y_2O_3（6%~8%）稳定的 ZrO_2，记作 YSZ，是 SOFC 最常用的电解质材料。YSZ 中的 Zr^{4+} 被 Y^{3+} 取代并留下一个 O 空位，从而提高了 O^{2-} 的电导率。YSZ 具有优异的化学稳定性和力学性能，且 YSZ 具有较高的离子电导率和很低的电子电导率。但 YSZ 要在足够高的温度（800 ℃以上）下才具有合适的电导率，不适用于中温 SOFC。掺杂的钙钛矿结构能够提供优异的 O^{2-} 或 H^+ 离子电导率，这里以 O^{2-} 导电型的钙钛矿为例。$LaGaO_3$ 是最有应用前景的 SOFC 电解质材料。用碱土金属（如 Sr、Ca、Ba）取代 La 位点，用二价金属阳离子（如 Mg^{2+}）取代 Ga 位点，这种双掺杂能够显著提高 $LaGaO_3$ 的 O^{2-} 电导率。例如，在 $LaGaO_3$ 的 La 和 Ga 位点分别引入 Sr 和 Mg，即得到 Sr、Mg 掺杂的 $LaGaO_3$，记作 LSGM，可增大 $LaGaO_3$ 中的 O 空位数量从而增大 O^{2-} 的电导率。在很宽的氧分压和工作温度范围内，LSGM 具有比 YSZ 更高的离子电导率。此外，LSGM 相对稳定且不会发生还原反应，热膨胀系数也比较小。因此，在 600~1000 ℃，LSGM 是非常有应用前景的 SOFC 电解质。但是，LSGM 仍存在一些缺点：（1）元素 Ga 的成本较高；（2）LSGM 成分中的氧化镓会蒸发；（3）在氧化条件下，LSGM 可能会和电极材料（如 Ni）发生反应 [2, 6]。

5.1.3 电极及催化材料

如 5.1.1 节所述，理想的电极能够传导气体、离子和电子，且具有较高的催化活性。在工作环境（电压、电解质、温度、反应气等）下，电极需要具有良好的化学稳定性，以及与其他部件的材料有相近的热膨胀系数和化学相容性。燃料电池所用的电极材料与电催化分解水的电极材料类似，只不过燃料电池的电极材料还需进一步处理（例如与电解质或疏水材料构成复合结构），且需要考虑特殊的工作环境带来的影响。其中，HER 和 HOR 所用电极称为氢电极，OER 和 ORR 所用电极称为氧电极。

1. ORR 催化材料

对于 ORR，在碱性条件下的反应动力学比酸性条件下快，且碱性电解质的腐蚀性较弱。因而，在碱性条件下，很多催化剂都可作为 ORR 的催化材料，如贵金属及其合金、碳材料、过渡金属化合物、钙钛矿。在贵金属中，Pt 是 ORR 活性最高的催化剂。一般将 Pt 纳米颗粒负载到载体上以减少 Pt 的用量，Pt 纳米颗粒的尺寸、形貌和取向对催化剂的性能有显著的影响。构建以 Pt 为壳、其他过渡金属为核的核壳结构作为催化活性材料，既能够保持催化剂的活性，还能进一步减少 Pt 的用量。构建核壳结构的方法有很多种，其中最常用的是电化学去合金化、（电）化学浸出、吸附物 / 热诱导的分离、连续沉积和欠电位沉积 Cu 后的电镀置换（如图 5-6 所示）。使用 Pt 基合金也能在一定程度上减少 Pt 的用量，且 Pt 基合金可能会具有比 Pt 更优异的活性和稳定性 [7]。如图 5-7 所示，Pt 对 O_2 的吸附强度接近最佳吸附强度（Sabatier "火山图"的顶端对应的吸附强

度），而过大的吸附强度
不利于 ORR 进行。由于
电子和结构效应，其他
过渡金属的加入使 O_2 在
合金表面的吸附能更接
近 Sabatier "火山图"顶
端，从而使得 ORR 更容
易进行。除了对 Pt 电子
结构的影响，其他过渡金
属的加入还会提高催化剂
的表面粗糙度，且可能抑
制催化剂表面氧化层的形
成。此外，其他贵金属
（如 Pd、Ir、Ag）及其合
金也可以用作 ORR 催化
材料，且具有与 Pt 基催
化剂相近的性能。

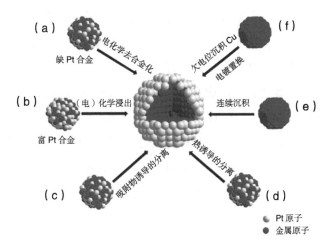

图 5-6　核壳结构（Pt 为壳，过渡金属为核）
纳米颗粒的制备方法[7]

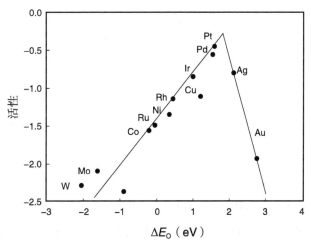

图 5-7　氧电极的活性与 O 原子吸附能（ΔE_O）的关系[8]
★注：该图亦称为 Sabatier "火山图"。吸附能越小，对应的吸
附强度越大。

未经掺杂的碳材料
具有稳定的 sp^2 杂化原子，
催化活性低，但因具有很
高的电导率和很大的比表
面积，常用作碳载体。而
经过非金属（如 N、S、
P、F）掺杂的碳材料（如炭黑、石墨烯、CNFs）则表现出良好的 ORR 活性。这
主要是因为经过掺杂后，与异质原子相邻的 C 成了活性位点，该位点能够促进 O—O
键的断裂。此外，过渡金属 M（如 Fe、Co）和 N 原子共同掺杂的碳材料（M—N—C）
也可用作 ORR 材料。M—N—C 的获得一般通过热解机械混合物或聚合物前驱体。
在机械混合物中，N 源和过渡金属源使用含 N 和过渡金属的前驱体，而 C 源使
用含 C 的前驱体或碳载体。聚合物前驱体则同时含 C、N 和过渡金属，例如金
属大环化合物前驱体。金属大环化合物的结构是一个过渡金属原子 M（如 Fe、

Co、Ni、Cu）被几个 N 原子稳定并绑定至芳香的或石墨状的碳结构上，如图 5-8 所示。将金属大环化合物在高温下退火处理，所获得的 M–N–C 具有很高的 ORR 催化活性。这类碳材料具有成本低、易于大面积制备等优点。

过渡金属氧化物也能用作低成本的 ORR 材料，例如尖晶石结构的氧化物（如 Co_3O_4、Fe_3O_4、Mn_3O_4、$NiCo_2O_4$）或其他结构的氧化物（如 CoO、MnO_x）。将过渡金属氧化物与纳米碳材料结合，所产生的协同作用能够进一步提高其催化活性和稳定性。这是由于碳材料的引入可以提高过渡金属氧化物的电子电导率，并抑制金属氧化物颗粒在使用过程中的团聚。

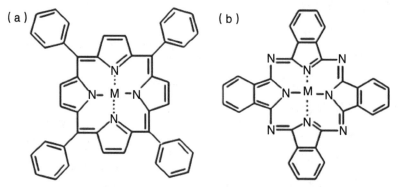

图 5-8　金属大环化合物的化学结构 [9]
（a）金属四苯基卟啉化合物；（b）金属酞菁化合物

钙钛矿的分子通式为 ABO_3，其中 A 位点一般是碱土或 RE 金属（如 Mg、Ca、Sr、La、Pr、Sm、Gd、Y），B 位点一般是过渡金属（如 Ni、Co、Fe、Mn、V）。掺杂时，可以使用不同的碱土或 RE 金属取代原来 A 位点的金属，或使用不同的过渡金属取代原来 B 位点的金属。掺杂可改变 B 位点过渡金属 e_g 态的填充度和过渡金属 –O 的共价程度，从而改变对应的钙钛矿结构对 O_2 的吸附强度，这直接决定了钙钛矿表面的 ORR 活性。因而，掺杂的钙钛矿能够用作 ORR 催化材料，具体的掺杂情况与电极本身所需提供的性能有关 [8, 9]。

在酸性条件下，Pt 是活性最高的 ORR 催化剂，Pt 颗粒的尺寸和形状对 ORR 活性影响很大。与碱性条件类似，Pt 基合金催化剂中非贵金属的加入所产生的结构和电子效应导致 O_2 在合金催化剂表面的吸附更加理想，有利于合金催化剂表面 ORR 的进行。因而，Pt 基合金催化剂可能具有比 Pt 更优异的性能。而且，这种性能的提升与非贵金属的种类有关，其中 Fe、Co、Ni 与 Pt 对应的合金有更高的活性。但是，由于 Pt 基合金中的非贵金属在工作过程中容易析出，因此这类催化剂在使用前需要进行处理。后期热处理能够使 Pt 合金的表面结构进行重整，非贵金属在热处理后移动至子层，而表层则由 Pt 组成，这可减缓非贵金属的析出。对于 Pt 基催化剂，构建以 Pt 为壳、其他金属为核的核壳结构，或制备具有大比表面积的纳米结构，都能进一步提高 Pt 基催化剂的活性或减少所需的催化剂用量。但是，如图 5-9 所示，Pt-H$_2$O 体系的电位 -pH 结果表明 Pt 基催化剂在酸性溶液和工作电压下会发生溶解或氧化，导致 Pt 失活。对于纳米尺度的 Pt 基催化剂，Pt^{2+} 溶解区（阴影区域）会扩展至更高的 pH 范围以及更低和更高的电压范围。而这个工作电压正是 PEMFC 阴极在低载和空转状态的电压。因而，Pt 基催化剂的高成本和低稳定性限制了其在酸性条件下的应用，特别是用作 PEMFC 的阴极 [10]。

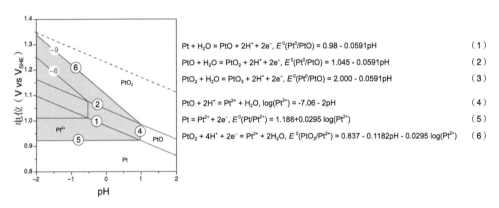

图 5-9　Pt-H$_2$O 体系在 25 ℃下的电位 -pH 关系 [10]

★注：序号（1）～（6）分别对应氧化（1）～（3）和溶解（4）～（6）方程式，图中 "-6" 和 "-9" 为 Pt^{2+} 浓度的十进制对数。

　　Pd 与 Pt 是同副族元素，具有相似的电子性能。虽然 Pd 的 ORR 活性低于 Pt，但 Pd 的成本也低于 Pt，因而 Pd 也有可能取代 Pt。Pd 与其他过渡金属组合得到的合金不仅能够使 Pd 基合金催化剂具有接近 Pt 的 ORR 活性，还能提高催化剂的结构稳定性。但是，Pd 基催化剂的低稳定性和高成本仍是限制其应用的主要问题。因而，研发具有优异活性和稳定性的低成本非贵金属催化材料显得非常重要。

　　对于金属氧化物，只有部分氧化物在酸性溶液中能稳定存在，如ⅣB 和ⅤB 族金属的氧化物。由于金属氧化物具有低电导率和匮乏的吸附位点，因而催化活性往往不高。表面修饰、掺杂、合金化等处理能够提高其活性。

金属氮化物和碳化物具有更高的电导率，在酸性条件下具有更佳的耐蚀性，因而可以用作酸性条件下的 ORR 催化材料。但是，金属氮化物的催化活性一般低于金属氧化物，且一般满足以下关系：金属氮化物 < 金属碳氮化物 < 金属氮氧化物 < 金属氧化物 < 局部氧化的金属碳氮化物。因此，这类材料的催化活性远低于 Pt 基催化剂。

掺杂的碳材料也可用作酸性条件下的 ORR 催化材料。对于 M–N–C，热解所用的原料依然是含过渡金属的前驱体、含 N 的前驱体和含 C 的前驱体或碳载体的机械混合物，或是同时含有过渡金属、C、N 的聚合物前驱体。使用具有大表面积和孔隙率的含 C 前驱体（如 MOF、多孔有机聚合物）或碳载体时，热解得到的碳材料也具有很大的表面积和孔隙率，有利于增大碳材料上的活性位点数。因而，M–N–C 往往具有很高的 ORR 催化活性，但其活性和稳定性仍不如 Pt 基催化剂，特别是稳定性。碳材料本身的氧化、金属离子的流失和催化剂表面不完全氧化产生 H_2O_2 等因素，都有可能影响碳材料的耐用性。因而，这类催化剂尚有很大的提升空间。

2. HOR 催化材料

对于 HOR，其在碱性条件下的反应动力学慢于酸性条件。虽然 Pt 基催化剂是活性最高的 HOR 催化材料，但在碱性条件下的活性也比在酸性条件下低两个数量级左右。这是因为随着 pH 的增大，H_2 在 Pt 上的吸附强度增大，而 Pt 对 H_2 的吸附强度比最佳吸附强度稍大，不利于 HOR 的进行（如图 5-10 所示）。因此，要通过提高 Pt 的用量以提高 Pt 基催化剂在碱性条件下的活性。将 Pt 纳米颗粒负载在载体上，或使用 Pt 基合金催化剂，都能在降低 Pt 用量的同时保持活性。Pt 纳米颗粒的尺寸会影响 Pt 表面的晶面取向和缺陷态，从而影响 Pt 表面的 HOR 催化活性。类似地，Ru、Ir 等其他贵金属催化剂也存在相似的尺寸效应。此外，纳米结构化也会影响 Pt 表面的晶面取向和缺陷态以及 Pt 催化剂的比表面积，从而影响催化剂的活性。将 Pt 或其他贵金属与非贵金属结合，调控合适的配比后，所得的合金催化剂可能会有更加理想的氢吸附能。因为这种优化能更接近 Sabatier "火山图" 顶端的吸附能，使合金催化剂具有更优异的 HOR 活性。虽然碱性条件下 HOR 的反应动力学慢，但很多非贵金属催化剂能在碱性条件下稳定存在，可用作 HOR 催化材料，甚至具有与 Pt 基催化剂相近的活性。

此外，由于贵金属催化剂在碱性条件下具有更高的应用成本，非贵金属催化剂的发展显得尤为重要。其中，Ni 基催化剂得到了广泛的研究，许多以金属 Ni 为主要成分的催化材料都具有显著的 HOR 活性，如金属掺杂的雷尼镍、电化学沉积的二元 / 三元金属块体催化剂、高度分散于载体上的 Ni 基催化剂和 Ni 单晶。雷尼镍在强碱性溶液中展示出很高的活性，使用过渡金属（如 Ti、Co、Mo）对雷尼镍进行掺杂可进一步提高其催化活性和稳定性。这是由于 H_2 在 Ni 表面的吸附强度要显著高于理论的最佳吸附强度（如图 5-10 所示），金属键的存在能够降低 H_2 在 Ni 表面的吸附强度，从而有利于提高 Ni 表面的 HOR 活性。在电化学沉积的多元金属块体催化剂中，异质金属的引入也存在类似的作用。但是，需要注意的是，雷尼镍在聚合物电解质中的活性并不高。负载在碳载体上的 Ni 催化剂纳米颗粒即 Ni/C，在液态和固态电解质中都有比较高的性能。碳载体的存在可显著地提高复合结构的催化性能，同时避免 Ni 纳米颗粒的团聚。有些 Ni/C 催化剂甚至表现出优于贵金属催化剂 /C 的稳定性。最后，对于 Ni 单晶，不同取向的晶面在费米能级附近的占据态密度不同，不同取向晶面所暴露于表面的配位数也是不同的。在二者的影响下，不同取向的 Ni 单晶会展现出不同的催化活性。

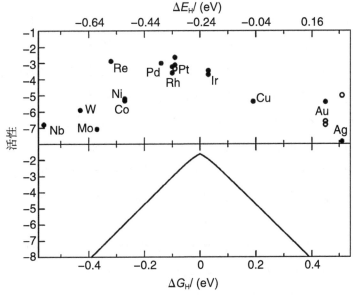

图 5-10　氢电极的活性与 H 原子吸附能（ΔE_H）和吸附自由能（ΔG_H）的关系[11]
★注：$\Delta G_H = \Delta E_H + 0.24\ eV$，吸附能越小，对应的吸附强度越大。

在酸性条件下，Pt 等贵金属及其合金催化剂具有非常高的 HOR 动力学，只需少量的催化剂即可用作 HOR 催化材料。合金化、纳米结构化或构建核壳结构可在保持高性能的情况下，降低贵金属基催化剂的应用成本。对于非贵金属催化剂，虽然大部分非贵金属催化剂在酸性条件下不稳定，并不能用作 HOR 催化剂，但某些金属硫族化合物、磷化物、氮化物、碳化物等可在酸性条件下稳定存在，展现出可观的性能。在 MoS_2 中，边缘处的 S 原子只与 2 个相邻的 Mo 原子配位，因而边缘位点的活性要高于平面位点。使用纳米结构化和表面修饰 / 掺杂的方法能够显著增大边缘位点的数量，提供更多的不饱和 S 活性位点，从而提高 MoS_2 的催化活性。其他过渡金属硫族化合物 MX_2（M=Fe、Co、Ni；X=S、Se）中同样存在不饱和的 S 位点，同样可用作催化材料。与上述过渡金属硫族化合物类似，部分过渡金属磷化物（如 MoP）中不饱和的 P 位点也是活性位点。此外，一部分过渡金属磷化物（如 Ni_2P）中的活性位点是 Ni–P 桥位。除了上述过渡金属化合物，通过高温热解获得掺杂的碳材料在酸性条件下也有催化活性。虽然这些非贵金属基催化剂的性能仍不如 Pt 基催化剂，但较低的成本使其在实际应用中具有一定的竞争力。

3. 载体材料

如前所述，为减少所需的贵金属用量，或增大催化剂的活性比表面积，需要将纳米颗粒类型的催化剂负载到载体上。因此，载体材料需要满足以下要求：（1）具有较好的电子电导率以减小欧姆损失；（2）载体和催化剂具有良好的相互作用以防止催化剂脱落，且保证界面间的接触电阻较小；（3）具有较大的表面积；（4）属于多孔结构，允许反应气和电解质进入以建立三相界面；（5）具有良好的力学性能和化学稳定性；（6）有利于催化剂的回收利用。碳基载体（如炭黑、介孔碳、碳纳米管、纳米金刚石、碳纤维和石墨烯）是重要的一类载体材料，其中高导电的炭黑是最常用的载体。碳载体具有低成本、高活性等优点。但是，碳载体在长时间的高电压和氧化气氛作用下容易氧化成 CO 和 CO_2，或形成表面氧化层，特别是在催化剂的作用下。腐蚀作用会导致所负载的催化剂发生团聚或流失，增大载体的欧姆损失，从而影响电池组的性能。因此，低成本、耐腐蚀的非碳基载体（如 TiO_2、TiN、In_2O_3、SiO_2、WO_x、WC）和导电聚合物（如聚吡咯 – 聚磺苯乙烯、PEDOT-PSS、聚苯胺、聚酪胺）得到广泛的研究。其中，导电聚合物由于具有优异的透气性、透水性和导电性，能提供气体、质子和电子传导通道，是非常有应用前景的载体材料。获得负载在载体上的催化材料后，将上述复合结构与适量的 PTFE 混合就能得到黏合型气体扩散电极。如 5.1.1 节所述，黏合型气体扩散电极具有扩展和稳定的三相界面，能提供反应所需的离子、电子和气体通道。

4. AFC

上述关于碱性条件中的 ORR 和 HOR 电催化剂的讨论主要是基于以高浓度 KOH、NaOH 等强碱性溶液为电解质的情况。因此，上述所给出的碱性条件下的 ORR 和 HOR 电催化剂基本上适用于 AFC。如 5.1.2 节所述，为了避免反应气中微量 CO_2 带来的影响，固态 AEMFC 得到了广泛的研究。AEM 的使用限制了部分催化材料在 AEMFC 中的催化性能。实际上，对于 AEMFC 的研究仍处于发展初期，研究重点也主要在于高离子电导率、力学性能和稳定性的 AEM 的研究。对于 AEMFC 电催化材料的研究比较晚，且主要集中于 Pt 基催化材料的应用。此外，由于阴极在反应过程中消耗 H_2O，阳极在反应过程中产生 H_2O，阴极和阳极内的缺水程度或积水程度、水分布对燃料电池的性能影响很大。对于 AEMFC 的阴极材料，Pt 基贵金属催化剂是活性最高的 ORR 催化材料。而 Pd 基和 Ag 基催化剂由于具有很高的催化活性和更低的成本，很有可能取代 Pt 作为 ORR 催化材料。以 PdCu 合金催化剂为例，PdCu 中 Cu 的存在使得 O_2 在 PdCu 上的吸附强度比 Pd 和 Pt 更加接近最佳吸附强度。因此，PdCu 表面的 ORR 动力学比 Pd 和 Pt 快。以 PtRu/C 为阳极、H_2 和 O_2 分别为燃料和氧化剂时，以 PdCu/C 为阴极的电池单元的最大功率密度（$1.1 \ W \cdot cm^{-2}$，在 $1.95 \ A \cdot cm^{-2}$ 电流密度下）要显著高于以 Pt/C 为阴极的电池单元（$0.83 \ W \cdot cm^{-2}$，在 $1.35 \ A \cdot cm^{-2}$ 电流密度下）[12]。

由于碱性条件有利于 ORR 的进行，一些非贵金属基催化剂也表现出优异的催化活性。过渡金属氧化物、氮化物、碳化物等非贵金属基催化剂不仅可以用作阴极材料，甚至表现出优于贵金属基催化剂的 ORR 活性。例如，以钴铁氧体为阴极催化剂时，钴铁氧体的磁特性能够促进反应物的移动，即促进传质过程的进行。即使不进行 iR 校正，以 H_2 和 O_2 分别为燃料和氧化剂，以 PtRu 和钴铁氧体分别为阳极和阴极催化剂时，电池单元的最大功率密度（$1.35 \ W \cdot cm^{-2}$，在 $3.2 \ A \cdot cm^{-2}$ 电流密度下）优于上述全贵金属基催化剂体系[13]。以 Co_3O_4 为阴极催化剂时，ORR 活性也接近 Pt 催化剂[14]。此外，对于钙钛矿如 $LaMO_3$（M=Cr、Ni、Fe、

Co、Mn），经过合适的掺杂，可调控其表面 O_2 的吸附强度使其更加接近最佳吸附强度，有利于设计高效的 ORR 电催化剂。不过这类催化剂的活性还很低（小于 100 mW·cm^{-2}），还有很大的提升空间[15]。还有一类非常有效的 AEMFC 阴极材料是掺杂的碳材料，其不仅具有优异的催化活性和稳定性，还有利于大面积制备。基于 Co 基催化剂的高 ORR 活性，Co 和 N 共掺杂的碳材料（Co–N–C）也表现出非常优异的 HOR 催化性能。以钴盐为过渡金属前驱体，以双氰胺、尿素或三聚氰胺等为 N 源，以碳纳米管和碳化物衍生碳的混合物为 C 源，再将机械混合物高温热解即可获得 Co–N–C。由于碳化物衍生碳的孔尺寸很容易被调控，形貌分析表明 Co–N–C 具有微孔和中孔结构。成分和结构分析表明 N 主要以吡啶 N 和 CoN_4 配合物的形式存在。以 Co–N–C 和 PtRu 分别为阴极和阳极催化材料时，在 H_2/O_2 体系下的最大功率密度为 577 mW·cm^{-2}（在 1.12 A·cm^{-2} 电流密度下）；在 0.82 V 电压下，在 10 000 h 的连续电压测试下表现出优异的稳定性[16]。理论计算表明，在 Co–N–C 中，嵌入石墨结构中的 CoN_4 位点是 ORR 的活性位点（如图 5-11 所示）。改变掺入的过渡金属的种类能够调控过渡金属配合物位点的活性[17]。

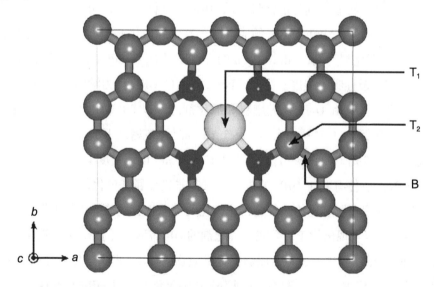

图 5-11 石墨中嵌入的 CoN_4 团簇的原子模型[17]

★注：灰色、黑色和白色球分别代表 C、N 和 Co，图中 T_1、T_2 和 B 分别表示 Co 原子上方、与 N 相邻的 C 原子上方和两个 C 原子之间的 O_2 吸附位点。

与阴极不同的是，碱性环境并不利于 HOR 的进行。Pt 基催化剂依然是最有效且稳定的阳极材料。但是，碱性条件下催化剂的负载量（约 0.4 mg·cm^{-2}）显著高于酸性条件。其中，PtRu 合金催化剂是活性最高的阳极材料，催化活性高于 Pt。这是因为 Ru 的存在不仅使 H$_2$ 在催化剂表面的结合强度往最佳吸附强度方向移动，Ru 位点还作为额外的 OH 的吸附位点，促进 HOR 的进行。工作温度为 80 ℃时，以 PtRu/C 为阳极、Pt/C 为阴极的单元的最大功率密度可达 2.08 W·cm^{-2}（在 5 A·cm^{-2} 电流密度下）。将 PtRu 的负载量从 0.4 mg·cm^{-2} 降至 0.1 mg·cm^{-2} 后，该单元的性能有所下降（1.66 W·cm^{-2}，在 4 A·cm^{-2} 电流密度下）[18]。对于非贵金属催化剂，Ni 基催化剂虽然在液态碱性电解质中有很高的 HOR 活性，但其活性在聚合物电解质中并没有得到很好的保留。以这类催化剂为阳极的 AEMFC 的最大功率密度只有 0~200 mW·cm^{-2}。研究表明，NiCu 催化剂体现出更优异的催化性能。以 Pd/C 为阴极、NiCu/C 为阳极时，在 80 ℃下的最大功率密度可以达到 350 mW·cm^{-2}（在 0.93 A·cm^{-2} 电流密度下）。催化性能的提升是由于 NiCu 表面对 OH 的吸附强度适中，有利于表面 HOR 的进行。此外，NiCu 表面更疏水，可避免电极内的局部积水，改善水在阳极内的分布，有利于进一步提高 NiCu 催化剂的 HOR 性能[19]。

　　某些金属氧化物也能用作 AEMFC 的阳极催化剂。例如在 CrO$_x$/Ni 和 CeO$_2$/Pd 中，CrO$_x$ 或 CeO$_2$ 的存在能够降低 H$_2$ 在 Ni 或 Pd 表面的吸附强度，而 Ni 或 Pd 的存在能够提高整个复合结构的电子电导率，有利于复合结构表面 HOR 的进行。如图 5-12 所示，使用不同制备方法获得的 CeO$_2$/Pd 阳极催化剂的几何电流密度和质量比电荷密度都具有与 Pt 相近的性能，且显著高于 NiMo 合金催化剂。但是，Pd 的使用会提高阳极的成本。以 Pt、CeO$_2$/Pd 或 NiMo 为阳极催化剂，以 Pt 或 Co$_3$O$_4$ 为阴极催化剂，组成不同的 AEMFC，并测试极化曲线和功率密度曲线（如图 5-12 所示）。结果显示，以 Co$_3$O$_4$ 为阴极催化剂时，以 CeO$_2$/Pd 为阳极催化剂的 AEMFC 的最大功率密度（309 mW·cm^{-2}，在 0.9 A·cm^{-2} 电流密度下）和以 Pt 为阳极催化剂的 AEMFC（388 mW·cm^{-2}，在 0.9 A·cm^{-2} 电流密度下）相近，表明 CeO$_2$/Pd 是活性非常高的 HOR 催化剂。但是，CeO$_2$/Pd/C（阳极）–Co$_3$O$_4$/C（阴极）这类完全无 Pt 催化剂单元的整体性能仍低于 Pt/C（阳极）–Pt/C（阴极）单元（593 mW·cm^{-2}，在 1.13 A·cm^{-2} 电流密度下）。此外，即使非贵金属基阳极催化剂表现出可观的 HOR 催化活性和较低的应用成本，非理想的稳定性仍是限制其实际应用的主要因素。

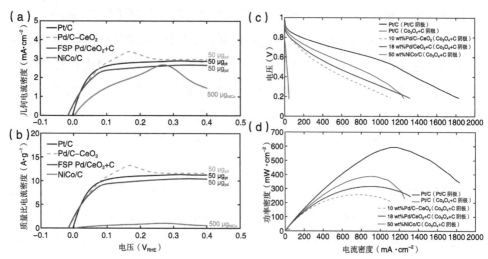

图 5-12　AEMFC 的性能（Pd/C、湿法化学 Pd/C-CeO$_2$、喷雾燃烧热分解（Flame Spray Pyrolysis，FSP）Pd/CeO$_2$+C、NiCo/C 在 0.1 mol·L^{-1} KOH 电解质中的伏安曲线）[14]
（a）几何电流密度（曲线右侧值为催化剂负载量）；（b）质量比电流密度；（c）使用不同阳极和阴极的 AEMFC 的极化曲线（催化剂前面的数值为金属 / 金属氧化物催化剂相对于碳载体电极的总质量百分比，测试温度为 70 ℃，氧化剂为 O$_2$，燃料为 H$_2$）；
（d）功率密度曲线

5. PAFC

PAFC 的电解质为强酸，且工作温度较高（150~200 ℃）。因此，大部分催化材料无法在强腐蚀环境下稳定存在。除了腐蚀问题，电解质中的磷酸阴离子容易吸附在电催化剂上，对催化剂产生毒化作用，特别是阴极 ORR 催化剂。Pt 是 PAFC 最主要的阴极材料。但是由于 ORR 在酸性条件下的反应动力学较慢，阴极 Pt 催化剂的负载量（约 0.5 mg·cm^{-2}）高于阳极（约 0.1 mg·cm^{-2}）。将 Pt 负载在碳载体上不仅可保持较好的活性和稳定性，还能提高 Pt 的利用率以降低催化剂的成本。合金化和构建核壳结构也能进一步降低所需的 Pt 用量。其中，Pt 合金催化剂中其他过渡金属（如 V、Cr、Co、Ni）的加入可增大表面粗糙度，并提高 ORR 的反应动力学，显著提高 ORR 的反应速率。将 Pt 与过渡金属结合得到的合金催化剂还能减少磷酸阴离子对合金表面的毒化。在 PtNi 合金催化剂中，Ni 的加入导致 O$_2$ 在 Pt 表面的吸附减弱，有利于 PtNi 表面 ORR 的进行。由于 PtNi 合金表面有 1/4 的位点是 Ni 位点，磷酸阴离子更倾向于吸附在 Pt 位点上方，而磷酸阴离子会倾向于吸附在纯 Pt 表面的三重位点处。因此，磷酸阴离子吸附对 PtNi 合金催化剂表面的 ORR 影响更小。但是，合金催化剂并不能完全消除磷酸阴离子的毒化作用。在长时间使用过程中，二元合金催化剂中非贵金属容易析出。三元合金催化剂（如 Pt–Co–Cr、Pt–Cu–Fe）可减小催化剂颗粒中的原子间距，有利于表面 ORR 的进行。同时，三元合金催化剂的相对无序的结构，在长时间运行过程中更加稳定。与 Pt 基催化剂不同的是，M–N–C 可较好地抑制阴离子的毒化作用。M–N–C 中的过渡金属位点不直接与电解质接触。在表层石墨层的保护下，磷酸阴离子不会直接吸附在过渡金属位点上，从而减小阴离子对催化剂的毒化作用。

与阴极类似，PAFC 的阳极材料也常使用 Pt，合金化可进一步提高催化剂表面的 HOR 活性。不同之处在于催化剂的负载量和合金化所用的元素。当使用重整气等作为燃料时，为了避免 CO、H_2S 等的毒化作用，常使用 PtPd 或 PtRu 合金催化剂。值得注意的是，在 Pt 基阳极和阴极催化材料中，由于电解质中阴离子和反应气中的杂质在 Pt 表面的吸附和结块、Pt 的溶解和再沉积、Pt 在表面的迁移和再结晶以及碳载体的氧化腐蚀等，会导致 Pt 的活性表面积随反应的进行而减小。因而，Pt 基催化剂在 PAFC 的工作条件下并不稳定。这也是 PAFC 在长时间运行过程中性能降低的主要原因。为了提高碳载体的稳定性，需在惰性气氛和高温下进行热处理，以增加碳载体的长程有序性或使用蒸汽、CO_2 对碳载体进行活化处理，以去除碳载体中的易氧化部分，并增大其表面积。

6. PEMFC

PEMFC 以贵金属（如 Pt、Pd、Ru、Ir、Au）为主要的电催化剂，将贵金属催化剂负载至载体上，从而在保持高活性的同时减少所需的催化剂用量。进一步将混有电解质材料并含贵金属的载体沉积到电解质表面。然后，在该薄层（10~30 μm）催化剂表面再沉积一层较厚的（百微米～毫米）、具有多孔结构的导电层作为气体扩散层（Gas Diffusion Layer，GDL）且起集流作用，最终获得双层催化剂 / 电极结构（如图 5-13 所示）。该结构对 GDL 提出以下要求：第一，GDL 作为连接双极板和催化剂层的电子导体，因此需要具有优异的电子电导率；第二，GDL 需是多孔结构以保证质子和气体在 GDL 内部的传导；第三，GDL 需要具有良好的耐蚀性；第四，GDL 还需排出阳极产生的产物 H_2O。基于这些基本要求，通常加入适量的 PTFE（5%~30%）对 GDL 进行疏水处理，以防止 H_2O 在 GDL 孔内的滞留并保证适当的透气性。常用的 GDL 包括碳纤维布和碳纤维纸。

与碳载体类似，碳基 GDL 表面会发生化学氧化，导致 GDL 的疏水性减小而不利于排水。因而，金属网或多孔金属泡沫作为 GDL 的应用也得到了研究，但是，受限于工作环境的腐蚀性、过高的亲水性和粗糙的孔结构，这类材料目前并不适合作为 GDL[20]。

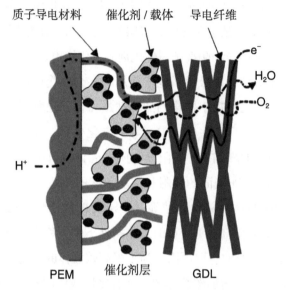

质子导电材料　催化剂 / 载体　导电纤维

PEM　催化剂层　GDL

图 5-13　PEMFC 双层催化剂 / 电极结构[20]

Pt 和 Pt 基催化剂由于具有很高的催化活性和稳定性，因而是 PEMFC 最常用的阳极催化剂。Pt 对 H_2 有合适的吸附能，既有利于 H_2 的吸附又有利于 H^+ 的脱附，因此 Pt 有很高的 HOR 催化活性。为了降低成本，一般将 Pt 纳米颗粒（2~3 nm）负载在碳载体上，所获得的 Pt/C 有很高的催化活性。另一种减少 Pt 负载量的方法是将 Pt 与过渡金属（如 Ru、Sn、W、Re）组合，得到二元、三元的合金催化剂，该类合金也具有很高的催化活性。此外，PEMFC 还可以使用烃类或醇类的重整气作为燃料。富 H_2 气体中含有一定浓度的 CO，CO 在 Pt 表面的强吸附会导致 Pt 中毒，从而增大 Pt 氧化 H_2 的过电位。Pt 基合金催化剂具有一定的抗 CO 毒化性能。其中效果最为显著的是 PtRu 合金催化剂。如图 5-14 所示，当 Pt 位点为吸附位点时，Ru 的加入能够减弱 CO 和 OH 在大部分合金催化剂表面 Pt 位点的吸附。相反地，当 Ru 位点为吸附位点时，Pt 的加入会增强 CO 和 OH 在部分合金催化剂表面 Ru 位点的吸附。同时，由于 OH 在 Ru 位点的吸附更强，有利于促进吸附在 Pt 上的 CO 的氧化，从而减轻 CO 对 Pt 表面的毒化作用[21]。在阳极添加氧化剂（如 O_2、H_2O_2）或对重整气进行预净化处理，也有可能解决或缓解 Pt 电催化剂的 CO 中毒问题。当然，更好的方法是直接使用这种抗 CO 毒化的合金催化剂。

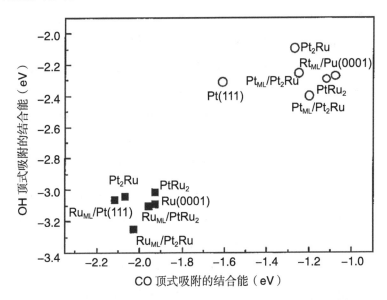

图 5-14　CO 和 OH 在表面不同位点吸附的结合能[21]

★注：黑色方形表示表面 Ru 位点的顶式吸附，白色圆形表示表面 Pt 位点的顶式吸附，Pt_{ML}、Ru_{ML} 分别表示单层 Pt、Ru，吸附能越小表明吸附越强。

过渡金属（如 W、Mo）的碳化物和氮化物则属于低成本的非贵金属催化剂。这类材料成本低且稳定性良好，但催化活性并不高，因而常被用作电催化剂的载体。当使用过渡金属碳化物取代碳载体时：（1）Pt 和载体之间的强相互作用有利于 Pt 的分散，而避免 Pt 在使用过程中发生团聚；（2）Pt 和载体之间的强相互作用有利于调控 Pt 的电子结构，从而优化吸附物在 Pt 表面的吸附；（3）Pt 覆盖在载体上有利于防止过渡金属碳化物在电解质中的腐蚀；（4）负载单层的 Pt 有可能达到与块体 Pt 类似的性能，可显著降低 Pt 的负载量。以负载 Pt 的 Mo_2C 阳极催化剂为例，在 Mo_2C 和碳载体上均负载 $0.02\ mg \cdot cm^{-2}$ 的 Pt 作为催化剂，以 Pt/Mo_2C 为阳极和阴极的 PEMFC 的最大功率密度为 $414\ mW \cdot cm^{-2}$（在 $1.2\ A \cdot cm^{-2}$ 电流密度下），比以 Pt/C 为阳极和阴极的 PEMFC（$313\ mW \cdot cm^{-2}$，在 $0.86\ A \cdot cm^{-2}$ 电流密度下）高。经过 30 000 次循环测试后，前者的稳定性也要优于后者。前者优异的活性和稳定性主要源于 Pt 和 Mo_2C 之间的协同作用[22]。

Pt 也是 PEMFC 主要的阴极电催化剂，通常将 Pt 纳米颗粒负载在载体上以减少应用成本。但 Pt 对阴极 ORR 的活性低于阳极 HOR。这是由于 ORR 本身缓慢的动力学过程，以及 ORR 在酸性条件下的活性低于碱性条件。因此，Pt/C 阴极所需的 Pt 负载量更高（0.4~0.5 mg·cm^{-2}），这会显著增大阴极的使用成本。Pt 基合金催化剂中其他金属（如 Cu、Co、Ni、Cr）的存在有利于调控合金催化剂的 d 带中心，从而使 O_2 在 Pt 上有一个更加合适的吸附能值。因而，Pt 基合金催化剂（如 Pt_3Cr、Pt_3Co）会有比纯 Pt 具有更高的 ORR 催化活性，且 Pt 基合金催化剂可显著地降低 Pt 的用量，成本更低。但是，Pt 基合金催化剂很难在载体上以超大表面积的小颗粒形式分布。Pt 基催化剂在酸性条件和电压下会发生溶解和氧化，且合金催化剂中的过渡金属容易析出，催化剂更容易发生降解、腐蚀、失活等现象。对合金催化剂进行高温（大于 700 ℃）处理后，所形成的金属间化合物具有更高的催化活性和稳定性（如 PtCo、PtFe、PtCr）。但是高温处理也会导致催化剂颗粒的团聚和烧结，催化剂颗粒尺寸的增大，活性下降。以 Pt/C 为阳极，以 Pt/C、Pt_3Co/C 或 Pt_3Cr/C 为阴极，获得对应的 PEMFC。以 H_2 和 O_2 为反应物，在 80 ℃ 和 1 atm 下，3 个 PEMFC 对应的最大功率密度分别为 790 mW·cm^{-2}（在 2.15 A·cm^{-2} 电流密度下）、875 mW·cm^{-2}（在 2.35 A·cm^{-2} 电流密度下）和 985 mW·cm^{-2}（在 2.53 A·cm^{-2} 电流密度下）。结果表明，合金催化剂表面更合适的 O_2 吸附能可使其具有更优异的 ORR 性能。不同过渡金属对表面电子结构的调控不同，对所形成的合金催化剂性能的提升也不同。

Pt 基催化剂在酸性条件和电压下不稳定，仅经过 500 次循环稳定性测试，性能就明显下降。以具有核壳结构的 Pt_3Co 合金催化剂的降解为例，使用数学模型对合金催化剂的降解过程进行分析。在测试过程中，Pt 壳经历溶解和再沉积过程，Co 核则发生溶解（如图 5-15 所示）。Pt_3Co 颗粒溶解产生的 Pt^{2+} 会扩散并沉积至邻近的 Pt_3Co 颗粒的 Pt 壳上，还会扩散并沉积到 PEM 上。经过稳定性测试后，Pt_3Co 合金催化剂的活性表面积减小，其结构和成分也会发生变化，这是导致 PEMFC 性能下降的主要原因[23]。因而，研发其他具有高活性和高稳定性的 PEMFC 阴极催化材料显得非常重要。

在 PEMFC 中，由于催化剂处于酸性环境中，大部分非贵金属、金属氧化物和金属硫族化合物都不适用。只有少数的催化剂，如掺杂的碳材料和过渡金属碳

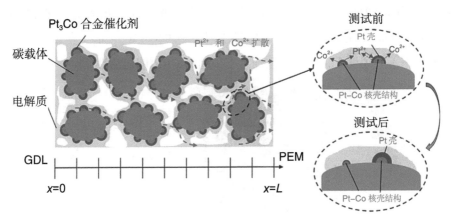

图 5-15　Pt$_3$Co 阴极合金催化剂的降解模型和腐蚀机理 [23]

★ 注：$x=0$ 为 GDL/ 催化剂界面，$x=L$ 为催化剂 /PEM 界面。

化物 / 氮化物，能满足稳定性要求。将大比表面积的碳材料（如碳纳米管）用 N、B 等非金属原子进行掺杂，得到的材料可用作 PEMFC 的阴极材料，如 N 掺杂的碳材料有利于促进 O_2 的吸附，并能分解过氧化物，因而能提高碳材料的 ORR 催化活性。这是由于 N 掺杂给予邻近的 C 原子更高的正电荷密度，该位点更有利于 O_2 的吸附并弱化 O–O 键。此外，M–N–C 表现出更优异的 ORR 活性。热解含有过渡金属、N 和 C 的前驱体（如金属大环化合物、MOF），得到具有"过渡金属 –N$_4$"配合物的 M–N–C 甚至表现出接近 Pt 的 ORR 性能。这类催化材料的活性和稳定性与过渡金属的种类、含 C 前驱体的结构以及退火温度有关。但是，稳定性仍存在很大的问题。在长时间的催化反应过程中，"过渡金属 –N$_4$"活性位点中金属的流失是 M–N–C 催化性能下降的直接原因。此外，在 O_2 气氛和电压的共同作用下，催化剂中的主成分 C 会被氧化成 CO_2、CO 或含 O 功能团。氧化不仅会降低催化剂的导电性，还会促进"过渡金属 –N$_4$"活性位点的脱金属反应。以聚苯胺和氨腈为 N 源、$FeCl_3$ 为 Fe 源、过硫酸铵为氧化剂，将混合物热解后得到 Fe–N–C。双 N 源的使用使得热解产物具有多孔结构和大表面积，有利于提高 Fe–N–C 的 ORR 催化活性。如图 5-16 所示，微观形貌图表明大量的单个 Fe 原子分布在整个碳结构上，进一步分析表明 Fe 与 4 个 N 原子形成配合物 Fe–N$_4$ 并嵌入石墨烯结构中。在 80 ℃下，以 H_2 和空气为反应物时，以 Pt/C 和混有适量（约 35%）电解质的 Fe–N–C 分别为阴极的 PEMFC 表现出相近的性能。由于在 H_2 和 O_2 气氛下进行测试有利于减小传质的影响，因而在 H_2 和 O_2 气氛下测试了以

Fe–N–C 为阴极的催化性能。在 1 bar 和 2 bar 的 O_2 分压下，最大功率密度分别达到 870 mW·cm^{-2}（在 2.15 A·cm^{-2} 电流密度下）和 940 mW·cm^{-2}（在 2.35 A·cm^{-2} 电流密度下），说明 Fe–N–C 催化剂具有很高的 ORR 催化活性[24]。

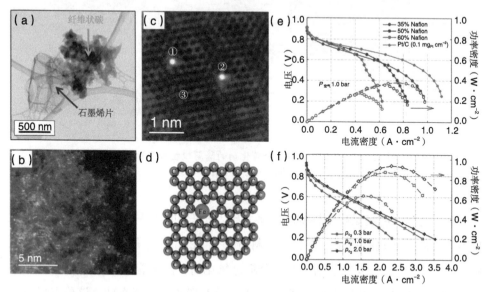

图 5–16　Fe–N–C 的微观表征和性能测试[24]

（a）明场扫描透射电子显微镜（Bright–Field Scanning Transmission Electron Microscope, BF–STEM）图像；（b）分布有 Fe 原子的纤维状碳的高角度环形暗场（High–Angle Annular Dark–Field, HAADF）–STEM 图像（亮点为 Fe 原子）；（c）分布单个 Fe 原子（记为①～③）的少数层石墨烯的 HAADF–STEM 图像；（d）Fe–N$_4$ 活性位点的示意；（e）在 H$_2$ 和空气（1 bar）气氛下，混入不同比例的 Nafion 电解质对 Fe–N–C 阴极性能的影响，及负载 0.1 mg·cm^{-2} Pt 的 Pt/C 阴极在相同测试条件下的性能，阳极为负载 2 mg·cm^{-2} Pt 的 Pt/C；（f）在 H$_2$ 和 O$_2$ 气氛下，不同氧分压对 Fe–N–C 阴极性能的影响，阳极为负载 2 mg·cm^{-2} Pt 的 Pt/C

　　过渡金属（如 W、Mo）的碳化物和氮化物由于具有优异的导电性和耐蚀性，也可以用作 PEMFC 的阴极材料，但其 ORR 催化活性远比不上 Pt 催化剂。与阳极材料类似，将这类金属化合物作为载体材料，并负载过渡金属或合金催化剂也能显著地提高整个催化剂的性能。例如，负载在 Ti$_{0.95}$Ni$_{0.05}$N 载体上的 Pt 催化剂具有比 Pt/C 更加优异的 ORR 催化活性和稳定性。性能的提升主要源于 Ti$_{0.95}$Ni$_{0.05}$N 所具有的优异的导电性和耐蚀性，以及 Ti$_{0.95}$Ni$_{0.05}$N 和 Pt 之间的协同作用。Ti$_{0.95}$Ni$_{0.05}$N 与 Pt 的强相互作用有利于 Pt 的高度分散，并减小 Ti$_{0.95}$Ni$_{0.05}$N/Pt 界面的欧姆损失。Ti$_{0.95}$Ni$_{0.05}$N 还会影响 Pt 的电子结构，使 Pt 表面更利于 ORR 的进行[25]。

7. MCFC

MCFC的工作温度较高，有利于催化反应的进行，所以常使用非贵金属作为电极催化材料。阳极常使用Ni为催化剂，但是纯Ni阳极易发生高温蠕变和烧结，导致阳极的孔结构坍塌，从而减少阳极中电解质的浸入量而降低性能。对Ni进行掺杂（如Cr、Al、Cu等）形成合金催化剂，可减少高温蠕变和烧结现象。其中Al和Cr掺杂Ni催化剂（Al-Ni、Cr-Ni、Al-Cr-Ni）表现出优异的电化学活性、抗蠕变性和抗烧结性。Al-Cr-Ni中Cr和Ni的掺入可有效抑制在压力和温度作用下产生的位错蠕变或扩散蠕变。在Cr-Ni中掺入适量的Al后，Al-Cr-Ni中会形成Ni_3Al或$Ni_3Al_xCr_{1-x}$有序相。当形成有序相时，由于有序相的晶格结构与Ni基底不同，有序相会导致Al-Cr-Ni中产生晶格畸变。因此，有序相的产生相当于产生了沉淀强化效应，可显著提高Al-Cr-Ni的结构稳定性，使其在长时间（100 h）高温（650 ℃）作用下的蠕变小于2%。在Al-Ni中掺入适量的Cr后，由于Cr的原子半径大于Ni和Al，Cr的引入会产生局部压应力。压应力能够阻碍位错的移动，从而产生固溶强化效应，使Al-Cr-Ni在长时间高温作用下的蠕变小于3%。因此，可在Ni中掺入适量的Al和Cr，通过沉淀强化和固溶强化的协同作用提高Al-Cr-Ni的高温稳定性。这不仅有利于减小Al-Cr-Ni的高温蠕变，还能抑制Al-Cr-Ni的高温烧结现象[26]。

由于电解质和电极之间的润湿度对性能的影响很大，为增大电解质和电极之间的接触角，除了优化电解质在电极材料空隙间的数量和分布，还需在电极材料中加入其他成分或覆盖层（如 Al、Ce、ZrO_2）。如图 5-17 所示，将适量（3%）的 ZrO_2 掺入 Ni-5%Al 中不仅将 Ni-5%Al-3%ZrO_2 的高温蠕变降至 3.25% 左右，还将熔融电解质与阳极之间的接触角降至 17° 左右。润湿度的提高有利于增大阳极内的三相界面，从而减小阳极的传质电阻。因此，Ni-5%Al-3%ZrO_2 阳极展现出优于 Ni-5%Al 的 HOR 性能。以 NiO 和 Ni-5%Al-3%ZrO_2 分别为阴极和阳极时，最大功率密度为 150 mW·cm^{-2}（在 0.25 A·cm^{-2} 电流密度下）[27]。由于 MCFC 的工作温度很高，MCFC 工作时所释放的余热使得燃料直接在电池内的重整成为可能。在蒸汽甲烷重整（Steam Reforming of Methane，SRM）和蒸汽乙醇重整（Steam Reforming of Ethanol，SRE）中：

$$CH_4 + H_2O \rightarrow CO + 3H_2 \tag{5-5}$$

$$C_2H_5OH + H_2O \rightarrow 2CO + 4H_2 \tag{5-6}$$

285

同时伴随着水煤气变换（Water Gas Shift，WGS）：

$$CO + H_2O \rightarrow CO_2 + H_2 \qquad\qquad (5-7)$$

Ni 和贵金属（如 Ru、Rh、Pd、Ir、Pt）是普遍使用的催化剂。其中，Ni 由于低成本和高活性，常用作 SRM 和 SRE 的催化剂。在直接内部重整（Direct Internal Reforming，DIR）–MCFC 中，通常使用负载在 MgO、Al_2O_3、SiO_2 等氧化物基底上的 Ni 作为阳极。氧化物基底的使用是为了给催化剂提供足够的表面积和稳定性。尽管如此，还是需要对这些复合阳极进行改进，以避免 S 和 C 的毒化、催化剂的烧结以及碱金属碳酸盐电解质对催化剂的毒化作用。

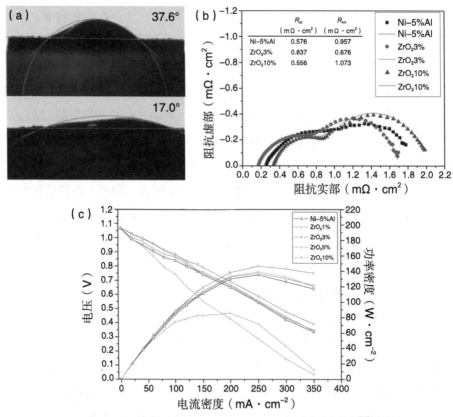

图 5-17　掺有不同量 ZrO_2 的 Ni-5%Al 的表征与测试 [27]

（a）熔融 $(Li_{0.7}K_{0.3})_2CO_3$ 电解质在不同阳极上的接触角测试（上图为 Ni-5%Al，下图为 Ni-5%Al-3%ZrO_2，右上角的数值为对应的接触角）；（b）经过 1000 h 测试后，掺有不同量 ZrO_2 的 Ni-5%Al 阳极的 EIS 曲线（左上角表格为等效电路拟合后得到的载流子迁移电阻 R_{ct} 和传质电阻 R_{mt}）；（c）以掺有 ZrO_2 的 Ni-5%Al 为阳极，以 NiO 为阴极，测试 1000 h 后的极化曲线和功率密度曲线

MCFC 常使用锂化的 NiO 为阴极材料，锂化作用有利于提高 NiO 阴极的电子电导率。但是由于长期在高温下运行，NiO 阴极在电解质中容易溶解为 Ni^{2+}，部分 Ni^{2+} 迁移至阳极会被 H_2 还原形成 Ni 颗粒。此外，在低工作温度和低工作电压下，NiO 还会和熔融碳酸盐形成固态相（如 $NaNiO_2$）。NiO 的降解与熔融碳酸盐的酸碱度、使用温度和 CO_2 分压有关。除了改进熔融碳酸盐、优化工作环境，还可以对 NiO 进行修饰以提高其自身的耐蚀性。对锂化的 NiO 进行掺杂（如 Co、Ce、Dy、Y 等）不仅能提高其稳定性，还能降低 NiO 中的电子迁移电阻。在最常用的 Co 掺杂的锂化 NiO 中，Co 掺杂能够增大 NiO 中 Ni^{3+} 的数量，Ni^{3+} 与 O^{2-} 的键合强度要高于 Ni^{2+}。因此，Co 掺杂可显著提高 NiO 的稳定性和电子迁移率[28]。当然，也可以使用其他新材料，如 $LiMO_2$（M=Fe、Mn、Co），避免催化剂的还原沉积问题。为了提高 $LiFeO_2$ 和 $LiMnO_2$ 的电子电导率（$0.0014 \, S \cdot cm^{-1}$，在 650 ℃下），往往需要对其进行掺杂。其中效果最显著的是 Co 和 Nb 掺杂的 $LiFeO_2$，但其电子电导率仍低于 NiO（$15 \, S \cdot cm^{-1}$）。因而，这两类材料的 ORR 活性显著低于 NiO。而 $LiCoO_2$ 的电子电导率（$1 \, S \cdot cm^{-1}$，在 650 ℃下）则显著高于 $LiFeO_2$ 和 $LiMnO_2$，其 ORR 动力学也要快于 $LiFeO_2$，且其溶解性低于 NiO。因而，$LiCoO_2$ 更适用于作 MCFC 的阴极材料。

通过合适的制备方法控制 $LiCoO_2$ 颗粒的尺寸、形貌、缺陷态等，可显著提高 $LiCoO_2$ 的 ORR 性能。但是，$LiCoO_2$ 阴极和集流体之间形成的腐蚀层（含 Fe 和 Co 相的多孔结构）会显著增大接触电阻，使 $LiCoO_2$ 的催化活性仍不如 NiO。此外，$LiCoO_2$ 的强度不高，且制备成本高于 NiO。因而，$LiCoO_2$ 的大面积应用仍存在问题。

基于 NiO 和 $LiMO_2$ 基材料的优势和劣势，按合适配比组成的 NiO 和 $LiMO_2$ 的复合结构可在提高电子电导率的同时减少 NiO 的溶解，或将 $LiMO_2$ 作为 NiO 的表面保护层。在 $LiMO_2$ 中最常用的是 $LiCoO_2$。使用 $LiCoO_2$ 可在保持 NiO 的活性的同时显著减少 NiO 在电解质中的溶解。因而，覆盖 $LiMO_2$ 或其他保护层的复合结构在 MCFC 阴极材料方面具有很大的应用前景。不过，需要仔细考虑保护层的晶体结构、厚度和缺陷态，保护层对阳极微观结构或孔隙率的改变，以及保护层和阳极之间结合程度的影响。

8. SOFC

为了保证电极材料的热和化学相容性，大部分 SOFC 材料是导电陶瓷或金属陶瓷材料。与 PEMFC 类似，SOFC 电极材料也可以使用双层结构：第一层是超薄（10~30 μm）的催化活性层，第二层是较厚的（100 μm~2 mm）多孔层，起支撑和集流作用。通常将 Ni、Co、Cu、Pt、Pd 等金属材料分散在固态电解质中以获得金属陶瓷阳极催化剂，并作为 SOFC 的阳极催化层。电解质材料的加入使电极和电解质材料的热膨胀系数相当，并在电极内建立离子导电通道以扩展和稳定三相反应区（金属 – 电解质 – 孔结构中的气体）。此外，电解质材料还能减少复合电极中金属在高温下的团聚和烧结。

Ni–YSZ 是最常用的 SOFC 阳极材料。Ni 提供足够高的电子电导率和催化活性，YSZ 则作为结构骨架，提供足够高的离子电导率和合适的热膨胀系数。为了保证复合电极催化剂具有足够高的电子电导率和离子电导率，Ni 的含量（40 vol%~60 vol%）要合适。提高 Ni 含量可增大电子电导率，但 Ni 含量过高则会减小离子电导率。如果不使用双层结构电极，则除了电解质外，还需在电极材料中加入造孔剂，以增大三相反应区。孔结构不仅用于气体传输，还用于排出 HOR 产生的产物 H_2O。将含 Ni、YSZ 和造孔剂的粉末用有机黏结剂粘接起来，再在高温下退火（1300~1400 ℃），造孔剂和黏结剂的蒸发将在电极中留下大量的孔结构。但 Ni–YSZ 仍存在一些缺点，Ni 在长时间工作后容易发生团聚、烧结和氧化（如形成 $Ni(OH)_2$、NiO）。在电极中加入烧结抑制剂（如 CeO_2）可抑制 Ni 的团聚和烧结。CeO_2 的加入可提高 Ni 在 YSZ 中的分散度，从而降低电极的极化电阻。因此，在 800 ℃的工作温度下，CeO_2–Ni/YSZ 的最大功率密度（530 mW · cm^{-2}，在 0.7 A · cm^{-2} 电流密度下）高于含有等量 Ni 的 Ni–YSZ（232 mW · cm^{-2}，在 0.7 A · cm^{-2} 电流密度下）。在高温反应后，CeO_2–Ni 在 YSZ 中仍表现出很好的分散性，而 Ni–YSZ 则在反应后产生明显的 Ni 团聚和烧结现象 [29]。

当使用天然气等富 H_2 气体作为燃料时，天然气裂解产生的含 S 杂质会吸附在 Ni 位点上产生毒化，产生的含 C 杂质也容易被 Ni 催化产生积炭。活性位点的减少则会显著降低燃料电池的性能。使用其他过渡金属或合金取代 Ni 能够解决毒化和积炭问题，但会降低复合电极的效率。此外，由于 YSZ 电解质在较高的温度下才具有合适的离子电导率，过渡金属 –YSZ 在中温条件（600~800 ℃）下的性能并不高，过渡金属 –YSZ 的使用不利于发展中温的 SOFC。与 YSZ 不同的是，掺杂的 CeO_2（如 GDC）具有更高的离子电导率，且适用于中温 SOFC。由于 CeO_2（Ce^{4+}）在还原气氛下容易发生还原反应生成 Ce_2O_3（Ce^{3+}），因此还原反应不仅能够产生 O 空位，还能增大 CeO_2 中的电子数。因而，掺杂的 CeO_2 是混合离子和电子导体（Mixed Ionic and Electronic Conductors，MIEC），可直接用作阳极催化材料。与 CeO_2 基电解质材料不同的是，CeO_2 基阳极材料的掺杂浓度要更高，以提高 CeO_2 的稳定性，并减少使用过程中发生的 Ce^{4+} 还原问题。这是因为还原会导致晶格膨胀，从而导致电解质 / 电极界面的失配和脱离。

实际上，由于阳极材料必须具有优异的电子导电性，因而一般需要在 CeO_2 基材料中引入金属（如 Cu、Co）。加入的金属需要既能提高 CeO_2 基材料的电子导电性，还能作为额外的催化活性位点，从而进一步提高催化性能。由于 Ni 表面容易产生积炭，因而 Ni 一般不被选用。加入金属后所获得的复合材料是优异的阳极材料，且不会产生积炭问题，并适用于中温的 SOFC。在掺杂的 $LaFeO_3$ 中混入 30 wt% 的 GDC 电解质（掺杂的 $LaFeO_3$–GDC）作为阴极，在 GDC 中加入 Cu 金属（Cu-GDC）作为阳极（如图 5-18 所示）。在 650 ℃工作温度以及 H_2 和 O_2 气氛下，当阳极的厚度为 520 μm 左右时，所获得的 SOFC 的最大功率密度为 225 mW·cm^{-2}（在 0.85 A·cm^{-2} 电流密度下）。经过测试后，Cu–GDC 的微观形貌无明显变化。因此，Cu–GDC 阳极在中温条件下具有很高的 HOR 性能，可用于中温的 SOFC[30]。

除了上述金属陶瓷材料，其他 MIEC 也可以用作 SOFC 的阳极材料。如 5.1.2 节所述，掺杂的钙钛矿具有优异的离子导电性能（如 LSGM），可以用作 SOFC 的电解质材料。由于掺杂同时引入离子和电子缺陷，很多掺杂的氧化物都是 MIEC，即不仅能传导离子还能传导电子。通过合适的元素掺杂，钙钛矿基材料也能作为阳极材料。以 $LaCrO_3$ 钙钛矿为例，其在还原气氛中容易发生晶格膨胀，因而 $LaCrO_3$ 本身并不能用作阳极材料。用碱土元素（如 Sr）取代 La 位点，用过渡金属（如 Mn、Ti、V）取代 Ga 位点，可提高 $LaCrO_3$ 的电子导电率和离子导电率及其在还原气氛下的晶格稳定性。其中 Sr 和 V 掺杂的 $LaCrO_3$（LSCV），如 $La_{0.8}Sr_{0.2}Cr_{0.97}V_{0.03}O_{3-\delta}$，是最有应用前景的钙钛矿材料之一，具有足够高的电子导电率和催化活性。与 LSCV 相比，Sr 和 Mn 掺杂的 $LaCrO_3$（LSCM），如 $La_{0.75}Sr_{0.25}Cr_{0.5}Mn_{0.5}O_{3-\delta}$，也具有优异的稳定性，但其催化活性较低。研究表明，使用其他金属部分取代其中的 La 位点或 Mn 位点，可提高 LSCM 的催化活性。

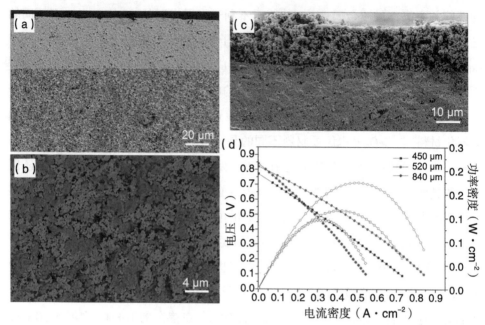

图 5-18　SOFC 的表征与测试[30]

（a）Cu-GDC 阳极 /GDC 电解质界面的 SEM 截面图像（上层为 GDC 电解质层，下层为 Cu-GDC 阳极催化剂层）；（b）Cu-GDC 的 SEM 图像（Cu 为暗色部分，GDC 为亮色部分）；（c）掺杂 LaFeO₃-GDC 阴极 /GDC 电解质界面的 SEM 截面图像（上层为掺杂的 LaFeO₃-GDC 阴极催化剂层，下层为 GDC 电解质层）；（d）在 650 ℃工作温度下，以掺杂的 LaFeO₃-GDC 为阴极，以不同厚度的 Cu-GDC 为阳极的极化曲线和功率密度曲线

在 LSCV 和 LSCM 中加入电解质（如 YSZ、GDC）可进一步提高复合电极的活性和稳定性，并使其热膨胀系数与电解质材料相当。所获得的复合结构具有与 Ni-YSZ 相近的电化学性能，且可有效解决 Ni-YSZ 的积炭问题。例如，使用 Bi 对 LSCM 的 La 位点进行进一步取代，获得 $La_{0.65}Bi_{0.1}Sr_{0.25}Cr_{0.5}Mn_{0.5}O_{3-\delta}$（LBSCM）。以混入 Sm 掺杂的 CeO_2（SDC）的 $La_{0.6}Sr_{0.4}Co_{0.2}Fe_{0.8}O_{3-\delta}$（LSCF）为阴极，以 LSGM 为电解质，以 LSCM 或 LBSCM 为阳极。在 800 ℃工作温度和 H_2 气氛下，LBSCM 对应的 SOFC 的最大功率密度（386 mW · cm⁻²，在 0.7 A · cm⁻² 电流密度下），明显高于 LSCM（237 mW · cm⁻²，在 0.7 A · cm⁻² 电流密度下）。该性能的提升主要是因为 Bi 掺杂会提高 LBSCM 的晶体结构对称性以及 O 空位和表面氧物种的浓度，有利于提高 LBSCM 表面的电化学活性。若再加入电解质构成复合结构，LBSCM 阳极的性能会进一步提升[31]。

另一种钙钛矿材料 $SrTiO_3$ 具有良好的化学稳定性、抗 S 毒化并能抑制积炭的产生，但其电子电导率和离子电导率低。使用 Y 或 La 等对 Sr 位点进行取代，可提高 $SrTiO_3$ 的电子电导率，而不影响其稳定性。使用其他过渡金属元素对 Ti 位点再进行局部取代，能够产生更多的 O 空位从而增大掺杂的 $SrTiO_3$ 的离子电导率。因此，合理设计材料的成分来调控材料内部的 O 空位及其他缺陷，能够提高材料的电子电导率、离子电导率和催化活性。双钙钛矿、钨青铜和烧绿石结构材料也可以用作 SOFC 的阳极材料，但其成分也有待进一步优化以提高相应的稳定性或催化活性。

SOFC 的阴极材料同样使用 MIEC 及其复合结构。SOFC 基于固体氧化物电解质的 O^{2-} 高温传导机制，且工作温度较高。大部分碳材料和金属材料在高温氧化气氛下并不稳定。因而，SOFC 阴极通常是纯的陶瓷材料而不使用金属，其电子导电性不如阳极材料。与阳极材料类似，经过合适掺杂的钙钛矿材料是 MIEC。掺杂的 $LaMnO_3$、$LaCoO_3$、$LaFeO_3$、$LaNiO_3$ 等都能作为 SOFC 的阴极材料。对于 $LaMnO_3$，一般使用碱土金属取代 La 位点，如 Sr 掺杂的 $LaMnO_3$（LSM）由于具有良好的稳定性、电子电导率和催化活性，是最主要的 SOFC 阴极材料。这是因为 Sr 的原子尺寸与 La 最接近，掺杂后产生的晶格变形小。另外，Sr^{2+} 的引入导致 Mn^{3+} 氧化成 Mn^{4+}，从而赋予 LSM 优异的电子导电性。此外，$LaMnO_3$ 在高温下容易和常用的 YSZ 电解质发生反应，适量的 Sr 元素的引入能够抑制该反应的发生。但是，Sr 掺杂并不能提高 LSM 中的 O 空位数，其离子导电性很差，所以 LSM 的 ORR 活性并不高。在 LSM 中混入离子导电材料（如电解质材料）可提高所得复合结构的离子电导率。也可以对 LSM 进一步掺杂，如使用 RE 元素（如 Pr、Nd、Sm）取代剩余的 La 位点，或使用过渡金属（如 Sc、Fe、Co、Ni）部分取代 Mn 位点，以促进 LSM 中 O 空位的形成，从而提高 LSM 的离子电导率。因此，所获得的钙钛矿基 MIEC 可直接用作中温 SOFC 的阴极材料[32]。图 5-19 是以混入 YSZ 的 LSM（LSM-YSZ）为阴极的催化层、LSM 为阴极的多孔层、Ni-YSZ 为阳极、YSZ 为电解质时，对应的 SOFC 的微观形貌、成分分析和性能测试。结果表明，阴极催化层中，YSZ 的加入显著地提高了催化层的离子电导率，在 750~900 ℃ 表现出很高的性能。在 800 ℃ 的工作温度下，最大功率密度达到 $2.65\ W \cdot cm^{-2}$（在 $7.5\ A \cdot cm^{-2}$ 电流密度下）。由于 LSM-YSZ 具有很细且高度均匀分散的微观结构，SOFC 的性能在 250 h 的稳定性测试过程中基本保持不变。因此，这种具有高性能和稳定性的 LSM-YSZ 是非常有应用前景的 SOFC 阴极材料[33]。

与 LaMnO₃ 不同的是，Sr 掺杂的 LaCoO₃（LSC）同时具有很高的离子电导率、电子电导率，且高于其他阴极材料。基于此，LSC 具有优异的电化学活性。但是，LSC 中大量 Co 的存在会导致 LSC 具有很大的热膨胀系数，LSC 电极本身和 LSC/电解质界面容易产生很大的机械性损失，从而降低电极的性能。使用其他 RE 元素（如 Gd、Pr、La、Sm）对 La 位点的进一步取代能够降低 LSC 的热膨胀系数。使用过渡金属（如 Cu、Fe、Ni）对 LSC 的 Co 位点进行取代，也可降低 LSC 的热膨胀系数。除了热膨胀问题，LSC 基材料也会和 YSZ 电解质发生反应，在两个材料之间加上扩散阻挡层可以避免此类反应的发生。

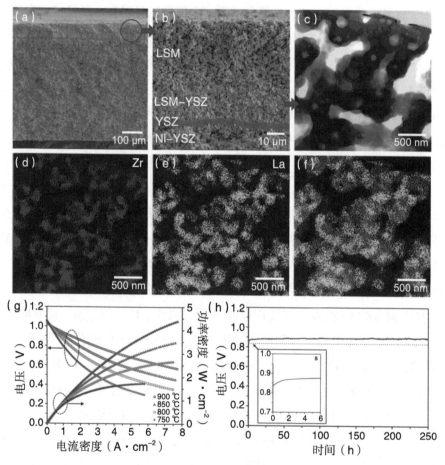

图 5-19　SOFC 的表征与测试[33]

（a，b）SOFC 的 SEM 截面图像（Ni-YSZ 为阳极，YSZ 为电解质，LSM-YSZ 为阴极催化层，LSM 为阴极多孔层）；（c）LSM-YSZ 的 STEM 图像；（d-f）X 射线能量色散谱（Energy Dispersive X-ray Spectroscopy，EDX）分布（Zr 元素代表 YSZ，La 元素代表 LSM）；（g）以 H₂ 为燃料时，SOFC 的极化曲线和功率密度曲线；（h）SOFC 的稳定性曲线（电流为 1 A·cm⁻²，工作温度为 800 ℃）

总之，改变钙钛矿材料的成分能够调控其体内的 O 空位和其他缺陷情况，从而提高钙钛矿基阴极材料的反应活性或稳定性[32]。以 Mn、Fe、Ni 和 Cu 对 $La_{0.5}Sr_{0.5}CoO_{3-\delta}$（LSC）的掺杂为例，即 $La_{0.5}Sr_{0.5}Co_{0.8}M_{0.2}O_3$（M=Mn、Fe、Ni、Cu）。Mn、Fe 和 Cu 的掺杂能减小 LSC 的热膨胀系数，而 Ni 的掺杂对 LSC 热膨胀系数的影响不大。Cu 的掺杂可增大 LSC 在 500~700 ℃的电子电导率，所对应的 $La_{0.5}Sr_{0.5}Co_{0.8}Cu_{0.2}O_3$ 具有最小的极化电阻。以 SDC 和 Ni–SDC 分别为电解质和阳极，以 LSC 或掺杂的 LSC 为阴极，获得对应的 SOFC。在 700 ℃的中温条件下，以 $La_{0.5}Sr_{0.5}Co_{0.8}Cu_{0.2}O_3$ 为阴极的 SOFC 表现出优异的性能，最大功率密度为 983 $mW \cdot cm^{-2}$（在 2 $A \cdot cm^{-2}$ 电流密度下）。因此，Cu 掺杂不仅可增大 LSC 的 ORR 活性，还可降低 LSC 的热膨胀系数。但是，热膨胀系数的降低不是很明显，且优化后的热膨胀系数也明显高于 SDC 电解质，$La_{0.5}Sr_{0.5}Co_{0.8}Cu_{0.2}O_3$ 阴极的稳定性还有待进一步提升[34]。

5.1.4 电解质隔膜材料

与电解池和锂电池等类似，燃料电池的电解质隔膜材料需满足以下条件：（1）使用绝缘材料以避免电池内漏电；（2）在工作条件（如电解质、反应气、温度等）下具有较好的化学稳定性；（3）具有多孔结构和亲水性，能被电解质很好地浸润并填充；（4）孔尺寸不能过大以保证阻气性能，从而防止反应气体互相渗透；（5）具有优异的力学性能；（6）低成本。此外，电池内阻与电解质的厚度、隔膜的厚度、电解质路径的平均长度、电解质的浓度等有关。隔膜厚度过大则导致内阻过大，而厚度过小则导致阻气和力学性能下降。因此，隔膜厚度一般为 0.2~0.5 mm。

1. AFC

AFC 和碱性水溶液电解池都在碱性溶液（如 KOH、NaOH）中进行水合成和水分解反应，且工作环境类似。因此，AFC 中所用的隔膜也和电解池的隔膜材料相同。AFC 常使用微孔石棉膜作为隔膜材料。微孔石棉膜的孔径为百纳米级，浸有强碱液的微孔石棉膜具有良好的阻气性能。但是，石棉的主要成分为 $3MgO \cdot 2SiO_2 \cdot 2H_2O$，长期浸泡在强碱性溶液中会产生微溶性的 K_2SiO_3。为了减少由于腐蚀导致的石棉膜的结构变化，通常在利用石棉纤维制膜前用浓碱处理，或在涂入石棉膜的强碱液中加入微量的 K_2SiO_3。由于石棉膜在强碱中具有腐蚀性，以及石棉自身具有致癌性，其他类型的隔膜材料逐渐受到关注。

对于有机隔膜材料，烧结的、多孔的聚乙烯（Polyethylene，PE）、聚丙烯（Polypropylene，PP）等无纺布材料，以及具有微孔结构的 PP 板（如商业上的 Celgard 微孔膜），均可用作隔膜材料。其中，PP 无纺布具有最小的比电阻，接近于自由的电解质。Celgard 微孔膜的比电阻虽然最大，但其厚度（25 μm）明显低于 PE 和 PP 无纺布（1~3 mm），因而总内阻最小。由于这些聚合物具有疏水性并不利于电解质的浸润，因而需要进行亲水性处理。但是，热和压力下的不稳定性限制了其应用。如图 5-20 所示，对孔径为 1 μm 的 PP 微孔膜和商用的 Celgard 微孔膜进行等离子处理，然后浸泡在接枝溶液中进行接枝处理后，PP 微孔膜和 Celgard 微孔膜表面均覆盖一层连续的接枝材料。接枝层中含有大量的羧基，显著提高了膜的亲水性。同时，接枝后的 PP 微孔膜和 Celgard 微孔膜的强度也得到提升。但是，在长时间运行后，微孔膜表面的接枝层会逐渐流失，PP 基底本身也会退化，导致 PP 微孔膜和 Celgard 微孔膜的亲水性和力学性能下降。60 ℃工作温度下的膜退化比 20 ℃下的更明显。因此，将 PP 基底替换为其他更耐蚀的聚合物，并提高接枝层的稳定性，可有望在接枝处理后，显著提升聚合物隔膜的性能 [35]。

无机隔膜材料主要是指多孔的氧化物陶瓷（如 YSZ、$NiTiO_3$/NiO、$BaTiO_3$/ZrO_2/$K_2Ti_6O_{13}$），这类材料具有很好的润湿度和保形性，但大表面积的无机隔膜材料的制备成本很高且缺乏柔韧性。将氧化物陶瓷负载在金属网上可解决上述问题，但也会产生新的问题（如半导电性和不稳定性）。无机陶瓷颗粒与有机材料复合后所得的隔膜材料具有良好的润湿性和韧性。例如，将具有亲水性的陶瓷颗粒负载在具有疏水性的有机材料（如聚砜、PEEK、PTFE）基底上，如 K_4TiO_4/PTFE、TiO_2/PSF、ZrO_2/PSF（如商业上的 Zirfon 膜）。在由 85 wt% ZrO_2 和 15 wt% PSF 构成的 Zirfon 膜中，亲水材料 ZrO_2 提供所需的亲水性，疏水材料 PSF 提供大比表面积和高强度。Zirfon 膜的厚度为 600 μm，含有亚微米级的细孔。在 70~80 ℃下，Zirfon 膜的亲水性很好，且在 10 mol·L^{-1} KOH 电解质中的离子电阻很小（0.1 Ω·cm^{-2}）[36]。

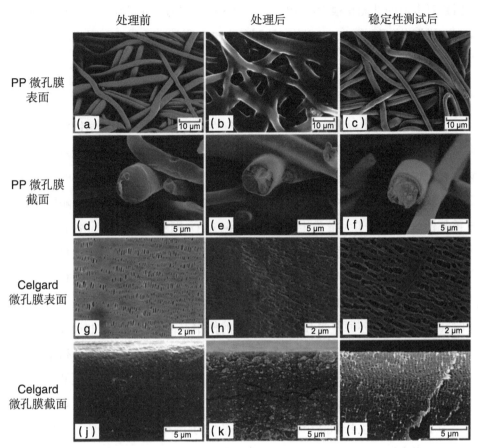

图 5-20　PP 微孔膜和 Celgard 微孔膜在接枝前后的 SEM 图像（稳定性测试条件：60 ℃，8500 h）[35]

2. PAFC

在 PAFC 的工作条件下，SiC 具有很好的化学稳定性。因此，通常选用 SiC 作为 PAFC 的隔膜材料。将 SiC 粉与 3%~15% 的 PTFE 有机黏结剂通过球磨碾磨或机械搅拌配成均匀的浓浆，其中的黏结剂有利于防止 SiC 颗粒的团聚。采用带铸法、丝网印刷等方法在阳极和阴极的催化层表面各覆盖薄薄的一层浓浆。随后进行干燥再在 300 ℃ 左右进行烧结，即可分别在阳极和阴极上获得一层 SiC 隔膜。最后将阳极和阴极上的 SiC 隔膜压合在一起，制备"三合一"组件。为了保证磷酸优先填满 SiC 隔膜，SiC 隔膜的平均孔径应小于气体扩散电极（阳极和阴极）的孔径。SiC 隔膜的最大孔径应小于几微米，平均孔径小于 1 μm。为了减小隔膜的欧姆电阻，应适当减小隔膜厚度。此外，在 SiC 隔膜的制备过程中，以下因素对电池的性能有很大的影响：（1）SiC 颗粒的尺寸、孔隙率和孔径分布；
（2）黏结剂含量；（3）SiC 隔膜的制备方法和厚度；（4）SiC 隔膜和电极界面的结合情况。

3. MCFC

MCFC 的电解质隔膜应具有良好的阻气性、离子导电性和力学性能，且需耐高温熔融盐的腐蚀。因此，隔膜是 MCFC 的核心部件。目前，普遍使用抗熔融碳酸盐腐蚀的 $LiAlO_2$ 为隔膜材料。$LiAlO_2$ 隔膜的制备方法有多种，如电沉积法、冷热滚法、带铸法和流铸法。其中，带铸法和流铸法获得的 $LiAlO_2$ 隔膜的性能与重复性好，且易于大批量生产。一般将 $LiAlO_2$ 颗粒、黏结剂、溶剂以及其他物料（如增塑剂、分散剂、消泡剂、表面活性剂等）混合获得浓浆，再进行干燥和热压成膜。由于 MCFC 的工作温度较高，在首次启用 $LiAlO_2$ 隔膜时会对其进行烧结，烧结后的 $LiAlO_2$ 隔膜具有微孔结构，其骨架主要是 $LiAlO_2$。但是，在长时间高温、氧化还原气氛和熔融电解质的作用下，$LiAlO_2$ 颗粒的尺寸变大、隔膜的孔径变大、孔隙率下降，造成比表面积减少。结构上的改变不利于电解质在隔膜中的保持，隔膜的阻气性也会下降。另外，随温度的升高，隔膜中 $LiAlO_2$ 的晶相也会发生变化。颗粒的长大和晶相的转变主要通过"溶解 – 沉积"机理进行。为了抑制颗粒生长和晶相转变以增大隔膜的化学稳定性，一般可降低工作温度、适当提高 CO_2 的分压或改变电解质的成分，也可在隔膜中加入第二组分（如 K_2WO_4、ZrO_2）。

在电池的初始启动和运行过程中，在电池内产生的应力的作用下，隔膜会产生裂纹，而裂纹的产生会导致隔膜的透气性和稳定性下降。特别地，由于隔膜（小于 1×10^{-5} ℃$^{-1}$）和电解质（大于 2×10^{-5} ℃$^{-1}$）之间的热膨胀系数并不匹配，由于热膨胀系数的不同所产生的热应力会导致隔膜在热循环过程中产生裂纹。裂纹的产生使隔膜的阻气性下降，从而导致电池的性能下降。在隔膜制备过程中加入二次增强相可提高隔膜的强度以减少裂纹的产生。二次增强相作为裂纹衰减器或偏转器可抑制裂纹的扩展，同时可增强电解质和隔膜间的结合强度，从而提高隔膜的强度、韧性和力学稳定性。二次增强相主要包括：（1）难熔金属合金（如 FeCr、FeAl、FeCo）；（2）陶瓷颗粒或纤维（如 Al_2O_3、$LiAlO_2$）；（3）金属丝网（如不锈钢）；（4）低熔点添加物（如 Al、Zn）和含 Li 材料（如 Li$_2$CO$_3$、Li/KCO$_3$、LiOH）。对于第（4）种增强相，低熔点金属相能够与电解质（Li$_2$CO$_3$）反应产生 LiAlO$_2$，然后与隔膜的 LiAlO$_2$ 烧结在一起。这样有利于增强隔膜、电解质和添加物之间的结合强度，从而有效抑制裂纹的产生和扩展。含 Li 材料的加入是为了防止基质中 Li 离子的短缺。在 LiAlO$_2$ 中加入 Al 和 Li$_2$CO$_3$ 的混合颗粒作为二次增强相，可提高隔膜的强度和稳定性。强度的提高有利于抑制隔膜在运行过程中产生裂纹，有利于提高隔膜的长时间稳定性。如图 5-21 所示，测试使用不同 LiAlO$_2$ 隔膜的 MCFC 的长期稳定性（650 ℃），记录 MCFC 在开路和不同电流密度下的电压变化，以及 MCFC 的内阻和 N$_2$ 成分变化。通过 N$_2$ 的成分表征隔膜的气体渗透情况，从而判断隔膜的阻气性。在高温长时间测试过程中，使用 LiAlO$_2$ 隔膜的 MCFC 的内阻和 N$_2$ 渗透增大，因而该 MCFC 的稳定性显著降低。当使用 Al/Li$_2$CO$_3$ 增强的 LiAlO$_2$ 作为 MCFC 的隔膜时，MCFC 的内阻、N$_2$ 渗透和稳定性均保持良好（电压在前 1000 h 的波动可能和电解质成分的波动有关）。由此可见，Al/Li$_2$CO$_3$ 的加入可显著提高 LiAlO$_2$ 隔膜的耐用性[37]。

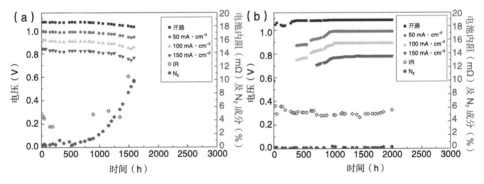

图 5-21 以 LiAlO$_2$ 为隔膜的 MCFC 的性能（电压、内阻及 N$_2$ 成分随时间的变化）[37]
（a）LiAlO$_2$ 隔膜；（b）Al/Li$_2$CO$_3$ 增强 LiAlO$_2$ 隔膜

5.1.5 双极板材料

双极板材料应满足以下条件：（1）具有阻气功能以避免燃料和氧化剂的互相渗透，气体渗透率应小于 1×10^{-4} cm$^3 \cdot$ s$^{-1} \cdot$ cm^{-2}；（2）具有良好的导电性以便于集流，极板电阻应小于 0.01 Ω $\cdot$ cm^{-2}；（3）具有良好的导热性以保证电池工作温度的均匀性并排除余热，热导率越高越好；（4）在工作条件（如电解质、反应气氛、温度等）下具有良好的化学稳定性，极板腐蚀速率应小于 $0.016 \text{ mA} \cdot \text{cm}^{-2}$；（5）具有良好的力学性能，压缩强度应大于 151.68 kPa；（6）易于在双极板两侧加工流场，以引导反应气在整个电极的均匀分布。用于双极板的材料主要有石墨、金属、聚合物复合材料和陶瓷[38]。

1. 石墨

石墨板具有低表面接触电阻和良好的耐蚀性，常被用作双极板材料。石墨板材料主要有两种，一种是模铸成型石墨双极板，另一种是无孔石墨双极板。模铸成型石墨双极板是由石墨粉与树脂模铸成型，有时需要加入催化剂、阻滞剂、脱模剂和增强剂，在一定温度下冲压成型得到石墨板。这种双极板的成本低、易于批量生产，且有利于直接加工流场，缺点是内阻大。改变树脂种类、石墨粉配比和模铸条件，可减小石墨板的内阻及接触电阻。减小双极板电阻更好的方法是进行石墨化处理，以制备无孔石墨板。无孔石墨板由炭粉或石墨粉与可石墨化的树脂制得，再经高温焙烧进行石墨化处理。石墨化的温度通常为 2500~2700 ℃ 且时间长。这种处理会显著提高石墨板的应用成本。由于石墨材料在酸碱性条件中均能稳定存在，因而石墨板可以用作 AFC 和 PAFC 的双极板材料。对于用于 PEMFC 的石墨板，除了使用上述模铸石墨板和无孔石墨板外，还可以以膨胀石墨为原料，通过冲压或滚压浮雕法制备带流场的膨胀石墨板。为了提高膨胀石墨板的阻气性和强度，可采用低黏度的热塑性树脂溶液对其进行浸渍。

2. 金属

石墨板存在易碎、成本高、阻气性差等缺点。金属板具有很高的阻气性、强度、耐冲击和耐振动性，且可制造性强、成本低。使用薄金属板制备双极板，不仅有利于降低极板的厚度，直接压出流场结构，还能进行大批量生产。但是，金属板最大的缺点在于其耐蚀性差，特别是在酸性和潮湿条件下，因此只能使用贵金属和经过表面处理的金属作为双极板材料。贵金属板（如 Au 板、Pt 板）有接近石墨板的性能，但是高成本限制了其商业应用。未经表面处理的金属板（如不锈钢板、Al 板、Ni 板、Ti 板）则易腐蚀或溶解。在腐蚀过程中，金属板表面会形成氧化物钝化层。这些钝化层虽然能够抑制金属的进一步腐蚀，但是其绝缘的特性会增大金属板与电极之间的接触电阻。表面钝化层厚度和接触电阻的增大会显著降低电池性能。此外，金属或金属氧化物钝化层的溶解会污染电解质和电极催化剂层，从而影响电池性能。对金属板进行表面处理，即在金属板表面覆盖一层导电且耐蚀的保护层，可有效抑制金属板的腐蚀。保护层分为两类，一类是石墨、导电聚合物（如聚苯胺、聚吡咯）、类金刚石碳膜和有机自组装聚合物等碳基保护层；另一类是纯金属（如 Au、Ag、Ni）和非贵金属导电氮化物（如 TiN、CeN/CrN$_2$）、碳化物（如 TiC）、氧化物（如 RuO$_2$、SnO$_2$）等金属基保护层。金属基保护层的制备方法主要包括：电镀或化学镀贵金属、氧化物具备良好导电性的金属；磁控溅射贵金属和导电化合物；丝网印刷和焙烧制备导电化合物涂层。需要注意的是，无论哪类保护层，都应选择与金属基底的热膨胀系数匹配的保护层，同时尽量减少保护层的缺陷[38]。

　　金属板在各类燃料电池中的应用包括以下几个方面。（1）在 AFC 中，Ni 板是性能稳定且高性价比的双极板材料。在要求有高质量比功率和体积比功率的应用领域，多采用厚度为毫米级的 Mg 和 Al 板。为防止腐蚀，通常在加工流场后的 Mg 和 Al 板上镀 Ni、Au。（2）PAFC 的电解质为强酸，除贵金属和几种特殊金属外，常用金属（如不锈钢、Al 板、Ti 板、Ni 板）均不能用作双极板材料。若采用金属作为双极板，必须对金属表面进行改性，例如在其表面镀 Au、Ag，但这会显著提高金属双极板的成本。基于电解质的强酸腐蚀性，PAFC 一般不采用金属板。（3）使用金属板作为 PEMFC 的双极板，要考虑金属板在 PEMFC 的弱酸性环境中的稳定性，以及金属板与电极的接触电阻。为了解决金属板（如不锈钢板、Ti 板）的腐蚀问题，通常在金属板表面制备一层导电、防腐且与电极接触电阻小的保护膜，如 RuO$_2$ 或 RuO$_2$ 与 TiO$_2$、SnO$_2$、IrO$_2$ 中至少一种氧化物的混合物。（4）MCFC 的双极板通常由不锈钢制成。为了提高双极板的防腐性能，一般对不锈钢表面进行防腐处理。在加工好的双极板的阳极侧镀 Ni 并在密封面镀 Al，可有效提高不锈钢的防腐性。双极板密封面的 Al 和电解质反应可产生致密的 LiAlO$_2$ 绝缘层。此外，也可用特种钢或含 Cr 的 Ni 基合金钢替代不锈钢板。在腐蚀过程中，Ni 基合金中的 Cr 形成富 Cr 的氧化物致密保护层，可有效阻止金属板的进一步腐蚀。对于含有 Fe、Ni、Cr、Mn 等元素的特种钢，在高温和 O$_2$ 中可形成类似尖晶石的结构，具有很好的防腐性和导电性。（5）对于中温 SOFC，使用抗氧化合金（如 Ni 基合金、Cr 基合金、Fe 基合金）作为双极板材料。通常掺入 Cr 或 Al 作为合金添加剂，可在高温下形成致密的氧化物保护膜（Cr_2O_3、Al_2O_3）。但是，需要注意合金板与 YSZ 电解质的热膨胀系数的匹配性，有时需要在双极板和电池"三合一"组件间加入弹性多孔材料，从而减小由于热膨胀系数的差异以及因热膨胀系数不同所产生的应力。此外，使用含 Cr 合金板时，需要在双极板表面制备氧化物保护层。这是因为高价态 Cr 化合物容易挥发，特别是在阴极侧产物 H_2O 的作用下，Cr 基合金容易生成高挥发性的含 Cr 化合物。挥发的 Cr 化合物会向多孔阴极扩散，并在阴极电流作用下还原成固态的 Cr_2O_3。而阳极侧的氧化物保护膜则用于防止高温合金的氢脆或碳化。

3. 聚合物复合材料

基于 PEMFC 的弱酸性工作环境，聚合物复合材料在 PEMFC 双极板的应用也得到了广泛的研究。聚合物复合材料分为金属基和碳基聚合物复合材料。综合石墨板和金属板的优缺点，可以将石墨和金属结合制备金属基聚合物复合板。石墨提供耐蚀性和低表面接触电阻，金属提供高的强度、韧性和阻气性。首先，使用剪切或冲压法制备金属层；然后，将石墨粉与树脂混合后模铸成型，再进行焙烧得到石墨层；最后，在石墨层上刷上一层导电黏结剂，经热压后将金属层和石墨层压合到一起。如果还需要其他聚合物层，只要按照类似制备石墨层的方法进行制备并叠加即可。对于碳基聚合物复合材料，一般是将石墨与热塑性树脂（如PE、PP）或热固性树脂（如酚醛树脂、环氧树脂）结合。此外，由于这类材料的电导率不高，还需加入金属导电颗粒或碳系填料来提高复合材料的电导率。经混合并模铸成型后，再对其进行后处理以进行碳化或石墨化，最终获得较致密的结构，但成本较高。这类材料的发展已经比较成熟，市场上已经有商用的产品。

4. 陶瓷

对于高温 SOFC 或管型 SOFC，仅可使用陶瓷板作为双极板或连接体材料。$LaCrO_3$ 陶瓷是应用最成功的双极板或连接体材料。$LaCrO_3$ 在氧化和还原气氛下均具有较高的化学稳定性。但在 SOFC 的工作温度下，会发生 Cr 的挥发。通过掺杂（如 Sr、Ca、Al、Mg）可减小 $LaCrO_3$ 的挥发程度。不过需要注意掺杂对 $LaCrO_3$ 的热膨胀系数、强度和电导率的影响。为了提高双极板的电导率，通常采用适量的二价金属离子（如 Sr^{2+}、Ca^{2+}、Mg^{2+}）对 $LaCrO_3$ 进行掺杂。

| 5.2 氢能的主要应用场景 |

氢能的用途多种多样,主要分为两大类:(1)氢作为原料,经过数十年的发展,在化工合成中发挥着重要作用;(2)氢作为能量转换过程中的关键要素,促进"脱碳"经济的发展(如图 5-22 所示)。

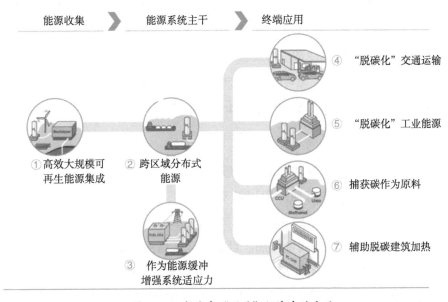

图 5-22 氢能在"脱碳"经济中的应用

5.2.1 传统应用——氢作为原料

目前, H_2 已广泛用于众多工业过程中,包括作为化工反应中的原料及冶金工业中的还原剂。氢是制备氨、化肥和甲醇的基本前驱体,可用于制造多种高分子材料。氢也广泛用于炼油过程中的中间产物加工。目前,全世界生产的 H_2 中约 55% 用于氨合成,约 25% 用于石油加工,约 10% 用于甲醇生产,其他应用约占 10%。

1. 氨肥料

氨是最重要的氮氢化合物，通过氢和氮直接反应生成，主要采用 Haber-Bosch 法进行大规模制备。N_2 主要通过低温分离空气来获得，H_2 则通过天然气蒸汽重整产生。近 90% 的氨用于化肥生产，大部分氨转化为固体肥料盐，或经催化氧化后转化为硝酸和硝酸盐。由于蒸发能量高，氨也是一种成本低且环境友好的制冷剂。

2. 工业应用

H_2 的工业应用包括金属加工（金属合金化）、玻璃生产（用作惰性气体或保护气体）、电子工业（在沉积、清洗、蚀刻、还原等过程中用作保护气体和载气）和发电过程（发电机冷却或管道防腐）。在钢铁制造工业中，H_2 主要用于铁矿石的直接还原，有效避免传统高炉法中大量的碳释放。目前，天然气直接还原法已在钢铁生产中得到广泛应用，H_2 还原法仍处于中试阶段。

3. 燃料生产

氢可将原油加工成汽油和柴油等精炼燃料，也可用于去除燃料中的污染物（如 S）。近年来，H_2 在炼油厂的用量不断增加，这主要是因为：（1）柴油中 S 含量受到严格限定；（2）劣质原油的消耗量增加，需要更多的氢来提炼；（3）发展中国家的石油消耗量增加。目前，全球炼油厂消耗的 H_2 中，约 75% 是由大型制氢厂提供的，H_2 主要从天然气和其他碳氢燃料中生成。H_2 也是生产甲醇的重要原料，甲醇合成主要是通过 CO 的催化加氢来实现的。甲醇可以直接用作内燃机的燃料，也可用于甲醇燃料电池的合成燃料添加剂，或重整后用于 PEMFC，或通过植物油的酯交换生成生物柴油（甲酯）。

5.2.2 新兴应用——能量转换

如前所述，在能量转换和能源利用领域，H_2 主要用于燃料电池。

1. 交通运输

氢燃料是通过电解过程生产的可再生能源，在交通运输过程中进行大规模应用可以有效地推进"脱碳化"。例如，燃料电池电动汽车的主要优点是可以实现 CO_2 和污染物的"零排放"，其效率比内燃机高。氢作为"流动式"燃料，一方面可以基于其气态的化学形式和键合作用直接利用自身的能量，另一方面可以通过能量转换方式将储存在 H_2 中的能量释放出来。

在直接利用中，H_2 可以在运输工具中直接作为能源使用，不需要转换。在这种情况下，氢通常用于内燃机和燃料电池。在间接利用中，氢主要用于产生最终能源，或通过附加的转换步骤转换为含气态或液态氢的燃料，再应用于热机。

航空航天： 氢动力燃料电池已经在航天领域广泛应用，在民用航空领域具有广阔的应用前景。燃料电池组件可以作为应急发电机组或辅助电源单元向飞机电气系统供电，或者用于主发动机的启动和前轮驱动。

海事应用： 与航空业一样，燃料电池目前已作为舰船机载电源进入测试阶段。相比之下，氢动力燃料电池在船舶动力方面的应用仍处于早期试验阶段，初步应用于小型客船、渡轮或休闲船上。低温和高温 PEMFC 和 SOFC 是最有前途的航海用燃料电池。

火车： 在电力机车中，动力主要通过传统的固定电力传输方式（架空线路、导电轨）和集电器提供。由于技术、经济或其他原因的限制，目前并不是每一条铁路都能实现电气化。尤其是在运输量较低的线路上，电气化所需的前期投资较高。使用氢作为能源可以有效地解决这一问题。由燃料电池驱动的轨道车辆可以实现无污染运行，基础设施成本较低，可与柴油车辆相媲美。

运载车辆： 燃料电池驱动的工业卡车，如叉车或牵引车，适合室内操作，不会造成污染物排放，且噪声低。燃料电池汽车在燃料供给方面比充电电池驱动的工业卡车有优势，不需要更换电池，可在 2~3 min 内完成加料。占用空间更小，维护和维修成本更低。燃料电池工业卡车可不间断使用，特别适用于物料搬运的多班车队作业。与充电电池驱动技术相比，可以大幅度降低成本，提高工作效率。

公共汽车： 在道路运输方面，公共交通是氢和燃料电池应用最彻底的领域。自 20 世纪 90 年代以来，全球已有数万辆公共汽车使用 H_2，主要分布在北美、欧洲及亚洲。目前，燃料电池公共汽车正在城市中推广使用。尽管尚未进入批量应用阶段，燃料电池客车技术已经发展成熟。现代燃料电池公共汽车从两个燃料电池组中获取能量，每个燃料电池组的输出功率约为 100 kW。另外，还配有一个相对较小的动力电池，用于回收制动能量。燃料电池公共汽车目前的行驶里程为 300~450 km，在日常运营中可实现与柴油公共汽车相同的灵活性，且比柴油公共汽车节能约 40%。

乘用车：继充电电池电动汽车之后，氢动力燃料电池汽车是"零排放"私人交通工具的首选。第一辆燃料电池汽车早在20世纪60年代就作为示范项目进行了测试。20世纪90年代，燃料电池获得了快速发展。早期的汽油发动机可以同时使用汽油和H_2，用氢作为替代能源和低排放燃料。氢动力内燃机不仅比汽油发动机的效率高，且污染物排放要低得多。目前的应用主要集中于氢动力燃料电池上。未来几年，燃料电池汽车的产量预计将从几万辆上升到数十万辆不等，且几乎所有的燃料电池汽车都将通过串并联方式配备PEM燃料电池。目前，装有燃料电池的中型车的价格仍远高于装有内燃机的乘用车。预计随着大规模投产，整车成本和价格将大幅下降。在最新的燃料电池模型中，燃料电池组的输出功率已超过100 kW。与纯电动汽车相比，燃料电池汽车的续航里程更长，车体更轻，"加油"时间更短。

2. 固定能源应用

发电：固定式燃料电池可用于离网地区的分布式供电，用作应急电源和不间断电源。应急发电机组需在长时间停电的情况下维持运行，而不间断电源则用于保护系统不受电源波动和短期停电的影响，以确保连续运行。固定式燃料电池的主要应用场合包括电信和IT系统，如无线电发射塔或数据处理中心。与传统的火力发电相比，燃料电池的效率高达60%。在持续运行中，燃料电池作备用电源具有以下优点：运行和使用寿命更长、维护成本低和"无排放"发电。固定式燃料电池的备用容量从几千瓦到超过1000兆瓦不等。与可充电电池和发电机相比，具有低功率电输出的便携式燃料电池具有显著的优势。另外，固定式燃料电池也可用于冷却。除H_2外，甲醇、天然气和液化石油气也可用作燃料。

户用能源：在发电的同时产生有用的热量，该过程称为热电联产。作为热电联产的副产品，发电产生的热量可用于满足建筑物供暖的热需求（如图5-23所示）。燃料电池特别适用于对空间供暖要求较低的建筑（如低能耗或接近零能耗的建筑）。对于有较高空间供暖要求的建筑物，使用混合燃料电池供暖系统（包括燃料电池和冷凝锅炉），可以满足高峰时段的热需求。固定式燃料电池（如PEMFC）的输出功率高达10 kW。普通住宅的典型热电联产的输出功率为0.7 kW~5 kW。燃料电池相对于热电转换的最大优势是在发电和发热过程中直接进行电化学转换。在混合模式下，燃料电池可达到95%的转换效率，供电效率高达45%。此外，户用燃料电池系统的特点是高效、低噪声、维护成本低、"无排放"。

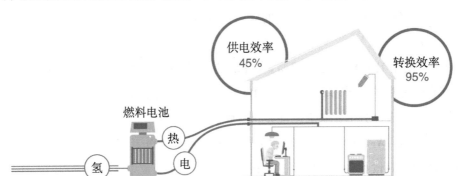

图 5-23　户用能源中的热电联产

| 5.3 本章小结 |

本章介绍了氢能转换的关键部件——燃料电池中所使用的新材料，及氢能的主要应用场景。在燃料电池中，AFC 通常使用 KOH 作为电解质。碱性电解质的腐蚀性弱，很多催化剂都能用作 AFC 的电催化材料。AFC 阴极材料主要包括贵金属及其合金、碳材料、过渡金属化合物、钙钛矿。AFC 阳极材料主要包括贵金属及其合金和 Ni 基催化剂。由于碱性条件不利于 HOR，AFC 阳极的催化剂负载量更高。以溶液为电解质时，还要考虑电解质隔膜的使用。早期多用石棉膜作为 AFC 隔膜材料，但由于石棉在强碱中具有腐蚀性以及石棉自身具有致癌性，石棉逐渐被其他有机（如 Celgard）、无机或有机与无机复合（如 Zirfon）隔膜所取代。当使用净化空气为氧化剂时，微量的 CO_2 和碱液形成碳酸盐，从而影响电解质成分并改变电池性能。使用阴离子导电聚合物电解质的 AEMFC 可解决这一问题。目前，关于 AEMFC 的研究仍处于发展初期，研究重点主要在于高离子电导率、力学性能和稳定性的 AEM 等方面。Pt 基催化剂和低成本的 Pd 基或 Ag 基催化剂是活性最高的阴极材料。由于碱性条件有利于 ORR 的进行且碱性条件的腐蚀性较低，某些过渡金属氧化物／氮化物／碳化物、掺杂的碳材料等非贵金属基催化剂，也表现出优异的活性和稳定性。需要注意的是，应考虑缺水程度或积水程度和水分布对阴极和阳极性能的影响。Pt 基催化剂是最有效且稳定的阳极材料，但由于酸性条件不利于 HOR 进行，需要提高催化剂的负载量以提高其 HOR 活性。基于碱性电解质的弱腐蚀性，AFC 的双极板材料既可以选择石墨板，也可以选择 Ni、Al、Mg 等金属板。

PAFC 使用 H_3PO_4 作为电解质。H_3PO_4 在较高的工作温度（150~200 ℃）下才具有合适的离子电导率。基于 H_3PO_4 的强酸性，一般用 SiC 作为 PAFC 的电解质隔膜。由于大部分催化材料不能在这种强酸腐蚀环境下稳定存在，主要使用 Pt 基催化剂作为 PAFC 的电催化剂。用作阳极和阴极的 Pt 基催化剂的不同之处在于催化剂的负载量和合金化所用的元素。此外，当使用重整气作为燃料时，还要考虑 CO、H_2S 等对阳极的毒化作用。阴极则要考虑磷酸阴离子对催化剂的吸附所产生的毒化作用。基于电解质的强酸腐蚀性，一般使用石墨板作为 PAFC 的双极板。

PEMFC 通常使用 PFSA 膜作为电解质。为了保证 PFSA 膜具有合适的水合程度或电导率，PEMFC 的工作温度应低于 100 ℃。使用聚合物或无机填料对 PFSA 膜进行改性，可提高复合膜在更高温度下的保水能力或电导率及复合膜的力学性能，从而提高 PEMFC 的工作温度，且减小 PFSA 膜厚度以降低其应用成本。使用含苯环的聚合物、无机酸和弱碱性树脂的复合物、固体酸等低成本 PEM，也可以提高 PEMFC 的工作温度。Pt 基催化剂是 PEMFC 最常用的阳极催化剂。当使用重整气作为燃料时，为了避免重整气中 CO 对 Pt 强吸附产生的毒化作用，通常使用抗 CO 毒化的 PtRu 等 Pt 合金催化剂。Pt 基催化剂也是 PEMFC 主要的阴极催化剂，由于弱酸性环境不利于 ORR 进行，阴极催化剂的负载量更高。为了减小 Pt 基催化剂的负载量，通常使用过渡金属碳化物 / 氮化物取代碳载体。这是因为过渡金属碳化物 / 氮化物与催化剂的强相互作用有利于 Pt 的分散，且协同作用有利于提高催化剂的活性和稳定性。但是，在 PEMFC 的低载和空转状态的电压下，Pt 基阴极催化剂在酸性条件下容易发生溶解和氧化。其他具有高活性、稳定性的阴极材料的研发对 PEMFC 的应用十分重要。其中，掺杂的碳材料具有较高的 ORR 催化活性，但稳定性仍有待提升。基于 PEMFC 的弱酸性工作环境，石墨、表面处理的金属以及聚合物复合材料都可作为 PEMFC 的双极板材料。

MCFC 采用熔融碱金属碳酸盐作为电解质。碳酸盐在熔融温度以上时才具有理想的离子电导率，因而 MCFC 的工作温度为 600~700 ℃。此外，需合理设计电解质的成分，以减少电解质对电池其他组件的腐蚀。普遍使用抗熔融碳酸盐腐

蚀的 $LiAlO_2$ 作为隔膜材料。为了提高 $LiAlO_2$ 隔膜的稳定性和力学性能，通常在 $LiAlO_2$ 中引入二次增强相。由于高温有利于催化反应的进行，常使用非贵金属作为 MCFC 的电催化材料。阳极常使用 Ni 为催化剂。为了减少 Ni 的高温蠕变和烧结，需采用 Al、Cr 等对 Ni 进行掺杂。此外，高温所释放的余热使得燃料可以在电池内部直接重整。在 DIR-MCFC 中，将 Ni 负载在氧化物基底上作为阳极。MCFC 的阴极催化剂常使用锂化的 NiO。为了减少 NiO 的溶解以及 NiO 和电解质的反应，需调控电解质的成分、MCFC 工作温度和 CO_2 分压等，或使用 Co、Ce 等对锂化 NiO 进行掺杂。使用 $LiMO_2$（M=Fe、Mn、Co）取代 NiO 作为阴极催化剂，可避免催化剂的还原沉积问题，其中活性最高的是 $LiCoO_2$。但是，由于 $LiCoO_2$ 容易和集流体之间形成腐蚀层，$LiCoO_2$ 的活性仍不如 NiO。基于 NiO 和 $LiCoO_2$ 各自的优缺点，将其混合或以 $LiCoO_2$ 为 NiO 保护层，可获得复合阴极，具有广阔的应用前景。MCFC 的双极板通常由不锈钢制成，为了提高双极板的防腐性，需要对不锈钢表面进行防腐处理。也可以使用特种钢或含 Cr 的 Ni 基合金钢代替目前的不锈钢板。

SOFC 以固态氧化物为电解质，所用的电解质材料包括萤石结构和钙钛矿结构电解质，最常用的是 YSZ 电解质。由于固体氧化物的离子传导是通过 O^{2-} 的高温跳跃实现的，因而 SOFC 的工作温度为 600~1000 ℃。为了实现 SOFC 在中温（600~800 ℃）范围内的工作，应提高电解质在中温条件下的离子电导率，其中最有应用前景的是 LSGM 电解质。通常将 Ni、Cu 等金属材料分散在 YSZ 电解质中以获得金属陶瓷阳极，其中最常用的是 Ni-YSZ。当使用天然气等富 H_2 气体作为燃料时，需注意 S 杂质对 Ni 表面的毒化作用和 Ni 表面的积炭问题。由于 YSZ 要在较高的温度下才具有合适的离子电导率，过渡金属 -YSZ 并不适用于中温 SOFC。掺杂的 CeO_2 是离子和电子导体，在中温条件下也具有很高的离子电导率。因此，将金属分散在掺杂的 CeO_2 中，可获得用于中温 SOFC 的金属陶瓷阳极。合理设计钙钛矿材料的成分，可调控材料内部的 O 空位及其他缺陷，从而提高钙钛矿的电子电导率、离子电导率和催化活性。因而，掺杂钙钛矿材料也能用作中温或高温 SOFC 的阳极。例如，在 LSCV、LSCM 中加入电解质作为阳极，具有与 Ni-YSZ 相近的性能，且能有效避免金属颗粒的烧结和团聚以及 Ni 金属表面的积炭问题。基于 SOFC 阴极的高温氧化环境，SOFC 阴极通常使用纯陶瓷而不使用金属。最常用的一类材料是掺杂的 $LaMO_3$（M=Mn、Co、Fe、Ni）钙钛矿材料。由于 LSM 具有良好的稳定性、电子电导率和催化活性，混入 YSZ 电解质的 LSM–YSZ 是最常用的 SOFC 阴极材料。中温的 SOFC 可以使用抗氧化合金作为双极板材料。使用含 Cr 合金板时，需要在双极板表面制备氧化物保护层，从而减缓 Cr 化合物的挥发或防止高温合金的氢脆或碳化。高温 SOFC 则常用掺杂的 $LaCrO_3$ 陶瓷作为双极板材料。

综上所述，AFC、AEMFC、PAFC 和 PEMFC 均属于低温电池。其中，AEMFC 和 PEMFC 具有可在室温快速启动、无电解质流失和寿命长等特点。因而，AEMFC 和 PEMFC 在便携式电源、专用汽车等方面更有应用前景。MCFC 和 SOFC 属于高温电池。高温有利于催化反应的进行，但启动时间很长。因此，MCFC 和 SOFC 更适用于大型分布式发电、电气设施等应用领域。

参考文献

[1] Mekhilef S, Saidur R, Safari A. Comparative study of different fuel cell technologies[J]. Renewable and Sustainable Energy Reviews, 2012, 16(1): 981-989.

[2] O'hayre R, Cha S W, Colella W, et al. Fuel cell fundamentals[M]. John Wiley & Sons, 2016.

[3] 衣宝廉. 燃料电池 – 原理·技术·应用 [M]. 北京：化学工业出版社, 2003.

[4] Merle G, Wessling M, Nijmeijer K. Anion exchange membranes for alkaline fuel cells: a review[J]. Journal of Membrane Science, 2011, 377(1-2): 1-35.

[5] Appleby A J. Fuel cell electrolytes: evolution, properties and future prospects[J]. Journal of Power Sources, 1994, 49(1-3): 15-34.

[6] Haile S M. Fuel cell materials and components[J]. Acta Materialia, 2003, 51(19): 5981-6000.

[7] Zhang C, Shen X, Pan Y, et al. A review of Pt-based electrocatalysts for oxygen reduction reaction[J]. Frontiers in Energy, 2017, 11(3): 268-285.

[8] Nørskov J K, Rossmeisl J, Logadottir A, et al. Origin of the overpotential for oxygen reduction at a fuel-cell cathode[J]. The Journal of Physical Chemistry B, 2004, 108(46): 17886-17892.

[9] Morozan A, Jousselme B, Palacin S. Low-platinum and platinum-free catalysts for the oxygen reduction reaction at fuel cell cathodes[J]. Energy & Environmental Science, 2011, 4(4): 1238-1254.

[10] Cherevko S, Kulyk N, Mayrhofer K J J. Durability of platinum-based fuel cell electrocatalysts: dissolution of bulk and nanoscale platinum[J]. Nano Energy, 2016, 29: 275-298.

[11] Nørskov J K, Bligaard T, Logadottir A, et al. Trends in the exchange current for hydrogen evolution[J]. Journal of The Electrochemical Society, 2005, 152(3): J23.

[12] Peng X, Omasta T J, Roller J M, et al. Highly active and durable Pd-Cu catalysts for oxygen reduction in alkaline exchange membrane fuel cells[J]. Frontiers in Energy, 2017, 11(3): 299-309.

[13] Peng X, Kashyap V, Ng B, et al. High-performing PGM-free AEMFC cathodes from carbon-supported cobalt ferrite nanoparticles[J]. Catalysts, 2019, 9(3): 264.

[14] Van Truong M, Richard Tolchard J, Svendby J, et al. Platinum and platinum group metal-free catalysts for anion exchange membrane fuel cells[J]. Energies, 2020, 13(3): 582.

[15] Dzara M J, Christ J M, Joghee P, et al. La and Al co-doped CaMnO$_3$ perovskite oxides: from interplay of surface properties to anion exchange membrane fuel cell performance[J]. Journal of Power Sources, 2018, 375: 265-276.

[16] Lilloja J, Kibena-Poldsepp E, Sarapuu A, et al. Cathode catalysts based on cobalt-and nitrogen-doped nanocarbon composites for anion exchange membrane fuel cells[J]. ACS Applied Energy Materials, 2020, 3(6): 5375-5384.

[17] Liu K, Kattel S, Mao V, et al. Electrochemical and computational study of oxygen reduction reaction on nonprecious transition metal/nitrogen doped carbon nanofibers in acid medium[J]. The Journal of Physical Chemistry C, 2016, 120(3): 1586-1596.

[18] Li Q, Peng H, Wang Y, et al. The comparability of Pt to Pt-Ru in catalyzing the hydrogen oxidation reaction for alkaline polymer electrolyte fuel cells operated at 80 °C[J]. Angewandte Chemie, 2019, 131(5): 1456-1460.

[19] Roy A, Talarposhti M R, Normile S J, et al. Nickel-copper supported on a carbon black hydrogen oxidation catalyst integrated into an anion-exchange membrane fuel cell[J]. Sustainable Energy & Fuels, 2018, 2(10): 2268-2275.

[20] Litster S, McLean G. PEM fuel cell electrodes[J]. Journal of Power Sources, 2004, 130(1-2): 61-76.

[21] Koper M T M, Shubina T E, van Santen R A. Periodic density functional study of CO and OH adsorption on Pt-Ru alloy surfaces: implications for co tolerant fuel cell catalysts[J]. The Journal of Physical Chemistry B, 2002, 106(3): 686-692.

[22] Wang X X, Swihart M T, Wu G. Achievements, challenges and perspectives on cathode catalysts in proton exchange membrane fuel cells for transportation[J]. Nature

Catalysis, 2019, 2(7): 578-589.

[23] Zheng Z, Luo L, Zhu F, et al. Degradation of core-shell Pt$_3$Co catalysts in proton exchange membrane fuel cells (PEMFCs) studied by mathematical modeling[J]. Electrochimica Acta, 2019, 323: 134751.

[24] Chung H T, Cullen D A, Higgins D, et al. Direct atomic-level insight into the active sites of a high-performance PGM-free ORR catalyst[J]. Science, 2017, 357(6350): 479-484.

[25] Tian X, Luo J, Nan H, et al. Transition metal nitride coated with atomic layers of Pt as a low-cost, highly stable electrocatalyst for the oxygen reduction reaction[J]. Journal of the American Chemical Society, 2016, 138(5): 1575-1583.

[26] Nguyen H V P, Song S A, Seo D, et al. Fabrication of Ni-Al-Cr alloy anode for molten carbonate fuel cells[J]. Materials Chemistry and Physics, 2012, 136(2-3): 910-916.

[27] Accardo G, Frattini D, Moreno A, et al. Influence of nano zirconia on NiAl anodes for molten carbonate fuel cell: characterization, cell tests and post-analysis[J]. Journal of Power Sources, 2017, 338: 74-81.

[28] Kim S G, Yoon S P, Han J, et al. A study on the chemical stability and electrode performance of modified NiO cathodes for molten carbonate fuel cells[J]. Electrochimica Acta, 2004, 49(19): 3081-3089.

[29] Qiao J, Sun K, Zhang N, et al. Ni/YSZ and Ni-CeO$_2$/YSZ anodes prepared by impregnation for solid oxide fuel cells[J]. Journal of Power Sources, 2007, 169(2): 253-258.

[30] Zurlo F, Iannaci A, Sglavo V M, et al. Copper-based electrodes for IT-SOFC[J]. Journal of the European Ceramic Society, 2019, 39(1): 17-20.

[31] Zhang S, Wan Y, Xu Z, et al. Bismuth doped La$_{0.75}$Sr$_{0.25}$Cr$_{0.5}$Mn$_{0.5}$O$_{3-\delta}$ perovskite as a novel redox-stable efficient anode for solid oxide fuel cells[J]. Journal of Materials Chemistry A, 2020, 8(23): 11553-11563.

[32] Sun C, Hui R, Roller J. Cathode materials for solid oxide fuel cells: a review[J]. Journal of Solid State Electrochemistry, 2010, 14(7): 1125-1144.

[33] Shimada H, Yamaguchi T, Sumi H, et al. Extremely fine structured cathode for solid oxide fuel cells using Sr-doped LaMnO$_3$ and Y$_2$O$_3$-stabilized ZrO$_2$ nano-composite powder synthesized by spray pyrolysis[J]. Journal of Power Sources, 2017, 341: 280-284.

[34] Fu Y P, Subardi A, Hsieh M Y, et al. Electrochemical properties of La$_{0.5}$Sr$_{0.5}$Co$_{0.8}$M$_{0.2}$O$_{3-\delta}$ (M=Mn, Fe, Ni, Cu) perovskite cathodes for IT-SOFCs[J]. Journal of the American Ceramic Society, 2016, 99(4): 1345-1352.

[35] Staňo Ľ, Stano M, Ďurina P. Separators for alkaline water electrolysis prepared by plasma-initiated grafting of acrylic acid on microporous polypropylene membranes[J]. International Journal of Hydrogen Energy, 2020, 45(1): 80-93.

[36] Vermeiren P, Moreels J P, Claes A, et al. Electrode diaphragm electrode assembly for alkaline water electrolysers[J]. International Journal of Hydrogen Energy, 2009, 34(23): 9305-9315.

[37] Kim J E, Patil K Y, Han J, et al. Using aluminum and Li_2CO_3 particles to reinforce the α-$LiAlO_2$ matrix for molten carbonate fuel cells[J]. International Journal of Hydrogen Energy, 2009, 34(22): 9227-9232.

[38] Hermann A, Chaudhuri T, Spagnol P. Bipolar plates for PEM fuel cells: a review[J]. International Journal of Hydrogen Energy, 2005, 30(12): 1297-1302.

第 6 章

总结与展望

H₂ 作为清洁高效的二次能源，在构建以可再生能源为主的多能源互补体系中发挥关键作用。氢能产业链主要包括制氢、储氢及用氢等环节。在制氢方面，目前主要依赖煤、天然气及石油等化石原料，这必然会加剧化石能源的消耗并带来严重的环境污染。以水、生物质等可再生能源为原料，利用太阳能、风能等可再生能源制氢是极具发展前景的制氢途径。在储氢方面，目前主要有高压气态储氢、低温液态储氢及固态储氢等途径。中长期内将主要是高压气态储氢，最终目标则是高效固态储氢。在用氢方面，目前 H₂ 主要作为工业原料应用于石油、化工及冶金等工业领域，而其作为清洁能源的应用则主要是氢燃料电池，但目前还处在发展阶段。从长远来看，随着高效及低成本制氢、储氢及燃料电池中新材料与集成技术的不断发展和日趋成熟，氢能有望成为支撑世界经济可持续发展的清洁能源。

| 6.1 氢能利用的进展 |

近年来，氢能产业发展迅速，取得了一定的进展，但距实现绿色环保及可持续发展的目标还有较远的距离，主要原因在于制氢、储氢及用氢等环节均存在亟待解决的瓶颈问题。如图 6-1（a）所示，目前全球 H₂ 的生产主要是依靠天然气、石油及煤炭等不可再生能源（占比约为 95%），而电解水及其他方式制氢占比仅为 5%，主要原因之一是电解水制氢的成本较高，约为化石燃料制氢的两倍多。但从长远来看，化石原料资源的供给不可持续，且制氢过程中存在污染物和 CO_2 排放量大等缺点。利用太阳能、风能等可再生能源，通过电解水制氢或光解水制氢是极具发展潜力的绿色可持续制氢途径，而其关键在于研制高效、低成本及可大规模使用的电催化材料及光催化材料。在电解水等新能源制氢技术尚未成熟的现实条件下，H₂ 供给格局仍将以化石原料制氢占主导，中长期内有望过渡为化石原料制氢及可再生能源电解水制氢等多种技术共存，而最终目标将是太阳能光催化分解水制氢 [1]。

　　H_2 具有常温常压下极易燃烧及密度低等特点，实现安全可靠及高能量密度的储氢技术是氢能大规模应用必须解决的关键问题之一。目前的储氢方法主要包括高压气态储氢、低温液态储氢、有机液态储氢与固态储氢等方式。高压气态储氢因具有气瓶结构简单、充放氢过程动态响应好、耗能少等优点，而成为现阶段最主要的储氢方式，但其存在储能密度较低等缺点。研制自重轻、耐高压、阻隔性好，以及成本低的气瓶材料是高压气态储氢技术尚需解决的关键问题。低温液态储氢是将 H_2 压缩后冷却到约 −253 ℃以下，使之液化并存放在绝热真空储存器中的储氢方式。该方法虽然储氢密度高，但却存在低温液化过程耗能高（液化过程耗能约占液化氢燃烧产热总额的 30%）、容器结构复杂（需配置有效的隔热装置等）及成本高等缺点。因此，低温液态储氢技术较难实现大范围应用，其应用主要集中在航空航天及军事等高新技术领域。有机液态储氢与固态储氢是以化学氢化物、金属氢化物等作为储氢载体储氢，其储氢密度高于高压气态储氢和低温液态储氢，但目前还处于研究和探索的阶段，无法大规模应用。中长期内，储氢技术或将以高压气态储氢为主、低温液态储氢为辅，最终目标是实现高效固态储氢。

　　在氢能应用进展方面，H_2 目前主要作为工业原料应用于石油、化工及冶金等领域。如图 6-1（b）所示，当前 H_2 主要应用于合成氨、石油精炼及制取甲醇等，三大应用领域总占比约为 90%，而其作为清洁燃料及其他方面的应用仅占约10%[2]。H_2 作为燃料最具吸引力的应用是氢燃料电池发电及氢燃料电池车等，其主要优点是 H_2 使用过程的产物是水，可以实现真正的"零污染"。但目前燃料电池尚存在成本高等问题，这主要是由于使用价格昂贵的金属 Pt 及其合金作为氧还原及氢氧化催化剂所致。通常燃料电池中贵金属成本约占整个燃料电池成本的 40%，因此，在保持催化性能不降低的情况下，大幅度降低贵金属 Pt 的用量是当前亟待突破的瓶颈。中长期目标是部分替代贵金属，而长远目标则是使用不含贵金属且高性价比的新型催化材料。

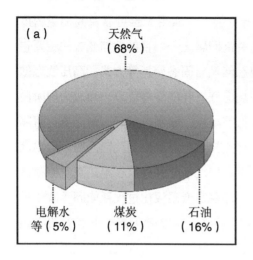
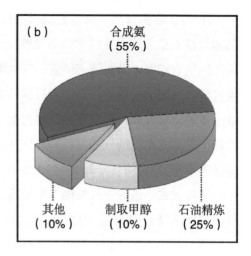

图 6-1　制氢原料来源及主要用氢途径
（a）制氢原料来源及比例；（b）主要用氢途径及比例

　　总体而言，随着制氢、储氢及燃料电池中新材料技术的不断发展，氢燃料电池技术在新能源车等交通运输领域的应用将不断扩大及日趋成熟，有望促进 H_2 的角色从化工原料转变为能源载体，并最终成为支撑世界经济可持续发展的清洁能源。

| 6.2 氢能利用中新材料的发展趋势 |

6.2.1 制氢环节

　　可再生能源（如太阳能）电解水制氢及太阳能光解水制氢是极具发展前景的制氢途径，其核心在于发展高效及稳定的电催化材料及光催化材料。当前电解水制氢技术对 Pt、氧化铱及氧化钌等贵金属的依赖度很高，急需大力发展地壳含量丰富及成本低的非贵金属材料，以降低电解水制氢的成本。目前，研究中涉及的非贵金属电催化材料种类繁多，其中极具发展潜力的材料主要由 Fe、Co、Ni、Mo、W 等过渡金属元素及 O、S、Se、N、P、C 等非金属元素组成，如过渡金属合金、过渡金属（氢）氧化物、过渡金属硫族化合物、过渡金属氮化物、过渡金属磷化物及过渡金属碳化物等。研制非贵金属电催化材料的重点仍将是优化改性上述材料体系，同时探索新材料，以期获得与贵金属 Pt（氧化铱／钌）相当的析氢（析氧）过电位及稳定性。此外，另一个研究重点是实现纳米级或单原子级非贵金属电催化材料的规模化生产。

与太阳能电解水制氢相比，太阳能光解水制氢是更理想的途径。太阳能光解水制氢的原理是利用半导体吸收太阳光进而直接将 H_2O 分解为 H_2 和 O_2。光解水制氢主要包括光电化学催化制氢及光催化制氢两种基本类型。其中，光电化学催化制氢是最有希望在中短期内实现太阳能向氢能转换的光解水产业化的技术。理论计算及实验结果均表明，由宽带隙光电极（1.6~2.0 eV，主要吸收紫外 – 可见光）和窄带隙光电极（0.8~1.2 eV，主要吸收可见 – 近红外光）组成的双电极串叠光电化学反应池是最有希望实现该技术产业化的光解池构型 [2]。自 1972 年首次报道 TiO_2 光电化学催化制氢以来，关于光电极材料的研究取得了较大进展，多种光电极材料被相继报道。图 6-2 列出了典型光电极材料的带隙及能带位置 [3-5]，主要包括金属氧化物、金属氮（氧）化物、Si，ⅢA~ⅤA 族、金属硫族化合物等。其中，绝大多数光电极材料属于吸收紫外 – 可见光的宽带隙材料，如 $SrTiO_3$（约 3.2 eV）、TiO_2（约 3.2 eV）、Fe_2O_3（约 2.3 eV）、$BiVO_4$（约 2.4 eV）、WO_3（约 2.6 eV）、Ta_3N_5（约 2.1 eV）、GaN（约 3.5 eV）、GaP（约 2.3 eV）、$CuGaS_2$（约 2.4 eV）及 $CuGaSe_2$（约 1.7 eV）等，而关于可见 – 近红外光响应的窄带隙光电极的研究（尤其是由 P 型半导体作为吸光层的光阴极）却鲜有报道。相关研究主要集中在 P–Si（约 1.1 eV）、P–Cu(In, Ga)Se_2（约 1.1 eV）、$Cu_2ZnSnSe_4$（约 1.0 eV）及 Sb_2Se_3（约 1.1 eV）等少数材料。这主要是由于带隙合适（0.8~1.2 eV 近红外光吸光）及能带位置合适（析氢反应）的窄带隙 P 型半导体种类较少所致。因此，研制高效及稳定的窄带隙光电极并实现其与宽带隙光电极的有效耦合是构建高性能双电极串叠光电化学池的关键之一。另一个关键问题是如何实现把粉体光催化材料转变为大面积均匀及性能优异的光电极，并实现低成本及规模化的光电化学催化制氢。

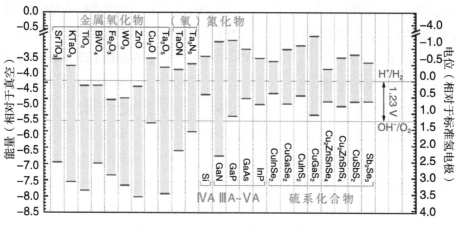

图 6-2　典型光电极材料及其能带位置

6.2.2 储氢环节

　　高压气态储氢是目前应用最广泛的一种储氢方式，其技术核心在于内胆材料、外层碳纤维材料及其缠绕成型技术。以储氢技术应用潜力最大的车载储氢瓶为例，其发展经历了从钢瓶到复合材料气瓶的演变过程。气瓶主要分为 4 类：全金属气瓶（Ⅰ型）、钢制内胆碳纤维环向缠绕气瓶（Ⅱ型）、铝合金内胆碳纤维全缠绕气瓶（Ⅲ型），以及塑料内胆碳纤维全缠绕气瓶（Ⅳ型）。国内车载储氢瓶以Ⅲ型气瓶为主，且主要集中在 35 MPa Ⅲ型气瓶，仅有极少数厂家在 70 MPa Ⅲ型气瓶方面有成熟产品。欧美等国家的乘用车则以 70 MPa Ⅳ型气瓶为主。Ⅲ型气瓶与Ⅳ型气瓶的主要区别在于铝合金及塑料内胆材料。相对而言，Ⅳ型气瓶更为先进，具有轻量化、高压化、低成本等优点，但制造工艺的技术壁垒高。除内胆材料外，外层碳纤维也是制造储氢瓶的关键材料。以占据碳纤维市场约 90% 的聚丙烯腈基碳纤维复合材料为例，其生产过程需经历从化石能源到丙烯，丙烯氨氧化后到丙烯腈，丙烯腈聚合及纺丝到聚丙烯腈原丝，原丝再经过预氧化及碳化等环节得到碳纤维，碳纤维再经过与树脂等材料结合形成碳纤维复合材料，最后经过缠绕成型技术应用于最终产品。由于碳纤维及其复合材料的生产过程存在工艺复杂及技术壁垒高等特点，国际上能生产出高性能碳纤维的公司屈指可数。近年来，国产碳纤维发展迅速，但与国外先进企业相比还有较大差距，国产碳纤维要广泛应用于复合材料Ⅳ型气瓶行业，在高质量碳纤维及缠绕工艺等方面还需要进一步提升。

　　继高压气态储氢及低温液态储氢后，利用固体材料及有机液体材料进行储氢，已被广泛认为极具发展潜力的储氢方式。理想的储氢材料需同时满足一系列苛刻条件，如储氢密度高、储放氢速度快且操作条件温和、储放氢可逆循环性能好、使用寿命长等。如图 6-3 所示，目前已有多种材料被用于储氢研究，主要分为无机材料与有机材料两大类。其中，无机材料主要有金属与金属合金、配位氢化物及碳基材料等，而有机材料主要包括有机框架化合物、有机液体及多孔聚合物等。从研究热点方面来看，目前关于储氢材料的研究已从传统金属及合金逐渐转变为以轻质元素氢化物（如配位氢化物等）和多孔吸附材料（如 MOF）为主。虽然关于储氢材料的研究已有近半个世纪的历史，但目前仍处于研究与探索阶段，尚无大规模应用实例。这主要是因为缺乏低成本、高效、长寿命的新型储氢材料。储氢材料的进一步发展或将依赖于继续通过金属取代、复合及络合等策略优化改性已有材料，同时探索新型轻质元素氢化物及新型多孔吸附材料，如日本研究人员近期成功合成了硼和氢的组成比为 1∶1 的硼化氢二维纳米片，且进一步研究表明该材料能在常温常压及紫外光照射下释放出大量 H_2（但该材料目前尚存在无法实现可逆循环储氢等问题）。由于该材料具有组成简单、制备条件温和及储氢质量密度高等优点，有望用作高效储氢新材料[6-7]。

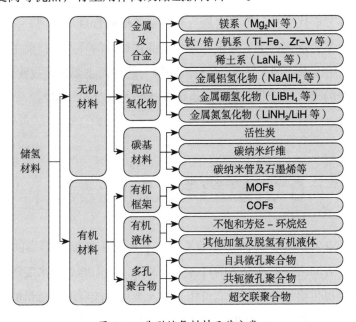

图 6-3　典型储氢材料及其分类

6.2.3 用氢环节

随着氢燃料电池技术的迅速发展及其在交通、建筑、工业及军事等方面的广泛应用，氢作为清洁燃料将在解决能源危机和环境污染等方面发挥关键作用。氢燃料电池最显著的一个优点是其使用过程的产物是水，而水经过电解（利用可再生能源）或光解等途径又可转变为氢，从而实现真正的"零污染"及"零排放"。典型的燃料电池主要包括 PEMFC、AFC、PAFC、MCFC 及 SOFC 等。其中，PEMFC 因具有操作温度低、启动速度快及结构简单等诸多优点，被认为新能源车及分散式电站等应用的首选。然而，PEMFC 中用于催化氢分子氧化的阳极催化剂，以及用于催化氧分子还原的阴极催化剂都需要用到 Pt、Pd 及 Ru 等贵金属，贵金属催化剂的高成本和稀缺性已成为制约氢燃料电池发展的瓶颈。因此，大幅度降低贵金属的用量及研制非贵金属催化剂已成为该领域亟待解决的关键问题。针对该问题，目前最主要的研究方向是增加贵金属催化剂的活性位点，以提高其活性，如制备出纳米级或单原子级的催化剂、获得特定形貌（如空心球及骨架状等）、增加高活性晶面的暴露程度、选择大比表面积的担载体等。另一个重要的研究方向是贵金属催化剂的部分取代及新型非贵金属催化材料的研制。贵金属催化剂的部分取代主要包括贵金属与非贵金属形成合金催化剂、贵金属与其他催化材料形成复合催化剂等。关于非贵金属催化材料的开发，目前主要集中在氧还原催化剂（阴极催化剂）方面，具有发展潜力的材料主要包括过渡金属氧化物、过渡金属掺杂的碳材料及非金属（如氮等）掺杂的碳材料等体系。

| 6.3 氢能与太阳能结合 |

如第 2 章 2.2 节和第 6 章 6.2.1 节所述，利用太阳能制氢是当前能源利用领域重要的研究方向之一。在众多的可再生能源中，太阳能是未来能源的重要组成部分，其每年提供给地球的辐射能量相当于人类目前能源消费总量的上万倍。但是，太阳能的分散性、季节间断性和不稳定性都限制了其应用。将太阳能转换成电能、热能、燃料等能源形式具有巨大的发展前景。如果将太阳能直接转换为化学能（碳基燃料、H_2），即可赋予太阳能可储存性和可运输性（见图 6–4）[8]。氢能与太阳能结合是未来能源领域的发展趋势。

本书介绍了几种典型的利用太阳能制氢的方法。第一种是光催化制氢和光电化学催化制氢。半导体吸光产生的光生载流子用于分解水产生 H_2 和 O_2，比其他制氢方法更清洁。考虑到 H_2 利用是水分解的逆过程，当光电化学催化制氢的效率足够高时，即可在一些移动应用场景（如交通工具）中实现 H_2 的生成和利用一体化。第二种是借助太阳光进行的生物质制氢。蓝细菌或微藻通过光合作用直接分解水产生 H_2，但效率较低；而光合细菌通过光发酵分解有机物制氢，效率较高。第三种是光热催化制氢。传统的热催化法通过高温高压提供克服反应势垒所需的能量，一般通过水煤气反应或热催化裂解甲烷反应在催化剂上进行热催化制氢。光热催化则是将太阳能转换为热能来提供上述催化反应所需的能量。

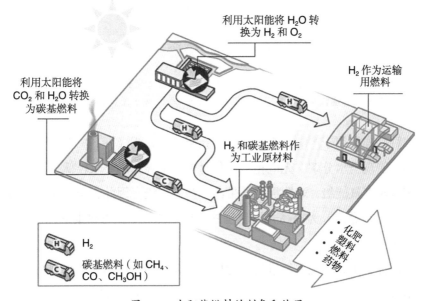

图 6-4 太阳能燃料的制备和使用

如图 6-5 所示，利用太阳能分解水制氢主要包括 3 种方式[9]。第一种是将 PV 电池与电催化剂（如 Pt）相连，利用 PV 电池产生的光生载流子，将光生电子和光生空穴分别传送到阴极和阳极用于产氢和产氧反应。理想情况下电解水的热力学电压为 1.23 V，再考虑反应所需的过电位和热力学损失，电催化分解水的电压一般大于 1.8 V，因此电催化分解水的效率并不高。该模式的制氢效率为"太阳能 – 电能"和"电能 – 化学能"转换效率之积，经双重转换，太阳能直接转换为化学能的效率更低。

第二种是选用能带结构合适的光催化剂，利用太阳能直接实现全水分解。在光催化剂表面负载产氢和产氧催化剂，分离两个反应的反应位点以避免逆反应的发生。要实现全水分解，半导体的价带需低于产氧能级，而导带高于产氢能级。另外，半导体应具有较小的带隙以保证足够的吸光能力。这些相互制约的因素限制了半导体的选择，目前仅有少数半导体能够实现全水分解（例如 TiO_2、ZnO、$SrTiO_3$），且带隙（大于 3.0 eV）往往较大。因此，光催化分解水制氢的效率不高。此外，若光催化同时产生的 H_2 和 O_2 浓度太高则可能存在安全性问题。

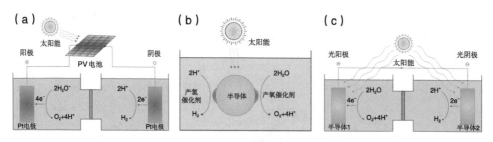

图 6-5　3 种光电化学分解水制氢方式
（a）PV 电池 – 电催化剂；（b）光催化剂；（c）光阴极 – 光阳极光电化学催化单元

第三种是连接用于产氧和产氢反应的光阳极和光阴极，当二者能带结构相匹配时，即可实现全水分解。光电化学催化对单个半导体的要求较低，只要求光阳极的价带低于产氧能级，光阴极的导带高于产氢能级。因此，用作光电极的材料可以是窄带隙半导体。为提高光电化学催化单元的效率，可借助 PV 电池提供一个较小的偏压。

对太阳能分解水制氢系统进行可行性分析，以估算使用成本来判断其相较于现有制氢技术的可行性。如图 6-6 所示，考虑两种光催化剂和两种 PV 电池驱动电催化剂用于全水分解的情况[10-11]。按照实际效率，设定 4 种类型（类型 1~4）制氢技术的效率分别为 10%、5%、10% 和 15%。假定每天产生 1 t 的 H_2，并考虑催化剂的效率和寿命以及制氢系统的建造和运行成本。4 种制氢技术制取 1 kg H_2 的成本分别为 1.60 美元、3.20 美元、10.40 美元和 4.10 美元。在所有可变参数中，催化剂的效率和寿命是主要影响因素。如果类型 3 的制氢效率可进一步提升至

20% 或 25%，制取 1 kg H_2 的成本就会降至 5.70 美元或 2.10 美元。目前占制氢市场主导地位的甲烷蒸汽重整技术制取 1 kg H_2 的成本为 1.39 美元。因此，光电化学催化制氢技术具有潜在的应用前景。

对光电化学催化单元的大规模高产量制氢成本进行分析，当催化剂效率为 10%、使用寿命为 10 年时，投资回报时间约为 8.1 年，对应的能源投入产出比为 1.7：1。当催化剂效率为 20%、使用寿命为 20 年时，投资回报时间为 3 年，能源投入产出比为 3：1。因此，提高催化剂的效率和稳定性以降低光电化学催化制氢技术的应用成本对未来氢能发展意义重大。

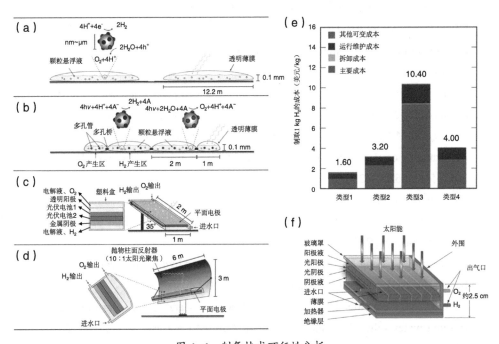

图 6-6 制氢技术可行性分析

（a）类型 1：单床悬浮颗粒；（b）类型 2：双床悬浮颗粒（产氢和产氧区分开）；（c）类型 3：固定面板阵列；（d）类型 4：集中器阵列（太阳光经过聚焦后入射）；（e）类型 1~4 的成本对比；（f）光电化学催化单元可行性分析模型

目前，PV 制氢尚未规模推广开来。我国强大的 PV 产业基础和 PV 发电装机量，为 PV 制氢发展提供了必要条件。氢能应用发展的前景广阔，H_2 需求量逐渐增高，太阳能产业快速发展，这些都给太阳能制氢提供了良好的发展大环境。未来需要解决成本和储氢的问题，形成完整可靠的制氢、运氢、加氢、车载储氢、终端系统应用的产业链。近年来，我国在技术和产业上不断发展，氢能市场崛起，氢能需求大增。太阳能制氢作为制氢的未来发展方向，除了技术上的发展，配套建设和市场化运作等方面都面临诸多考验和挑战。

参考文献

[1] Adolf J, Balzer C H, Louis J, et al. Energy of the future?: sustainable mobility through fuel cells and H_2; Shell hydrogen study[R]. Shell Deutschland Oil, Hamburg, 2017.

[2] Fountaine K T, Lewerenz H J, Atwater H A. Efficiency limits for photoelectrochemical water-splitting[J]. Nature Communications, 2016, 7: 13706.

[3] Chen S, Wang L W. Thermodynamic oxidation and reduction potentials of photocatalytic semiconductors in aqueous solution[J]. Chemistry of Materials, 2012, 24(18): 3659-3666.

[4] van de Krol R, Liang Y, Schoonman J. Solar hydrogen production with nanostructured metal oxides[J]. Journal of Materials Chemistry, 2008, 18(20): 2311-2320.

[5] Han D, Du M H, Dai C M, et al. Influence of defects and dopants on the photovoltaic performance of Bi_2S_3: first-principles insights[J]. Journal of Materials Chemistry A, 2017, 5(13): 6200-6210.

[6] Nishino H, Fujita T, Cuong N T, et al. Formation and characterization of hydrogen boride sheets derived from MgB_2 by cation exchange[J]. Journal of the American Chemical Society, 2017, 139(39): 13761-13769.

[7] Kawamura R, Cuong N T, Fujita T, et al. Photoinduced hydrogen release from hydrogen boride sheets[J]. Nature Communications, 2019, 10: 4880.

[8] Suarez C M, Hernandez S, Russo N. $BiVO_4$ as photocatalyst for solar fuels production through water splitting: a short review[J]. Applied Catalysis A: General, 2015, 504: 158-170.

[9] Chen Z, Dinh H N, Miller E. Photoelectrochemical water splitting[M]. New York: Springer, 2013.

[10] Pinaud B A, Benck J D, Seitz L C, et al. Technical and economic feasibility of centralized facilities for solar hydrogen production via photocatalysis and photoelectrochemistry[J]. Energy & Environmental Science, 2013, 6(7): 1983-2002.

[11] Sathre R, Scown C D, Morrow W R, et al. Life-cycle net energy assessment of large-scale hydrogen production via photoelectrochemical water splitting[J]. Energy & Environmental Science, 2014, 7(10): 3264-3278.

缩略语表

缩写	英文全称	中文名称
AAO	Anodic Aluminum Oxide	阳极氧化铝
AB	Ammonia Borane	氨硼烷
ABPE	Applied Bias Photo-to-current Efficiency	外加偏压的光电流转换效率
A/D	Acceptor/Donor	受体/给体
AEM	Anion Exchange Membrane	阴离子交换膜
AEMFC	Anion Exchange Membrane Fuel Cell	阴离子交换膜燃料电池
AFC	Alkaline Fuel Cell	碱性燃料电池
AFM	Atomic Force Microscope	原子力显微镜
APCE	Absorbed Photon-to-current Conversion Efficiency	吸收光-电流转换效率
ASS	All Solid State	全固相
BCC	Body-Centered Cubic	体心立方
BF-STEM	Bright-Field Scanning Transmission Electron Microscope	明场扫描透射电子显微镜
CAQS	Chemical Affinity Quantum Sieving	化学亲和量子筛分
CBM	Conduction Band Minimum	导带底部
CMPs	Conjugated Microporous Polymers	共轭微孔聚合物
CNFs	Carbon Nanofibers	碳纳米纤维
CNTs	Carbon Nanotubes	碳纳米管
COF （COFs 是 COF 的复数形式）	Covalent Organic Framework	共价有机框架
CQDs	Carbon Quantum Dots	碳量子点
CTAB	Cetyltrimethylammonium Bromide	十六烷基三甲基溴化铵
CuBDC	Copper 1,4-benzene Dicarboxylate	1,4-苯二甲酸铜
CV	Cyclic Voltammetry	循环伏安

续表

缩写	英文全称	中文名称
DAC	Dual-Atom Catalysts	双原子催化剂
DFT	Density Functional Theory	密度泛函理论
DIR	Direct Internal Reforming	直接内部重整
DMF	N,N-Dimethylformamide	N,N- 二甲基甲酰胺
DMFC	Direct Methanol Fuel Cell	直接甲醇燃料电池
EDX	Energy Dispersive X-ray Spectroscopy	X 射线能量色散谱
EIS	Electrochemical Impedance Spectrum	电化学阻抗谱
EQE	External Quantum Efficiency	外量子效率
FF	Fill Factor	填充因子
GCMC	Grand Canonical Monte Carlo	巨正则蒙特卡罗
$g-C_3N_4$	graphitic Carbon Nitride	石墨相氮化碳
GDL	Gas Diffusion Layer	气体扩散层
GO	Graphene Oxide	氧化石墨烯
GPU	Gas Permeation Unit	气体渗透单元
HAADF	High-Angle Annular Dark-Field	高角度环形暗场
h-BN	Hexagonal Boron Nitride	六方氮化硼
HCPs	Hypercrosslinked Polymers	超交联聚合物
HER	Hydrogen Evolution Reaction	析氢反应
HGM	Hollow Glass Microspheres	中空玻璃微球
H_2ICE	Hydrogen-fueled Internal Combustion Engines	氢气内燃机
HOR	Hydrogen Oxidation Reaction	氢氧化反应
IPCE	Incident Photon-to-current Conversion Efficiency	入射光 - 电流转换效率
IQE	Internal Quantum Efficiency	内量子效率
KQS	Kinetic Quantum Sieving	动力学量子筛分

缩写	英文全称	中文名称
LOHC	Liquid Organic Hydrogen Carrier	液体有机氢化物载体
LSV	Linear Sweep Voltammetry	线性扫描伏安
MAMS	Mesh Adjustable Molecular Sieve	可调网状分子筛
MCFC	Molten Carbonate Fuel Cell	熔融碳酸盐燃料电池
MCH	Methylcyclohexane	甲基环己烷
MEA	Membrane-Electrode-Assembly	膜 – 电极组件
MEG	Multiple Exciton Generation	多重激子产生
MIEC	Mixed Ionic and Electronic Conductors	混合离子和电子导体
Mm	Misch metal	稀土金属
MOF（MOFs 是 MOF 的复数形式）	Metal Organic Framework	金属有机框架
MWNTs	Multi-walled Carbon Nanotubes	多壁碳纳米管
NCs	Nanoparticles	纳米颗粒
OER	Oxygen Evolution Reaction	析氧反应
ORR	Oxygen Reduction Reaction	氧还原反应
PAFC	Phosphoric Acid Fuel Cell	磷酸燃料电池
PCT	Pressure-Composition-Temperature	压力 – 组成 – 温度
PE	Polyethylene	聚乙烯
PEM	Proton Exchange Membrane	质子交换膜
PEMFC	Proton Exchange Membrane Fuel Cell	质子交换膜燃料电池
PES	Polyethersulfone	聚醚砜
PFSA	Perfluorosulfonic Acid	全氟磺酸
PI	Polyimide	聚酰亚胺
PIMs	Polymers of Intrinsic Microporosity	自具微孔聚合物
PM	Particulate Matter	颗粒物

续表

缩写	英文全称	中文名称
PMAA	Polymethacrylic Acid	聚甲基丙烯酸
PMMA	Polymethyl Methacrylate	聚甲基丙烯酸甲酯
PP	Polypropylene	聚丙烯
PSF	Polysulfone	聚砜
PTI	Poly Triazine Imide	聚三嗪酰亚胺
PV	Photovoltaic	光伏
PVP	polyvinylpyrrolidone	聚乙烯吡咯烷酮
RE	Rare Earth	稀土
RHE	Reversible Hydrogen Electrode	可逆氢电极
SAC	Single Atom Catalysts	单原子催化剂
SEM	Scanning Electron Microscope	扫描电子显微镜
SOFC	Solid Oxide Fuel Cell	固体氧化物燃料电池
SPR	Surface Plasmon Resonance	表面等离子体共振
SQ	Shockley–Queisser	肖克利 – 奎塞尔
SRE	Steam Reforming of Ethanol	蒸汽乙醇重整
SRM	Steam Reforming of Methane	蒸汽甲烷重整
STHE	Solar–To–Hydrogen Efficiency	太阳能制氢效率
SWNTs	Single–walled Carbon Nanotubes	单壁碳纳米管
TAS	Transient Absorption Spectrum	瞬态吸光谱
TEM	Transmission Electron Microscope	透射电子显微镜
THF	Tetrahydrofuran	四氢呋喃
TMC	Transition Metal Chalcogenides	过渡金属硫族化合物
TMDs	Transition Metal Dichalcogenides	过渡金属二硫族化合物
VBM	Valence Band Maximum	价带顶部
VOC	Volatile Organic Compounds	挥发性有机化合物

续表

缩写	英文全称	中文名称
WGS	Water Gas Shift	水煤气变换
XPS	X-ray Photoelectron Spectroscopy	X 射线光电子能谱
XRD	X-ray Diffraction	X 射线衍射
ZTC	Zeolite-templated Carbon	沸石模板碳
$\Delta G_{\mathrm{H}}^{0}$	Gibbs Free Energy of Hydrogen Adsorption	氢吸附吉布斯自由能
1T	Tetragonal Symmetry	正方对称
2H	Hexagonal Symmetry	六角对称
3R	Rhombohedral Symmetry	菱面对称